现代通信原理

XIANDAI TONGXIN YUANLI

主 编◎江晓林 韩 天

上海交通大学出版社
SHANGHAI JIAO TONG UNIVERSITY PRESS

内容提要

本书讲述通信的基本原理,主要内容包括模拟通信和数字通信,更侧重于数字通信。全书共分 12 章,包括绪论、确定信号分析、随机信号分析、模拟信息传输、模拟信号的数字传输、数字信号的基带传输、数字信号的频带传输、信源及信源编码、信道及其复用技术、信道编码、同步原理、现代通信网。针对特定的知识点,第 2 章到第 11 章还设置了对应的 MATLAB 源程序及仿真分析,帮助学生加深对该部分知识的理解,掌握 MATLAB 在通信系统中的应用,可为后续专业学习打下坚实基础。各章后面还备有相关习题。

本书语言简练、通俗易懂,可作为高等学校工科无线电技术、电子信息、通信工程等相关专业的教学用书,也可作为相关技术人员的参考用书。

图书在版编目(CIP)数据

现代通信原理/江晓林,韩天主编. — 上海:上海交通大学出版社,2023.8
ISBN 978-7-313-27999-6

Ⅰ.①现… Ⅱ.①江… ②韩… Ⅲ.①通信原理
Ⅳ.①TN911

中国国家版本馆 CIP 数据核字(2023)第 037726 号

现代通信原理
XIANDAI TONGXIN YUANLI

主 编:	江晓林 韩 天	地 址:	上海市番禺路 951 号	
出版发行:	上海交通大学出版社	电 话:	6407 1208	
邮政编码:	200030			
印 制:	北京荣玉印刷有限公司	经 销:	全国新华书店	
开 本:	889mm×1194mm 1/16	印 张:	20	
字 数:	593 千字			
版 次:	2023 年 8 月第 1 版	印 次:	2023 年 8 月第 1 次印刷	
书 号:	ISBN 978-7-313-27999-6			
定 价:	62.00 元			

前言

通信新技术正在悄悄地改变我们的生活。从 2G、3G 到 4G，再到现在的 5G、未来的 6G；从铜线上网到现在的极速光宽带；无处不在的免费 Wi-Fi、智慧停车、智慧医疗、智慧居家等。人与智能终端的交互方式将会变得更加自然，通信设备将会变得越来越智能。通信技术的发展日新月异。

掌握现代通信原理的重要性不言而喻。学习通信专业知识的学生和从业人员首先需要掌握扎实的基础理论，本书的编写宗旨就是系统深入地阐述现代通信系统的基本原理，主要内容包括模拟通信和数字通信，并以数字通信为主。本书力求把基本概念阐述透彻，并注重理论联系实际。为帮助读者掌握基本的分析方法，书中列举了许多例题，并设置了对应的 MATLAB 仿真实践，各章末尾还附有思考题与练习题。本书提供完整的配套资源，包括 PPT 课件、习题参考答案、所有 MATLAB 程序案例源码等，有需要者可致电 13810412048 或发邮件至 2393867076@ qq. com 领取。

全书共 12 章。

第 1 章为绪论，介绍通信的发展过程、通信系统的组成和分类、通信系统中的主要指标及信息量的度量。

第 2 章为确定信号分析，主要介绍几种重要的信号、周期信号与非周期信号频谱、卷积、相关函数、信号的能量谱与功率谱分析。

第 3 章为随机信号分析，包括随机过程的基本概念及数字特征、平稳随机过程判定及其功率谱分析、高斯随机过程与高斯白噪声、窄带高斯噪声的统计特性分析。

第 4 章为模拟信息传输，介绍了线性调制和非线性调制原理，给出了一般模型，分析了线性调制系统和非线性调制系统的抗噪声性能，最后对常用的模拟信息线性调制系统和非线性调制系统的性能进行了综合比较。

第 5 章为模拟信号的数字传输，阐述了低通抽样定理、带通抽样定理、模拟信号的均匀量化及非均匀量化的基本原理，介绍了脉冲编码调制(PCM)、差分脉冲编码调制(DPCM)、增量调制(ΔM)的工作原理及相关性能。

第 6 章为数字信号的基带传输，阐述了数字基带信号常用码型、基带信号的频谱分析、传输过程中的误码分析，最后介绍了眼图和均衡技术。

第 7 章为数字信号的频带传输，阐述了数字频带信号的特点。以二进制数字调制系统为主，论述了二进制数字调制的原理和方法，分析了二进制数字调制系统的抗噪声性能，介绍了多进制数字调制的原理。

第 8 章为信源及信源编码，讨论了信源的分类及统计特性、信息熵及互信息量的求解过程，重点分析了无失真信源编码与限失真信源编码的原理。

第 9 章为信道及其复用技术，介绍了信道的定义、数学模型和传输特性，分析了信道容量，重点介绍了信道复用技术，最后介绍了伪随机序列。

第 10 章为信道编码，介绍了信道编码实现差错控制的机理及常用检错码、纠错码，重点分析了线性分组码、循环码和卷积码的基本原理及解码方法。

第 11 章为同步原理，讨论了载波同步、位同步、群同步的原理和技术。

第 12 章为现代通信网，介绍了现代通信网的组成及其发展趋势，并对下一代网络进行了分析和展望。

本书的特点是系统性强，内容编排连贯，突出基本概念、基本原理；注意吸收新技术和新的通信系统；注重知识的归纳与总结；强调理论与实践相结合，针对不同的知识点设置对应的 MATLAB 实践，帮助学生理解相关知识。同时，本书落实立德树人根本任务，贯彻《高等学校课程思政建设指导纲要》和党的二十大精神，通过设置趣味小课堂模块，将专业知识与思政教育有机结合，推动价值引领、知识传授和能力培养紧密结合。

本书语言简练、通俗易懂，可作为工科无线电技术、电子信息、通信工程等相关专业的教学用书，也可作为相关技术人员的参考用书。

编 者

2023 年 3 月

目录

第1章

绪 论

本章导读

21 世纪以来，信息科学技术迅猛发展，在社会各个领域得到了越来越广泛的应用。信息技术快速发展的动因和显著特点是计算机技术和信息通信技术的快速发展以及计算机网络与通信网的相互融合，使得因特网迅速发展，遍及世界各地，延伸到各个角落，并从有线扩展到无线，延伸到人的手中。在现代通信系统中，数字通信的发展异常迅速。数字通信是计算机和通信这两种技术相互渗透、有机结合的产物。国外期刊中经常出现"compunication"一词，它是由"computer"与"communication"两词结合而成的。通信的目的就是互通信息，是由一个地方向另一地方进行信息的有效传递。从本质上讲，通信就是实现信息传递功能的一门科学技术。它将大量有用的信息无失真、高效率地进行传输，在传输过程中又将无用信息和有害信息剔除掉。通信不仅要能有效地传递信息，还要有存储、处理、采集和显示等功能。从原始社会到现代文明社会，人类社会的各种活动都与通信密切相关，特别是当今世界已进入信息时代，通信已渗透到社会各个领域中，通信产品随处可见。通信已成为现代文明的标志之一，对人们日常生活和社会活动及发展都将起到更加重要的作用。

本书讨论的内容主要是现代通信的具体实现过程及其中一些关键的通信技术。本章将从通信系统基本模型出发，阐述通信系统中的基本概念和术语、通信的发展历程、通信方式，以及评价通信系统的一些性能指标。

学习目标

知识与技能目标

❶ 了解通信的基本模型及通信发展的历史。

❷ 认识通信的基本概念，掌握通信系统的分类。

❸ 掌握信息量的度量方法。

❹ 掌握判定通信系统好坏的重要参量，学会分析评定通信系统好坏的重要方法。

素质目标

❶ 掌握常规模拟与数字通信系统的理论知识，培养初步分析能力与基础设计技能。

❷ 激发对通信系统分析的兴趣，培养工程与系统分析能力。

1.1 通信系统的基本模型

通信的任务是完成消息的传递和交换。以点对点通信为例,可以看出要实现消息从一地向另一地的传递,必须有三个部分:一是发送端,二是接收端,三是收发两端之间的信道,如图1.1所示。

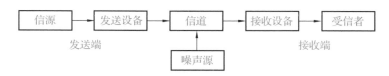

图 1.1 通信系统的组成

信源(也称发终端):作用是把各种消息转换成原始信号。

发送设备:为了使这个原始信号适合在信道中传输,由发送设备对原始信号完成某种变换,然后送入信道。

信道:信号传输的通道。

接收设备:其功能与发送设备相反,它能将接收的信号恢复成相应的原始信号。

受信者(也称信宿或收终端):将复原的原始信号转换成相应的消息。

噪声源:信道中的噪声及分散在通信系统其他各处的噪声的集中表示,这并非指通信中一定要有一个噪声源,而是为了在分析和讨论问题时便于理解而人为设置的。

根据消息的传输形式,可以将消息分成连续消息(模拟消息)和离散消息(数字消息)。连续消息是指状态连续变化的消息,如连续变化的语音、图像等;离散消息是指状态是可数的或是离散的消息,如符号、文字或数据等。

根据基本模型,可以知道要进行消息的传递,就需要进行信号形式的转换。在电话通信中,将消息转变为电信号,这样消息与电信号之间就存在单一的对应关系。消息被载荷在电信号的某一参量上,如果电信号的该参量是离散取值的,则称这样的信号为数字信号;如果电信号的该参量是连续取值的,则称这样的信号为模拟信号。

按照信道中传输的信号类型(模拟信号或数字信号),把通信系统分成两类:模拟通信系统和数字通信系统。模拟通信系统又分为模拟基带传输通信系统和模拟频带传输通信系统,数字通信系统也可以分为数字基带传输通信系统和数字频带传输通信系统。基带传输通信系统是在传输过程中对发送的信号未进行调制的通信系统;频带传输通信系统是在传输过程中,对发送的信号进行了频谱搬移的通信系统,这样做有利于信息的传输。

1.1.1 模拟通信系统

信道中传输模拟信号的系统称为模拟通信系统。模拟通信系统的模型(通常也简称为模型)可由一般通信系统模型略加改变而成,如图1.2所示。

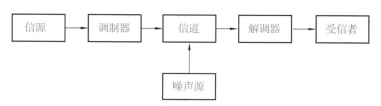

图 1.2 模拟通信系统的模型

对于模拟通信系统,它主要包含两种重要变换:把连续消息变换成电信号(发终端完成)和把电信号恢复成最初的连续消息(收终端完成)。由信源输出的电信号(基带信号)具有频率较低的频谱分量,一般不能直接作为传输信号而传输到信道中去。一般要对传输的信号进行调制,即将基带信号转换成频带适合在信道中传输的信号,这一变换由调制器完成;在接收端同样需经相反的变换,它由解调器完成。经过调制后的信号通常称为已调信号。已调信号有三个基本特性:一是携带有消息,二是适合在信道中传输,三是具有较高频率。

1.1.2 数字通信系统

信道中传输数字信号的系统称为数字通信系统。首先,应该对要求传送的模拟信号进行数字化。数字化分三步:抽样、量化和编码,即 A/D 转换。将编码完成后的信号放到数字通信系统中传输,数模转换器再进行反过程转换,即 D/A 转换,最后到达接收端。模拟信号数字传输通信系统的模型如图 1.3 所示。

图 1.3 模拟信号数字传输通信系统的模型

数字通信的基本特征是它的消息或信号具有"离散"或"数字"的特性,从而使数字通信具有许多特殊的问题。例如,前面提到的第二种变换,在模拟通信中强调变换的线性特性,即强调已调参量与代表消息的模拟信号之间的比例特性;而在数字通信中,则强调已调参量与代表消息的数字信号之间的一一对应关系。

与模拟通信相比,数字通信具有以下优点。

(1)数字传输抗干扰能力强,尤其是在中继时,数字信号可以再生并消除噪声的积累;

(2)传输差错可以控制,从而改善了传输质量;

(3)便于使用现代数字信号处理技术来对数字信号进行处理;

(4)数字信号易于做高保密性的加密处理;

(5)数字通信可以综合传递各种信号,使通信系统功能增强;

(6)输出信噪比随带宽呈指数规律增长。

但是,在数字传输过程中因为数字信号所占用的频带较宽,而频谱资源相对有限,所以如何提高频带利用率是亟须解决的问题。同时,在数字信号传输过程中,要准确地恢复信号,在接收端就需要严格地同步系统,以保持收终端和发终端节拍一致、编组一致。因此,数字通信系统及设备一般都比较复杂,体积较大。随着数字集成技术的发展,各种中、大规模集成器件的体积不断减小,加上数字压缩技术的不断完善,数字通信设备的体积将会越来越小。随着科学技术的不断发展,数字通信的两个缺点也越来越显得不重要。实践表明,数字通信是现代通信的发展方向。

现代通信网中,数字通信系统可进一步细分为数字基带传输通信系统和数字频带传输通信系统。

1. 数字基带传输通信系统

与数字频带传输通信系统相对应,把没有调制器/解调器的数字通信系统称为数字基带传输通信系统,基本模型如图 1.4 所示。其中,基带信号形成器可能包括编码器、加密器和波形变换器等,接收滤波器可能包括译码器、解密器等。

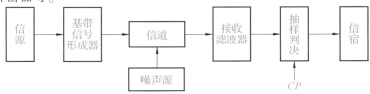

图 1.4 数字基带传输通信系统模型

2. 数字频带传输通信系统

数字频带传输通信系统中的频带传输是指在传输过程中，对数字信号进行调制后再进行传输，基本模型如图1.5所示。信源编码和信道编码负责完成对发送的数字信号信息进行加密和差错控制，再通过调制器对加密后的信号进行调制，调制后的信号放在信道中传输。在信道中，噪声的干扰不可避免。在接收端，对接收的信号进行解调、译码、解码，最终到达信宿，从而完成通信的过程。

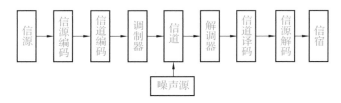

图1.5　数字频带传输通信系统模型

1.2　通信发展历程

2020年，科技界最热门的话题莫过于5G。5G中的"G"是"generation"的简称，汉语意思为代，5G就是第5代。同样，之前的1G、2G、2.5G、3G、4G也都表示第几代的意思。移动通信从1G到5G，走过的历史并不漫长。1G的主要技术是模拟通信，将声音变为电波，通过电波传输，再还原成声音。这样的方式使其存在品质差、安全性差、易受到干扰等问题。但蜂窝通信、频谱复用等技术，在现代的基站建设方面，也起到了重要的作用。2G的重要技术是数字通信，将声音信息变成数字编码完成信息传输。这样的方式让通信更加稳定、抗干扰性更强、更安全。3G在国际电信联盟（ITU）征集第3代通信标准，后来由中国、美国和欧洲的一些国家共同制定了3G标准，3G是从数字通信向数据通信转变的开始。4G缩小了数字鸿沟，中国通过3G的积累学习，在4G移动互联网时代开始反超，移动电子商务、移动支付等业务不断发展，让4G走入千家万户——便宜的智能手机、便捷的支付方式让普通人也进入了网络时代。4G改变生活，5G改变社会。5G技术的应用，使得传统的互联网实现了智能互联，万物互联成为可能。5G促使数据大爆发，数据中心行业贯穿5G发展周期；AI、模式识别等技术将非结构化数据翻译成结构化数据，使通信业界发生了天翻地覆的变化。而在2022年，6G也已经提上日程，6G即第6代移动通信标准，一个概念性无线网络移动通信技术，也称为第6代移动通信技术。6G网络将是一个地面无线网络与卫星通信集成的连接全世界的网络。通过将卫星通信整合到6G移动通信，实现全球无缝覆盖。网络信号能够抵达任何一个偏远的乡村，让身处山区的患者能接受远程医疗，让孩子们能接受远程教育。此外，在全球卫星定位系统、电信卫星系统、地球图像卫星系统和6G地面网络的联动支持下，地空全覆盖网络还能帮助人类预测天气、快速应对自然灾害等。6G通信技术的目标不再是简单的网络容量和传输速率的突破，而是变成了缩小数字鸿沟、实现万物互联。

通信技术的快速发展始于19世纪中叶，下面来着重探究从19世纪中叶至今通信的整体发展历程。

19世纪中叶前后，随着电报、电话的发明和电磁波的发现，人类通信领域产生了根本性变革，实现了利用金属导线来传递信息，甚至通过电磁波来进行无线通信，使神话中的"顺风耳""千里眼"变成了现实。从此，人类的信息传递可以脱离常规的视觉、听觉方式，用电信号作为新的载体，同时带来了一系列技术革新，开创了人类通信的新时代。

1837年，美国人塞缪尔·莫尔斯成功研制出世界上第一台电磁式电报机。1844年5月24日，莫尔斯在国会大厦联邦最高法院会议厅用"莫尔斯电码"发出了人类历史上第一份电报，实现了长途电报通信。1875年，苏格兰青年亚历山大·格拉汉姆·贝尔发明了世界上第一台电话机，并于1876年申请了发明专利。1888年，德国青年物理学家海因里希·鲁道夫·赫兹用电波环进行了一系列实验，发现了电磁波的存在，他用实验证明了麦克斯韦的电磁理论。这个实验轰动了整个科学界，成为近代科学技术史上的一个重要里程碑，标志着无线电的诞生，推动了电子技术的发展。1894年俄国的波波夫、意大利的马可尼分别发明了无线电接收器和无线电报，实现了信息的无线电传播，其他的无线电技术也如雨后春笋般涌现出来。1906年美国物理学家费森登成功研制出无线电广播。1920年美国无线电专家康拉德在匹兹堡建立了世界上第一家商业无线电广播电台，从此广播事业在世界各地蓬勃发展，收音机成为人们了解时事新闻的工具。1924年第一条短波通信线路在瑙恩和布宜诺斯艾利斯之间建立。1933年法国人克拉维尔建立了英法之间第一条商用微波无线电线路，推动了无线电技术的进一步发展。

随着电子技术的高速发展，军事、科研领域中迫切需要升级的计算工具和技术也不断更新换代。1946年美国宾夕法尼亚大学的埃克特和莫希里研制出世界上第一台电子计算机。电子元器件材料的革新进一步促使电子计算机朝小型化、高精度、高可靠性方向发展。20世纪40年代，科学家们发现了半导体材料，用它制成晶体管，替代了电子管。1948年美国贝尔实验室的肖克莱、巴丁和布拉坦发明了晶体三极管，于是晶体管收音机、晶体管电视、晶体管计算机很快替代了各式各样的真空电子管产品。1959年美国的基尔比和诺伊斯发明了集成电路，微电子技术诞生。1967年大规模集成电路诞生，一块米粒般大小的硅晶片上可以集成1 000多个晶体管的线路。1977年美国、日本科学家制成超大规模集成电路，30平方毫米的硅晶片上集成了13万个晶体管。微电子技术极大地推动了电子计算机的更新换代，而电子计算机显示了前所未有的信息处理功能，成为现代高新科技的重要标志。20世纪80年代末多媒体技术的兴起，使计算机具备了综合处理文字、声音、图像、影视等各种形式信息的能力，计算机日益成为信息处理最重要和必不可少的工具。电子计算机和通信技术的紧密结合，标志着数字化信息时代的到来。

有线电话诞生于美国的贝尔实验室，第1代无线通信系统作为有线电话补充者的角色出现，也诞生于美国。这里有两个方面的原因：一方面，当时世界通信科技的中心在美国，其他国家根本就没有进入这个领域；另一方面，技术有着传承性，无线通信系统和有线通信系统在很多方面还是有着共同的或者类似的技术，除了在无线接入和有线接入的所谓"最后一公里"不同之外，其他方面都是非常接近的。当时，美国有朗讯和摩托罗拉，加拿大有北电网络，北美的这三家通信设备制造商，一起奠定了北美在世界通信领域的"统治"地位。

通信业在中国的发展有目共睹，其日新月异的变化也足以让世界震惊。从中华人民共和国成立到现在，中国通信业发展经历了两个阶段。第一个阶段是从1949年至1978年，属于通信业发展的探索阶段，实现了通信能力从无到有，保持着低水平的发展。这一阶段我国用于通信建设的投资仅约60亿元人民币，通信状况很不乐观，市话为磁石电话(摇把子)、长途交换为人工转接，因为电话普及率很低，最普遍的通信方式是电报。到1978年，全国电话交换容量仅368万门，普及率仅为0.38%，也就是说，每百人拥有电话不到半门。第一阶段具有标志性的时间点可以归纳如下。

1950年12月12日，我国第一条有线国际电话电路——北京至莫斯科的电话电路开通。经由苏联转接通往东欧各国的国际电话电路也陆续开通。

1958年，上海第一部纵横制自动电话交换机试制成功，第一套国产明线12路载波电话机研制成功。

1970年，我国第一颗人造卫星(东方红1号)发射成功。

第二阶段是从1978年至今，属于通信业的高速发展阶段，通过通信人的努力，我国通信水平和通信规模都进入了世界前列。1978年至1988年，通信企业经历了转变观念、逐步对外开放和争取发展政策等重要发展过程。1988年至1998年为通信大发展期，主要表现为利用国家的初装费政策和外资加速折旧解决了资金问题，实现了通信建设的飞跃。1998年至2003年是发展与全面改革的五年，同时，也是拓宽服务、面向农村的五年。邮电分营、政企分开、移动独立、电信重组，改革力度之大，世界罕见。2003年至今是通信业继续发展的阶段，电信运营商纷纷转型，由通信转向信息应用，领域在拓宽，竞争日趋激烈。

信息公平社会的构建是第二阶段的主题之一，这期间具有标志性的时间点可以归纳如下。

1984 年 5 月 1 日，广州用 150 MHz 频段开通了我国第一个数字寻呼系统，程控中文电报译码机通过鉴定并推广使用，首次具备国际直拨功能的编码纵横制自动电话交换机(HJ09 型)研制成功。

1987 年 11 月，广州开通了我国第一个移动电话局，首批用户有 700 个；我国第一个 160 人工信息台在上海投入使用。

1993 年 9 月 19 日，我国第一个数字移动电话通信网在浙江省嘉兴市开通。

1994 年 7 月 19 日，中国联合通信有限公司成立。

1998 年 5 月 15 日，北京电信长城 CDMA 网商用试验网——133 网，在北京、上海、广州、西安投入试验。

1999 年 2 月 14 日，国务院通过中国电信重组方案，中国移动集团、中国电信集团及中国卫通集团相继挂牌；同年 4 月，中国网络通信有限公司成立。

2008 年 5 月 23 日，运营商重组方案正式公布。随着电信重组方案的确定，中国移动和中国铁通合并为中国移动，中国联通(CDMA 网)和中国电信合并为中国电信，中国联通(GSM 网)和中国网通合并为中国联通。至此，中国电信运营商形成了"三足鼎立"之势。

2009 年 1 月 7 日，工业和信息化部(以下简称工信部)向中国移动、中国电信和中国联通发放 3G 牌照，此举标志着我国正式进入 3G 时代。三大运营商分别获得了相应的 3G 频段。其中，中国移动获得的频段是 1 880~1 900 MHz 和 2 010~2 025 MHz，其 3G 标准基于 TDD 模式；中国电信获得的频段是 1 920~1 935 MHz 和 2 110~2 125 MHz，其 3G 标准基于 FDD 模式；而中国联通获得的频段是 1 940 ~1 955 MHz 和 2 130~2 145 MHz，3G 标准也基于 FDD 模式。

2012 年，我国主导的 TD-LTE 技术已成为第 4 代移动通信国际主流标准之一，并获得国际产业链的广泛支持。

2013 年 12 月 4 日，工信部向中国移动、中国联通、中国电信下发了第一张 4G 牌照，我国正式迈入 4G 时代。

2014 年，三大运营商资源重组，设立中国铁塔股份有限公司。

2015 年 2 月 27 日，中国电信、中国联通获得第二张 4G 业务牌照(即 FDD-LTE 牌照)，我国全面进入 4G 规模商用时代。

2016 年 10 月 30 日，物联网开始布局，固网宽带格局"变天"，中国移动宽带用户数超越中国联通。

2018 年，工信部向三大运营商发放 5G 中低频实验许可证。

2019 年 6 月 6 日，工信部向中国电信、中国移动、中国联通和中国广电正式颁发 5G 牌照，我国正式进入 5G 商用元年。

5G 时代的新网络通信技术引发了一系列产业变革，其下载速率理论值可达 10 Gb/s，是 4G 时代的 100 倍。在实际应用过程中，理想的情况下，用户可以在几秒内下载一部 1 G 左右的电影。5G 高速率可以推动 VR 虚拟现实技术快速进步。

通信的目的是更多、更快、更好地传输信息，1G 到 5G 的发展遵从通信的基本定律——香农定律。从香农定律来看，人类未来如果想做更好的通信，只能走更高的带宽、更高的频率。人们对于 6G 的想象也只是提出了 THz 通信理念，THz 通信将会面临比毫米波 GHz 通信更高的技术挑战，也会对网络部署提出新的课题。在香农定律所指明的发展路径之外，另一个方式就是设法提高单位信息量的密度。量子计算和量子通信技术正朝着这一方向发展。

> **趣味小课堂：**组成课堂小组，讨论当下通信技术发展现状，以及中国在通信领域的崛起历程和所拥有的越来越多的话语权。

1.3 通信系统的分类及通信方式

1.3.1 通信系统的分类

根据分类方法的不同,可以将通信系统分成很多种类。下面介绍几种较常用的分类方法。

1. 按消息的物理特征分类

按消息的物理特征分类,通信系统可分为电报通信系统、电话通信系统、数据通信系统和图像通信系统等。由于电话通信网最为发达普及,其他消息常通过公共的电话通信网传送。在综合业务通信网中,各种类型的消息都在统一的通信网中传送。

2. 按传输介质分类

按传输介质分类,通信系统可分为有线通信系统(包括光纤)和无线通信系统两种。有线通信是传输介质为导线、电缆、光缆、波导等形式的通信,其特点是介质能看得见、摸得着。无线通信是以看不见、摸不着的介质(如电磁波)来传输消息的通信。

3. 按信道中所传信号的特征分类

按信道中所传信号的特征分类,通信系统可分为模拟通信系统与数字通信系统。凡信号的某一参量可以取无限多个数值且直接与消息相对应的,称为模拟信号。模拟信号有时也称连续信号,这个"连续"指信号的某一参量可以连续变化(即可以取无限多个值),而不一定在时间上也连续。凡信号的某一参量只能取有限个数值,并且常常不直接与消息相对应的,称为数字信号。数字信号有时也称离散信号,指信号的某一参量是离散变化的,而不一定在时间上也离散。

4. 按工作频段分类

按工作频段分类,通信系统可分为长波通信系统、中波通信系统、短波通信系统、微波通信系统。通信使用的频段如表 1.1 所示。

表 1.1 通信使用的频段

频率范围(f)	符号	通信方式
3 Hz～30 kHz	甚低频(VLF)	长波通信
30 kHz～300 kHz	低频(LF)	
300 kHz～3 MHz	中频(MF)	中波通信
3 MHz～30 MHz	高频(HF)	短波通信
30 MHz～300 MHz	甚高频(VHF)	
300 MHz～3 GHz	特高频(UHF)	微波通信
3 GHz～30 GHz	超高频(SHF)	
30 GHz～300 GHz	极高频(EHF)	
10^5 GHz～10^7 GHz	紫外、可见光红外线	

5. 按调制方式分类

对于模拟信号来说,根据调制方式的不同可以将通信系统分为线性调制通信系统与非线性调制通信系统两种。其中,线性调制有常规幅度调制、单边带幅度调制、双边带幅度调制与残留边带幅度调制,非线性调制包括频率调制与相位调制。对于数字信号,调制可以分为幅度键控调制、频率键控调制、相位键控调制与其他高效数字调制。调制又可以根据脉冲调制方式的不同分为脉冲模拟调制与脉冲数字调制两种。脉冲模拟调制可以分为脉冲幅度调制、脉冲宽度调制和脉冲相位调制，脉冲数字调制可以分为脉冲编码调制、增量调制和差分脉码调制。

另外，通信还有一些其他的分类方法，这里就不再一一举例。

1.3.2 通信方式

通信过程可以分为点对点通信、点对面通信、网络通信。点对点通信是一对一通信，如常用的电话、对讲机等；点对面通信是一对多通信，如广播、电视等；网络通信是指网络中用户间的通信，如计算机网络通信、电话交换网络通信等。这里只讨论点对点通信，这也是其他通信方式的基础。

1. 按消息传送的方向与时间划分

按消息传送的方向与时间划分，通信方式可分为单工通信、半双工通信及全双工通信三种，具体如图 1.6 所示。

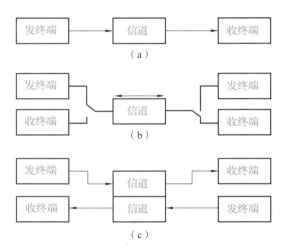

图 1.6 按消息传送的方向与时间划分的通信方式
（a）单工通信；（b）半双工通信；（c）全双工通信

单工通信方式是消息只能单方向进行传输的一种通信方式，如图 1.6（a）所示。单工通信的例子有很多，如广播、遥控、无线寻呼等，这里信号（消息）只从广播发射台、遥控器和无线寻呼中心分别传到收音机、遥控对象和 BB 机上。

半双工通信方式是通信双方都能收发消息，但不能同时进行收和发的通信方式，如图 1.6（b）所示。例如，对讲机、收发报机等都是这种通信方式。

全双工通信方式是通信双方可同时进行双向传输消息的通信方式，如图 1.6（c）所示。采用这种方式，双方都可同时进行收发消息。很明显，全双工通信的信道必须是双向信道。生活中全双工通信的例子非常多，如普通电话、各种手机等。

2. 按信号传输的次序划分

在数字通信中，按照数字信号传输的次序，可将通信方式分为串行传输和并行传输，具体如图 1.7 所示。

所谓串行传输，是指将代表信息的数字信号序列按时间顺序一个接一个地在信道中传输的方式。如果将代表信息的数字信号序列分割成两路或两路以上的数字信号序列同时在信道上传输，则称为并序传输通信方式。

串行传输方式只需占用一条通路，但传输占用时间相对较长；并行传输方式占用多条通路同时传输信息，传输时间短。两种方式各有利弊。

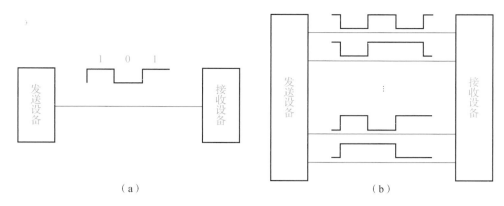

图 1.7 按信号传输的次序划分的通信方式
(a)串行传输；(b)并行传输

1.4 通信系统的主要性能指标

1.4.1 衡量通信系统好坏的两个标准

人们对于通信系统的要求是多方面的，评价通信系统的优劣包括信息传输的有效性、可靠性、适应性、标准性、经济性，甚至还包括设备造型的优美性等。对一个通信系统起主导和决定作用的是有效性和可靠性这两个指标，这也是人们衡量通信系统好坏的两个标准。那么何为有效性和可靠性呢？有效性是通信系统传输信息的速率表征，而可靠性是通信系统传输信息的质量表征。传输速度越快，有效性越高；传输信号越准确，可靠性越高。在通信系统中，人们总是希望传输信息既快又准，即既有效又可靠。然而，有效性和可靠性两者之间却是矛盾的，这一点，通过以后的进一步学习将会有更深的体会。一般情况下，要增加系统的有效性，就得降低可靠性，反之亦然。在实际中，常常依据系统要求采取相对统一的办法，即在满足一定可靠性指标下，尽量提高消息的传输速率，即尽量提高有效性；或者，在维持一定有效性条件下，尽可能提高系统的可靠性。两者如何进行选择，可以根据通信系统的具体要求来进行。

1.4.2 评价两个指标的重要参量

1. 有效性

数字通信系统的有效性可用信息传输速率来衡量，传输速率越高，系统的有效性就越好。对于数字信号，传输速率快慢通常用以下参量来衡量。

1）码元传输速率 R_B

数字通信是用有限个数字波形来代表信息的，那么每秒钟所传的数字波形的数目就是传输速率，即码元传输速率，通常又可称为码元速率或波形速率，用符号 R_B 来表示，单位为波特（Baud，常用符号"B"表示）。例如，某系统在 2 秒内共传送 4 800 个码元，则该系统的码元速率为 2 400 B。码元速率与码元宽度 T_b 有关，其计算公式为

$$R_B = \frac{1}{T_b} \tag{1.1}$$

然而，仅用传输速率来表征有效性是不够的，因为传输速率仅仅表征的是单位时间内传送数字波形的数目，而没有限定这种波形采用的是多少进制。在实际通信中，由于传输的信息量通常比较大，一般

采用多进制来进行信息的传输。码元速率 R_B 表征的是单位时间内传送的码元数,若通信系统能够不变,码元速率应该只与码元宽度 T_b 有关,而与信息的进制数无关。根据这点可以知道多进制码元速率 R_{BN} 与二进制码元速率 R_{B2} 之间,在保证系统信息速率不变的情况下,可以相互转换,其转换关系式为

$$R_{B2} = R_{BN} \cdot \log_2 N(\mathrm{B}) \tag{1.2}$$

式中,N 应为 2^k,其中 k 为不小于 2 的整数。

2)信息传输速率 R_b

信息传输速率简称信息速率,又可称为传信率、比特率等。信息传输速率用符号 R_b 表示。R_b 是单位时间(每秒钟)内传送的信息量,单位为比特每秒(bit/s),简记为 b/s 或 bps。例如,若某信源在 1 秒钟内可传送 1 200 个符号,且每一个符号的平均信息量为 1 bit,则该信源的 $R_b = 1\ 200$ b/s 或 1 200 bps,R_b 也与 N 有关。

3)消息传输速率 R_m

消息传输速率亦称消息速率,它是单位时间(每秒钟)内传输的消息数,用 R_m 表示。因消息的衡量单位不同,有各种不同的含义。例如,当消息的单位是汉字时,R_m 的单位为字每秒。消息速率在实际中应用不多。

4)R_b 与 R_B 之间的互换

在二进制中,码元速率 R_{B2} 同信息速率 R_{b2} 的关系在数值上相等,但单位不同。在多进制中,R_{BN} 与 R_{bN} 之间数值不同,单位亦不同。它们之间在数值上的关系为

$$R_{bN} = R_{BN} \cdot \log_2 N \tag{1.3}$$

在码元速率保持不变的条件下,二进制信息速率 R_{b2} 与多进制信息速率 R_{bN} 之间的关系为

$$R_{b2} = \frac{R_{bN}}{\log_2 N} \tag{1.4}$$

5)频带利用率

频带利用率指的是传输效率,也就是说,人们不仅关心通信系统的传输速率,还要看在这样的传输速率下所占用的信道频带宽度是多少。如果频带利用率高,说明通信系统的传输效率高,否则相反。

频带利用率的定义是单位频带内码元传输速率的大小,即

$$\eta = \frac{R_B}{B}(\mathrm{B/Hz}) \tag{1.5}$$

频带宽度 B 的大小取决于码元速率 R_B,而码元速率 R_B 与信息速率有确定的关系。因此,频带利用率还可用信息速率 R_b 的形式来定义,以便比较不同系统的传输效率,即

$$\eta = \frac{R_b}{B}[\mathrm{b/(s \cdot Hz)}] \tag{1.6}$$

2. 可靠性

数字通信系统的可靠性指标可用信息在传输过程中出错的概率来衡量,即用差错率来衡量。差错率越大,表明系统的可靠性越差。差错率通常有两种表示方法。

1)码元差错率 P_e

码元差错率 P_e 简称误码率,它是单位时间内,接收的错误码元数在系统传输的总码元数(正确码元数+错误码元数)中所占的比例。更确切地说,误码率就是码元在系统传输过程中被传错的概率,其表达式为

$$P_e = \frac{单位时间内接收的错误码元数}{单位时间内系统传输的总码元数} \tag{1.7}$$

2)信息差错率 P_{eb}

信息差错率 P_{eb} 简称误信率,或误比特率,它是单位时间内,接收的错误信息量在系统传输的信息总

量中所占的比例。或者说，误信率是码元的信息量在系统传输过程中丢失的概率，其表达式为

$$P_{eb} = \frac{单位时间内系统传输中出错（丢失）的比特数（信息量）}{单位时间内系统传输的总比特数（总信息量）} \qquad (1.8)$$

误码率表达式(1.7)和误信率表达式(1.8)常用来计算系统的误码率和误信率。

【例1.1】已知某八进制数字通信系统的信息速率为 12 000 b/s，在接收端半小时内共测得错误码元 216 个，试求该系统的误码率。

解：

$$R_{b8} = 12\ 000\ \text{b/s}$$

$$R_{B8} = \frac{R_{b8}}{\log_2 8} = 4\ 000\ \text{B}$$

则系统误码率为

$$P_e = \frac{216}{4\ 000 \times 30 \times 60} = 3 \times 10^{-5}$$

这里需要注意的问题是，一定要把码元速率 R_B 和信息速率 R_b 的条件搞清楚，如果不细心，此题容易误算出 $P_e = 10^{-5}$ 的结果。另外还需强调的是，如果已知条件给出了码元速率和接收端出现错误的信息量，也同样需要注意速率转换问题。

1.5 信息量度量

消息是对人或事物情况的报道。信号是消息的载体，也就是消息的携带者。通信过程中，系统将消息变成电信号、光信号等信号形式，完成消息的传送。信息是对于接收者来说事先不知道的消息。因此消息和信息是不同的。信息的含义更具普遍性、抽象性。信息可被理解为消息中包含的有意义的内容；消息可以有各种各样的形式，但消息的内容可统一用信息来表述。传输信息的多少可直观地使用"信息量"进行衡量。那么如何来衡量传递的消息中信息量的值呢？

对接收者来说，事件愈不可能发生，愈会使人感到意外和惊奇，信息量就愈大。而事件出现的概率可以用事件的不确定程度来描述，事件出现（发生）的可能性愈小，概率就愈小；反之，概率就愈大。基于这种认识可以得到：消息中的信息量与消息发生的概率紧密相关。消息出现的概率愈小，消息中包含的信息量就愈大。概率为零时（不可能发生事件），信息量为无穷大；概率为 1 时（必然事件），信息量为 0。

综上所述，可以得出消息中所含信息量与消息出现的概率之间的关系应有如下规律。

(1) 消息中所含信息量 I 是消息出现概率 $P(x)$ 的函数，即

$$I = I[P(x)] \qquad (1.9)$$

(2) 消息出现的概率愈小，它所含信息量就愈大；反之，信息量就愈小。且 $P=1$ 时，$I=0$；$P=0$ 时，$I=\infty$。

(3) 若干个互相独立事件构成的消息，所含信息量等于各独立事件信息量的和，即

$$I[P(x_1),\ P(x_2),\ \cdots] = I[P(x_1)] + I[P(x_2)] + \cdots \qquad (1.10)$$

若事件发生的概率为 $P(x)$，消息的信息量用 I 来表示，则它们之间的关系为

$$I = \log_a \frac{1}{P(x)} = -\log_a P(x) \qquad (1.11)$$

信息量 I 的单位与对数的底数 a 有关：当 $a=2$ 时，单位为比特（bit，简写为 b）；当 $a=e$ 时，单位为奈特（nat，简写为 n）；当 $a=10$ 时，单位为笛特（Det）或称为十进制单位。

在数字通信系统中，通常采用以 2 为底的对数形式来计算信息量。

下面讨论等概率出现的离散信息的度量，假设信源传送的是"晴""雨"两个气象消息：

"晴"——— a

"雨"——— b

字母 a、b 可看作是一个消息（离散消息），可用适当的波形来传送每一个消息，假设用二进制脉冲传送这两个消息。

消息信号：电压 0 V 脉冲代表消息 a（晴）；电压 1 V 脉冲代表消息 b（雨）。

如果每一消息信号是等概率出现的，则有

$$P(a) = P(b)，即 P(1) = P(0) = \frac{1}{2}$$

每一消息信号传输（传送）载荷的信息量为

$$I(0) = I(1) = -\log_2 \frac{1}{2} = 1 \text{ bit}$$

在表 1.2 中，考虑 4 条消息等概率出现的情况，用四进制脉冲也能传送 a、b、c、d 这 4 条消息。

表 1.2　四进制脉冲情况

4 进制脉冲波形	消息	消息信号的脉冲波形	消息出现的概率	每一消息信号携带的信息量
0 V	a（晴）	0　0	$P(a) = P(0, 0) = \frac{1}{4}$	$I(a) = 2$ bit
1 V	b（雨）	0　1	$P(b) = P(0, 1) = \frac{1}{4}$	$I(b) = 2$ bit
2 V	c（多云）	1　0	$P(c) = P(1, 0) = \frac{1}{4}$	$I(c) = 2$ bit
3 V	d（大风）	1　1	$P(d) = P(1, 1) = \frac{1}{4}$	$I(d) = 2$ bit

四进制脉冲情况：用四进制脉冲也能传送 4 条消息，或者说用单个四进制脉冲也能传送两个二进制脉冲所传送的信息。因此单个四进制脉冲能传送 2 bit 信息。

1 个二进制脉冲能传送 1 bit 信息，可表示 2 个消息；

2 个二进制脉冲能传送 2 bit 信息，可表示 4 个消息；

3 个二进制脉冲能传送 3 bit 信息，可表示 8 个消息；

……

k 个二进制脉冲能传送 k bit 信息，可表示 2^k 个消息。

若 2^k 个消息等概率出现，且各消息之间相互独立，则信息量为

$$I = \log_2 \frac{1}{\frac{1}{2^k}} = \log_2 2^k = k(\text{bit}) \tag{1.12}$$

下面考虑非等概率出现的情况。

设离散信源是一个由 n 个符号组成的集合 $(x_1, x_2, \cdots, x_n)$，按 $p(x_i)$ 独立出现。记为

$$\begin{bmatrix} x_1 & x_2 & \cdots & x_i & \cdots & x_n \\ p(x_1) & p(x_2) & \cdots & p(x_i) & \cdots & p(x_n) \end{bmatrix} \tag{1.13}$$

且有

$$\sum_{i=1}^{n} p(x_i) = 1 \tag{1.14}$$

则 $(x_1, x_2, \cdots, x_n)$ 各符号的信息量分别为 $[-\log_2 p(x_1), -\log_2 p(x_2), \cdots -\log_2 p(x_n)]$。这里每个符号(消息)的信息量不同。下面引入平均信息量 $H(x)$，它等于各个符号的信息量乘各自出现的概率再相加，其单位为比特/符号。$H(x)$ 的表达式为

$$H(x) = p(x_1)[-\log_2 p(x_1)] + \cdots + p(x_n)[-\log_2 p(x_n)] = \sum_{i=1}^{n} p(x_i)[-\log_2 p(x_i)] \qquad (1.15)$$

由于 H 同热力学中熵的形式相似，通常又称为信源的熵。显然，当 $p(x_i) = \dfrac{1}{M}$（每个符号等概率独立出现）时，式(1.15)取得最大值。

【例1.2】设由 5 个符号组成的信源(每条消息分别用字母 A、B、C、D、E 表示)，相应概率为

$$\begin{bmatrix} A & B & C & D & E \\ \dfrac{1}{2} & \dfrac{1}{4} & \dfrac{1}{8} & \dfrac{1}{16} & \dfrac{1}{16} \end{bmatrix}$$

求这 5 条消息的平均信息量 $H(x)$。

解：根据题意和式(1.15)，可得

$$H(x) = \frac{1}{2}\log_2 2 + \frac{1}{4}\log_2 4 + \frac{1}{8}\log_2 8 + \frac{1}{16}\log_2 16 + \frac{1}{16}\log_2 16 = 1.875 \text{ 比特/符号}$$

【例1.3】一离散信源由 1、2、3、4 共 4 个符号组成，它们出现的概率分别是 $\dfrac{3}{8}$、$\dfrac{1}{4}$、$\dfrac{1}{4}$、$\dfrac{1}{8}$，且每个符号独立出现，试求消息 201020130213001203210100321010023102002010312032100120210 的信息量。

解：根据题意，先对消息中每个符号出现的个数进行统计("~"前的数表示符号，"~"后的数表示出现的个数)。

$$\left.\begin{matrix} 0 \sim 23 \\ 1 \sim 14 \\ 2 \sim 13 \\ 3 \sim 7 \end{matrix}\right\} \text{共 57 个符号}$$

这 57 个符号代表的消息中，出现 0 的信息量为 $23 \cdot \log_2 \dfrac{8}{3} \approx 33$ bit，出现 1 的信息量为 $14 \cdot \log_2 4 = 28$ bit，出现 2 的信息量为 $13 \cdot \log_2 4 = 26$ bit，出现 3 的信息量为 $7 \cdot \log_2 8 = 21$ bit。故发送消息的总信息量为 $I = 33 + 28 + 26 + 21 = 108$ bit，平均信息量为

$$\bar{I} = \frac{I}{\text{符号总数}} = \frac{108}{57} \approx 1.89 \text{ 比特/符号} \qquad (1.16)$$

求平均信息量也可以用式(1.15)，即

$$\bar{I} = -\frac{3}{8}\log_2 \frac{3}{8} - \frac{1}{4}\log_2 \frac{1}{4} - \frac{1}{4}\log_2 \frac{1}{4} - \frac{1}{8}\log_2 \frac{1}{8} \approx 1.906 \text{ 比特/符号} \qquad (1.17)$$

比较式(1.16)和式(1.17)，两种方法的计算结果有一定的差异。若消息中符号数目为无穷大，则这两种方法的计算结果相等。

思考与练习

1. 数字通信系统的有效性和可靠性是一对矛盾，为什么？

2. 什么是码元速率？什么是信息速率？在二进制和多进制情况下，码元速率和信息速率之间的关系如何？

3. 某信源的符号集由 A、B、C、D 和 E 组成，设每一符号独立出现，其出现概率分别为 $\dfrac{1}{4}$、$\dfrac{1}{8}$、$\dfrac{1}{8}$、

$\dfrac{3}{16}$、$\dfrac{5}{16}$。信源以 1 000 B 的速率传送信息，则传送 1 h 的信息量为多少？传送 1 h 可能达到的最大信息量为多少？

4. 设英文字母 E 出现的概率为 0.105，x 出现的概率为 0.002。试求 E 及 x 的信息量。

5. 一个由 A、B、C、D 组成的消息，对其传输的每一个字母用二进制脉冲编码，"00" 代表 A，"01" 代表 B，"10" 代表 C，"11" 代表 D，每个脉冲宽度为 5 ms。

（1）不同的字母是等可能出现时，试计算传输的平均信息速率。

（2）若每个字母出现的可能性分别为 $P_A = \dfrac{1}{5}$、$P_B = \dfrac{1}{4}$、$P_C = \dfrac{1}{4}$、$P_D = \dfrac{3}{10}$，试计算传输的平均信息速率。

6. 设某信源由 128 个不同符号组成，其中 16 个符号出现的概率为 $\dfrac{1}{32}$，其余 112 个符号等概率出现。该信源每秒发出 1 000 个符号，且每个符号彼此独立，试计算该信源的平均信息速率。

第 2 章

确定信号分析

本章导读

　　按时间函数的确定性划分，可将信号分为确定信号和随机信号两大类。可以用明确的数学表达式表示的信号称为确定信号。对于指定的某一时刻来说，该信号的取值总是唯一确定的，如正余弦信号、指数信号、矩形信号等。随机信号与之不同，通常总带有某种不确定性，如语音信号、电视信号、噪音信号等。实际工程中，传输的信号几乎都具有不确定性，因而几乎都是随机信号。但随机信号有时也要借助确定信号加以分析，例如数字信号中常用的二进制代码。二进制代码自身虽然是随机的，但单独出现的"1"码或"0"码的波形，可以看成确定信号。另外，随机信号与确定信号的分析方法有许多共同之处，这些性质都说明了确定信号分析的重要性。本章将介绍确定信号的分析方法。

学习目标

知识与技能目标

❶ 了解信号的分类及其特征。

❷ 掌握确定信号的频域分析方法和频谱的概念。

❸ 学会傅里叶变换及其基本性质。

❹ 学会利用 MATLAB 绘制各类确定信号的波形。

❺ 学会利用 MATLAB 计算确定信号的频谱。

❻ 学会利用 MATLAB 计算确定信号的功率或能量。

素质目标

❶ 培养职业精神。

❷ 具有勇攀科学高峰的精神。

❸ 激发民族自豪感。

2.1 重要确定信号简介

有一类确定信号，它由很简单的数学形式组成，但是函数本身有不连续点或其导数、积分有不连续点，数学上通常把这类函数叫作奇异函数。下面介绍几种重要的奇异函数。

2.1.1 单位斜坡信号

单位斜坡信号以符号 $r(t)$ 表示，其定义为

$$r(t)=\begin{cases} t, & t\geqslant 0 \\ 0, & t<0 \end{cases} \tag{2.1}$$

它表示从 $t=0$ 开始且随后具有单位斜率的时间函数，其波形如图 2.1(a)所示。如果要求斜率不为 1，那么只需要用一个常数去乘 $r(t)$ 即可。对于 $b>0$，函数 $b \cdot r(t)$ 就是斜率为 b 的斜坡信号，其波形如图 2.1(b)所示。

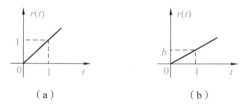

图 2.1 单位斜坡信号及斜率为 b 的斜坡信号波形图

(a)单位斜坡信号波形图；(b)斜率为 b 的斜坡信号波形图

2.1.2 单位阶跃信号

单位阶跃信号用符号 $u(t)$ 或 $\varepsilon(t)$ 表示，其跃变点 $t=0$ 处的函数值未知。单位阶跃信号的波形如图 2.2(a)所示，对应的表达式为

$$u(t)=\begin{cases} 1, & t>0 \\ 0, & t<0 \end{cases} \tag{2.2}$$

若单位阶跃信号跃变点在 $t=t_0$ 处，则称其为延迟单位阶跃信号，其波形如图 2.2(b)所示，对应的表达式为

$$u(t-t_0)=\begin{cases} 0, & t<t_0 \\ 1, & t>t_0 \end{cases} \tag{2.3}$$

单位阶跃信号是信号分析中的基本信号之一，在信号与系统分析中有着非常重要的作用，通常用它来表示信号的定义域，简化信号的时域表示形式。

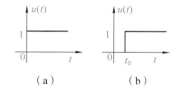

图 2.2 单位阶跃信号及延迟单位
阶跃信号波形图

(a)单位阶跃信号；(b)延迟单位阶跃信号

2.1.3 单位冲激信号

当采用狄拉克函数表示时，单位冲激信号称为狄拉克函数，此时有

$$\begin{cases} \delta(t)=0, & t\neq 0 \\ \int_{-\infty}^{\infty}\delta(t)\mathrm{d}t=1, & t=0 \end{cases} \tag{2.4}$$

它表示该函数除在原点以外，处处为零，并且具有单位面积值。这一函数可以假想为窄脉冲的极限。冲激信号用箭头表示，如图 2.3（a）所示。为了与信号的幅值相区分，冲激信号的强度在图 2.3 中以括号表示。

冲激信号可以延时至任意时刻 t_0，如图 2.3（b）所示，以符号 $\delta(t-t_0)$ 表示，定义为

$$\begin{cases} \delta(t)=0, & t \neq t_0 \\ \int_{-\infty}^{\infty} \delta(t)\mathrm{d}t = 1, & t = t_0 \end{cases}$$

冲激函数的性质如下。

（1）奇偶性：$\delta(t)$ 是偶函数，即
$$\delta(t)=\delta(-t) \tag{2.5}$$

（2）积分性，即
$$\int_{-\infty}^{t} \delta(\tau)\mathrm{d}\tau = u(t) \tag{2.6}$$
$$\frac{\mathrm{d}u(t)}{\mathrm{d}t}=\delta(t) \tag{2.7}$$

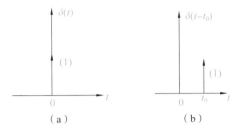

图 2.3　单位冲激信号及延时冲激信号波形图
（a）单位冲激信号波形图；（b）延时冲激信号波形图

（3）筛选特性，即
$$f(t)\delta(t-t_0)=f(t_0)\delta(t-t_0) \tag{2.8}$$

（4）取样特性，即
$$\int_{-\infty}^{\infty} f(t)\delta(t-t_0)\mathrm{d}t = f(t_0) \tag{2.9}$$

虽然这样的信号是理想化的数学模型，不会真正出现在任何物理系统中，但对于系统分析来说，这些函数仍然发挥着重要的作用。首先，当系统中发生开关的操作时，实际出现在系统中的信号可以利用这些信号来近似表示。其次，它们的数学形式简单，便于进行系统分析。更重要的是，许多复杂信号可以表示为这些简单信号的叠加。

趣味小课堂：在古代，中国人发明了烽火传讯，其速度堪比今天的光电传音。在甘肃博物馆收藏的国家一级文物中，有一种藏品叫引火苣，呈圆柱状，外面是芦苇秆，用绳索捆绑扎实。有的引火苣比较长，约 2 米；有的比较短，不到 1 米。它们出土于河西走廊瓜州县东南 25 千米处一座名叫破城子的汉代遗址，其作用是点燃烽火以传递消息，防备敌兵的骚扰和入侵。

2.2 信号的频谱分析

对信号及系统的分析有时域、频域和复数域三个角度，从不同的角度分析得到的信息不尽相同，但结论是统一且互补的。

2.2.1 周期信号的频谱分析

任何一个周期信号 $f(t)$ 只要满足狄里克雷条件，就可以展开为正交序列之和——傅里叶级数。$f(t)$ 指数形式的傅里叶级数表达式为

$$f(t) = \sum_{n=-\infty}^{\infty} F_n \mathrm{e}^{\mathrm{j}n\omega t} \tag{2.10}$$

其中系数 F_n 的表达式为

$$F_n = \frac{1}{T_1}\int_{t_0}^{t_0+T} f(t)\mathrm{e}^{-\mathrm{j}\omega t}\mathrm{d}t \tag{2.11}$$

将 F_n 写成一般复数形式为

$$F_n = |F_n| e^{j\varphi_n} \qquad (2.12)$$

由式(2.12)可见,周期信号可以展开为许多不同幅度、不同频率和不同相位的单频信号之和。式(2.12)中 $|F_n|$ 与 ω 之间的关系称为 $f(t)$ 的幅度频谱,它表示不同谐波幅度大小和频率的关系;φ_n 与 ω 之间的关系称为信号的相位频谱,它表示不同谐波相位与频率的关系。如果以频率为横轴、以幅度或相位为纵轴,绘出 F_n 及 φ_n 等的变化关系,便可直观地看出各频率分量的相对大小关系和相对相位关系。

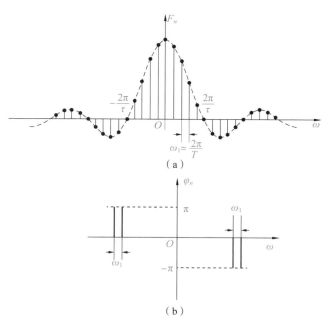

图 2.4 周期矩形脉冲信号的双边频谱
(a)双边幅度频谱;(b)双边相位频谱

指数形式的傅里叶级数为双边谱,只有在傅里叶系数 F_n 为实数时,才能将周期信号的幅度频谱和相位频谱画在同一幅图中。一般情况下,F_n 为复数,幅度频谱与相位频谱就不可能画在一张图中,而必须分为幅度频谱和相位频谱两张图。

【例 2.1】周期矩形脉冲信号的幅度为 A,宽度为 τ,周期为 T,其频谱如图 2.4 所示。

图 2.4 中出现的负数频率无实际物理意义,只是数学运算的结果。

通过上面对周期信号频谱基本概念的分析,以及周期信号双边频谱图的特点,可总结出周期信号的频谱具有如下特性。

(1)频谱由不连续的谱线组成,每一条谱线代表一个正弦分量,即频谱具有离散特性。

(2)频谱的每条谱线都只能出现在基波频率的整数倍频率上,即频谱具有谐波特性。

(3)频谱的各条谱线的高度,即各次谐波的振幅,总是随着谐波次数的增大而逐渐减小,当谐波次数无限大时,谐波分量的振幅就趋近于无穷小,即频谱具有收敛特性。

2.2.2 非周期信号的频谱分析

非周期信号 $f(t)$ 可看成是周期趋近无穷大的周期信号。当周期 T 趋近于无穷大时,谱线间隔 ω 趋近于无穷小,从而信号的频谱变为连续频谱。各频率分量的幅度也趋近于无穷小,不过,这些无穷小量之间仍有一定差别。

为了描述非周期信号的频谱特性,引入频谱密度的概念。令

$$F(\omega) = \lim_{T \to \infty} \frac{F_n}{\frac{1}{T}} = \lim_{T \to \infty} F_n T \qquad (2.13)$$

称 $F(\omega)$ 为频谱密度函数,F_n 为傅里叶级数的系数。

傅里叶级数表达式为

$$F_n = \frac{1}{T} \int_{-\frac{T}{2}}^{\frac{T}{2}} f(t) e^{-j\omega t} dt \qquad (2.14)$$

进一步推导得

$$F(\omega) = \lim_{T \to \infty} F_n T = \int_{-\infty}^{\infty} f(t) e^{-j\omega t} dt \qquad (2.15)$$

$$f(t) = \frac{1}{2\pi} \int_{-\infty}^{\infty} F(\omega) \mathrm{e}^{\mathrm{j}\omega t} \mathrm{d}\omega \tag{2.16}$$

$F(\omega)$ 也称为 $f(t)$ 的傅里叶变换域频谱密度函数，简称频谱。$f(t)$ 称为 $F(\omega)$ 的傅里叶反变换或原函数。$F(\omega)$ 和 $f(t)$ 可分别记为

$$F(\omega) = F[f(t)] \tag{2.17}$$

$$f(t) = F^{-1}[F(\omega)] \tag{2.18}$$

这里要注意，傅里叶变换的积分区间要根据实际情况而定。若信号 $f(t)$ 的定义域在 $(0, +\infty)$ 上，则傅里叶变换的公式将变为

$$F(\omega) = \int_0^{\infty} f(t) \mathrm{e}^{-\mathrm{j}\omega t} \mathrm{d}t \tag{2.19}$$

式(2.19)称为单边傅里叶变换。

从傅里叶变换定义可知，信号在时域中是连续的、非周期性的，其频谱在频域中也是连续的、非周期性的。

一般的复函数都可以写为

$$F(\omega) = |F(\omega)| \mathrm{e}^{\mathrm{j}\varphi(\omega)} = R(\omega) + \mathrm{j}X(\omega) \tag{2.20}$$

$$\varphi(\omega) = \arctan\left[\frac{X(\omega)}{R(\omega)}\right] \tag{2.21}$$

式(2.20)中，$|F(\omega)|$ 是 $F(\omega)$ 的模，代表信号中各频率分量的相对大小。$\varphi(\omega)$ 是 $F(\omega)$ 的相位函数，表示信号中各频率分量之间的相位关系。$|F(\omega)|$ 与 $\varphi(\omega)$ 的曲线分别称为幅度谱和相位谱，它们都是 ω 的连续函数，在形状上与相应的周期信号频谱包络线相同。具有离散频谱的信号，其能量集中在一些谐波分量中。具有连续频谱的信号，其能量分布在所有的频率中，每一频率分量包含的能量为无穷小量。傅里叶变换一般为复数。若 $f(t)$ 为实数，则幅度谱为偶函数，相位谱为奇函数。

非周期信号的频谱密度与相对应的周期信号的傅里叶系数之间的关系为

$$F(\omega) = \lim_{T \to \infty} T F_n \big|_{n\omega_0 = \omega} \tag{2.22}$$

$$F_n = \frac{F(\omega)}{T} \bigg|_{\omega = n\omega_0} \tag{2.23}$$

应用式(2.22)和式(2.23)可以较方便地从周期信号中求取相应的非周期信号的频谱密度，或者进行反向操作。在包络上，非周期信号的频谱包络线与相应的周期信号的频谱包络线相同。

单位阶跃信号 $u(t)$ 傅里叶变换的表达式为

$$F(\omega) = F[u(t)] = F(0.5) + 0.5F[\mathrm{sgn}(t)] = \pi\delta(\omega) + \frac{1}{\mathrm{j}\omega} \tag{2.24}$$

单位阶跃信号的幅度频谱和相位频谱表达式为

$$|F(\omega)| = \sqrt{\pi^2\delta^2(\omega) + \frac{1}{\omega^2}} \tag{2.25}$$

$$\varphi(\omega) = \begin{cases} 0, & \omega = 0 \\[2mm] -\dfrac{\pi}{2}, & \omega > 0 \\[2mm] \dfrac{\pi}{2}, & \omega < 0 \end{cases} \tag{2.26}$$

单位阶跃信号频谱图如图 2.5 所示。

冲激信号 $\delta(t)$ 的傅里叶变换为

$$F(\omega) = \int_{-\infty}^{\infty} \delta(t) \mathrm{e}^{-\mathrm{j}\omega t} \mathrm{d}t = \mathrm{e}^0 = 1 \tag{2.27}$$

由式(2.27)可知，单位冲激信号的频谱为常数 1，其频谱在整个频率范围内是均匀分布的，所以称单位冲激信号的频谱为全通频谱或均匀频谱，其频谱图如图 2.6 所示。

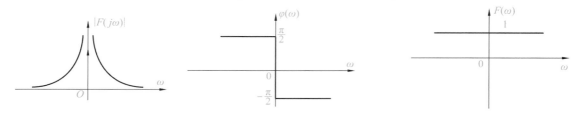

图 2.5　单位阶跃信号频谱图　　　　　　　　　图 2.6　单位冲激信号频谱图

2.2.3　能量谱密度与功率谱密度

在通信系统中，按照能量来分类，可将信号分为能量信号和功率信号两大类。其中，能量信号的功率趋近于零，能量 E 有限，即

$$E = \int_{-\infty}^{\infty} f^2(t)\,\mathrm{d}t < \infty \tag{2.28}$$

功率信号的能量趋近于无穷大，功率信号的平均功率为

$$P = \lim_{T \to \infty} \frac{1}{T} \int_{-\frac{T}{2}}^{\frac{T}{2}} f^2(t)\,\mathrm{d}t \tag{2.29}$$

1. 能量谱密度

若能量信号 $f(t)$ 的频谱函数为 $F(\omega)$，由帕斯瓦尔定理有

$$R(0) = \int_{-\infty}^{\infty} f^2(t)\,\mathrm{d}t = \frac{1}{2\pi} \int_{-\infty}^{\infty} |F(\omega)|^2 \mathrm{d}\omega = \int_{-\infty}^{\infty} |F(f)|^2 \mathrm{d}f \tag{2.30}$$

称 $G(f) = |F(f)|^2$ 为能量谱密度函数，简称为能量谱函数。此时信号能量 E 的表达式为

$$E = \int_{-\infty}^{\infty} G(f)\,\mathrm{d}f = \frac{1}{2\pi} \int_{-\infty}^{\infty} G(\omega)\,\mathrm{d}\omega \tag{2.31}$$

能量谱密度的物理含义为单位频带上的信号能量分布，对能量谱密度积分，可得能量信号的能量。能量谱函数 $G(f)$ 只与信号的 $|F(f)|$ 有关，而与相位无关，单位为焦耳/赫兹（J/Hz）。

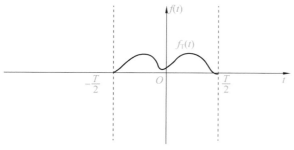

图 2.7　功率信号 $f(t)$ 及其截断函数 $f_{\mathrm{T}}(t)$

2. 功率谱密度

设 $f(t)$ 是功率有限信号，设 $f_{\mathrm{T}}(t)$ 为 $f(t)$ 的截断信号，如图 2.7 所示。

$f_{\mathrm{T}}(t)$ 的表达式为

$$f_{\mathrm{T}}(t) = \begin{cases} f(t), & |t| \leqslant \dfrac{T}{2} \\ 0, & |t| > \dfrac{T}{2} \end{cases} \tag{2.32}$$

所以 $f(t)$ 的平均功率为

$$P = \lim_{T \to \infty} \frac{1}{T} \int_{-\frac{T}{2}}^{\frac{T}{2}} f^2(t)\,\mathrm{d}t = \frac{1}{2\pi} \int_{-\infty}^{\infty} \lim_{T \to \infty} \frac{|F_{\mathrm{T}}(\omega)|^2}{T}\,\mathrm{d}\omega \tag{2.33}$$

式中，$F_{\mathrm{T}}(\omega)$ 为 $f_{\mathrm{T}}(t)$ 的傅里叶变换。

$f(t)$ 的功率谱密度函数（简称功率谱函数）的定义式为

$$P(\omega) = \lim_{T \to \infty} \frac{|F_{\mathrm{T}}(\omega)|^2}{T} \tag{2.34}$$

显然，功率谱函数 $P(\omega)$ 是 ω 的偶函数，单位为瓦/秒(W/s)。

趣味小课堂： 法国著名数学家和物理学家傅里叶一生曲折而执着的科研经历：1807 年，他的热传导基本论文《热的传播》因受拉格朗日反对被拒稿；1811 年，他的修改版论文《热在固体中的运动理论》获法国科学院大奖但仍未正式发表；1822 年，他终于出版了划时代的经典性著作——《热的解析理论》。

在种种困难中，傅里叶没有放弃对科学的追求。他所创立的傅里叶分析，在物理学、数论、组合数学、信号处理、概率论、统计学、密码学、声学、光学、海洋学、结构动力学等领域中都有着广泛的应用。

2.3 确定信号的卷积与相关函数

2.3.1 卷积与卷积定理

已知定义在区间 $(-\infty, \infty)$ 上的两个函数 $f_1(t)$ 和 $f_2(t)$，函数 $f(t)$ 为

$$f(t) = \int_{-\infty}^{\infty} f_1(\tau) f_2(t-\tau) \mathrm{d}\tau = \int_{-\infty}^{\infty} f_2(\tau) f_1(t-\tau) \mathrm{d}\tau \tag{2.35}$$

定义 $f(t)$ 为 $f_1(t)$ 和 $f_2(t)$ 的卷积积分，简称卷积，记为

$$f(t) = f_1(t) * f_2(t) = f_2(t) * f_1(t) \tag{2.36}$$

这里要注意积分是在假设变量为 τ 时进行的，τ 为积分变量，t 为参变量，结果仍为 t 的函数。

1. 卷积的性质

卷积积分是一种数学运算，它有许多重要的性质，灵活地运用它们能简化卷积运算。下面给出了卷积的一些基本性质。

1）交换律

$$f_1(t) * f_2(t) = f_2(t) * f_1(t) \tag{2.37}$$

2）分配律

$$f_1(t) * [f_2(t) + f_3(t)] = f_1(t) * f_2(t) + f_1(t) * f_3(t) \tag{2.38}$$

3）结合律

$$[f_1(t) * f_2(t)] * f_3(t) = f_1(t) * [f_2(t) * f_3(t)] \tag{2.39}$$

4）微分

$$\frac{\mathrm{d}}{\mathrm{d}t}[f_1(t) * f_2(t)] = f_1(t) * \frac{\mathrm{d}}{\mathrm{d}t}f_2(t) = f_2(t) * \frac{\mathrm{d}}{\mathrm{d}t}f_1(t) \tag{2.40}$$

5）积分

$$\int_{-\infty}^{t} [f_1(\tau) * f_2(\tau)] \mathrm{d}\tau = f_1(t) * \int_{-\infty}^{t} f_2(\tau) \mathrm{d}\tau = f_2(t) * \int_{-\infty}^{t} f_1(\tau) \mathrm{d}\tau \tag{2.41}$$

离散时间信号的卷积性质和连续时间信号的卷积性质类似。

2. 信号与冲激函数或阶跃函数的卷积

1）信号与冲激函数的卷积

$$f(t) * \delta(t) = f(t) \tag{2.42}$$

2）信号与阶跃函数的卷积

$$f(t) * u(t) = \int_{-\infty}^{t} f(\tau) \mathrm{d}\tau \tag{2.43}$$

3. 卷积定理

1）时域卷积定理

若 $f_1(t) \leftrightarrow F_1(\omega)$，$f_2(t) \leftrightarrow F_2(\omega)$，则有

$$f_1(t) * f_2(t) \leftrightarrow F_1(\omega) \cdot F_2(\omega) \tag{2.44}$$

时域卷积对应频域频谱密度函数的乘积。

2）频域卷积定理

若 $f_1(t) \leftrightarrow F_1(\omega)$，$f_2(t) \leftrightarrow F_2(\omega)$，则有

$$f_1(t) \cdot f_2(t) \leftrightarrow \frac{1}{2\pi} F_1(\omega) * F_2(\omega) \tag{2.45}$$

由此得出结论：在时域中两个函数的卷积等效于在频域中它们频谱的乘积，而在时域中两个函数的乘积等效于在频域中它们频谱的卷积再乘 $\frac{1}{2\pi}$。

2.3.2 信号的相关函数

1. 相关函数的定义

相关函数可分为互相关函数和自相关函数。互相关函数反映两个不同信号之间的关联或相似程度，或者说是一个信号与另外一个时移 τ 后的信号之间的关联或相似程度；自相关函数反映同一信号在不同时刻间的关联程度。

1）互相关函数的定义

（1）能量信号的互相关函数为

$$R_{12}(\tau) = \int_{-\infty}^{\infty} f_1(t) f_2(t+\tau) \, dt, \quad -\infty < \tau < \infty \tag{2.46}$$

（2）功率信号的互相关函数为

$$R_{12}(\tau) = \lim_{T \to \infty} \frac{1}{T} \int_{-\frac{T}{2}}^{\frac{T}{2}} f_1(t) f_2(t+\tau) \, dt, \quad -\infty < \tau < \infty \tag{2.47}$$

（3）周期信号的互相关函数为

$$R_{12}(\tau) = \frac{1}{T} \int_{-\frac{T}{2}}^{\frac{T}{2}} f_1(\tau) f_2(t+\tau) \, dt, \quad -\infty < \tau < \infty \tag{2.48}$$

2）自相关函数的定义

（1）能量信号的自相关函数

$$R(\tau) = \int_{-\infty}^{\infty} f(t) f(t+\tau) \, dt, \quad -\infty < \tau < \infty \tag{2.49}$$

（2）功率信号的自相关函数

$$R(\tau) = \lim_{T \to \infty} \frac{1}{T} \int_{-\frac{T}{2}}^{\frac{T}{2}} f(t) f(t+\tau) \, dt, \quad -\infty < \tau < \infty \tag{2.50}$$

（3）周期信号的自相关函数

$$R(\tau) = \frac{1}{T_0} \int_{-\frac{T_0}{2}}^{\frac{T_0}{2}} x(t) x(t+\tau) \, dt, \quad -\infty < \tau < \infty \tag{2.51}$$

2. 相关函数的性质

（1）当 $\tau = 0$ 时，$R(0) = \frac{1}{T_0} \int_{-\frac{T_0}{2}}^{\frac{T_0}{2}} f^2(t) \, dt$，即函数在零点的值等于信号的功率。

（2）$R(\tau) \leqslant R(0)$。

（3）$R_{12}(\tau) = R_{12}(-\tau)$，$R(\tau) = R(-\tau)$，即自相关函数和互相关函数都是偶函数。

（4）若能量信号 $f_1(t)$ 和 $f_2(t)$ 的频谱分别为 $F_1(\omega)$ 和 $F_2(\omega)$，则信号 $f_1(t)$ 和 $f_2(t)$ 的互相关函数 $R_{12}(\tau)$ 和 $F_1(\omega)$ 的共轭乘 $F_2(\omega)$ 是傅里叶变换对，即

$$R_{12}(\tau) \leftrightarrow \overline{F_1(\omega)} \cdot F_2(\omega) \tag{2.52}$$

（5）功率信号的自相关函数与功率谱 $P(\omega)$ 之间是傅里叶变换关系，即

$$R(\tau) \leftrightarrow P(\omega) \qquad\qquad (2.53)$$

2.4 MATLAB 实践

【例2.2】设周期信号的一个周期波形为

$$f(t) = \begin{cases} 2, & 0 \leqslant t \leqslant \dfrac{T}{2} \\ -2, & \dfrac{T}{2} \leqslant t \leqslant T \end{cases}$$

用 MATLAB 画出 $f(t)$ 按傅里叶级数展开后的波形。

MATLAB 程序如下。

```
close all;
clear all;
N=200;       % 取展开式的项数为(2N+1)项

T=1;
fs=1/T;
N_sample=256;
dt=T/N_sample;

t=0:dt:10*T-dt;

n=-N:N;
Fn=2*sinc(n/2). *exp(-j*n*pi/2);
Fn(N+1)=0;

ft=zeros(1,length(t));
for m=-N:N
     ft=ft+Fn(m+N+1)*exp(j*2*pi*m*fs*t);
end

plot(t,ft,'LineWidth',2)
axis([0,5,-3.5,3.5]);
xlabel('t'); ylabel('f(t)');
```

运行结果如图2.8所示。

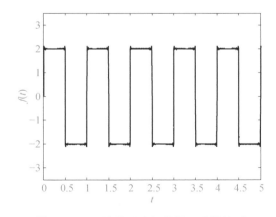

图2.8 $f(t)$ 按傅里叶级数展开后的波形

【例 2.3】已知信号

$$s_1(t) = \cos 4\pi t$$

利用离散傅里叶变换(DET)计算信号的频谱并与信号的真实频谱做抽样比较。

MATLAB 程序如下。

(1)脚本文件"T2F. m"定义了函数 DET,计算信号的傅里叶变换。

```
function [f,sf]=T2F(t,st)
% 利用 FFT 函数计算信号的傅里叶变换
% 输入时间和信号向量,时间长度必须大于 2
% 输出频率和信号频谱
dt=t(2)-t(1);
T=t(end);
df=1/T;
N=length(st);
f=-N/2*df:df:N/2*df-df;

sf=fft(st);
sf=T/N*fftshift(sf);
```

(2)脚本文件"F2T. m"定义了函数 F2T,计算信号的反傅里叶变换。

```
function [t,st]=F2T(f,sf)
% 该函数使用 ifft 函数计算信号的反傅里叶变换
df=f(2)-f(1);
Fmx=(f(end)-f(1) +df);
dt=1/Fmx;
N=length(sf);
T=dt*N;
t=0:dt:T-dt;

sff=ifftshift(sf);
st=Fmx*ifft(sff);
```

(3)另写脚本文件"fb_spec. m"。

```
% 方波的傅里叶变换
clear all;
close all;
T=1;
N_sample=128;
dt=1/N_sample;

t=0:dt:T-dt;
st=cos(4*pi*t);

subplot(211);
plot(t,st,'LineWidth',2);
```

```
axis([0 1 −2 2]);
xlabel('t');
ylabel('s(t)');
subplot(212)
[f sf]=T2F(t,st);
plot(f,abs(sf),'LineWidth',2);
hold on;
axis([−10 10 0 1]);
xlabel('f')
ylabel('|S(f)|');
```

运行结果如图 2.9 所示。

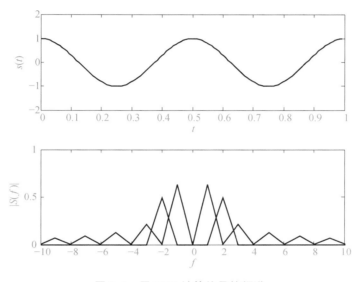

图 2.9 用 DET 计算信号的频谱

【例 2.4】已知信号 $s_1(t) = e^{-2t}\cos 25\pi t$，$s_2(t) = 2\sin 5\pi t$，用 MATLAB 画出其波形，并求其相应的功率或能量。

MATLAB 程序如下：

```
%信号的能量计算或功率计算
clear all;
close all;
dt=0.01;
t=0:dt:100;

s1=exp(−2*t).*cos(25*pi*t);
s2=2*sin(5*pi*t);

E1=sum(s1.*s1)*dt;          % s1(t)的信号能量
P2=sum(s2.*s2)*dt/(length(t)*dt);        % s2(t)的信号功率 s
```

```
[f1 s1f]=T2F(t,s1);
[f2 s2f]=T2F(t,s2);

figure(1)
subplot(211)
plot(t,s1,'LineWidth',4);
xlabel('t'); ylabel('s1(t)'); axis([0 2 -1.2 1.2]);
subplot(212)
plot(t,s2,'LineWidth',4);
xlabel('t'); ylabel('s2(t)'); axis([0 2 -1.2 1.2]);
[E1,P2]
```

运行结果如图 2.10 所示。

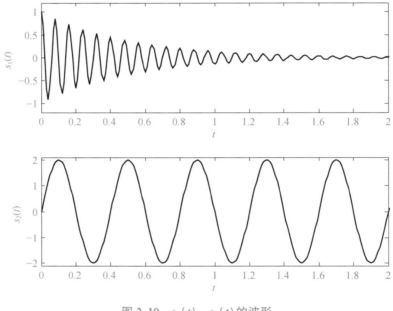

图 2.10　$s_1(t)$、$s_2(t)$ 的波形

得到

```
ans =
   0.1301    1.9998
```

计算得到信号 $s_1(t)$ 的能量为 0.130 1 J；$s_2(t)$ 的功率为 1.999 8 W。

思考与练习

1. 什么是确定信号？什么是随机信号？

2. 请分别说明能量信号和功率信号的特征。

3. 利用信号 $f(t)$ 的对称性，定性判断图 2.11 所示周期信号的傅里叶级数中所含有的频率分量。

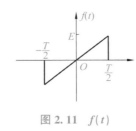

图 2.11 $f(t)$

4. 求图 2.12 所示频谱 $F(\omega)$ 对应的时间信号 $f(t)$。

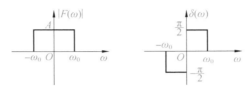

图 2.12 $|F(\omega)|$ 与 $\delta(\omega)$

5. 叙述并证明傅里叶变换的时域卷积定理。

第 3 章

随机信号分析

本章导读

通信系统中传输的信号总带有某种随机性,即它们的某个或几个参数不能预知或不能完全预知,把这种具有随机性的信号称为随机信号。信号在通信系统中传输时常伴随噪声的加入,例如各种电磁波噪声、通信设备本身产生的热噪声和散粒噪声等。这些噪声通常都是不能预测的,称为随机噪声。

本章将讨论随机信号和随机噪声的分析方法,这对研究各种通信系统的可靠性和设计各种通信系统而言,是不可或缺的基础知识。

学习目标

知识与技能目标

①掌握随机过程的基本概念、概率分布和数字特征。

②了解平稳随机过程中功率谱密度的概念。

③掌握各类噪声信号的定义及窄带高斯噪声的统计特性。

④学会利用 MATLAB 生成各类随机变量。

⑤学会利用 MATLAB 画出窄带高斯过程的等效基带信号。

⑥学会利用 MATLAB 计算窄带高斯过程的功率、等效基带信号的实部功率及虚部功率。

素质目标

①具备从不同角度思考问题的能力。

②具备不怕困难,迎难而上的精神。

③培养爱国情怀。

3.1　随机过程的基本概念与概率分布

3.1.1　随机过程的基本概念

随机过程是随机信号和噪声的数学模型。通信过程中的随机信号和噪声均可归纳为依赖时间参数 t 的随机过程。例如，有 n 台性能相同的通信系统接收机，在相同工作环境和测试条件下，通过示波器记录各台接收机的输出信号波形。测试结果表明，找不到两个完全相同的波形。即使 n 取足够大，也找不到两个完全相同的波形。这就证明了接收机输出的噪声电压随时间的变化是不可预测的，因而它是一个随机过程。

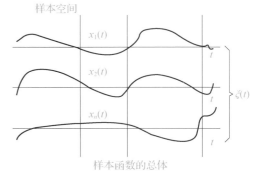

图 3.1　随机过程示意图

设 P_k（其中 $k=1,2,\cdots,n$）是随机试验。每一次试验都有一条时间波形，称为样本函数，记作 $x_i(t)$（其中 $i=1,2,\cdots,n$），所有可能出现的结果的总体 $\{x_1(t),x_2(t),\cdots,x_n(t)\}$ 就构成一个随机过程，记作 $\xi(t)$。简单地说，无穷多个样本函数的总体叫作随机过程，如图 3.1 所示。随机过程是随机变量概念的延伸。

3.1.2　随机过程的概率分布

随机过程具有两重性，因此可用类似于描述随机变量的方式来描述它的统计特征。设 $\xi(t)$ 表示一个随机过程，则在任意一个时刻 t_1 上，$\xi(t_1)$ 是一个随机变量。显然，这个随机变量的统计特性可以用分布函数或概率密度函数来描述。

1. 随机过程 $\xi(t)$ 的一维概率分布函数和一维概率密度函数

设 $\xi(t)$ 是一个随机过程，在任意给定的时刻 $t_1 \in T$，其取值 $\xi(t_1)$ 是一个一维随机变量。随机变量的统计特性可以用分布函数或概率密度函数来描述。通常把随机变量 $\xi(t_1)$ 小于或等于某一个数值 x_1 的概率 $P\{\xi(t_1) \leqslant x_1\}$ 简记为 $F_1(x_1, t_1)$，即 $F_1(x_1, t_1)=P\{\xi(t_1) \leqslant x_1\}$，称为随机过程 $\xi(t)$ 的一维概率分布函数。

若 $F_1(x_1, t_1)$ 对 x_1 的偏导数存在，即

$$f_1(x_1, t_1) = \frac{\partial F_1(x_1, t_1)}{\partial x_1} \tag{3.1}$$

则称 $f_1(x_1, t_1)$ 为 $\xi(t)$ 的一维概率密度函数。

显然，随机过程的一维概率分布函数或一维概率密度函数仅描述了随机过程在各个不同时刻的统计特性，而没有表明随机过程在不同时刻取值之间的内在关系，为此需要进一步引入二维概率分布函数。

2. 随机过程 $\xi(t)$ 的二维概率分布函数和二维概率密度函数

任意给出两个时刻 t_1、t_2，且 $t_1 \in T$、$t_2 \in T$，则随机变量 $\xi(t_1)$ 和 $\xi(t_2)$ 构成一个二元随机变量 $\{\xi(t_1), \xi(t_2)\}$，随机过程 $\xi(t)$ 的二维概率分布函数为

$$F_2(x_1, x_2; t_1, t_2)=P\{\xi(t_1) \leqslant x_1, \quad \xi(t_2) \leqslant x_2\} \tag{3.2}$$

若存在

$$\frac{\partial^2 F_2(x_1, x_2; t_1, t_2)}{\partial x_1 \partial x_2}=f_2(x_1, x_2; t_1, t_2) \tag{3.3}$$

则称 $f_2(x_1, x_2; t_1, t_2)$ 为 $\xi(t)$ 的二维概率密度函数。

3. 随机过程 $\xi(t)$ 的 n 维概率分布函数和 n 维概率密度函数

任意给出 t_1, t_2, $\cdots$, t_n, 且它们均属于 T, 则 $\xi(t)$ 的 n 维概率分布函数定义为

$$F_n(x_1, x_2, \cdots, x_n; t_1, t_2, \cdots, t_n) = P\{\xi(t_1) \leqslant x_1, \ \xi(t_2) \leqslant x_2, \cdots, \ \ \ \xi(t_n) \leqslant x_n\} \quad (3.4)$$

若存在

$$f_n(x_1, x_2 \cdots, x_n; t_1, t_2 \cdots, t_n) = \frac{\partial^n F_n(x_1, x_2 \cdots, x_n; t_1, t_2 \cdots, t_n)}{\partial x_1 \partial x_2 \cdots \partial x_n} \quad (3.5)$$

则称 $f_n(x_1, x_2, \cdots, x_n; t_1, t_2, \cdots, t_n)$ 为 $\xi(t)$ 的 n 维概率密度函数。

可见，n 值越大，对随机过程统计特性的描述就越充分，但是问题也会变得更复杂。在一般实际问题中，二维概率分布函数最常用。

趣味小课堂： "电台重于生命" 是红色经典《永不消逝的电波》中李侠的原型李白烈士坚守一生的信念与追求。李白，1910 年出生于湖南浏阳，15 岁便加入了中国共产党。21 岁时，党组织安排他前往江西参加第二期无线电训练班，并担任班长兼党支部委员。毛泽东同志当时去训练班看望学生，强调无线电的重要性，说它是红军的 "千里眼" 和 "顺风耳"。与影片中的李侠一样，李白在发一份重要情报时被捕。1949 年 5 月 7 日，国民党特务将李白等 12 位中共党员押往浦东戚家庙秘密杀害，年仅 39 岁的李白没能等到 20 天后的上海胜利解放。

3.2　随机过程的数字特征

虽然用 n 维概率分布函数和 n 维概率密度函数能够较全面地描述随机变量的统计特性，但是在某些场合中，要确定随机过程的 n 维概率分布函数或概率密度函数是十分困难的。而数字特征既能刻画随机过程的重要特征，又能方便计算和测量，因此在实践中被广泛应用，例如随机过程的均值、方差及相关函数等。

3.2.1　数学期望

若随机过程 $\xi(t)$ 在任意给定时间 t_1 的取值 $\xi(t_1)$ 是一个随机变量，其概率密度函数为 $f_1(x_1, t_1)$，则 $\xi(t_1)$ 的数学期望（均值）为

$$E[\xi(t_1)] = \int_{-\infty}^{\infty} x_1 f_1(x_1, t_1) \mathrm{d}x_1 \quad (3.6)$$

这里 t_1 是任取的，所以可以把 t_1 直接改写为 t，x_1 改写为 x，这时式 (3.6) 就变为随机过程在任意时刻的数学期望，记作 $a(t)$，可得

$$a(t) = E[\xi(t)] = \int_{-\infty}^{\infty} x f_1(x, t) \mathrm{d}x \quad (3.7)$$

将式 (3.7) 记为 $E[\xi(t)] = a(t)$。随机过程的数学期望是时间 t 的函数，它表示随机过程的 n 个样本函数曲线的摆动中心。数学期望的物理意义是信号或噪声的直流功率。

3.2.2　均方值和方差

随机过程的均方值定义为

$$E[\xi^2(t)] = \int_{-\infty}^{\infty} x^2 f_1(x, t) \mathrm{d}x \quad (3.8)$$

随机过程的方差定义为

$$D[\xi(t)] = E^2[\xi(t) - a(t)] = \sigma^2(t) \qquad (3.9)$$

方差可用 $\sigma^2(t)$ 表示。将定义表达式(3.9)进一步整理得

$$D[\xi(t)] = E[\xi^2(t) - 2a(t)\xi(t) + a^2(t)] = E[\xi^2(t)] - 2a(t)E[\xi(t)] + a^2(t) = E[\xi^2(t)] - a^2(t)$$

$$= \int_{-\infty}^{\infty} x^2 f_1(x, t) dx - a^2(t) \qquad (3.10)$$

最终结果由均方值和均值的平方组成,等于均方值与均值平方之差,它表示随机过程在时刻 t 对于均值 $a(t)$ 的偏离程度。当 $a(t)=0$ 时,方差 $\sigma^2(t)=E[\xi^2(t)]$。如果某随机过程是噪声电压,其均方值就是该噪声在此时刻瞬时功率的统计平均值,而方差的物理意义则是其瞬时交流功率的统计平均值。

3.2.3 自相关函数与自协方差

随机信号没有确定的时间表达式,不能简单地利用傅里叶变换来求频谱密度。但是,随机过程可求其自相关函数,而自相关函数和功率谱密度是一对傅里叶变换,所以自相关函数是随机过程中一个特别重要的函数。它不仅能够描述随机过程的统计特性,而且能够揭示随机过程的频谱性质。

描述随机过程在不同时刻的两个随机变量之间的关联程度时,常用自相关函数 $R(t_1, t_2)$ 或自协方差函数 $B(t_1, t_2)$ 来表示。

1. 自相关函数和自协方差函数基本定义

自相关函数定义为

$$R(t_1, t_2) = E[\xi(t_1)\xi(t_2)] = \int_{-\infty}^{\infty} \int_{-\infty}^{\infty} x_1 x_2 f_2(x_1, x_2; t_1, t_2) dx_1 dx_2 \qquad (3.11)$$

自相关函数可以用来判断广义平稳和求解随机过程中的功率谱密度与平均功率,在随机信号分析中非常重要。

2. 自协方差函数定义

自协方差函数定义为

$$B(t_1, t_2) = E\{[\xi(t_1) - a(t_1)][\xi(t_2) - a(t_2)]\}$$

$$= \int_{-\infty}^{\infty} \int_{-\infty}^{\infty} [x_1 - a(t_1)][x_2 - a(t_2)] f_2(x_1, x_2; t_1, t_2) dx_1 dx_2$$

$$= \int_{-\infty}^{\infty} \int_{-\infty}^{\infty} x_1 x_2 f_2(x_1, x_2; t_1, t_2) dx_1 dx_2 \qquad (3.12)$$

式中,t_1 与 t_2 为任取的两个时刻;$a(t_1)$ 与 $a(t_2)$ 分别为在 t_1 与 t_2 时刻的数学期望;$f_2(x_1, x_2; t_1, t_2)$ 为二维概率密度函数。自协方差的主要作用是用来判断同一随机过程的两个变量是否相关。

3. 自相关函数和自协方差函数之间的关系

自相关函数和自协方差函数之间的关系为

$$B(t_1, t_2) = R(t_1, t_2) - a(t_1)a(t_2) \qquad (3.13)$$

若 $a(t_1)=0$ 或 $a(t_2)=0$,则 $B(t_1, t_2)=R(t_1, t_2)$。若 $t_2>t_1$,并令 $t_2=t_1+\tau$,则 $R(t_1, t_2)$ 可表示为 $R(t_1, t_1+\tau)$。这说明,自相关函数只与起始时刻 t_1 和 t_2 与 t_1 之间的时间间隔 τ 有关,即自相关函数是 t_1 和 τ 的函数。

3.2.4 互协方差与互相关函数

设 $\xi(t)$ 和 $\eta(t)$ 分别表示两个随机过程,则互协方差函数定义为

$$B_{\xi\eta}(t_1, t_2) = E\{[\xi(t_1) - a_\xi(t_1)][\eta(t_2) - a_\eta(t_2)]\} \qquad (3.14)$$

而互相关函数定义为

$$R_{\xi\eta}(t_1, t_2) = E[\xi(t_1)\eta(t_2)] \qquad (3.15)$$

趣味小课堂： 信号可以从不同角度进行分类，分类后的信号之间既对立又统一，"横看成岭侧成峰"，这体现了事物的两面性。任何事物都包含着既对立又统一的两个方面，且矛盾存在对立性和统一性这两个基本属性。任何矛盾双方的对立性和统一性都不可分割，只看到对立性而看不到统一性，或只看到统一性而看不到对立性，都会导致形而上学的片面性错误。

3.3 平稳随机过程

随机过程的种类繁多，其中平稳随机过程尤为重要。平稳随机过程的重要性来自两个方面：一方面是在实际应用中，特别在通信中所遇到的过程大多属于或很接近平稳随机过程；另一方面是平稳随机过程可以用它的一维、二维统计特征来描述。

3.3.1 平稳随机过程的定义

1. 狭义平稳随机过程

若随机过程 $\xi(t)$ 对于任意的正整数 n 和所有实数 Δ，有

$$f_n(x_1, x_2, \cdots, x_n; t_1, t_2, \cdots, t_n) = f_n(x_1, x_2, \cdots, x_n; t_1+\Delta, t_2+\Delta, \cdots, t_n+\Delta) \tag{3.16}$$

则称 $\xi(t)$ 是平稳随机过程。该平稳称为严格平稳或者狭义平稳。该定义表明，平稳随机过程的统计特性不随时间的变化而改变，它的一维分布函数与时间 t 无关，即

$$f_1(x_1, t_1) = f_1(x_1) \tag{3.17}$$

而二维分布函数只与时间间隔 $\tau = t_2 - t_1$ 有关，即

$$f_2(x_1, x_2; t_1, t_2) = f_2(x_1, x_2; \tau) \tag{3.18}$$

2. 广义平稳随机过程

若随机过程 $\xi(t)$ 的数学期望及方差与时间无关，而其相关函数仅与时间间隔 τ 有关，则称这个随机过程为广义平稳随机过程或宽平稳随机过程。由广义平稳随机过程的定义可得

$$a(t) = a = 常数 \tag{3.19}$$

$$R(t_1, t_1+\tau) = R(\tau) \tag{3.20}$$

因为均值和自相关函数只是统计特性的一部分，所以严格平稳随机过程一定也是广义平稳随机过程，而广义平稳随机过程就不一定是严格平稳随机过程。通信系统中所遇到的信号和噪声大多数可视为广义平稳随机过程。以后讨论的随机过程除特殊说明外，均假设为广义平稳随机过程，简称平稳随机过程。

3.3.2 相关函数及各态历经性

对于平稳随机过程来说，它的相关函数十分重要。一方面，平稳随机过程的统计特性（如数字特征等）可通过相关函数来描述；另一方面，相关函数揭示了随机过程的频谱特性。

设 $\xi(t)$ 为平稳随机过程，则它的自相关函数为

$$R(\tau) = E[\xi(t)\xi(t+\tau)] \tag{3.21}$$

其具有下列主要性质。

（1）$R(0) = E[\xi^2(t)] = S$，表示 $\xi(t)$ 的平均功率；

（2）$R(\infty) = E^2[\xi(t)]$，表示 $\xi(t)$ 的直流功率；

（3）$R(\tau) = R(-\tau)$，表示 $R(\tau)$ 是偶函数；

（4）$|R(\tau)| \leqslant R(0)$，表示 $R(\tau)$ 的上界；

（5）$R(0) - R(\infty) = \sigma^2$，表示方差，即 $\xi(t)$ 的交流功率，当均值为 0 时，$R(0) = \sigma^2$。

平稳随机过程若按定义求其均值和自相关函数，则需要对其所有的实现计算统计平均值。实际中，这是很难做到的。然而，若一个随机过程具有各态历经性，则它的统计平均值就等于其时间的平均值。也就是说，假设 $f(t)$ 是平稳随机过程 $\xi(t)$ 的任意一个实现，则它的时间均值和时间相关函数分别为

$$\bar{a} = \overline{f(t)} = \lim_{T \to \infty} \frac{1}{T} \int_{-\frac{T}{2}}^{\frac{T}{2}} f(t) \, dt \tag{3.22}$$

$$\overline{R(\tau)} = \overline{f(t)f(t+\tau)} = \lim_{T \to \infty} \frac{1}{T} \int_{-\frac{T}{2}}^{\frac{T}{2}} f(t)f(t+\tau) \, dt \tag{3.23}$$

如果平稳随机过程满足

$$\begin{cases} a = \bar{a} \\ R(\tau) = \overline{R(\tau)} \end{cases} \tag{3.24}$$

则称该平稳随机过程具有各态历经性。

各态历经表示随机过程中的任一实现都经历了随机过程的所有可能状态，因此无须获得大量用来计算统计平均值的样本函数，从任意一个随机过程的样本函数中都可以获得它的所有数字特征，使统计平均值转化为时间平均值，这样问题就变得简单了。这里特别强调，具有各态历经性的随机过程必定是平稳随机过程，但平稳随机过程不一定有各态历经性。在通信系统中所遇到的随机信号和噪声一般均能满足各态历经条件。

【例3.1】设一个随机相位的余弦波为 $\xi(t) = A\cos(\omega_c t + \theta)$。其中，$A$ 和 ω_c 均为常数；θ 是在 $(0, 2\pi)$ 内均匀分布的随机变量。试讨论：

(1) $\xi(t)$ 是否广义平稳？

(2) $\xi(t)$ 是否各态历经？

解：(1) 求 $\xi(t)$ 的统计平均值。

$$a(t) = E[\xi(t)] = \int_0^{2\pi} A\cos(\omega_c t + \theta) \frac{1}{2\pi} d\theta = \frac{A}{2\pi} \int_0^{2\pi} (\cos\omega_c t \cos\theta - \sin\omega_c t \sin\theta) d\theta$$

$$= \frac{A}{2\pi} \left[\cos\omega_c t \int_0^{2\pi} \cos\theta d\theta - \sin\omega_c t \int_0^{2\pi} \sin\theta d\theta \right] = 0$$

自相关函数为

$$R(t_1, t_2) = E[\xi(t_1)\xi(t_2)] = E[A\cos(\omega_c t_1 + \theta) \cdot A\cos(\omega_c t_2 + \theta)]$$

$$= \frac{A^2}{2} E\{\cos\omega_c(t_2 - t_1) + \cos[\omega_c(t_2 + t_1) + 2\theta]\}$$

$$= \frac{A^2}{2}\cos\omega_c(t_2 - t_1) + \frac{A^2}{2} \int_0^{2\pi} \cos[\omega_c(t_2 + t_1) + 2\theta] \frac{1}{2\theta} d\theta = \frac{A^2}{2}\cos\omega_c(t_2 - t_1) + 0$$

令 $t_2 - t_1 = t$，得

$$R(t_1, t_2) = \frac{A^2}{2}\cos\omega_c\tau = R(\tau)$$

可见，$\xi(t)$ 的数学期望为常数，而自相关函数与 t 无关，只与时间间隔 τ 有关，所以 $\xi(t)$ 是广义平稳过程。

(2) 求 $\xi(t)$ 的时间平均值。

$$\bar{a} = \lim_{T \to \infty} \frac{1}{T} \int_{-\frac{T}{2}}^{\frac{T}{2}} A\cos(\omega_c t + \theta) \, dt = 0$$

$$\overline{R(\tau)} = \lim_{T \to \infty} \frac{1}{T} \int_{-\frac{T}{2}}^{\frac{T}{2}} A\cos(\omega_c t + \theta) \cdot A\cos[\omega_c(t + \tau) + \theta] \, dt$$

$$= \lim_{T \to \infty} \frac{A^2}{2T} \left\{ \int_{-\frac{T}{2}}^{\frac{T}{2}} \cos \omega_c \tau \, \mathrm{d}t + \int_{-\frac{T}{2}}^{\frac{T}{2}} \cos(2\omega_c t + \omega_c \tau + 2\theta) \, \mathrm{d}t \right\} = \frac{A^2}{2} \cos \omega_c \tau$$

比较统计平均值与时间平均值，有

$$a = \overline{a}$$

$$R(\tau) = \overline{R(\tau)}$$

所以 $\xi(t)$ 是各态历经的。

3.3.3　平稳随机过程的功率谱密度

确定信号的自相关函数与其频谱密度之间有确定的傅里叶变换关系。那么，对于平稳随机过程来说，这种关系还成立吗？

对于任意的确定功率信号 $f(t)$，它的功率谱密度为

$$P_f(\omega) = \lim_{T \to \infty} \frac{|F_T(\omega)|^2}{T} \tag{3.25}$$

式中，$F_T(\omega)$ 是 $f(t)$ 的截断函数。可以把 $f(t)$ 看成是平稳随机过程 $\xi(t)$ 中的任一实现，因而每一实现的功率谱密度也可用式（3.25）来表示。因为 $\xi(t)$ 是无穷多个实现的集合，其中任意一个实现的出现是不能预知的，所以某一实现的功率谱密度不能作为过程的功率谱密度。过程的功率谱密度应看成是任一实现的功率谱的统计平均值，即

$$P_\xi(\omega) = E[P_f(\omega)] = \lim_{T \to \infty} \frac{E|F_T(\omega)|^2}{T} \tag{3.26}$$

$\xi(t)$ 的平均功率 S 可表示为

$$S = \frac{1}{2\pi} \int_{-\infty}^{\infty} P_\xi(\omega) \, \mathrm{d}\omega = \frac{1}{2\pi} \int_{-\infty}^{\infty} \lim_{T \to \infty} \frac{E|F_T(\omega)|^2}{T} \, \mathrm{d}\omega \tag{3.27}$$

虽然式（3.26）给出了平稳随机过程 $\xi(t)$ 的功率谱密度 $P_\xi(\omega)$，但是很难直接用它来计算功率谱。确定的非周期功率信号的自相关函数与其频谱密度是一对傅里叶变换关系。随机过程的频谱特性是由它的功率谱密度来描述的，所以平稳随机过程的功率谱密度 $P_\xi(\omega)$ 与自相关函数 $R(\tau)$ 是一对傅里叶变换关系，即

$$\begin{cases} P_\xi(\omega) = \int_{-\infty}^{\infty} R(\tau) \mathrm{e}^{-\mathrm{j}\omega\tau} \, \mathrm{d}\tau \\ R(\tau) = \dfrac{1}{2\pi} \int_{-\infty}^{\infty} P_\xi(\omega) \mathrm{e}^{\mathrm{j}\omega\tau} \, \mathrm{d}\omega \end{cases} \tag{3.28}$$

或

$$\begin{cases} P_\xi(f) = \int_{-\infty}^{\infty} R(\tau) \mathrm{e}^{-\mathrm{j}2\pi f\tau} \, \mathrm{d}\tau \\ R(\tau) = \int_{-\infty}^{\infty} P_\xi(f) \mathrm{e}^{\mathrm{j}2\pi f\tau} \, \mathrm{d}f \end{cases} \tag{3.29}$$

简记为 $R(\tau) \leftrightarrow P_\xi(\omega)$。这种关系称为维纳-辛钦关系，表示随机过程的频谱特性可由自相关函数得到。式（3.28）或式（3.29）是联系频域和时域两种分析方法的基本关系式。

当 $\tau = 0$ 时，有 $R(0) = \dfrac{1}{2\pi} \int_{-\infty}^{\infty} P_\xi(\omega) \, \mathrm{d}\omega = E[\xi^2(t)]$，$R(0)$ 表示随机过程的平均功率，它应等于功率谱密度曲线下的面积。对于各态历经过程，其任一样本函数的功率谱密度等于随机过程的功率谱密度。也就是说，每一样本函数的功率谱特性都能很好地表现整个随机过程的功率谱特性。根据自相关函数 $R(\tau)$ 的性质，可以得到功率谱密度 $P_\xi(\omega)$ 有如下性质。

（1）$P_\xi(-\omega)=P_\xi(\omega)$，表示偶函数；

（2）$P_\xi(\omega)\geqslant0$，表示非负性。

定义单边谱密度 $P_{\xi1}(\omega)$ 为

$$P_{\xi1}(\omega)=\begin{cases}2P_\xi(\omega),&\omega\geqslant0\\0,&\omega<0\end{cases}\tag{3.30}$$

趣味小课堂： 科技革命的出现和发展全都是由经验上升到理论、再由理论指导实践的结果，进而形成巨大的生产力，推动社会的进步。我国布局建设了中国天眼、生物安全四级实验室（P4实验室）、上海光源、全超导托卡马克核聚变实验装置等一批具有世界先进水平的重大科技基础设施，为技术前沿研究提供了有力支撑。中国科学院在量子信息领域取得了一批重大研究成果，量子通信得到广泛应用，这在未来能从根本上解决通信的安全问题。量子计算机技术一旦突破，将推动人工智能、航空航天、药物设计等多个领域实现飞跃式发展。新一轮科技革命，中国不能缺席，也不会缺席。

3.4 随机过程通过系统分析

3.4.1 平稳随机过程通过线性系统

通信的目的在于传输信号，信号和系统总是联系在一起的。通信系统中的信号或噪声一般都是随机的，那么随机过程通过系统（或网络）后，输出过程将是什么样的过程呢？

这里只考虑平稳随机过程通过线性系统时的情况，可把随机过程置于线性系统的输入端，理解成某一可能的样本函数出现在线性系统的输入端，如图3.2所示。

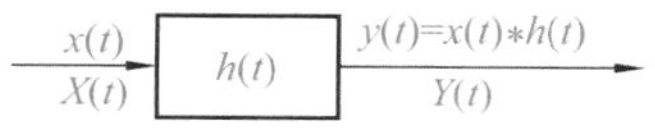

图 3.2 平稳随机过程通过线性系统

众所周知，线性系统的响应 $y(t)$ 等于输入信号 $x(t)$ 与系统的单位冲激响应 $h(t)$ 的卷积，即

$$y(t)=x(t)*h(t)=\int_{-\infty}^{\infty}x(\tau)h(t-\tau)\mathrm{d}\tau\tag{3.31}$$

若 $y(t)\leftrightarrow Y(\omega)$，$x(t)\leftrightarrow X(\omega)$，$h(t)\leftrightarrow H(\omega)$，则有

$$Y(\omega)=H(\omega)X(\omega)\tag{3.32}$$

若线性系统是物理可实现的，则有

$$y(t)=\int_{-\infty}^{t}x(\tau)h(t-\tau)\mathrm{d}\tau\tag{3.33}$$

或

$$y(t)=\int_{0}^{\infty}h(\tau)x(t-\tau)\mathrm{d}\tau\tag{3.34}$$

如果把 $x(t)$ 看成是输入随机过程的一个样本，则 $y(t)$ 可看成是输出随机过程的一个样本。显然，输入过程 $\xi_i(t)$ 的每个样本与输出过程 $\xi_o(t)$ 的相应样本之间都满足式（3.33）的关系。这样，就整个过程而言，便有

$$\xi_o(t)=\xi_i(t)*h(t)=\int_{-\infty}^{\infty}\xi_i(\tau)h(t-\tau)\mathrm{d}\tau\tag{3.35}$$

假定输入 $\xi_i(t)$ 是平稳随机过程，现在来分析系统输出过程 $\xi_o(t)$ 的统计特性。可以先确定输出过程的数学期望、自相关函数及功率谱密度，再讨论输出过程的概率分布问题。

1. 输出过程 $\xi_o(t)$ 的数学期望

对 $\xi_o(t) = \int_{-\infty}^{\infty} h(\tau)\xi_i(t-\tau)d\tau$ 两边取统计平均值，得

$$E[\xi_o(t)] = E\left[\int_0^{\infty} h(\tau)\xi_i(t-\tau)d\tau\right] = \int_0^{\infty} h(\tau)E[\xi_i(t-\tau)]d\tau = a\int_0^{\infty} h(\tau)d\tau \qquad (3.36)$$

设输入过程是平稳的，则有

$$E[\xi_i(t-\tau)] = E[\xi_i(t)] = a(常数) \qquad (3.37)$$

又因为 $H(\omega) = \int_0^{\infty} h(t)e^{j\omega t}dt$，$H(0) = \int_0^{\infty} h(t)dt$，所以有

$$E[\xi_o(t)] = aH(0) \qquad (3.38)$$

式中，$H(0)$ 是线性系统在 $f=0$ 处的频率响应，因此输出过程的均值是一个常数。

2. 输出过程 $\xi_o(t)$ 的自相关函数

根据自相关函数的定义得

$$R_o(t_1, t_1+\tau) = E[\xi_o(t_1)\xi_o(t_1+\tau)] = E\left[\int_0^{\infty} h(\alpha)\xi_i(t_1-\alpha)d\alpha\int_0^{\infty} h(\beta)\xi_i(t_1+\tau-\beta)d\beta\right]$$

$$= \int_0^{\infty}\int_0^{\infty} h(a)h(\beta)E[\xi_i(t_1-a)\xi_i(t_1+\tau-\beta)]d\alpha d\beta \qquad (3.39)$$

由于输入过程具有平稳性，即

$$E[\xi_i(t_1-\alpha)\xi_i(t_1+\tau-\beta)] = R_i(\tau+\alpha-\beta) \qquad (3.40)$$

于是得

$$R_o(t_1, t_1+\tau) = \int_0^{\infty}\int_0^{\infty} h(\alpha)h(\beta)R_i(\tau+\alpha-\beta)d\alpha d\beta = R_o(\tau) \qquad (3.41)$$

式 (3.41) 表明，输出过程的自相关函数仅是时间间隔 τ 的函数，而与时间起点 t_1 无关。因此，若线性系统的输入是平稳的，则输出也是平稳的。

3. 输出过程 $\xi_o(t)$ 的功率谱密度

对式 (3.34) 进行傅里叶变换，有

$$P_o(\omega) = \int_{-\infty}^{\infty} R_o(\tau)e^{-j\omega\tau}d\tau = \int_{-\infty}^{\infty}\int_0^{\infty}\int_0^{\infty} [h(\alpha)h(\beta)R_i(\tau+\alpha-\beta)d\alpha d\beta]e^{-j\omega\tau}d\tau \qquad (3.42)$$

令 $\tau' = \tau+\alpha-\beta$，则有

$$P_o(\omega) = \int_0^{\infty} h(\alpha)e^{j\omega a}d\alpha\int_0^{\infty} h(\beta)e^{-j\omega\beta}d\beta\int_{-\infty}^{\infty} R_i(\tau')e^{-j\omega\tau'}d\tau' \qquad (3.43)$$

化简得

$$P_o(\omega) = H(\omega)\cdot H(\omega)\cdot P_i(\omega) = |H(\omega)|^2 P_i(\omega) \qquad (3.44)$$

可见，系统输出功率谱密度是输入功率谱密度 $P_i(\omega)$ 与系统功率传递函数的平方 $|H(\omega)|^2$ 的乘积。式 (3.44) 很重要，因为当想求系统输出自相关函数 $R_o(\tau)$ 时，比较简单的方法是先计算出功率谱密度 $P_o(\omega)$，然后求其反变换，这比直接计算 $R_o(\tau)$ 要方便得多。

4. 输出过程 $\xi_o(t)$ 的概率分布

在已知输入过程分布的情况下，通过 $\xi_o(t) = \int_0^{\infty} h(\tau)\xi_i(t-\tau)d\tau$ 就可以确定输出过程的分布，其中经常用到的一个分布就是高斯分布。若线性系统的输入过程是高斯型的，则系统的输出过程也是高斯型的。从积分原理的角度来看，$\xi_o(t)$ 可表示为一个和式的极限，即

$$\xi_o(t) = \lim_{\Delta\tau_k\to0}\sum_{k=0}^{\infty}\xi_i(t-\tau_k)h(\tau_k)\Delta\tau_k \qquad (3.45)$$

由于 $\xi_i(t)$ 已假设是高斯型的，在任一时刻，每项 $\xi_i(t-\tau_k)h(\tau_k)\Delta\tau_k$ 都是一个高斯随机变量，输出过程在任一时刻得到的每一个随机变量都是无限多个高斯随机变量之和。由概率论的知识可知，这个求和的随机变量也是高斯随机变量。这就证明了高斯过程经过线性系统后，其输出过程仍为高斯过程。

3.4.2 平稳随机过程通过乘法器

在通信系统中，除了存在线性系统之外，还存在许多非线性系统。例如，在通信系统中广泛应用的线性解调器和相干解调器，其主要部件是乘法器。

下面分析平稳随机过程通过乘法器后的输出过程。

平稳随机过程通过乘法器的过程如图 3.3 所示。输入信号为 $\xi_i(t)$，输出信号为 $\xi_o(t)$。

图 3.3 平稳随机过程
通过乘法器

由广义平稳判定条件可知，若要判定 $\xi_o(t)$ 是否平稳，则要看其均值是否为常数、自相关函数是否只和 τ 有关。

1. 均值

$$E[\xi_o(t)] = E[\xi_i(t)\cos\omega_c t] = E[\xi_i(t)]\cos\omega_c t \qquad (3.46)$$

故 $\xi_o(t)$ 不平稳。实际上，仅通过 $E[\xi_o(t)] \neq$ 常数就可以判定 $\xi_o(t)$ 不平稳，不用再求解 $R_o(t, t+\tau)$。

2. $\xi_o(t)$ 的自相关函数

因为后面还要找出 $P_{\xi_i}(\omega)$ 与 $P_{\xi_o}(\omega)$ 之间的关系，所以需要用到自相关函数，即

$$\begin{aligned} R_o(t, t+\tau) &= E[\xi_o(t)\xi_o(t+\tau)] = E[\xi_i(t)\cos\omega_c t\,\xi_i(t+\tau)\cos\omega_c(t+\tau)] \\ &= \frac{1}{2}R_i(\tau)[\cos\omega_c\tau + \cos\omega_c(2t+\tau)] \end{aligned} \qquad (3.47)$$

可见，$\xi_o(t)$ 的自相关函数也与 t 有关。由此也可以证明平稳随机过程经乘法器传输后，输出过程不再是平稳随机过程。$\xi_o(t)$ 的自相关函数的时间平均值为

$$\overline{R_o(t, t+\tau)} = \overline{\frac{1}{2}R_i(\tau)[\cos\omega_c\tau + \cos\omega_c(2t+\tau)]} = \frac{1}{2}R_i(\tau)\cos\omega_c\tau \qquad (3.48)$$

3. $P_{\xi_i}(\omega)$ 与 $P_{\xi_o}(\omega)$ 之间的关系

求功率谱的目的是找出 $P_{\xi_i}(\omega)$ 与 $P_{\xi_o}(\omega)$ 之间的关系。此时输出过程已不再是平稳随机过程。平稳随机过程通过乘法器输出的功率谱密度 $P_{\xi_o}(\omega)$ 是

$$P_{\xi_o}(\omega) = \int_{-\infty}^{\infty}\overline{R(t+\tau)}\mathrm{e}^{-\mathrm{j}\omega\tau}\mathrm{d}\tau = \int_{-\infty}^{\infty}\frac{1}{2}R_i(\tau)\cos\omega_c\tau\mathrm{e}^{-\mathrm{j}\omega\tau}\mathrm{d}\tau = \frac{1}{4}[P_{\xi_i}(\omega-\omega_c) + P_{\xi_i}(\omega+\omega_c)] \qquad (3.49)$$

可见，平稳随机过程通过乘法器后，其功率谱密度的幅度为原来的 $\dfrac{1}{4}$，位置分别移到载波角频率 $\pm\omega_c$ 处，如图 3.4 所示。

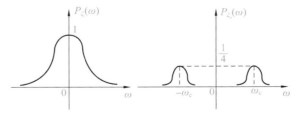

图 3.4 平稳随机过程通过乘法器后的功率谱密度

3.5　高斯随机过程与高斯白噪声

高斯随机过程又称正态随机过程，它在通信领域中普遍存在。一般情况下，通信系统中的噪声都可看成高斯随机过程。

3.5.1　高斯随机变量与高斯随机过程

若随机变量 x 的概率密度函数为

$$f(x) = \frac{1}{\sqrt{2\pi}\,\sigma} \exp\left[-\frac{(x-a)^2}{2\sigma^2}\right] \tag{3.50}$$

则这个随机变量 x 就称为高斯随机变量或正态随机变量，x 服从的分布就称为高斯分布或正态分布。在式（3.50）中，a 为高斯随机变量的数学期望；σ^2 为方差。$f(x)$ 的特性曲线如图 3.5 所示。

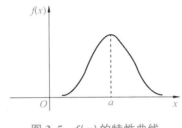

图 3.5　$f(x)$ 的特性曲线

由式（3.50）和图 3.5 可知 $f(x)$ 具有如下特性。

（1）$f(x)$ 对称于直线 $x=a$，即 $f(a+x)=f(a-x)$；

（2）$\int_{-\infty}^{\infty} f(x)\,\mathrm{d}x = 1$，且有 $\int_{-\infty}^{a} f(x)\,\mathrm{d}x = \int_{a}^{\infty} f(x)\,\mathrm{d}x = \frac{1}{2}$；

（3）a 表示分布中心，σ^2 表示集中程度，$f(x)$ 的特性曲线将随着 σ^2 的变化而变高或变窄。当 $a=0$、$\sigma=1$ 时，称 $f(x)$ 为标准高斯分布的密度函数。

若要计算变量 ξ 小于或等于任意取值 x 时的概率 $P\{\xi \leqslant x\}$，就要用到高斯分布函数，它是概率密度函数的积分，即

$$F(x) = P\{\xi \leqslant x\} = \int_{-\infty}^{x} \frac{1}{\sqrt{2\pi}\,\sigma} \exp\left[-\frac{(z-a)^2}{2\sigma^2}\right]\mathrm{d}z \tag{3.51}$$

若随机过程 $\xi(t)$ 的任意 n 维（$n=1,2,3,\cdots$）分布均服从高斯分布，则称它为高斯过程或正态过程。其 n 维高斯概率密度函数表达式为

$$f_n(x_1, x_2, \cdots, x_n;\ t_1, t_2, \cdots, t_n)$$

$$= \frac{1}{(2\pi)^{\frac{n}{2}}\sigma_1\sigma_2\cdots\sigma_n |B|^{\frac{1}{2}}} \cdot \exp\left[-\frac{1}{2|B|}\sum_{j=1}^{n}\sum_{k=1}^{n}|B|_{jk}\left(\frac{x_j-a_j}{\sigma_j}\right)\left(\frac{x_k-a_k}{\sigma_k}\right)\right] \tag{3.52}$$

式中，$a_k = E[\xi(t_k)]$；$\sigma_k = E[\xi(t_k)-a_k]$；$|B|$ 为归一化协方差矩阵的行列式，即

$$|B| = \begin{vmatrix} 1 & b_{12} & \cdots & b_{1n} \\ b_{21} & 1 & \cdots & b_{2n} \\ \vdots & \vdots & & \vdots \\ b_{n1} & b_{n2} & \cdots & 1 \end{vmatrix} \tag{3.53}$$

$|B|_{jk}$ 为行列式 $|B|$ 中元素 b_{jk} 的代数余子式，b_{jk} 为归一化协方差函数，且有

$$b_{jk} = \frac{E\{[\xi(t_j)-a_j][\xi(t_k)-a_k]\}}{\sigma_j\sigma_k} \tag{3.54}$$

3.5.2　高斯随机过程的性质

（1）由式（3.52）可知，高斯随机过程的 n 维分布仅由各随机变量的数学期望、方差和归一化协方差函数所决定。

（2）广义平稳的高斯过程也是严平稳的。因为若高斯过程是广义平稳的，即其均值与时间无关，且协

方差函数只与时间间隔有关，而与时间起点无关，则该高斯过程的 n 维分布也与时间起点无关，所以它也是严平稳的。

（3）若高斯过程在不同时刻的取值是不相关的，即对所有 $j \neq k$ 有 $b_{jk} = 0$，则式（3.52）可变为

$$
\begin{aligned}
f_n(x_1, x_2, \cdots, x_n;\ t_1, t_2, \cdots, t_n) &= \frac{1}{(2\pi)^{\frac{n}{2}} \prod\limits_{j=1}^{n} \sigma_j} \exp\left[-\sum_{j=1}^{n} \frac{(x_j - a_j)^2}{2\sigma_j^2} \right] \\
&= \prod_{j=1}^{n} \frac{1}{\sqrt{2\pi}\, \sigma_j} \exp\left[-\frac{(x_j - a_j)^2}{2\sigma_j^2} \right] \\
&= f(x_1,\ t_1) \cdot f(x_2,\ t_2) \cdots f(x_n,\ t_n)
\end{aligned}
\tag{5.55}
$$

也就是说，如果高斯过程在不同时刻的取值是不相关的，那么这些取值也是统计独立的。

（4）高斯过程通过线性系统后的过程仍是高斯过程。

3.5.3　高斯白噪声与带限白噪声

信号在信道中传输时常会遇到这样一类噪声，它的随机过程 $\xi(t)$ 的功率谱密度在整个频率范围内均匀分布，即

$$
P_n(\omega) = \frac{n_0}{2}, \qquad -\infty < \omega < +\infty \tag{3.56}
$$

称 $\xi(t)$ 为白噪声，它是一个理想的宽带随机过程。式（3.56）中 n_0 为大于零的常数，单位是 W/Hz。

通常，若采用单边频谱，即频率在 0 到无穷大范围内时，白噪声的功率谱密度函数可写为

$$
P_n(\omega) = n_0, \qquad 0 < \omega < +\infty \tag{3.57}
$$

这种称呼源于光学，光学中将包含全部可见光频率的光称为白光，通信中也将包含全部频率的噪声称为白噪声。白噪声是理想模型，实际上不存在。但只要噪声功率谱密度均匀分布的频率范围大大超过通信系统工作的频率范围，该噪声就可近似认为是白噪声。例如，热噪声的频率可高达 10^{13} Hz，且功率谱密度在 $0 \sim 10^{13}$ Hz 内基本均匀分布，则可以将其看成白噪声。

利用维纳–辛钦定理可得白噪声的自相关函数为 $R(\tau) = \dfrac{n_0}{2}\delta(\tau)$。

这说明，白噪声只有在 $\tau = 0$ 时才相关，而它在任意两个时刻上的随机变量都是互不相关的。白噪声的功率谱 $P(\omega)$ 和自相关函数 $R(t)$ 如图 3.6 所示。

如果白噪声的概率密度服从高斯分布，就称之为高斯白噪声，它常被用来做信道噪声的模型。

在通信系统中，传输系统的带宽是有限的，因此白噪声通过通信系统后就变成了带宽受限的噪声，称为带限白噪声。

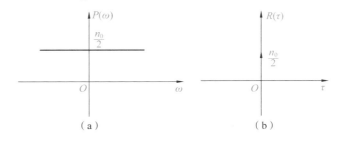

图 3.6　白噪声的功率谱和自相关函数

（a）功率谱；（b）自相关函数

【例 3.2】试求功率谱密度为 $\dfrac{n_0}{2}$ 的白噪声通过理想矩形低通滤波器后的功率谱密度、自相关函数和噪声平均功率。理想低通滤波器的传输特性为

$$
H(\omega) = \begin{cases} K_0 \mathrm{e}^{-j\omega t}, & |\omega| \leqslant \omega_H \\ 0, & \text{其他} \end{cases} \tag{3.58}
$$

解：由理想低通滤波器的传输特性得 $|H(\omega)|^2 = K_0^2$，$|\omega| \leqslant \omega_H$。输出噪声的功率谱密度为

$$P_o(\omega) = |H(\omega)|^2 P_i(\omega) = K_0^2 \cdot \frac{n_0}{2}, \qquad |\omega| \leqslant \omega_H \qquad (3.59)$$

可见，输出噪声的功率谱密度在 $|\omega| \leqslant \omega_H$ 内是均匀的，在此范围外则为零，如图 3.7（a）所示，通常把这样的噪声称为带限白噪声。其自相关函数为 $R_o(\tau)$，如图 3.7（b）所示，表达式为

$$R_o(\tau) = \frac{1}{2\pi} \int_{-\infty}^{\infty} P_o(\omega) e^{j\omega\tau} d\omega = \int_{-f_H}^{f_H} K_0^2 \frac{n_0}{2} e^{j2\pi f\tau} df = K_0^2 n_0 f_H \frac{\sin\omega_H\tau}{\omega_H\tau} \qquad (3.60)$$

式中，$\omega_H = 2\pi f_H$。由此可见，带限白噪声只有在 $\tau = \frac{k}{2f_H}$（$k = 1, 2, 3, \cdots$）上得到的随机变量才不相关。它表明，如果按抽样定理对带限白噪声抽样，各样值是互不相关的随机变量。如图 3.7（b）所示，带限白噪声的自相关函数 $R_o(\tau)$ 在 $\tau = 0$ 处有最大值，这就是带限白噪声的平均功率，即

$$R_o(0) = K_0^2 n_0 f_H \qquad (3.61)$$

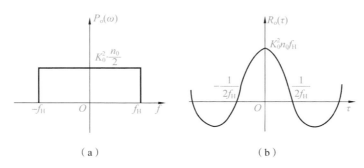

图 3.7　带限白噪声的功率谱和自相关函数
（a）功率谱；（b）自相关函数

趣味小课堂：水声通信是一项在水下收发信息的技术。水下通信有多种方法，但最常用的是使用水声换能器。水下通信非常困难，主要是由于信道的多径效应和时变效应，以及可用带宽窄、信号衰减严重。水下通信相比有线通信来说速率非常低，因为水下通信采用的是声波而非无线电波。常见的水声通信方法是采用扩频通信技术，如 CDMA。我国对水声通信技术进行研究的机构主要有哈尔滨工程大学、西北工业大学、厦门大学和中国科学院声学研究所等。

3.6　窄带高斯噪声

通信系统都有发送机和接收机，为了提高系统的可靠性，通常在接收机的输入端接有一个带通滤波器，信道内的噪声构成一个随机过程，经过该带通滤波器之后，就变成窄带随机过程。因此，讨论窄带随机过程的规律非常重要。

3.6.1　窄带高斯噪声的定义和表达方式

当通信系统的中心频率 ω_0 比带宽 B 大很多，即 $B \ll \omega_0$ 时，称该系统为窄带系统。高斯白噪声通过窄带系统，就可形成窄带高斯噪声。

窄带高斯噪声的功率谱密度局限于 $\pm\omega_0$ 附近很窄的频率范围内，对应的时域表达式是以载频为基础的，其幅度和相位均做缓慢随机变化。将窄带高斯噪声记为 $n(t)$，则窄带高斯噪声可以理解为以 ω_0 为中心角频率的随机信号，它的幅度和相位随机振荡，即正弦振荡，表示为

$$n(t) = a_n(t)\cos[\omega_0 t + \varphi_n(t)], \qquad a_n(t) \geqslant 0 \tag{3.62}$$

式中，$a_n(t)$ 和 $\varphi_n(t)$ 是窄带随机过程 $n(t)$ 的包络函数及相位函数；ω_0 是正弦波的中心角频率。显然，这里的 $a_n(t)$ 和 $\varphi_n(t)$ 变化一定比载波 $\cos\omega_0 t$ 的变化要缓慢得多。窄带高斯噪声的波形及功率谱如图 3.8 所示。

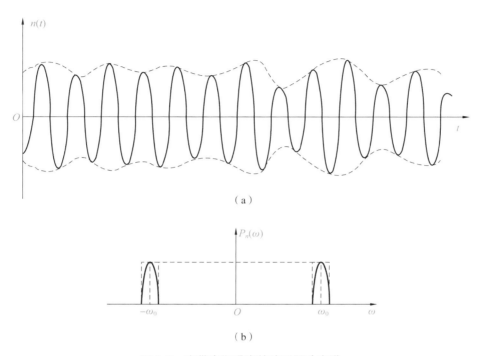

图 3.8　窄带高斯噪声的波形及功率谱

（a）窄带高斯噪声的波形；（b）窄带高斯噪声功率谱

窄带高斯噪声还可用正交形式来表示，即

$$n(t) = n_c(t)\cos\omega_0 t - n_s(t)\sin\omega_0 t \tag{3.63}$$

其中

$$n_c(t) = a_n(t)\cos\varphi_n(t) \tag{3.64}$$

$$n_s(t) = a_n(t)\sin\varphi_n(t) \tag{3.65}$$

这里的 $n_c(t)$ 和 $n_s(t)$ 分别称为 $n(t)$ 的同相分量和正交分量，并且 $n(t)$ 的统计特性可由 $a_n(t)$ 和 $\varphi_n(t)$ 或 $n_c(t)$ 和 $n_s(t)$ 的统计特性来确定。反过来，如果已知 $n(t)$ 的统计特性，则 $a_n(t)$ 和 $\varphi_n(t)$ 或 $n_c(t)$ 和 $n_s(t)$ 的统计特性也可确定。

3.6.2　同相分量和正交分量的统计特性

1. 数学期望

先对式（3.63）求数学期望，即

$$E[n(t)] = E[n_c(t)]\cos\omega_0 t - E[n_s(t)]\sin\omega_0 t \tag{3.66}$$

因为已知 $n(t)$ 平稳且其均值为零，那么对于任意的时间 t，都有 $E[n(t)] = 0$，所以由式（3.66）可得

$$\begin{cases} E[n_c(t)] = 0 \\ E[n_s(t)] = 0 \end{cases} \tag{3.67}$$

2. 自相关函数

由于一些统计特性可以从自相关函数中得到，按照定义可得 $n(t)$ 的自相关函数为

$$R_n(t, t+\tau) = E[n(t)n(t+\tau)] = E\{[n_c(t)\cos\omega_0 t - n_s(t)\sin\omega_0 t] \cdot [n_c(t+\tau)\cos\omega_0(t+\tau) - n_s(t+\tau)\sin\omega_0(t+\tau)]\}$$
$$= R_{n_c}(t, t+\tau)\cos\omega_c t\cos\omega_c(t+\tau) - R_{n_c n_s}(t, t+\tau)\cos\omega_c t\sin\omega_c(t+\tau) - R_{n_s n_c}(t, t+\tau)\sin\omega_c t\cos\omega_c(t+\tau) +$$
$$R_{n_s}(t, t+\tau)\sin\omega_c t\sin\omega_c(t+\tau) \tag{3.68}$$

式中

$$R_{n_c}(t, t+\tau) = E[n_c(t)n_c(t+\tau)] \tag{3.69}$$
$$R_{n_c n_s}(t, t+\tau) = E[n_c(t)n_s(t+\tau)] \tag{3.70}$$
$$R_{n_s n_c}(t, t+\tau) = E[n_s(t)n_c(t+\tau)] \tag{3.71}$$
$$R_{n_s}(t, t+\tau) = E[n_s(t)n_s(t+\tau)] \tag{3.72}$$

因为 $n(t)$ 是平稳的，所以有

$$R_n(t, t+\tau) = R_n(\tau) \tag{3.73}$$

这就要求式(3.68)的右边也应该与 t 无关，而仅与时间间隔 τ 有关。若取 $t=0$，则式(3.68)变为

$$R_n(\tau) = [R_{n_c}(t, t+\tau)|_{t=0}]\cos\omega_0\tau - [R_{n_c n_s}(t, t+\tau)|_{t=0}]\sin\omega_0\tau \tag{3.74}$$

此时有

$$R_{n_c}(t, t+\tau) = R_{n_c}(\tau) \tag{3.75}$$
$$R_{n_c n_s}(t, t+\tau) = R_{n_c n_s}(\tau) \tag{3.76}$$

将式(3.74)变为

$$R_n(\tau) = R_{n_c}(\tau)\cos\omega_0\tau - R_{n_c n_s}(\tau)\sin\omega_0\tau \tag{3.77}$$

再令 $t = \dfrac{\pi}{2\omega_0}$，同理可得

$$R_n(\tau) = R_{n_s}(\tau)\cos\omega_0\tau + R_{n_s n_c}(\tau)\sin\omega_0\tau \tag{3.78}$$

于是可以得到结论：如果 $n_c(t)$ 是平稳的，那么 R_{n_c} 及 R_{n_s} 也一定是广义平稳的。

另外，式(3.77)与式(3.78)应相等，故有

$$R_{n_c}(\tau) = R_{n_s}(\tau) \tag{3.79}$$
$$R_{n_c n_s}(\tau) = -R_{n_s n_c}(\tau) \tag{3.80}$$

根据互相关函数的性质，有

$$R_{n_c n_s}(\tau) = R_{n_c n_s}(-\tau) \tag{3.81}$$

可得

$$R_{n_s n_c}(\tau) = -R_{n_s n_c}(-\tau) \tag{3.82}$$

式(3.82)表明 $R_{n_s n_c}(\tau)$ 是一个奇函数，故 $R_{n_s n_c}(0) = 0$。同理可得 $R_{n_c n_s}(0) = 0$，$R_n(0) = R_{n_s}(0) = R_{n_c}(0) = 0$，即

$$\sigma_n^2 = \sigma_{n_s}^2 = \sigma_{n_c}^2 \tag{3.83}$$

这表明 $n(t)$、$n_c(t)$ 和 $n_s(t)$ 具有相同的平均功率或方差(因为均值为0)。

另外，因为 $n(t)$ 是平稳的，所以 $n(t)$ 在任意时刻的取值都是服从高斯分布的随机变量，故在式(3.63)中，当 $t = t_1 = 0$ 时，$n(t_1) = n_c(t_1)$；当 $t = t_2 = \dfrac{3\pi}{2\omega_c}$ 时，$n(t_2) = n_s(t_2)$。因此，$n_c(t)$、$n_s(t_2)$ 也是高斯随机变量，从而 $n_c(t)$、$n_s(t)$ 也是高斯随机过程。又根据 $R_n = R_{n_s}(0) = R_{n_c}(0) = 0$ 可知，$n_c(t)$、$n_s(t)$ 在同一时刻的取值是互不相关的随机变量，因此它们还是统计独立的。

综上所述，可以得到一个重要结论：对于一个均值为零的平稳窄带高斯过程 $n(t)$，它的同相分量 $n_c(t)$ 和正交分量 $n_s(t)$ 也是平稳高斯过程，而且均值都为零，方差也相同。此外，在同一时刻上得到的 n_c 和 n_s 是互不相关的或统计独立的。

3.6.3 包络和相位的统计特性

由 $n(t)$ 的相幅、正交表达式及概率论的知识，可以得到 $a_n(t)$ 和 $\varphi_n(t)$ 的一维概率密度函数为

$$f(a_n) = \frac{a_n}{\sigma_n^2} \exp\left(-\frac{a_n^2}{2\sigma_n^2}\right), \qquad a_n \geqslant 0 \tag{3.84}$$

可见，$f(a_n)$ 服从瑞利分布。另外有

$$f(\varphi_n) = \frac{1}{2\pi}, \qquad 0 \leqslant \varphi_n \leqslant 2\pi \tag{3.85}$$

式（3.84）和式（3.85）表明，对于一个均值为 0、方差为 σ_n^2 的平稳窄带高斯过程，其包络 $a_n(t)$ 的一维分布是瑞利分布，$\varphi_n(t)$ 的一维分布是均匀分布，且就一维分布而言，a_n 和 φ_n 是统计独立的，即有

$$f(\varphi_n, \ a_n) = f(\varphi_n) * f(a_n) \tag{3.86}$$

3.6.4　余弦波加窄带高斯噪声

在通信系统中，信道内存在的噪声都可以认为是高斯白噪声。为了减少噪声的影响，提高系统的可靠性，通常在解调器前端设置一个带通滤波器，信道内的高斯白噪声经过带通滤波器后，将变成窄带高斯噪声。

但在实际通信系统中，带通滤波器输出的是信号和噪声的混合波形；而在数字通信中，往往用一个单一的频率表示"0"信号或"1"信号。因此，了解余弦波加窄带高斯噪声合成信号的统计特性具有很高的现实意义。

设余弦波加窄带高斯噪声的合成信号为

$$r(t) = A\cos(\omega_c t + \theta) + n(t) \tag{3.87}$$

式中，$n(t) = n_c(t)\cos\omega_c t - n_s(t)\sin\omega_c t$，为窄带高斯噪声，其均值为零，方差为 σ_n^2；A 为余弦信号的振幅；ω_c 为角频率；θ 为在 $(0, 2\pi)$ 上均匀分布的随机变量。于是有

$$\begin{aligned} r(t) &= [A\cos\theta + n_c(t)]\cos\omega_c t - [A\sin\theta + n_s(t)]\sin\omega_c t = z_c(t)\cos\omega_c t - z_s(t)\sin\omega_c t \\ &= z(t)\cos[\omega_c t + \varphi(t)] \end{aligned} \tag{3.88}$$

式中，$z_c(t)$ 和 $z_s(t)$ 分别为

$$z_c(t) = A\cos\theta + n_c(t) = z(t)\cos\varphi(t) \tag{3.89}$$

$$z_s(t) = A\sin\theta + n_s(t) = z(t)\sin\varphi(t) \tag{3.90}$$

可以得到合成信号 $r(t)$ 的包络 $z(t)$ 和相位 $\varphi(t)$ 分别为

$$z(t) = \sqrt{z_c^2(t) + z_s^2(t)}, \qquad z \geqslant 0 \tag{3.91}$$

$$\varphi(t) = \arctan\frac{z_s(t)}{z_c(t)}, \qquad 0 \leqslant \varphi \leqslant 2\pi \tag{3.92}$$

现求包络 $z(t)$ 和相位 $\varphi(t)$ 的联合概率密度函数，由二维随机变量变换可得

$$f(z, \ \varphi) = |J| f(z_c, \ z_s) \tag{3.93}$$

其中

$$|J| = \begin{vmatrix} \dfrac{\partial z_c}{\partial z} & \dfrac{\partial z_s}{\partial z} \\ \dfrac{\partial z_c}{\partial \varphi} & \dfrac{\partial z_s}{\partial \varphi} \end{vmatrix} = \begin{vmatrix} \cos\varphi & \sin\varphi \\ -z\sin\varphi & z\cos\varphi \end{vmatrix} = z \tag{3.94}$$

因此，在给定相位 θ 的条件下，z_c 和 z_s 的联合概率密度函数为

$$f\left(z_c, \ \frac{z_s}{\theta}\right) = \frac{1}{2\pi\sigma_n^2} \exp\left\{-\frac{1}{2\sigma_n^2}\left[(z_c - A\cos\theta)^2 + (z_s - A\sin\theta)^2\right]\right\} \tag{3.95}$$

由此可以求得在给定相位 $f(\varphi)$ 的条件下，z 和 φ 的联合概率密度函数为

$$f\left(z,\frac{\varphi}{\theta}\right)=f\left(z_c,\frac{z_s}{\theta}\right)\left|\frac{\partial(\xi_c,\xi_s)}{\partial(a_\xi,\varphi_\xi)}\right|=z\cdot f\left(z_c,\frac{z_s}{\theta}\right)$$

(3.96)

$$=\frac{z}{2\pi\sigma_n^2}\exp\left\{-\frac{1}{2\sigma_n^2}\left[z^2+A^2-2Az\cos(\theta-\varphi)\right]\right\}$$

求式(3.96)的条件边际分布,可得

$$f\left(\frac{z}{\theta}\right)=\int_0^{2\pi}f\left(z,\frac{\varphi}{\theta}\right)\mathrm{d}\varphi=\frac{z}{2\pi\sigma_n^2}\int_0^{2\pi}\exp\left\{-\frac{1}{2\sigma_n^2}\left[z^2+A^2-2Az\cos(\theta-\varphi)\right]\right\}\mathrm{d}\varphi$$

$$=\frac{z}{2\pi\sigma_n^2}\exp\left(-\frac{z^2+A^2}{2\sigma_n^2}\right)\int_0^{2\pi}\exp\left[\frac{Az}{\sigma_n^2}\cos(\theta-\varphi)\right]\mathrm{d}\varphi$$

(3.97)

因为

$$\frac{1}{2\pi}\int_0^{2\pi}\exp[x\cos\theta]\mathrm{d}\theta=I_0(x)$$

(3.98)

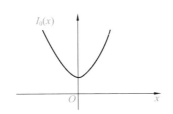

图 3.9　零阶修正贝塞尔函数 $I_0(x)$

式中,$I_0(x)$ 为零阶修正贝塞尔函数,其图像如图 3.9 所示。当 $x\geq0$ 时,$I_0(x)$ 是单调上升函数,且有 $I_0(0)=1$。因此有

$$f\left(\frac{z}{\theta}\right)=\frac{z}{\sigma_n^2}\cdot\exp\left[-\frac{1}{2\sigma_n^2}(z^2+A^2)\right]I_0\left(\frac{Az}{\sigma_n^2}\right)$$

(3.99)

由式(3.99)可见,$f\left(\frac{z}{\theta}\right)$ 与 θ 无关,故余弦波加窄带高斯过程的包络概率密度函数为

$$f(z)=\frac{z}{\sigma_n^2}\exp\left[-\frac{1}{2\sigma_n^2}(z^2+A^2)\right]I_0\left(\frac{Az}{\sigma_n^2}\right),\qquad z\geq0$$

(3.100)

这个概率密度函数称为广义瑞利分布函数,也称莱斯(Rice)密度函数,其图像如图 3.10 所示。

式(3.100)存在两种极限情况:

(1) 当信号很小,即 $A\to0$,信号功率与噪声功率之比 $r=\frac{A^2}{2\sigma_n^2}\to0$ 时,x 值很小,有 $I_0(x)=1$,式(3.100)就近似为式(3.84),即由广义瑞利分布退化为瑞利分布。

(2) 当信噪比 r 很大时,$I_0(x)\approx\frac{\mathrm{e}^x}{\sqrt{2\pi x}}$,这时在 $z\approx A$ 附近,$f(z)$ 近似为高斯分布,即

$$f(z)\approx\frac{1}{\sqrt{2\pi}\sigma_n}\cdot\exp\left[-\frac{(z-A)^2}{2\sigma_n^2}\right]$$

(3.101)

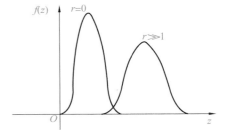

图 3.10　广义瑞利分布函数

趣味小课堂: 高斯,1777 年出生,德国著名数学家、物理学家、天文学家、大地测量学家。高斯拥有"数学王子"的美誉,他开辟了许多新的数学领域,从抽象的代数数论到内蕴几何学,都留下了他的足迹。从研究风格、研究方法乃至所取得的具体成就方面来说,他都是 18—19 世纪之交的中坚人物。高斯不仅对纯粹数学做出了意义深远的贡献,而且对 20 世纪的天文学、大地测量学和电磁学的实际应用也做出了重要的贡献。但高斯在教学时,很难吸引学生,就像一个天生神力的人教不会普通人举重一样。直到有一天,一个神学系的学生在听了高斯一堂课后就决定改学数学——这个学生就是黎曼。

3.7 MATLAB 实践

【例 3.3】通过 MATLAB 中的函数 rand 生成 $p=0.5$ 的$(0,1)$分布随机变量。

MATLAB 程序如下：

```
function s=rand01(p,m,n)
%生成一个(p,1-p)的(0,1)随机变量
%输入参数:
%       p:(0-1)分布中 0 的概率
%       m,n:产生的随机变量样本个数 m*n
%输出:产生的随机变量样本
x=rand(m,n);
s=(sign(x-p+eps)+1)/2;
```

输入

```
rand01(0.5,4,5)
```

得到

```
ans =
    1    0    1    0    0
    0    1    1    1    1
    1    0    1    0    0
    0    1    1    0    0
```

【例 3.4】通过 MATLAB 中的函数 rand 生成 $N(0,1)$的高斯随机变量，并用其生成 $\sigma^2=2$ 的瑞利分布随机变量。

MATLAB 程序如下：

```
function s=rayleigh(sigma2,m,n)
x=sqrt(sigma2/2)*randn(m,n);
y=sqrt(sigma2/2)*randn(m,n);
s=sqrt(x.*x+y.*y);
```

输入

```
rayleigh(2,3,2)
```

得到

```
ans =
    2.3343    1.2762
    1.4844    1.8531
    1.3972    1.0965
```

【例 3.5】设高斯白噪声的双边功率谱密度为 $\dfrac{N_0}{2}$，现将高斯白噪声经过一个中心频率为 f_c、带宽为 B 的带通滤波器，得到的输出信号即为窄带随机过程。

（1）用 MATLAB 生成平稳窄带高斯随机过程，$f_c = 10$ Hz，$B = 1$ Hz，$N_0 = 1$ W/Hz；

（2）画出窄带高斯过程的等效基带信号；

（3）求出窄带高斯过程的功率、等效基带信号的实部功率和虚部功率。

子函数 T2F、F2T 已在第 2 章做了介绍，新的子函数如下：

```
function [t,st]=bpf(f,sf,B1,B2)
%该函数通过理想带通滤波器在频域对输入进行滤波。
df=f(2)-f(1);
T=1/df;
hf=zeros(1,length(f));

bf=[floor(B1/df): floor(B2/df)];
bf1=floor(length(f)/2)+bf;
bf2=floor(length(f)/2)-bf;
hf(bf1)=1;
hf(bf2)=1;
yf=hf.*sf;
[t,st]=F2T(f,yf);
st=real(st);
```

MATLAB 程序如下：

```
%窄带高斯过程
clc
clear all;
N0=1;          %双边功率谱密度
fc=10;         %中心频率
B=1;           %带宽

dt=0.01;
T=100;
t=0:dt:T-dt;
%生成功率为 N0*B 的高斯白噪声
P=N0*B;
st=sqrt(P)*randn(1,length(t));
%将上述白噪声通过窄带高斯系统
[f,sf]=T2F(t,st);          %高斯信号频谱
[tt,gt]=bpf(f,sf,fc-B/2,fc+B/2);          %高斯信号经过带通系统

glt=hilbert(real(gt));          %窄带信号的解析信号,调用 hilbert 函数得到解析信号
glt=glt.*exp(-j*2*pi*fc*tt);

[ff,glf]=T2F(tt,glt);
subplot(411);
plot(tt,real(gt));
title('窄带高斯过程样本')
subplot(412)
```

```
plot(tt, real(glt). *cos(2*pi*fc*tt)−imag(glt). *sin(2*pi*fc*tt))
title('由等效基带重构的窄带高斯过程样本')
subplot(413)
plot(tt, real(glt))
title('窄带高斯过程的同相分量')
subplot(414)
plot(tt, imag(glt));
xlabel('时间 t/s'); title('窄带高斯过程样本的正交分量')
% 求窄带高斯信号功率
P_gt = sum(real(gt). ^2)/T;
P_glt_real = sum(real(glt). ^2)/T;
P_glt_imag = sum(imag(glt). ^2)/T;
```

运行结果如图 3.11 所示。

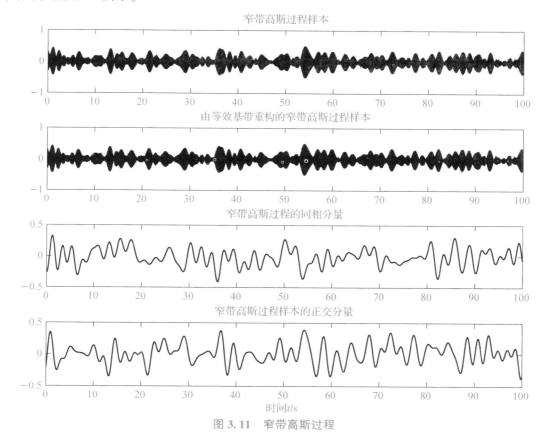

图 3.11　窄带高斯过程

思考与练习

1. 什么是随机过程？

2. 什么是宽平稳随机过程？什么是严平稳随机过程？它们之间有什么关系？

3. 平稳随机过程的自相关函数具有什么特点？

4. 什么是白噪声？什么是高斯噪声？什么是高斯白噪声？

5. 正弦波加窄带高斯过程的合成包络服从什么概率分布？

6. 设随机过程 $X(t) = Vt + b$，$t \in (0, +\infty)$，b 为常数，$V \sim N(0, 1)$，求 $X(t)$ 的一维概率密度、均值

和自相关函数。

7. 已知随机过程 $X(t)$ 的均值函数 $m_X(t)$ 和自协方差函数 $B_X(t_1, t_2)$，$\varphi(t)$ 为普通函数，令 $Y(t) = X(t) + \varphi(t)$，求随机过程 $Y(t)$ 的均值和自协方差函数。

8. 设有一个随机过程 $X(t) = A\cos(\pi t)$，其中 A 是均值为零、方差为 σ^2 的正态随机变量。

（1）求 $X(1)$ 和 $X\left(\dfrac{1}{4}\right)$ 的概率密度。

（2）$X(t)$ 是否为平稳过程？

9. 设随机相位余弦波为 $\xi(t) = A\cos(\omega_c t + \theta)$，其中 A 和 ω_c 均为常数，θ 是在 $(0, 2\pi)$ 内均匀分布的随机变量。求 $\xi(t)$ 的自相关函数与功率谱密度。

第 4 章

模拟信息传输

📖 本 章 导 读

在第 1 章学习了模拟通信系统和数字通信系统的模型,从模型中可见,它们都需要进行调制。因此,调制在通信系统中起着至关重要的作用。调制是用基带信号去控制载波参数的过程,也就是使载波的参数按照调制信号的规律而变化。从调频角度上说,就是把基带信号的频谱搬移到较高载频附近的过程。本章将介绍模拟信号的传输方法,包括线性调制、非线性调制等。

📖 学 习 目 标

知识与技能目标

❶了解调制的定义、目的和分类。

❷掌握线性调制(AM、SSB、DSB 和 VSB)的原理、表达式、频谱、带宽、产生等。

❸掌握非线性调制(NBFM、WBFM)的原理(频谱分布、带宽、功率分配等)。

❹掌握 FM、SSB、DSB、VSB 和 AM 的性能比较。

❺学会利用 MATLAB 仿真不同调制方式下的模拟信号传输。

素质目标

❶培养民族自豪感、民族自信等家国情怀。

❷培养追求卓越的工匠精神。

❸激发克服困难、战胜自我的勇气和决心。

4.1 调制的目的及分类

4.1.1 调制的目的

在通信系统中,调制的目的主要有两个方面。

一方面是频率变换,体现为以下 3 点。

（1）在无线传输过程中，信号是以电磁辐射的形式传输的。由天线理论可知，天线的尺寸必须与发射信号的波长相近，而基带信号中包含的低频分量波长较长，致使天线过长而难以实现。调制过程可将信号频谱搬移到任何需要的频率范围，使其易于以电磁波的形式辐射出去。

（2）把多个基带信号分别搬移到不同的载频处，以实现信道的多路复用，提高信道利用率。

（3）频段作为一种资源，随着通信事业的发展，已变得越来越紧缺。为了充分利用频段资源，可通过调制将各类信号搬移到所分配的频率位置，使其相互间不受干扰。

另一方面是改善系统性能，由香农公式可知，可通过传输带宽与信噪比之间的互换来增强通信系统的可靠性。

4.1.2 调制的分类

广义调制分为基带调制和载波调制，狭义调制仅指载波调制。在无线通信和其他大多数场合，调制均指载波调制。由基带信号去控制载波的某个参量（幅度、频率或相位），这样受调制的载波便包含基带信号的全部信息。在接收端，可以采用与调制相反的过程——解调的方式来获取这些信息。

典型的调制方式有许多种，本章将介绍各种调制技术及其特征，分类如下：

（1）根据调制信号（基带信号）是模拟信号还是数字信号，可分为模拟调制和数字调制。

（2）根据载波是连续波还是脉冲序列，可分为连续波调制和脉冲调制。

（3）根据已调信号频谱与调制信号频谱的关系，可分为线性调制和非线性调制。

（4）根据已调信号的频谱宽度，可分为窄带调制和宽带调制。

在实际应用中，可能一种调制就涉及上述几种分类，要根据具体要求来综合考虑，进而选择合适的调制方式。

4.2 线性调制

线性调制指已调信号的频谱与基带信号频谱之间满足简单的线性关系，可以看成是将调制信号的频谱搬移到载波频率两侧，而成为上、下边带的调制过程。常见的线性调制有幅度调制（amplitude modulation，AM）、抑制载波双边带（double side band，DSB）调制、单边带（single side band，SSB）调制和残留边带（vestigial side band，VSB）调制等。

幅度调制是由调制信号去控制高频载波的幅度，使之随调制信号做线性变化的过程。设调制信号为 $m(t)$，正弦载波为

$$c(t) = A\cos(\omega_c t + \varphi_0) \tag{4.1}$$

则已调信号可以写为

$$s_m(t) = Am(t)\cos(\omega_c t + \varphi_0) \tag{4.2}$$

式（4.1）和式（4.2）中，A 为未调载波幅度；ω_c 为载波角频率；φ_0 为载波初始相位。

为方便分析，可假定 $\varphi_0 = 0$。考虑 $m(t)$ 为确定信号，设 $m(t)$ 的基带频谱为 $M(\omega)$，则对式（4.2）进行傅里叶变换可以得到已调信号的频谱表达式，即

$$S_m(\omega) = \frac{A}{2}\left[M(\omega+\omega_c) + M(\omega-\omega_c)\right] \tag{4.3}$$

注意，若 $m(t)$ 为随机信号，则已调信号的频域表示必须用功率谱来描述。为方便起见，在以后的讨论中均假设 $m(t)$ 为确定信号。由式（4.2）可以看出，在时域上，已调信号的幅度随基带信号的变化而变化；由式（4.3）可以看出，在频域上，已调信号的频谱完全是基带信号频谱沿频率轴的简单搬移。从频谱意义上讲，这种搬移是线性的。因此，幅度调制通常又称为线性调制。但这里的"线性"并不意味着已调信号与调制信号之间符合线性变换关系。事实上，任何调制过程都是一种非线性的变换过程。

4.2.1 幅度调制

1. AM 的波形及频谱

常规双边带幅度调制（AM），简称调幅，AM 信号时域表达式为

$$s_{AM}(t) = [A_0 + m(t)]\cos(\omega_c t + \varphi_0) = A_0\cos(\omega_c t + \varphi_0) + m(t)\cos(\omega_c t + \varphi_0) \tag{4.4}$$

式中 A_0 为常数，表示叠加的直流分量。AM 调制模型如图 4.1 所示。

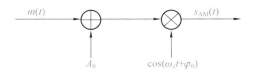

图 4.1　AM 调制模型

假设 $\varphi_0 = 0$，则 AM 信号的频谱表达式为

$$S_{AM}(\omega) = \pi A_0 [\delta(\omega + \omega_c) + \delta(\omega - \omega_c)] + \frac{1}{2}[M(\omega + \omega_c) + M(\omega - \omega_c)] \tag{4.5}$$

其典型波形和频谱如图 4.2 所示。

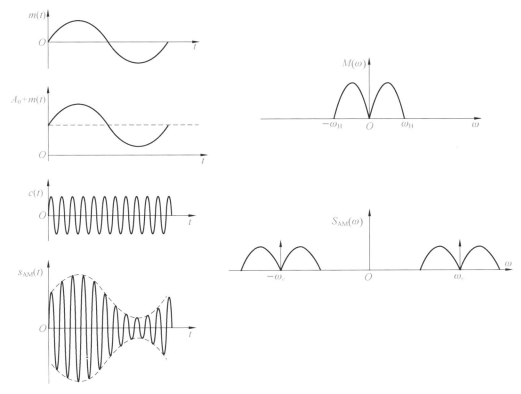

图 4.2　AM 的典型波形及频谱

由图 4.2 可以得出以下结论：

（1）AM 信号的频谱由载频分量、上边带、下边带三部分组成。上边带的频谱结构与原调制信号的频谱结构相同，下边带是上边带的镜像。对于正频率而言，高于 ω_c 的频谱部分叫作上边带（upper side band，USB），低于 ω_c 的频谱部分叫作下边带（lower side band，LSB）。

（2）若基带信号的带宽为 f_H，AM 信号占用的带宽 B_{AM} 是 f_H 的两倍，即

$$B_{AM} = 2f_H \tag{4.6}$$

（3）为了实现不失真的调幅，必须满足下列两个条件：

① 在此定义 AM 的调制指数为

$$\alpha = \frac{|m(t)|_{max}}{A_0} \tag{4.7}$$

$\alpha < 1$ 时为正常调幅，此时已调波的包络总为正值；$\alpha = 1$ 时为临界调幅，此时已调波的包络有零值；$\alpha > 1$ 时为过调幅，此时已调波的包络有过零点，产生失真。为避免出现过调幅现象，必须要求 $\alpha \leqslant 1$。

②载波频率应远大于 $m(t)$ 的最高频率分量，即

$$\omega_c \gg f_H \tag{4.8}$$

由 AM 信号的频谱图不难看出，若此条件不满足，则会出现频谱混叠，此时的包络形状就会产生失真。

2. AM 信号的功率分布和效率

AM 信号的功率用 P_{AM} 表示，可以通过时间平均来计算。在 1 Ω 电阻上的平均功率等于 $s_{AM}(t)$ 的均方值，当 $m(t)$ 为确定信号时，$s_{AM}(t)$ 的均方值等于其平方的时间平均，即

$$P_{AM} = \overline{s_{AM}^2(t)} = \overline{[A_0 + m(t)]^2 \cos^2(\omega_c t + \varphi_0)}$$
$$= \overline{A_0^2 \cos^2(\omega_c t + \varphi_0)} + \overline{m^2(t)\cos^2(\omega_c t + \varphi_0)} + \overline{2A_0 m(t)\cos^2(\omega_c t + \varphi_0)} \tag{4.9}$$

根据 $\cos^2(\omega_c t + \varphi_0) = \frac{1}{2}[1 + \cos 2(\omega_c t + \varphi_0)]$，而 $\overline{\cos 2(\omega_c t + \varphi_0)} = 0$，且通常假设调制信号没有直流分量，即 $\overline{m(t)} = 0$，则有

$$P_{AM} = \frac{A_0^2}{2} + \frac{\overline{m^2(t)}}{2} = P_c + P_s \tag{4.10}$$

式中，$P_c = \dfrac{A_0^2}{2}$，为载波功率；$P_s = \dfrac{\overline{m^2(t)}}{2}$，为边带功率。

定义已调波的调制效率为信号总功率中边带功率占的比例，则 AM 信号的调制效率可表示为

$$\eta_{AM} = \frac{P_s}{P_{AM}} = \frac{\overline{m^2(t)}}{A_0^2 + \overline{m^2(t)}} \tag{4.11}$$

综上所述，AM 信号的总功率包括载波功率和边带功率两部分。只有边带功率才与调制信号有关，载波分量并不携带信息。由此可知，AM 信号的功率利用率比较低，但 AM 的优点在于系统结构简单，价格低廉，所以幅度调制至今仍广泛应用于无线电广播中。

4.2.2　抑制载波双边带调制

AM 信号的最大缺点是载波分量并不携带任何有用信息，却占据了一半以上的功率。为了提高调制效率，在图 4.1AM 调制模型中将直流 A_0 去掉，即可得到一种高调制效率的调制信号——抑制载波双边带调制（double side band suppressed carrier，DSB-SC），简称双边带（DSB）调制。

DSB 信号的时域表达式为

$$s_{DSB}(t) = m(t)\cos\omega_c t \tag{4.12}$$

DSB 信号的频谱与 AM 信号的频谱相近，只是在 $\pm\omega_c$ 处没有了 δ 函数，即

$$S_{DSB}(\omega) = \frac{1}{2}[M(\omega + \omega_c) + M(\omega - \omega_c)] \tag{4.13}$$

其典型波形和频谱如图 4.3 所示。

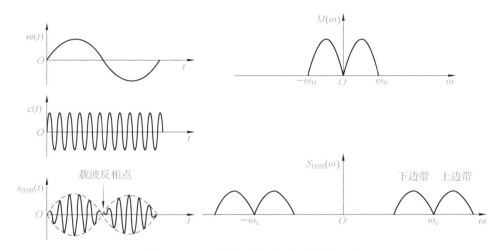

图 4.3 DSB 调制过程的典型波形及频谱

由图 4.3 可以得出以下结论:

(1)DSB 信号的频谱仅由上、下边带两部分组成。与 AM 信号比较,因为不存在载波分量,DSB 信号的调制效率 $\eta_{DSB}=1$,调制效率得到很大提升。

(2)DSB 信号占用的带宽与 AM 信号相同,仍是基带信号带宽 f_H 的两倍。

(3)DSB 信号的包络不再与调制信号的变化规律一致,因而不能采用简单的包络检波来恢复调制信号。DSB 信号解调时需要采用相干解调,也称同步检波。

综上所述,DSB 信号虽然抑制了载波功率,但它所需的传输带宽并没有改善。注意到 DSB 信号两个边带中的任意一个都包含了 $M(\omega)$ 的所有频谱成分,因此只需传输其中的一个边带即可。这样既节省发送功率,又节省一半传输频带,因而引入一种新的调幅方式,即单边带调制。

4.2.3 单边带调制

任何物理可实现信号的频谱都是 ω 的偶函数。关于过原点的垂直轴不对称的频谱不表示实际信号,因而不能被传送。基于这一点,便不能考虑只传送 DSB 信号中的正频率或负频率部分来节约带宽和发送功率。显然,同时传输两个边带是多余的,可以只传送 DSB 信号的上边带或下边带,因为由任何一个边带根据对称性可以复制出另一个边带,这样可以达到节约带宽和发送功率的目的。这种调制方式称为单边带(SSB)调制,它是将双边带信号中的一个边带滤除而形成的。根据滤除方法的不同,产生 SSB 信号的方法可分为两种:滤波法和相移法。

1. 滤波法及 SSB 信号的频域表示

产生 SSB 信号最直观的方法是,先产生一个双边带信号,然后让其通过一个边带滤波器,滤除不要的边带,即可得到单边带信号。滤波法生成 SSB 信号的过程如图 4.4 所示。

图 4.4 中,$H(\omega)$ 为单边带滤波器的传递函数,若它具有理想高通特性,则可滤除下边带(LSB),保留上边带(USB),此时的理想高通特性为

$$H(\omega)=H_{USB}(\omega)=\begin{cases} 1, & |\omega|>\omega_c \\ 0, & |\omega|\leqslant\omega_c \end{cases} \quad (4.14)$$

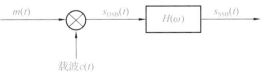

图 4.4 滤波法生成 SSB 信号的过程

若 $H(\omega)$ 具有理想低通特性,则可滤除上边带,保留下边带,此时的理想低通特性为

$$H(\omega)=H_{\text{LSB}}(\omega)=\begin{cases}1, & |\omega|<\omega_{c}\\0, & |\omega|\geqslant\omega_{c}\end{cases} \tag{4.15}$$

于是 SSB 信号的频谱为

$$S_{\text{SSB}}(\omega)=S_{\text{DSB}}(\omega)\cdot H(\omega) \tag{4.16}$$

滤波法的主要缺点是要求滤波器的特性十分接近理想特性，即在载频 ω_{c} 处必须具有锐截止特性。而实际的滤波器，在截止频率处都有一定的过渡带。例如，若经过滤波器后语音信号的最低频率为 400 Hz，则上下边带之间的频率间隔为 800 Hz，即允许过渡带为 800 Hz。实现滤波的难易程度与过渡带相对载频的归一化值有关，该值越小，边带滤波就越难实现。因此，在 800 Hz 过渡带和不太高的载频情况下，滤波不难实现；但当载频较高时，采用一级调制直接滤波的方法便不可能实现单边带调制。通常的解决办法是采用多级频率搬移，即先在较低的载频上形成单边带信号，然后通过变频将频谱搬移到更高的载频。实际上，频谱搬移可以连续分几步进行，直到达到所需的载频为止。但是当调制信号中含有直流及低频分量时，滤波法就不适用了，因为此时上下边带之间的过渡区间内的频谱分量是不可以忽略的。

2. 相移法和 SSB 信号的时域表示

理论上相移法可以产生一个不失真的单边带信号，但 SSB 信号时域表达式的推导比较困难，需借助希尔伯特(Hilbert)变换来表述。简单起见，可以从单频调制出发，得到 SSB 信号的时域表达式，然后推广到一般情况。为说明其原理，首先设单频调制信号为

$$m(t)=A_{\text{m}}\cos\omega_{\text{m}}t \tag{4.17}$$

载波为

$$c(t)=\cos\omega_{c}t \tag{4.18}$$

根据图 4.4 得 DSB 信号的时域表达式为

$$s_{\text{DSB}}(t)=A_{\text{m}}\cos\omega_{\text{m}}t\cos\omega_{c}t=\frac{1}{2}A_{\text{m}}\cos(\omega_{c}+\omega_{\text{m}})t+\frac{1}{2}A_{\text{m}}\cos(\omega_{c}-\omega_{\text{m}})t \tag{4.19}$$

若保留上边带，则有

$$s_{\text{USB}}(t)=\frac{1}{2}A_{\text{m}}\cos(\omega_{c}+\omega_{\text{m}})t=\frac{1}{2}A_{\text{m}}\cos\omega_{\text{m}}t\cos\omega_{c}t-\frac{1}{2}A_{\text{m}}\sin\omega_{\text{m}}t\sin\omega_{c}t \tag{4.20}$$

若保留下边带，则有

$$s_{\text{LSB}}(t)=\frac{1}{2}A_{\text{m}}\cos(\omega_{c}-\omega_{\text{m}})t=\frac{1}{2}A_{\text{m}}\cos\omega_{\text{m}}t\cos\omega_{c}t+\frac{1}{2}A_{\text{m}}\sin\omega_{\text{m}}t\sin\omega_{c}t \tag{4.21}$$

将式(4.20)和式(4.21)合并，得

$$s_{\text{SSB}}(t)=\frac{1}{2}A_{\text{m}}\cos\omega_{\text{m}}t\cos\omega_{c}t\mp\frac{1}{2}A_{\text{m}}\sin\omega_{\text{m}}t\sin\omega_{c}t \tag{4.22}$$

式中，"−"为取上边带信号；"+"为取下边带信号。

式(4.22)中，$A_{\text{m}}\sin\omega_{\text{m}}t$ 可以看成是 $A_{\text{m}}\cos\omega_{\text{m}}t$ 相移 $\frac{\pi}{2}$ 的结果，其幅度大小保持不变。把这一相移过程称为希尔伯特变换，记为"^"，则有

$$A_{\text{m}}\widehat{\cos}\omega_{\text{m}}t=A_{\text{m}}\sin\omega_{\text{m}}t \tag{4.23}$$

这样，式(4.22)可以改写为

$$s_{\text{SSB}}(t)=\frac{1}{2}A_{\text{m}}\cos\omega_{\text{m}}t\cos\omega_{c}t\mp\frac{1}{2}A_{\text{m}}\widehat{\cos}\omega_{\text{m}}t\sin\omega_{c}t \tag{4.24}$$

式(4.24)虽然是在单频调制下得到的，但是它完全适用于任何一般的波形。因为任何一个波形总可以表示成许多正弦信号之和，所以把式(4.24)推广到一般情况，可得

$$s_{\text{SSB}}(t)=\frac{1}{2}m(t)\cos\omega_{c}t\mp\frac{1}{2}\hat{m}(t)\sin\omega_{c}t \tag{4.25}$$

式中，$\hat{m}(t)$ 是 $m(t)$ 的希尔伯特变换。

$\hat{m}(t)$ 可看成是 $m(t)$ 通过如图 4.5 所示的希尔伯特滤波器的输出。

该希尔伯特滤波器的单位冲激响应为

$$h_{\mathrm{h}}(t) = \frac{1}{\pi t} \qquad (4.26)$$

图 4.5 信号通过希尔伯特滤波器

希尔伯特滤波器又称为宽带相移正交网络。则时域表达式为

$$\hat{m}(t) = m(t) * \frac{1}{\pi t} \qquad (4.27)$$

若 $M(\omega)$ 是 $m(t)$ 的傅里叶变换，则由卷积定理可知，$\hat{m}(t)$ 的傅里叶变换 $\hat{M}(\omega)$ 为

$$\hat{M}(\omega) = M(\omega) \cdot (-\mathrm{j}\,\mathrm{sgn}\,\omega) \qquad (4.28)$$

式中，sgn ω 是符号函数，定义为

$$\mathrm{sgn}\,\omega = \begin{cases} 1, & \omega > 0 \\ -1, & \omega < 0 \end{cases} \qquad (4.29)$$

式(4.28)中的 $-\mathrm{j}\,\mathrm{sgn}\,\omega$ 可以看成是希尔伯特滤波器的传递函数，即

$$H_{\mathrm{h}}(\omega) = \frac{\hat{M}(\omega)}{M(\omega)} = -\mathrm{j}\,\mathrm{sgn}\,\omega \qquad (4.30)$$

由式(4.25)可以画出相移法 SSB 调制器的一般模型，如图 4.6 所示。

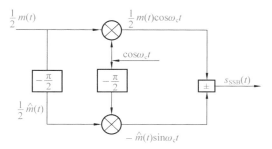

希尔伯特滤波器实质上是一个宽带相移网络，相移法利用相移网络对载波和调制信号进行适当的相移，以便在合成过程中将其中一个边带抵消而获得 SSB 信号。相移法不需要滤波器具有陡峭的截止特性，不论载频有多高，均可以一次实现 SSB 调制。

相移法的技术难点是宽带相移网络 $H_{\mathrm{h}}(\omega)$ 的制作。信号 $m(t)$ 通过希尔伯特滤波器后各频率分量的幅度保持不变，频率分量和相移量均为 $\frac{\pi}{2}$，且相移十分稳定和精确，而这

图 4.6 相移法 SSB 调制模型

一点即使只要求近似达到，也很困难。综上所述，SSB 信号的实现比 AM、DSB 要复杂，但 SSB 调制方式在传输信息时，不仅可以节省发射功率，而且它所占用的频带宽度比 AM、DSB 减少了一半。SSB 调制方式已成为短波通信中一种重要的调制方式。

4.2.4 残留边带调制

当调制信号的频谱具有丰富的低频分量时，上下边带很难分离。因此，不宜采用 SSB 调制来传输这类信号。为解决这个问题，在 DSB 与 SSB 之间找到了一种折中的办法，即残留边带(VSB)调制。残留边带调制是在单边带的基础上，还残留了一部分另一边带的调制。为了避免实现的难题，这种方式改用了具有一定过渡带的滤波器，因而残留了少量的其他边带，如图 4.7 所示。

用滤波法实现残留边带调制的原理框图与用滤波法实现 SSB 调制相同，而区别在于滤波器的特性不同。残留边带滤波器的特性在 $\pm\omega_{\mathrm{c}}$ 附近具有滚降特性，而不再要求十分陡峭的截止特性，因而它比单边带滤波器容易

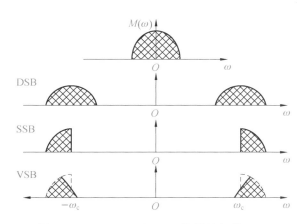

图 4.7 DSB、SSB 和 VSB 信号的频谱

制作。

假设 $H(\omega)$ 是所需残留边带滤波器的传输特性，由滤波法可知，残留边带信号的频谱表达式为

$$S_{VSB}(\omega) = S_{DSB}(\omega) \cdot H(\omega) = \frac{1}{2}\left[M(\omega+\omega_c)+M(\omega-\omega_c)\right]H(\omega) \tag{4.31}$$

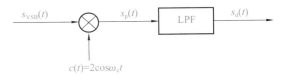

图 4.8　VSB 信号的相干解调

为了确定式(4.31)中残留边带滤波器传输特性 $H(\omega)$ 应满足的条件，先来分析一下接收端是如何从该信号中恢复原基带信号的。VSB 信号也不能简单地采用包络检波，而必须采用如图 4.8 所示的相干解调。在图 4.8 中，假设 $s_p(t) = 2s_{VSB}(t)\cos\omega_c t$。假设 $s_{VSB}(t) \Leftrightarrow S_{VSB}(\omega)$，$\cos\omega_c t \Leftrightarrow$ $\pi\left[\delta(\omega+\omega_c)+\delta(\omega-\omega_c)\right]$，根据频域卷积定理可知，$s_p(t)$ 的频谱表达式为

$$S_p(\omega) = \left[S_{VSB}(\omega+\omega_c)+S_{VSB}(\omega-\omega_c)\right] \tag{4.32}$$

将式(4.31)代入式(4.32)得

$$S_p(\omega) = \frac{1}{2}\left[M(\omega+2\omega_c)+M(\omega)\right]H(\omega+\omega_c)+\frac{1}{2}\left[M(\omega)+M(\omega-2\omega_c)\right]H(\omega-\omega_c) \tag{4.33}$$

进而可以得到低通滤波器的输出频谱表达式为

$$S_d(\omega) = \frac{1}{2}M(\omega)\left[H(\omega+\omega_c)+H(\omega-\omega_c)\right] \tag{4.34}$$

为了保证相干解调的输出无失真地恢复调制信号 $m(t)$，式(4.34)中的传递函数必须满足

$$H(\omega+\omega_c)+H(\omega-\omega_c) = k, \quad |\omega| \leqslant \omega_H \tag{4.35}$$

式中，ω_H 为调制信号的截止角频率；k 为常数。

式(4.35)就是确定残留边带滤波器传输特性 $H(\omega)$ 所必须遵循的重要条件。该条件的含义是残留边带滤波器的特性 $H(\omega)$ 在 $\pm\omega_c$ 处必须具有互补对称(奇对称)特性，相干解调时才能无失真地从残留边带信号中恢复所需的调制信号。

满足式(4.35)的残留边带滤波器特性 $H(\omega)$ 有两种形式，如图 4.9 所示。需要注意的是，每一种形式的滚降特性曲线并不是唯一的。

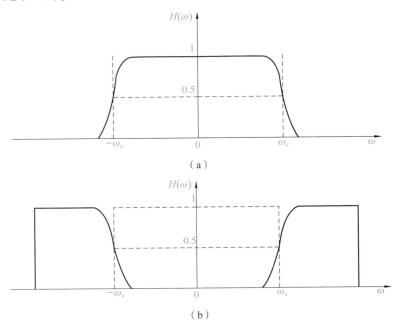

图 4.9　残留边带滤波器特性

(a) 残留部分上边带的滤波器特性；(b) 残留部分下边带的滤波器特性

4.2.5 线性调制的一般原理

滤波法线性调制的一般模型如图4.10所示。

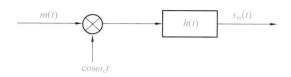

图4.10 滤波法线性调制的一般模型

按照此模型得到的输出信号时域表达式为

$$s_m(t) = [m(t)\cos\omega_c t] * h(t) \tag{4.36}$$

相应的输出信号频域表达式为

$$S_m(\omega) = \frac{1}{2}[M(\omega+\omega_c) + M(\omega-\omega_c)]H(\omega) \tag{4.37}$$

在该模型中，只要选择适当的 $H(\omega)$，便可以得到各种幅度的调制信号。如果将式(4.36)展开，可整理成另一种形式的时域表达式，即

$$s_m(t) = s_I(t)\cos\omega_c t + s_Q(t)\sin\omega_c t \tag{4.38}$$

式中，$s_I(t) = h_I(t) * m(t)$，$h_I(t) = h(t)\cos\omega_c t$；$s_Q(t) = h_Q(t) * m(t)$，$h_Q(t) = h(t)\sin\omega_c t$。

式(4.38)表明，$s_m(t)$ 可等效为两个互为正交调制分量的合成量，由此可以得到相移法线性调制的一般模型，如图4.11所示。它同样适用于所有线性调制。

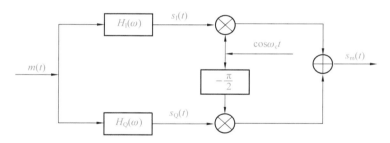

图4.11 相移法线性调制的一般模型

4.2.6 线性调制信号的解调

解调是调制的逆过程，其作用是从接收的已调信号中恢复原基带信号(即调制信号)。解调的方法可以分为两类：相干解调和非相干解调。非相干解调也称为包络检波。

1. 相干解调

相干解调也称为同步检波。调制的过程是一个频谱搬移的过程，它将低频信号的频谱搬移到载频位置。若要恢复基带信号，就要从已调信号的频谱中将位于载频位置的信号频谱再搬回到原始基带信号频谱的位置。调制和解调都要完成频谱搬移，前面所讨论过的各种调幅都需要利用乘法器生成，因此不难想象，在接收端也必然可以用乘法器不失真地恢复原信号。相干解调的一般模型如图4.12所示。

下面以DSB信号的解调为例，讨论相干解调的过程。设已调信号为

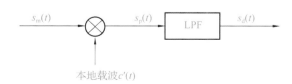

图4.12 相干解调的一般模型

$$s_{\mathrm{m}}(t)=s_{\mathrm{DSB}}(t)=m(t)\cos(\omega_c t+\varphi_0) \tag{4.39}$$

本地载波为

$$c'(t)=\cos(\omega_c t+\theta) \tag{4.40}$$

则由图 4.12 可得

$$s_{\mathrm{p}}(t)=m(t)\cos(\omega_c t+\varphi_0)\cos(\omega_c t+\theta)=\frac{1}{2}m(t)\left[\cos(2\omega_c t+\varphi_0+\theta)+\cos(\varphi_0-\theta)\right] \tag{4.41}$$

低通滤波器滤除 $2\omega_c$ 频率分量，则输出信号为

$$s_{\mathrm{d}}(t)=\frac{1}{2}m(t)\cos(\varphi_0-\theta) \tag{4.42}$$

由式（4.42）可以看出，能否正确恢复原基带信号，关键取决于调制载波与本地载波的相位差。若 $\varphi_0-\theta=\dfrac{\pi}{2}$，则 $\cos(\varphi_0-\theta)=0$，此时没有输出信号；若 $\varphi_0-\theta$ 的取值使得 $\cos(\varphi_0-\theta)<1$，此时输出信号的幅度受到影响，但波形不会失真。为了无失真地恢复原基带信号，一般希望 $\varphi_0-\theta=0$，使得 $\cos(\varphi_0-\theta)=1$，此时调制载波与本地载波同频同相，这种解调称为相干解调或同步检波。

上述讨论的解调过程适用于所有线性调制信号的解调，即对于 AM、SSB 和 VSB 信号也都是适用的。只是 AM 信号的解调结果中含有直流成分 A_0，这时在解调后加上一个简单的直流电容即可。

从以上分析可知，实现相干解调的关键是接收端要提供一个与载波信号严格同步的相干载波。否则，相干解调后原始基带信号会减弱，甚至会严重失真，这在传输数字信号时尤为严重。

2. 包络检波

因为包络检波器的电路简单、检波效率高，所以几乎所有 AM 接收机都采用这种解调方式来恢复信号。包络检波器通常由半波或全波整流器和低通滤波器组成。它属于非相干解调，因此不需要相干载波，广播接收机多采用此法。一个二极管峰值包络检波器如图 4.13 所示。由于二极管具有单向导电性，当载波处于正半周时，二极管导通，电容处于充电状态。因为充电时间常数很小，所以充电到输入信号的峰值会很快。当输入信号下降时，电容器上的电压大于输入信号的电压，二极管反向截止，电容器通过电阻缓慢放电。在下一个正半周，当输入信号的电压大于电容器上的电压时，二极管重新导通，再一次对电容充电。反复循环该过程，可以得到随包络变化的频率为 ω_c 的波形，再经过低通滤波后，就恢复原基带信号。

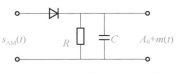

图 4.13　二极管峰值包络检波器

注意，RC 的选择应适当。若 RC 太大，放电期间电容上的电压下降会很慢，以致跟不上已调信号包络变化的速度，使得输出信号产生失真。因此，要求 $\dfrac{1}{RC}\gg f_{\mathrm{H}}$。但如果 RC 太小，放电太快将导致波形频率增大。

因此，要求 $\dfrac{1}{RC}\ll f_c$。综合考虑以上两点，RC 应满足的条件为

$$f_{\mathrm{H}}\ll\frac{1}{RC}\ll f_c \tag{4.43}$$

式中，f_{H} 为调制信号的最高频率；f_c 为载波频率。

满足式（4.43）的条件下，检波器的输出信号为

$$s_{\mathrm{d}}(t)=A_0+m(t) \tag{4.44}$$

滤去直流后即可得到原信号 $m(t)$。

可见，包络检波器就是直接从已调波的幅度中提取原调制信号，其结构简单，且解调输出是相干解调输出的 2 倍。因此，AM 信号几乎无例外地采用包络检波。

顺便指出，DSB、SSB 和 VSB 信号均是抑制载波的已调信号，其包络不直接表示调制信号，因而不能采用简单的包络检波方法解调。但若插入很强的载波，使之成为或近似成为 AM 信号，则可利用包络检

器恢复调制信号，这种方法称为插入载波包络检波法。它对于 DSB、SSB 和 VSB 信号均适用。载波分量可以在接收端插入，也可以在发送端插入。需要注意的是，为了保证检波质量，插入的载波振幅应远大于信号的振幅，同时也要求插入的载波与调制载波同频同相。

4.2.7 线性调制系统的抗噪声性能

1. 抗噪声性能分析模型

实际中，任何通信系统都避免不了噪声的影响。为了简单起见，这里只研究加性噪声对信号的影响。

加性噪声只对已调信号的接收产生影响，因而通信系统的抗噪声性能可以用解调器的抗噪声性能来衡量。解调器的抗噪声性能分析模型如图 4.14 所示。

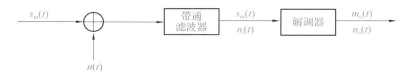

图 4.14 解调器的抗噪声性能分析模型

其中，$s_m(t)$ 为已调信号；$n(t)$ 为信道加性高斯白噪声。

带通滤波器的作用是滤除已调信号频带外的噪声，因此，经过带通滤波器后到达解调器输入端的信号仍可认为是 $s_m(t)$，而噪声是 $n_i(t)$。解调器输出的有用信号为 $m_o(t)$，噪声为 $n_o(t)$。

不同的调制系统有不同形式的信号 $s_m(t)$，但解调器输入端的噪声 $n_i(t)$ 形式却是相同的，它是由平稳高斯白噪声 $n(t)$ 经过带通滤波器得到的。当带通滤波器的带宽远小于其中心频率 ω_0 时，可视为窄带滤波器，故 $n_i(t)$ 为平稳窄带高斯噪声，可表示为

$$n_i(t) = n_c(t)\cos\omega_0 t - n_s(t)\sin\omega_0 t \tag{4.45}$$

或

$$n_i(t) = V(t)\cos\left[\omega_0 t + \theta(t)\right] \tag{4.46}$$

由随机过程知识可得

$$\overline{n_i^2(t)} = \overline{n_c^2(t)} = \overline{n_s^2(t)} = N_i \tag{4.47}$$

式中，N_i 为解调器输入噪声的平均功率。

若白噪声的单边功率谱密度为 n_0，带通滤波器是高度为 1、带宽为 B 的理想矩形函数，其传输特性如图 4.15 所示，则解调器的输入噪声功率为

$$N_i = n_0 B \tag{4.48}$$

这里的带宽 B 应等于已调信号的频带宽度，即保证已调信号无失真地进入解调器，同时又最大限度地抑制噪声。模拟通信系统的主要质量指标是解调器的输出信噪比，定义为

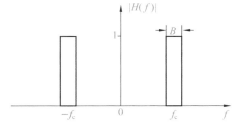

图 4.15 带通滤波器的传输特性

$$\frac{S_o}{N_o} = \frac{\overline{m_o^2(t)}}{\overline{n_o^2(t)}} \tag{4.49}$$

式中，$\overline{m_o^2(t)}$ 为解调器输出有用信号的平均功率；$\overline{n_o^2(t)}$ 为解调器输出噪声的平均功率。

输出信噪比与调制方式和解调方式均密切相关。因此，在已调信号平均功率相同、信道噪声功率谱密度也相同的情况下，输出信噪比反映了解调器的抗噪声性能。显然，输出信噪比越大越好。

为了便于比较同类调制系统采用不同解调器时的性能，还可以用调制制度增益来表示，定义调制制度增益为

$$G = \frac{\dfrac{S_o}{N_o}}{\dfrac{S_i}{N_i}} \tag{4.50}$$

式中，$\dfrac{S_i}{N_i}$ 为输入信噪比，定义为解调器输入已调信号的平均功率与解调器输入噪声的平均功率之比，即

$$\frac{S_i}{N_i} = \frac{\overline{s_m^2(t)}}{\overline{n_i^2(t)}} \tag{4.51}$$

G 值便于比较同类调制系统采用不同解调器时的性能。显然，对于同一调制方式，G 值越大，则解调器的抗噪声性能越好。同时，G 值的大小也反映了这种调制制度的优劣。

2. 相干解调抗噪声性能

相干解调抗噪声性能分析模型如图 4.16 所示。由于该调制系统是线性系统，可以分别计算解调器输出的信号功率和噪声功率。

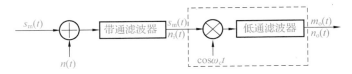

图 4.16　相干解调抗噪声性能分析模型

下面分别讨论 DSB 与 SSB 调制系统的性能。

1）DSB 调制系统的性能

设解调器输入信号为

$$s_m(t) = m(t)\cos\omega_c t \tag{4.52}$$

与相干载波 $\cos\omega_c t$ 相乘后，得

$$m(t)\cos^2\omega_c t = \frac{1}{2}m(t) + \frac{1}{2}m(t)\cos 2\omega_c t \tag{4.53}$$

经过低通滤波器后，输出信号为

$$m_o(t) = \frac{1}{2}m(t) \tag{4.54}$$

因此，解调器输出端的有用信号功率为

$$S_o = \overline{m_o^2(t)} = \frac{1}{4}\overline{m^2(t)} \tag{4.55}$$

解调 DSB 信号时，接收机中带通滤波器的中心频率 ω_0 与调制载频 ω_c 相同，因此，解调器输入端的窄带噪声可表示为

$$n_i(t) = n_c(t)\cos\omega_c t - n_s(t)\sin\omega_c t \tag{4.56}$$

它与相干载波相乘后，得

$$n_i(t)\cos\omega_c t = [n_c(t)\cos\omega_c t - n_s(t)\sin\omega_c t]\cos\omega_c t = \frac{1}{2}n_c(t) + \frac{1}{2}[n_c(t)\cos 2\omega_c t - n_s(t)\sin 2\omega_c t] \tag{4.57}$$

经过低通滤波器后，解调器最终的输出噪声为

$$n_o(t) = \frac{1}{2}n_c(t) \tag{4.58}$$

故输出噪声功率为

$$N_o = \overline{n_o^2(t)} = \frac{1}{4}\overline{n_c^2(t)} \qquad (4.59)$$

根据式(4.47)和式(4.48)，有

$$N_o = \frac{1}{4}\overline{n_i^2(t)} = \frac{1}{4}N_i = \frac{1}{4}n_0 B \qquad (4.60)$$

式中，B 为 DSB 信号带通滤波器的带宽，取为 $2f_H$。

解调器输入信号平均功率为

$$S_i = \overline{s_m^2(t)} = \overline{[m(t)\cos\omega_c t]^2} = \frac{1}{2}\overline{m^2(t)}$$

与式(4.48)相比，可得解调器的输入信噪比为

$$\frac{S_i}{N_i} = \frac{\frac{1}{2}\overline{m^2(t)}}{n_0 B} \qquad (4.61)$$

由式(4.55)和式(4.60)可得解调器的输出信噪比为

$$\frac{S_o}{N_o} = \frac{\frac{1}{4}\overline{m^2(t)}}{\frac{1}{4}N_i} = \frac{\overline{m^2(t)}}{n_0 B} \qquad (4.62)$$

因此制度增益为

$$G_{DSB} = \frac{\dfrac{S_o}{N_o}}{\dfrac{S_i}{N_i}} = 2 \qquad (4.63)$$

由此可见，DSB 调制系统的制度增益为 2。这意味着，DSB 信号的解调器使信噪比改善一倍，这是因为采用相干解调消除了输入噪声中的正交分量。

2）SSB 调制系统的性能

SSB 信号的解调方法与 DSB 信号相同，其区别在于解调器之前的带通滤波器带宽和中心频率不同。前者带通滤波器的带宽是后者的一半。

因为 SSB 信号的解调器与 DSB 信号相同，所以计算解调器输入及输出信噪比的方法也相同。SSB 信号解调器的输出噪声与输入噪声的功率可由式(4.60)给出，即

$$N_o = \frac{1}{4}N_i = \frac{1}{4}n_0 B \qquad (4.64)$$

式中，B 为 SSB 信号带通滤波器的带宽，取为 f_H。

由 SSB 信号的一般表达式可知，SSB 信号与相干载波相乘后，再经低通滤波可得解调器输出信号，即

$$m_o(t) = \frac{1}{4}m(t) \qquad (4.65)$$

因此，输出信号平均功率为

$$S_o = \overline{m_o^2(t)} = \frac{1}{16}\overline{m^2(t)} \qquad (4.66)$$

输入信号平均功率为

$$S_i = \overline{s_m^2(t)} = \frac{1}{4}\overline{[m(t)\cos\omega_c t \mp \hat{m}(t)\sin\omega_c t]^2} = \frac{1}{4}\left[\frac{1}{2}\overline{m^2(t)} + \frac{1}{2}\overline{\hat{m}^2(t)}\right] \qquad (4.67)$$

因为 $\hat{m}(t)$ 与 $m(t)$ 的幅度相同，所以两者具有相同的平均功率，故式(4.67)变为

$$S_i = \frac{1}{4}\overline{m^2(t)} \tag{4.68}$$

于是，单边带解调器的输入信噪比为

$$\frac{S_i}{N_i} = \frac{\frac{1}{4}\overline{m^2(t)}}{n_0 B} = \frac{\overline{m^2(t)}}{4n_0 B} \tag{4.69}$$

输出信噪比为

$$\frac{S_o}{N_o} = \frac{\frac{1}{16}\overline{m^2(t)}}{\frac{1}{4}n_0 B} = \frac{\overline{m^2(t)}}{4n_0 B} \tag{4.70}$$

因而制度增益为

$$G_{\text{SSB}} = \frac{\dfrac{S_o}{N_o}}{\dfrac{S_i}{N_i}} = 1 \tag{4.71}$$

因为在 SSB 调制系统中，信号和噪声有相同的表示形式，所以在相干解调过程中，信号和噪声中的正交分量均被抑制掉，故信噪比没有改善。

调制制度增益只适用于同类调制系统中，作为衡量不同解调方式对输入信噪比改善情况的参考，而不能用于不同调制系统抗噪声性能的比较。由式(4.63)和式(4.71)可知，$G_{\text{DSB}} = 2G_{\text{SSB}}$。从表面上看，DSB 调制系统的抗噪声性能比 SSB 调制系统好，其实不然。因为 SSB 信号的带宽仅为 DSB 信号的一半，所以 DSB 信号的输入噪声功率是 SSB 信号的 2 倍。尽管 $G_{\text{DSB}} = 2$，但是它在输入端就有 2 倍的噪声功率，解调中信噪比的改善被更大的输入噪声抵消。因此，实际上在相同输入信号功率 S_i、相同输入噪声功率谱密度 n_0、相同基带信号带宽 f_H 的条件下，对这两种调制方式进行比较，可以发现它们的输出信噪比是相等的。但 SSB 信号所需的传输带宽仅是 DSB 信号的一半，因此 SSB 调制系统得到了普遍应用。

VSB 调制系统抗噪声性能的分析方法与 SSB 调制系统相似。因为 VSB 调制系统采用的残留边带滤波器频率特性形状不同，所以其抗噪声性能的计算比较复杂。但是，在边带残留部分不是太大的情况下，可以近似认为其抗噪声性能与 SSB 调制系统的抗噪声性能相同。

3. 非相干解调（包络检波）抗噪声性能

下面采用包络检波的方法对 AM 信号进行抗噪声性能分析。此时，在图 4.14 所示的分析模型中，解调器为包络检波器。AM 包络检波的抗噪声性能分析模型如图 4.17 所示，其检波输出电压正比于输入信号的包络变化。

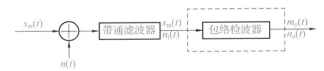

图 4.17 AM 包络检波的抗噪声性能分析模型

设解调器输入信号为

$$s_m(t) = [A_0 + m(t)]\cos\omega_c t \tag{4.72}$$

这里仍假设调制信号 $m(t)$ 的均值为零，且 $|m(t)|_{\max} \leqslant A_0$。解调器输入噪声为

$$n_i(t) = n_c(t)\cos\omega_c t - n_s(t)\sin\omega_c t \tag{4.73}$$

则解调器输入的信号功率和噪声功率分别为

$$S_i = \overline{s_m^2(t)} = \frac{A_0^2}{2} + \frac{\overline{m^2(t)}}{2} \tag{4.74}$$

$$N_i = \overline{n_i^2(t)} = n_0 B \tag{4.75}$$

输入信噪比为

$$\frac{S_i}{N_i} = \frac{A_0^2 + \overline{m^2(t)}}{2n_0 B} \tag{4.76}$$

由于解调器输入的是信号加噪声的混合波形，即

$$s_m(t) + n_i(t) = [A_0 + m(t) + n_c(t)]\cos\omega_c t - n_s(t)\sin\omega_c t = E(t)\cos[\omega_c t + \psi(t)] \tag{4.77}$$

式中，$E(t)$ 和 $\psi(t)$ 分别为

$$E(t) = \sqrt{[A_0 + m(t) + n_c(t)]^2 + n_s^2(t)} \tag{4.78}$$

$$\psi(t) = \arctan\left[\frac{n_s(t)}{A_0 + m(t) + n_c(t)}\right] \tag{4.79}$$

式（4.78）中，$E(t)$ 便是所求的合成包络。当包络检波器的传输系数为 1 时，检波器输出的就是 $E(t)$。由式（4.78）可以看出，检波器输出的 $E(t)$ 中，信号和噪声存在非线性关系，很难直接计算输出信噪比。为使讨论简明，需要考虑大信噪比和小信噪比两种特殊情况。

1）大信噪比情况

输入信号幅度远大于噪声幅度，即

$$[A_0 + m(t)] \gg \sqrt{n_c^2(t) + n_s^2(t)} \tag{4.80}$$

牛顿二项式展开公式为

$$(1+x)^m \approx 1 + mx, \quad |x| \ll 1 \tag{4.81}$$

因而式（4.78）可简化为

$$E(t) = \sqrt{[A_0 + m(t)]^2 + 2[A_0 + m(t)]n_c(t) + n_c^2(t) + n_s^2(t)} \approx \sqrt{[A_0 + m(t)]^2 + 2[A_0 + m(t)]n_c(t)}$$
$$= [A_0 + m(t)]\left[1 + \frac{2n_c(t)}{A_0 + m(t)}\right]^{\frac{1}{2}} \approx [A_0 + m(t)]\left[1 + \frac{n_c(t)}{A_0 + m(t)}\right] = A_0 + m(t) + n_c(t) \tag{4.82}$$

由式（4.82）可见，隔除直流分量 A_0 后，有用信号与噪声分成了独立的两项，因而可分别计算它们的功率。输出信号功率为

$$S_o = \overline{m^2(t)} \tag{4.83}$$

输出噪声功率为

$$N_o = \overline{n_c^2(t)} = \overline{n_i^2(t)} = n_0 B \tag{4.84}$$

故输出信噪比为

$$\frac{S_o}{N_o} = \frac{\overline{m^2(t)}}{n_0 B} \tag{4.85}$$

制度增益为

$$G_{AM} = \frac{\dfrac{S_o}{N_o}}{\dfrac{S_i}{N_i}} = \frac{2\overline{m^2(t)}}{A_0^2 + \overline{m^2(t)}} \tag{4.86}$$

显然，AM 信号的调制制度增益 G_{AM} 随 A_0 的减小而增加。但对包络检波器来说，为了不发生过调制现象，应有 $A_0 \geqslant |m(t)|_{max}$，所以 G_{AM} 总是小于 1，这说明包络检波器并没有改善输入信噪比，反而恶化了输入信

噪比。例如，对于 100% 的调制，且 $m(t)$ 是单频正弦信号，这时 AM 信号的最大信噪比增益为

$$G_{\mathrm{AM}} = \frac{2}{3} \tag{4.87}$$

可以证明，采用同步检测法解调 AM 信号时，得到的调制制度增益 G_{AM} 与式（4.86）给出的结果相同。由此可见，对于 AM 调制系统，在大信噪比时，采用包络检波器解调时的性能与采用同步检测器解调时的性能几乎一样。但应注意，后者的调制制度增益不受信号与噪声相对幅度假设条件的限制。

2）小信噪比情况

输入信号幅度远小于噪声幅度，即

$$\left[A_0 + m(t) \right] \ll \sqrt{n_{\mathrm{c}}^2(t) + n_{\mathrm{s}}^2(t)} \tag{4.88}$$

此时，式（4.78）可简化为

$$E(t) = \sqrt{\left[A_0 + m(t) \right]^2 + n_{\mathrm{c}}^2(t) + n_{\mathrm{s}}^2(t) + 2n_{\mathrm{c}}(t)\left[A_0 + m(t) \right]} \approx \sqrt{n_{\mathrm{c}}^2(t) + n_{\mathrm{s}}^2(t) + 2n_{\mathrm{c}}(t)\left[A_0 + m(t) \right]}$$

$$= \sqrt{\left[n_{\mathrm{c}}^2(t) + n_{\mathrm{s}}^2(t) \right]\left\{ 1 + \frac{2n_{\mathrm{c}}(t)\left[A_0 + m(t) \right]}{n_{\mathrm{c}}^2(t) + n_{\mathrm{s}}^2(t)} \right\}} = R(t)\sqrt{1 + \frac{2\left[A_0 + m(t) \right]}{R(t)}\cos\theta(t)} \tag{4.89}$$

式中，$R(t)$ 和 $\theta(t)$ 分别代表噪声的包络和相位，即

$$R(t) = \sqrt{n_{\mathrm{c}}^2(t) + n_{\mathrm{s}}^2(t)} \tag{4.90}$$

$$\theta(t) = \arctan\left[\frac{n_{\mathrm{s}}(t)}{n_{\mathrm{c}}(t)} \right] \tag{4.91}$$

$$\cos\theta(t) = \frac{n_{\mathrm{c}}(t)}{R(t)} \tag{4.92}$$

因为 $R(t) \gg \left[A_0 + m(t) \right]$，所以可以利用牛顿二项式展开公式把 $E(t)$ 进一步近似为

$$E(t) = R(t)\sqrt{1 + \frac{2\left[A_0 + m(t) \right]}{R(t)}\cos\theta(t)} \approx R(t)\left[1 + \frac{A_0 + m(t)}{R(t)}\cos\theta(t) \right] = R(t) + \left[A_0 + m(t) \right]\cos\theta(t) \tag{4.93}$$

式（4.93）中，$E(t)$ 没有单独的信号项，只有受到 $\cos\theta(t)$ 调制的 $m(t)\cos\theta(t)$ 项。$\cos\theta(t)$ 是一个随机噪声，有用信号 $m(t)$ 被噪声扰乱，致使 $m(t)\cos\theta(t)$ 也只能看成是噪声。

这时，输出信噪比不是按比例地随着输入信噪比下降，而是急剧恶化，通常把这种现象称为解调器的门限效应。开始出现门限效应的输入信噪比称为门限值。这种门限效应是由包络检波器的非线性解调作用引起的，因此，不能通过包络检波来恢复信号。

有必要指出，用相干解调的方法解调各种线性调制信号时不存在门限效应。这是因为此时信号与噪声可分别进行解调，解调器输出端总是单独存在有用信号。

由以上分析可得如下结论：在大信噪比情况下，AM 信号包络检波器的性能几乎与相干解调法相同；但当输入信噪比低于门限值时，使用包络检波器对 AM 信号进行解调将会出现门限效应，这时解调器的输出信噪比将急剧恶化，系统无法正常工作。

4.3 非线性调制

模拟调制中的幅度调制也称为线性调制。模拟调制的另一种调制方式是调频（frequency modulation，FM）和调相（phase modulation，PM）。在调频系统中，载波的频率随调制信号变化而变化。在调相系统中，载波的相位随调制信号变化而变化。这两种调制中，载波的幅度都保持恒定，而频率和相位的变化都表现为载波瞬时相位的变化。故把调频和调相统称为角度调制或调角。

角度调制与幅度调制的不同之处在于，已调信号频谱不再是原调制信号频谱的线性搬移，而是频谱的非线性变换，会产生与频谱搬移不同的新的频率成分，故角度调制又称为非线性调制。在分析角度调

制时较为困难,在许多情况下仅是近似分析。

与幅度调制相比,角度调制最突出的优势是其较高的抗噪声性能,然而这种优势的代价是角度调制需要占用比幅度调制信号更宽的带宽。FM 和 PM 在通信系统中的使用都非常广泛。FM 广泛应用于高保真音乐广播、电视伴音信号的传输、卫星通信和蜂窝电话系统等。调频与调相之间存在密切的关系,PM 除直接用于传输外,也常用于间接产生 FM 信号的过渡阶段。

4.3.1　角度调制的基本概念

1. FM 和 PM 信号的一般表达式

角度调制信号的一般表达式为

$$s_m(t) = A\cos[\omega_c t + \varphi(t)] \tag{4.94}$$

式中,A 为载波的恒定振幅;$\omega_c t + \varphi(t)$ 为信号的瞬时相位,记为 $\theta(t)$;$\varphi(t)$ 为相对于载波相位的瞬时相位偏移;$\dfrac{d[\omega_c t + \varphi(t)]}{dt}$ 为信号的瞬时角频率,记为 $\omega(t)$;$\dfrac{d\varphi(t)}{dt}$ 为相对于载频 ω_c 的瞬时频偏。

相位调制(PM)指瞬时相位偏移随调制信号 $m(t)$ 做线性变化,即

$$\varphi(t) = K_p m(t) \tag{4.95}$$

式中,K_p 为调相灵敏度(rad/V),其含义是单位调制信号幅度引起的 PM 信号的相位偏移量。

将式(4.95)代入式(4.94),可得 PM 信号为

$$s_{PM}(t) = A\cos[\omega_c t + K_p m(t)] \tag{4.96}$$

对于单音调制情况,有

$$m(t) = A_m\cos\omega_m t \tag{4.97}$$

于是

$$s_{PM}(t) = A\cos[\omega_c t + K_p A_m\cos\omega_m t] = A\cos[\omega_c t + m_p\cos\omega_m t] \tag{4.98}$$

式中,$m_p = K_p A_m$ 为调相指数,表示最大的相位偏移。可见,它只取决于调制信号 $m(t)$ 的幅度,而与调制频率无关。

频率调制是指瞬时频率偏移随调制信号 $m(t)$ 成比例变化,即

$$\frac{d\varphi(t)}{dt} = K_f m(t) \tag{4.99}$$

式中,K_f 为调频灵敏度[rad/(s·V)]。这时相位偏移为

$$\varphi(t) = K_f\int m(\tau)d\tau \tag{4.100}$$

将式(4.100)代入式(4.94),可得 FM 信号为

$$s_{FM}(t) = A\cos[\omega_c t + K_f\int m(\tau)d\tau] \tag{4.101}$$

对于单音调制情况,有

$$s_{FM}(t) = A\cos[\omega_c t + K_f A_m\int\cos\omega_m\tau d\tau] = A\cos[\omega_c t + m_f\sin\omega_m t] \tag{4.102}$$

式中,m_f 为调频指数,表示最大的相位偏移,取为

$$m_f = \frac{K_f A_m}{\omega_m} \tag{4.103}$$

由式(4.98)可得调频波的最大频率偏移,即

$$\Delta\omega = K_f |m(t)|_{max} \tag{4.104}$$

而对于单音调制,调频波的最大频率偏移为

$$\Delta\omega = K_f A_m \tag{4.105}$$

因此，式(4.103)又可写为

$$m_f = \frac{\Delta\omega}{\omega_m} = \frac{\Delta f}{f_m} \qquad (4.106)$$

式中，$\Delta\omega$ 为最大角频偏；Δf 为最大频偏。

2. FM 与 PM 之间的关系

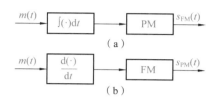

图 4.18　FM 与 PM 之间的关系
(a)间接调频；(b)间接调相

由式(4.96)和式(4.101)可知，PM 与 FM 的调频与调相信号其实没有本质上的区别，只是已调信号与调制信号之间的关系不同而已。事实上，相位上的变化可以等效为频率上的变化，而频率上的变化也可以等效为相位上的变化。显然 PM 与 FM 可相互等效，FM 与 PM 之间的关系如图 4.18 所示。

FM 与 PM 这种密切的关系使我们可以对两者做并行的分析，仅需要强调它们的主要区别即可。鉴于在实际中 FM 波用得较多，下面将主要讨论频率调制。

4.3.2　窄带调频

分析角度调制的过程比调幅过程复杂得多，特别是当调制信号 $m(t)$ 为任意信号时，处理起来就更加困难。但是在调制过程中所引起的最大相位偏移很小时，分析过程可以简化。当 FM 信号的最大瞬时相位偏移满足下式中的条件时，FM 信号的频谱宽度比较窄，称为窄带调频(narrow-band frequency modulation，NBFM)；反之，称为宽带调频(wide-band frequency modulation，WBFM)。

$$\left| K_f \int m(\tau)\mathrm{d}\tau \right| \ll 1 \qquad (4.107)$$

将 FM 信号的一般表达式展开得

$$s_{FM}(t) = A\cos\omega_c t\cos\left[K_f\int_{-\infty}^{t} m(\tau)\mathrm{d}\tau \right] - A\sin\omega_c t\sin\left[K_f\int_{-\infty}^{t} m(\tau)\mathrm{d}\tau \right] \qquad (4.108)$$

当满足窄带调频条件时，有

$$s_{NBFM}(t) \approx A\cos\omega_c t - \left[AK_f\int_{-\infty}^{t} m(\tau)\mathrm{d}\tau \right]\sin\omega_c t \qquad (4.109)$$

这里用到了等价无穷小的替换：当 $x \ll 1$ 时，有 $\cos x \approx 1$、$\sin x \approx x$。

由傅里叶变换的性质和频域卷积定理可得 NBFM 信号的频域表达式，即

$$S_{NBFM}(\omega) = \pi A\left[\delta(\omega+\omega_c) + \delta(\omega-\omega_c) \right] + \frac{AK_f}{2}\left[\frac{M(\omega-\omega_c)}{\omega-\omega_c} - \frac{M(\omega+\omega_c)}{\omega+\omega_c} \right] \qquad (4.110)$$

将式(4.110)与式(4.5)表述的 AM 信号频谱相比较发现，两者相似——都含有一个载频分量和位于 $\pm\omega_c$ 处的两个边带，所以它们的带宽相同。但是，它们之间有两个如下的重要区别：

(1)NBFM 的边带谱具有频率特性，即两个边频分别乘了因式 $\frac{1}{\omega-\omega_c}$ 和 $\frac{1}{\omega+\omega_c}$，因此当频率变化时，将引起调制信号频谱失真。

(2)NBFM 的一个边带与 AM 反相。

若取调制信号为 $m(t) = A_m\cos\omega_m t$，载波信号为 $c(t) = A\cos\omega_c t$，则单音调制的 AM 和 NBFM 频谱的比较如图 4.19 所示。

NBFM 信号最大频率偏移较小，占据的带宽较窄，使得 FM 调制制度抗噪声性能强的优点不能充分发挥，因此 NBFM 信号仅用于对抗噪声性能要求不高的短距离通信中。NBFM 信号也可以作为宽带调频的前置级，即先进行窄带调频，再倍频，形成宽带调频。对于高质量通信，如微波或卫星通信、调频立体声广播、超短波电台、电视伴音等，需要采用宽带调频。

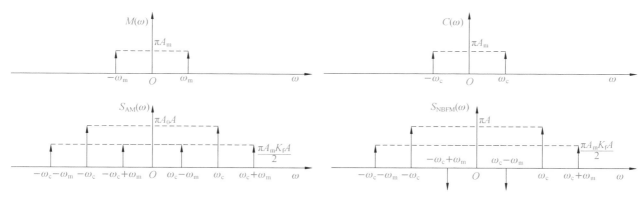

图 4.19 单音调制的 AM 与 NBFM 频谱的比较

4.3.3 宽带调频

当不满足式(4.106)的条件时，调频信号的时域表达式不能简化，因而给 WBFM 的频谱分析带来了困难。为使问题简化，本节只研究单音调制的情况，以便掌握 WBFM 的基本性质。

1. 调频信号表达式

由式(4.102)可知，单音调制 FM 信号的时域表达式为

$$s_{\text{FM}}(t) = A\cos[\omega_c t + m_f \sin\omega_m t] \tag{4.111}$$

利用三角函数公式展开，有

$$s_{\text{FM}}(t) = A\cos\omega_c t \cdot \cos(m_f\sin\omega_m t) - A\sin\omega_c t \cdot \sin(m_f\sin\omega_m t) \tag{4.112}$$

将式(4.112)中的 $\cos(m_f\sin\omega_m t)$ 和 $\sin(m_f\sin\omega_m t)$ 两个因子进一步展开成以贝塞尔(Bessel)函数为系数的三角级数，即

$$\cos(m_f\sin\omega_m t) = J_0(m_f) + \sum_{n=1}^{\infty} 2J_{2n}(m_f)\cos 2n\omega_m t \tag{4.113}$$

$$\sin(m_f\sin\omega_m t) = 2\sum_{n=1}^{\infty} J_{2n-1}(m_f)\sin(2n-1)\omega_m t \tag{4.114}$$

式(4.113)和式(4.114)中，$J_n(m_f)$ 为第一类 n 阶贝塞尔函数，其表达式为

$$J_n(m_f) = \sum_{m=0}^{\infty} \frac{(-1)^m \left(\dfrac{m_f}{2}\right)^{2m+n}}{m!\,(m+n)!} \tag{4.115}$$

它是调频指数 m_f 的函数，与时间无关，并具有如下 3 个性质。

（1）具有对称性，即

$$J_{-n}(m_f) = \begin{cases} -J_n(m_f), & n \text{ 为奇数} \\ J_n(m_f), & n \text{ 为偶数} \end{cases} \tag{4.116}$$

（2）当调频指数 m_f 很小时，有

$$\begin{cases} J_0(m_f) \approx 1 \\ J_1(m_f) \approx \dfrac{m_f}{2} \\ J_n(m_f) \approx 0, & n>1 \end{cases} \tag{4.117}$$

（3）对于任意的 m_f 值，各阶贝塞尔函数的平方和恒等于 1，即

$$\sum_{n=-\infty}^{\infty} J_n^2(m_f) = 1 \tag{4.118}$$

图 4.20 给出了 $J_n(m_f)$ 随 m_f 变化的关系曲线，将式(4.113)和式(4.114)代入式(4.112)，并利用三角函数积化和差公式，可得到 FM 信号的级数展开式，即

$$
\begin{aligned}
s_{FM}(t) = & A J_0(m_f)\cos\omega_c t - A J_1(m_f)\left[\cos(\omega_c - \omega_m)t - \cos(\omega_c + \omega_m)t\right] + \\
& A J_2(m_f)\left[\cos(\omega_c - 2\omega_m)t + \cos(\omega_c + 2\omega_m)t\right] - \\
& A J_3(m_f)\left[\cos(\omega_c - 3\omega_m)t - \cos(\omega_c + 3\omega_m)t\right] + \cdots \\
= & A \sum_{n=-\infty}^{\infty} J_n(m_f)\cos(\omega_c + n\omega_m)t
\end{aligned}
\tag{4.119}
$$

对式(4.119)进行傅里叶变换，可得 FM 信号的频域表达式为

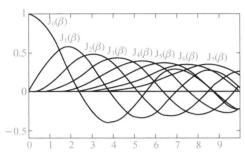

图 4.20　第一类 n 阶贝塞尔函数曲线

$$
S_{FM}(\omega) = \pi A \sum_{-\infty}^{\infty} J_n(m_f)\left[\delta(\omega - \omega_c - n\omega_m) + \delta(\omega + \omega_c + n\omega_m)\right]
\tag{4.120}
$$

由式(4.120)可见，调频信号的频谱由载波分量 ω_c 和无数边频 $(\omega_c \pm n\omega_m)$ 组成。当 $n=0$ 时是载波分量 ω_c，其幅度为 $A J_0(m_f)$；当 $n\neq 0$ 时是对称分布在载频两侧的边频分量 $(\omega_c \pm n\omega_m)$，其幅度为 $A J_n(m_f)$，相邻边频之间的间隔为 ω_m。当 n 为奇数时，上下边频极性相反；当 n 为非 0 偶数时，上下边频极性相同。由此可见，FM 信号的频谱不再是调制信号频谱的线性搬移，而是一种非线性变换过程。图 4.21 所示为某单音宽带调频波的频谱(只画出了正频域部分)。

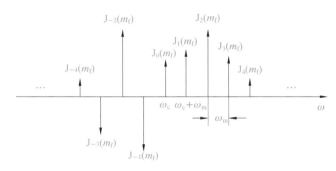

图 4.21　某单音宽带调频波的频谱

2. 调频信号的带宽

由于调频信号的频谱具有无穷多的边频分量，理论上调频信号的频谱为无限宽。但是，从第一类 n 阶贝塞尔函数曲线可以看到，实际上边频幅度[正比于 $J_n(m_f)$]随着 n 的增大而逐渐减小。因此，只要取适当的 n 使边频分量小到可以忽略的程度，调频信号就可以近似认为具有有限频谱，通常采用的原则是信号的频带宽度应包括幅度大于未调载波 10% 的边频分量。当 $m_f \geqslant 1$ 时，取边频数 $n=m_f+1$ 即可。因为此时 $J_n(m_f) \approx 0.1$，相当于 $n>m_f+1$ 时的边频幅度均小于 0.1。这意味着大于调频波幅度 10% 以上的边频分量均被保留，如果用功率表示，则包括 $n=m_f+1$ 在内的所有频率分量的功率之和约占信号总功率的 98% 以上。被保留的上、下边频数共有 $2n=2(m_f+1)$ 个，相邻边频之间的频率间隔为 f_m，所以调频波的有效带宽为

$$
B_{FM} = 2(m_f+1)f_m = 2(\Delta f + f_m)
\tag{4.121}
$$

式(4.121)称为卡森(Carson)公式。当 $m_f \ll 1$ 时，卡森公式可以近似为

$$
B_{FM} \approx 2f_m
\tag{4.122}
$$

这就是窄带调频的带宽。

当 $m_f \gg 1$ 时，卡森公式可以近似为

$$B_{FM} \approx 2\Delta f \tag{4.123}$$

这就是宽带调频的带宽。此时，带宽是由最大频偏 Δf 决定的，与调制频率 f_m 无关。

在传输高质量的调频信号或调制信号是调频信号时，上述条件得出的带宽可能不够。这时可以增加有效边频的数目。一个比较精确的标准是边频幅度大于或等于未调载波幅度的 1%，即

$$|J_n(m_f)| \geqslant 1\% \tag{4.124}$$

式(4.124)计为调频信号的有用分量。假设满足上述条件的最高边频次数为 n_{max}，则调频信号的带宽为

$$B_{FM} = 2n_{max}f_m \tag{4.125}$$

实际中考虑对信号失真的要求，通常用卡森公式计算带宽。

以上讨论的是单音调频的频谱和带宽。当调制信号不是单一频率时，由于调频是一种非线性过程，其分析过程更加复杂。根据分析和经验，在调制多音或任意限带信号时，调频信号的带宽仍可用卡森公式来估算，即

$$B_{FM} = 2(m_f+1)f_m = 2(\Delta f+f_m) \tag{4.126}$$

式中，f_m 为调制信号中的最高频率；m_f 为调频指数，是最大频偏 Δf 与 f_m 之比。

例如，调频广播中规定的最大频偏 Δf 为 75 kHz，最高调制频率 f_m 为 15 kHz，则调频指数 $m_f = 5$，由式(4.126)可计算出此 FM 信号的频带宽度为 180 kHz。

3. 调频信号的功率分配

调频信号 $s_{FM}(t)$ 的平均功率等于信号的均方值，即

$$P_{FM} = \overline{s_{FM}^2(t)} = \frac{A^2}{2}\sum_{n=-\infty}^{\infty}J_n^2(m_f) \tag{4.127}$$

由式(4.118)可进一步化简为

$$P_{FM} = \frac{A^2}{2} \tag{4.128}$$

式(4.128)说明，调频信号中所有频率分量(包括载波)的平均功率之和是常数。虽然调制后信号的包络大小与未载波时相同，但调频信号中的载波分量正比于 $J_0(m_f)$，而且随着 m_f 的改变而改变，这与常规调幅是不同的。当 $m_f = 0$，即不调制时，由第一类 n 阶贝塞尔函数性质可知 $J_0(n) = 1$，此时载波功率为 $\frac{A^2}{2}$。当 $m_f \neq 0$ 时，由图 4.20 可见 $J_0(n) < 1$，故载波功率下降，转变为各边频功率，而总功率保持不变，始终为 $\frac{A^2}{2}$。当 m_f 不同时，载波功率与各边频功率的分配关系也发生变化。因此，调制过程只是进行功率的重新分配，而分配的原则与调频指数 m_f 有关。

4.3.4　调频信号的产生与解调

1. 调频信号的产生

调频的方法主要有两种：直接调频法和间接调频法。

1)直接调频法

直接调频就是用调制信号直接去控制载波振荡器的频率，使其按调制信号的规律做线性变化。可以由外部电压控制振荡频率的振荡器称为压控振荡器(voltage controlled oscillator，VCO)。每个压控振荡器自身就是一个 FM 调制器，因为它的振荡频率正比于输入控制电压，即

$$\omega_i(t) = \omega_0 + K_f m(t) \tag{4.129}$$

若用调制信号做控制电压信号，就能产生 FM 波，如图 4.22 所示。

若被控制的振荡器是 LC 振荡器，则只需控制振荡回路的某个电抗原件(L 或 C)，使其参数随调制信

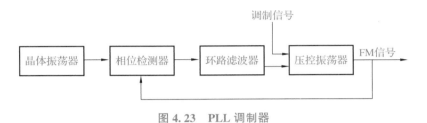

图 4.22　FM 调制器

号的变化而变化。常用的电抗原件是变容二极管，用变容二极管可实现直接调频。变容二极管调频电路简单、性能良好，已是实际中应用广泛的调频电路之一。

在直接调频法中，振荡器与调制器合二为一。这种方法的主要优点是在实现线性调频的要求下，可以获得较大的频偏；其主要缺点是频率稳定度不高，往往需要采用自动频率控制系统来稳定中心频率。

应用如图 4.23 所示的锁相环(phase locked loop，PLL)调制器，可以获得高质量的 FM 或 PM 信号。这种方案的载频稳定度高，可以达到晶体振荡器的频率稳定度。但是，它的一个显著缺点是低频调制特性较差，通常情况下，可以使用锁相环路构成一种两点调制的宽带 FM 调制器来进行改善。

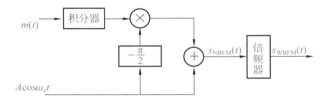

图 4.23　PLL 调制器

2)间接调频法

首先用类似于线性调制的方法产生窄带调频信号，然后用倍频的方法将窄带调频信号变换为宽带调频信号。这种产生 WBFM 的方法称为阿姆斯特朗(Armstrong)法，其原理如图 4.24 所示，它是一种间接调频法。

图 4.24　阿姆斯特朗法原理

由式(4.109)可知，窄带调频信号可看成是正交分量与同相分量的合成，即

$$s_{\text{NBFM}}(t) \approx A\cos\omega_c t - \left[AK_f\int_{-\infty}^{t} m(\tau)\mathrm{d}\tau\right]\sin\omega_c t \tag{4.130}$$

因此，采用如图 4.24 所示的方框图即可实现 NBFM。图 4.24 中，倍频器的作用是提高调频指数 m_f，从而获得宽带调频 WBFM。倍频器可以用非线性器件制成，然后用带通滤波器滤去不需要的频率分量。以理想平方律器件为例，其输出/输入特性为

$$s_o(t) = as_i^2(t) \tag{4.131}$$

当输入信号为调频信号时，有

$$s_i(t) = A\cos\left[\omega_c t + \varphi(t)\right] \tag{4.132}$$

$$s_o(t) = \frac{1}{2}aA^2\left\{1 + \cos\left[2\omega_c t + 2\varphi(t)\right]\right\} \tag{4.133}$$

由式(4.133)可知，滤除直流成分后，可得到一个新的调频信号，其载频和相位偏移均增加到原来的 2 倍。由于相位偏移增加到原来的 2 倍，调频指数也必然增加到原来的 2 倍。同理，经过 n 次倍频后，调频信号的载频和调频指数增加到原来的 n 倍。

为了进一步说明倍频法的原理，以典型的调频广播发射机为实例，在这种发射机中，以 $f_1 = 200$ kHz 为载频，要求发射载频在 88~108 MHz 频段内。这种发射机使用最高频率为 $f_m = 15$ kHz 的调制信号，产

生的频偏仅为 $\Delta f_1 = 25$ Hz，因而调频指数很小，只有 0.001 67。因为调频广播要求的最终频偏为 $\Delta f = 75$ kHz，所以需要经过 $n = 3\ 000$ 次 $(n = \dfrac{\Delta f}{\Delta f_1})$ 的倍频。但是，倍频器在提高相位偏移的同时，也提高了载波频率。倍频后新的载波频率 (nf_1) 高达 600 MHz，不符合 $f_c = 88 \sim 108$ MHz 的要求，因此需使用如图 4.25 所示的阿姆斯特朗法通过混频器进行变频来解决这个问题。

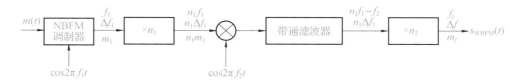

图 4.25　阿姆斯特朗法通过混频器进行变频

图 4.25 中，混频器将倍频器分成了两个部分，由于混频器只改变载频而不影响频偏，可以根据 WBFM 信号的载频和最大频偏的要求选择合适的 f_1、f_2 和 n_1、n_2。由图 4.25 可以列出它们之间的关系，即

$$\begin{cases} f_c = n_2(n_1 f_1 - f_2) \\ \Delta f = n_1 n_2 \Delta f_1 \end{cases} \tag{4.134}$$

图 4.25 所示的 WBFM 信号产生方法是由阿姆斯特朗于 1930 年提出的，因此称为阿姆斯特朗法。这个方法提出后，调频技术得到很大发展。间接调频法的优点是频率稳定度好；缺点是需要多次倍频和混频，电路复杂。

2. 调频信号的解调

调频信号的解调也分为相干解调和非相干解调。相干解调仅适用于 NBFM 信号，而非相干解调对 NBFM 信号和 WBFM 信号均适用。

1）相干解调

由于 NBFM 信号可以分解成同相分量与正交分量之和，可以采用线性调制中的相干解调法来进行解调，其方框图如图 4.26 所示。

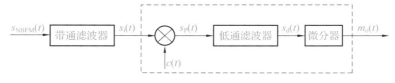

图 4.26　NBFM 信号的相干解调

图 4.26 中，带通滤波器被用来限制信道所引入的噪声，但调频信号应能正常通过。

根据式（4.109），设窄带调频信号为

$$s_{\text{NBFM}}(t) = A\cos\omega_c t - A\left[K_f \int_{-\infty}^{t} m(\tau)\,\mathrm{d}\tau \right]\sin\omega_c t \tag{4.135}$$

并设相干载波为

$$c(t) = -\sin\omega_c t \tag{4.136}$$

则乘法器的输出信号为

$$s_p(t) = -\frac{A}{2}\sin 2\omega_c t + \frac{A}{2}\left[K_f \int_{-\infty}^{t} m(\tau)\,\mathrm{d}\tau \right] \cdot (1 - \cos 2\omega_c t) \tag{4.137}$$

经低通滤波器取出其高频分量，即

$$s_d(t) = \frac{A}{2}K_f\int_{-\infty}^{t} m(\tau)\mathrm{d}\tau \qquad (4.138)$$

再经微分器，可得解调输出信号为

$$m_o(t) = \frac{AK_f}{2}m(t) \qquad (4.139)$$

可见，相干解调可以恢复原调频信号。这种解调方法与线性调制中的相干解调一样，要求本地载波与调制载波同步，否则将使解调信号失真。

2）非相干解调

因为调频信号的瞬时频率正比于调制信号的幅度，所以调频信号的解调器必须能产生正比于输入频率的输出电压，也就是若输入调频信号为

$$s_{FM}(t) = A\cos\left[\omega_c t + K_f\int_{-\infty}^{t} m(\tau)\mathrm{d}\tau\right] \qquad (4.140)$$

则解调器的输出电压信号应为

$$m_o(t) \propto K_f m(t) \qquad (4.141)$$

完成这种频率—电压转换关系的器件是频率检波器，简称鉴频器。图 4.27 所示是用振幅鉴频器进行非相干解调的特性与原理框图。理想鉴频器可看成是由微分器和包络检波器的级联，微分器的输出信号为

$$s_d(t) = -A\left[\omega_c + K_f m(t)\right]\sin\left[\omega_c t + K_f\int_{-\infty}^{t} m(\tau)\mathrm{d}\tau\right] \qquad (4.142)$$

这是一个调幅调频信号，若只取其包络信息，则其正比于调制信号 $m(t)$，因而滤去直流后，包络检波器的输出电压信号为

$$m_o(t) = K_d K_f m(t) \qquad (4.143)$$

式中，K_d 为鉴频器灵敏度，单位为 V/Hz。

图 4.27 中，限幅器的作用是消除由信道中的噪声和其他原因引起的调频波的幅度起伏，带通滤波器的作用是让调频信号顺利通过，同时滤除带外噪声及高次谐波分量。

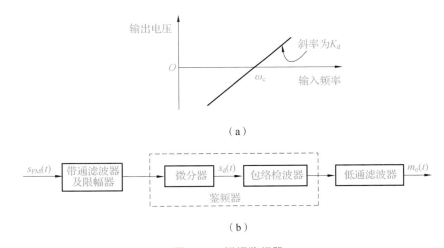

图 4.27 振幅鉴频器

(a)振幅鉴频器的特性；(b)振幅鉴频器的原理框图

鉴频器的种类有很多，除了上述的振幅鉴频器之外，还有相位鉴频器、比例鉴频器、正交鉴频器、斜率鉴频器、频率负反馈解调器、锁相环鉴频器等。

4.4.5 调频系统的抗噪声性能

调频信号的解调采用非相干解调方式。FM 非相干解调抗噪声性能分析模型如图 4.28 所示。

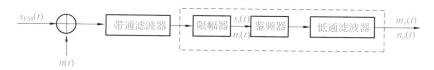

图 4.28 FM 非相干解调抗噪声性能分析模型

图 4.28 中，$n(t)$ 是均值为零、单边功率谱密度为 n_0 的高斯白噪声；BPF 的作用是抑制调频信号带宽以外的噪声；限幅器的作用是消除由信道中的噪声和其他原因引起的调频波的幅度起伏。

FM 非相干解调时的抗噪声性能分析方法和线性调制系统一样，先分别计算解调器的输入信噪比和输出信噪比，再通过信噪比制度增益来反映系统的抗噪声性能。

1. 输入信噪比

设输入调频信号为

$$s_{FM}(t) = A\cos\left[\omega_c t + K_f \int_{-\infty}^{t} m(\tau)\,\mathrm{d}\tau\right] \tag{4.144}$$

则其输入信号功率为

$$S_i = \frac{A^2}{2} \tag{4.145}$$

输入噪声功率为

$$N_i = n_0 B_{FM} \tag{4.146}$$

式中，B_{FM} 为调频信号的带宽，即带通滤波器的带宽。因此输入信噪比为

$$\frac{S_i}{N_i} = \frac{A^2}{2n_0 B_{FM}} \tag{4.147}$$

在计算输出信噪比时，因为非相干解调不是线性叠加处理过程，所以不能分别计算其信号与噪声功率。FM 信号的非相干解调和 AM 信号一样，要考虑两种极端情况，即大信噪比情况和小信噪比情况。

2. 大信噪比时的解调制度增益

在输入信噪比足够大的条件下，信号和噪声的相互作用可以忽略，从而使计算大大简化。此时计算输出信号功率可以假定噪声为零，而在计算输出噪声功率时可以假定调制信号为零。

根据上述假定，首先来计算输出信号功率。由式(4.143)可知，解调输出信号为

$$m_o(t) = K_d K_f m(t) \tag{4.148}$$

故输出信号平均功率为

$$S_o = \overline{m_o^2(t)} = (K_d K_f)^2 \,\overline{m^2(t)} \tag{4.149}$$

现在来计算解调器输出噪声的平均功率。在上述假定条件下，加到解调器输入端的信号是未调载波与窄带高斯噪声之和，即

$$A\cos\omega_c t + n_i(t) = A\cos\omega_c t + n_c(t)\cos\omega_c t - n_s(t)\sin\omega_c t = [A + n_c(t)]\cos\omega_c t - n_s(t)\sin\omega_c t$$

$$= A(t)\cos[\omega_c t + \psi(t)] \tag{4.150}$$

式中，$A(t)$ 为包络，取为

$$A(t) = \sqrt{[A + n_c(t)]^2 + n_s^2(t)} \tag{4.151}$$

$\psi(t)$ 为相位偏移，取为

$$\psi(t)=\arctan\frac{n_s(t)}{A+n_c(t)} \tag{4.152}$$

在大信噪比时，即 $A\gg n_c(t)$ 和 $A\gg n_s(t)$ 时，式（4.152）可近似为

$$\psi(t)=\arctan\frac{n_s(t)}{A+n_c(t)}\approx\arctan\frac{n_s(t)}{A}\approx\frac{n_s(t)}{A} \tag{4.153}$$

其中用到了等价关系：当 $x\ll1$ 时，有 $\arctan x\approx x$。

因为鉴频器的输出噪声正比于输入噪声的频率偏移，所以鉴频器的输出噪声（假设调制信号为 0 时，解调结果只有噪声）为

$$n_d(t)=K_d\frac{\mathrm{d}\psi(t)}{\mathrm{d}t}=\frac{K_d}{A_o}\cdot\frac{\mathrm{d}n_s(t)}{\mathrm{d}t} \tag{4.154}$$

式中，$n_s(t)$ 为窄带高斯噪声 $n_i(t)$ 的正交分量。

由于 $\dfrac{\mathrm{d}n_s(t)}{\mathrm{d}t}$ 实际上是 $n_s(t)$ 通过理想微分电路的输出，它的功率谱密度应等于 $n_s(t)$ 的功率谱密度乘理想微分电路的功率传递函数。设 $n_s(t)$ 的功率谱密度为 $P_i(f)=n_0$，理想微分电路的功率传递函数为

$$|H(f)|^2=|\mathrm{j}2\pi f|^2=(2\pi)^2f^2 \tag{4.155}$$

则鉴频器输出噪声 $n_d(t)$ 的功率谱密度为

$$P_d(f)=\left(\frac{K_d}{A}\right)^2|H(f)|^2P_i(f)=\left(\frac{K_d}{A}\right)^2(2\pi)^2f^2n_0,\qquad|f|<\frac{B_{FM}}{2} \tag{4.156}$$

式中，B_{FM} 为调频信号的传输频带。

式（4.156）表明，鉴频器输出噪声功率谱已不再是输入噪声功率谱那样均匀分布的图像，而是呈抛物线分布的图像，随着输出频率增大而呈指数性增大。调频信号解调过程的噪声功率谱密度变化如图 4.29 所示。

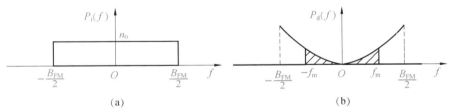

图 4.29　调频信号解调过程的噪声功率谱密度变化
（a）变化前；（b）变化后

鉴频器的输出噪声经过低通滤波器后，将滤除调制信号带宽 $f_m(f_m<\frac{1}{2}B_{FM})$ 以外的频率分量，最终解调器输出（低通滤波器输出）的噪声功率（图 4.29 中的阴影部分）为

$$N_o=\int_{-f_m}^{f_m}P_d(f)\mathrm{d}f=\int_{-f_m}^{f_m}\frac{4\pi^2K_d^2n_0}{A^2}f^2\mathrm{d}f=\frac{8\pi^2K_d^2n_0f_m^3}{3A^2} \tag{4.157}$$

于是，FM 非相干解调器输出端的输出信噪比为

$$\frac{S_o}{N_o}=\frac{3A^2K_f^2\overline{m^2(t)}}{8\pi^2n_0f_m^3} \tag{4.158}$$

考虑 $m(t)$ 为单一频率余弦波时的情况，即

$$m(t)=\cos\omega_m t \tag{4.159}$$

这时的调频信号为

$$s_{FM}(t)=A\cos(\omega_c t+m_f\sin\omega_m t) \tag{4.160}$$

由式(4.158)可得输出信噪比为

$$\frac{S_o}{N_o} = \frac{3}{2} m_f^2 \frac{\frac{A^2}{2}}{n_0 f_m} \tag{4.161}$$

因此解调器的制度增益为

$$G_{FM} = \frac{\frac{S_o}{N_o}}{\frac{S_i}{N_i}} = \frac{3}{2} m_f^2 \frac{B_{FM}}{f_m} \tag{4.162}$$

考虑在宽带调频时，信号带宽为

$$B_{FM} = 2(m_f+1)f_m = 2(\Delta f + f_m) \tag{4.163}$$

所以式(4.162)可以写为

$$G_{FM} = 3m_f^2(m_f+1) \tag{4.164}$$

当 $m_f \gg 1$ 时，有

$$G_{FM} \approx 3m_f^3 \tag{4.165}$$

式(4.165)表明，在大信噪比情况下，宽带调频系统的制度增益是很高的，即抗噪声性能好。例如，调频广播中常取 $m_f=5$，则制度增益为 $G_{FM}=450$。也就是说，加大调制指数可迅速改善调频系统的抗噪声性能。

为了更好地说明在大信噪比情况下，宽带调频系统具有高的抗噪声性能这一特点，可以将非相干调频与包络检波常规调幅做比较。在大信噪比情况下，AM 信号包络检波器的输出信噪比为

$$\frac{S_o}{N_o} = \frac{\overline{m^2(t)}}{n_0 B} \tag{4.166}$$

若假设 AM 信号为 100% 调制，且 $m(t)$ 为单频余弦波信号，则 $m(t)$ 的平均功率为 $\overline{m^2(t)}=\frac{A^2}{2}$，于是有

$$\frac{S_o}{N_o} = \frac{\frac{A^2}{2}}{n_0 B} \tag{4.167}$$

式中，B 为 AM 信号的带宽，它是基带信号带宽的两倍，故有

$$\frac{S_o}{N_o} = \frac{\frac{A^2}{2}}{2n_0 f_m} \tag{4.168}$$

将式(4.161)与式(4.168)相比，得

$$\frac{\left(\frac{S_o}{N_o}\right)_{FM}}{\left(\frac{S_o}{N_o}\right)_{AM}} = 3m_f^2 \tag{4.169}$$

由式(4.169)可见，在大信噪比情况下，若系统接收端输入的 A 和 n_0 相同，则宽带调频系统解调器的输出信噪比是调幅系统的 $3m_f^2$ 倍。例如，当 $m_f=5$ 时，宽带调频时的 $\frac{S_o}{N_o}$ 是调幅时的 75 倍，这一结果是很可观的。但需要注意的是，调频系统的这一优越性是以增加其传输带宽来换取的。对于 AM 信号而言，传输带宽是 $2f_m$；而对 WBFM 信号而言，在 $m_f=5$ 时的传输带宽为 $12f_m$，是前者的 6 倍。

WBFM 信号的传输带宽 B_{FM} 与 AM 信号的传输带宽 B_{AM} 之间的一般关系为

$$B_{FM} = 2(m_f + 1)f_m = (m_f + 1)B_{AM} \tag{4.170}$$

当 $m_f \gg 1$ 时，式(4.170)可近似为

$$B_{FM} \approx m_f B_{AM} \tag{4.171}$$

故有

$$m_f \approx \frac{B_{FM}}{B_{AM}} \tag{4.172}$$

在上述条件下，式(4.169)变为

$$\frac{\left(\dfrac{S_o}{N_o}\right)_{FM}}{\left(\dfrac{S_o}{N_o}\right)_{AM}} \approx 3\left(\frac{B_{FM}}{B_{AM}}\right)^2 \tag{4.173}$$

可见，宽带调频输出信噪比相对于调幅的改善与它们带宽比的平方成正比。这就意味着，对于调频系统来说，增加传输带宽就可以改善抗噪声性能。这种以带宽换取高输出信噪比的特性在调频过程中是十分有用的。在幅度调制中，由于信号带宽是固定的，无法进行带宽与输出信噪比的互换，这也正是在抗噪声性能方面调频系统优于调幅系统的重要原因。由此可以得出结论：在大信噪比情况下，调频系统的抗噪声性能比调幅系统优越，且其优越程度随传输带宽的增加而提高。

但是，FM 系统以带宽换取输出信噪比改善的特性并不是无止境的。随着传输带宽的增加，输入噪声功率增大，在输入信号功率不变的条件下，输入信噪比下降。当输入信噪比降到一定程度时，将会出现门限效应，输出信噪比将急剧恶化。

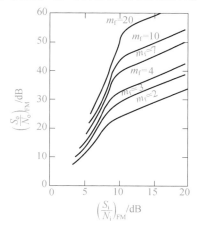

图 4.30 调频信号解调的门限效应

3. 小信噪比时的门限效应

当输入信噪比低于一定数值时，解调器的输出信噪比将急剧恶化，这种现象称为调频信号解调的门限效应。出现门限效应时所对应的输入信噪比值称为门限值，记为 $\left(\dfrac{S_i}{N_i}\right)_b$。图 4.30 所示为单音调制时在不同调制指数下，调频信号解调的门限效应。

由图 4.30 可见：

(1)门限值与调制指数 m_f 有关。m_f 越大，门限值越高。不过当 m_f 取不同的值时，门限值在 8~11 dB 范围内变化，一般认为门限值为 10 dB 左右。

(2)在门限值以上时，$\left(\dfrac{S_o}{N_o}\right)_{FM}$ 与 $\left(\dfrac{S_i}{N_i}\right)_{FM}$ 呈线性关系，且 m_f 越大，输出信噪比的改善越明显。

(3)在门限值以下时，$\left(\dfrac{S_o}{N_o}\right)_{FM}$ 将随 $\left(\dfrac{S_i}{N_i}\right)_{FM}$ 的下降而急剧下降，且 m_f 越大，$\left(\dfrac{S_o}{N_o}\right)_{FM}$ 下降得越快。

门限效应是 FM 系统存在的一个实际问题。尤其是在采用调频系统的远距离通信和卫星通信等领域中，对调频接收机的门限效应十分关注，希望门限值向低输入信噪比的方向扩展。降低门限值(也称门限扩展)的方法有很多，例如，可以采用锁相环解调器和频率负反馈解调器，它们的门限值比一般鉴频器的门限值低 6~10 dB。另外，还可以采用"预加重"和"去加重"技术来进一步改善调频解调器的输出信噪比，这也相当于扩展了门限。

4. 预加重和去加重

在调频广播中，传输的语音信号大部分能量集中在低频端，且 FM 检测器输出噪声的功率谱密度函数具有抛物线形状，使得高频端的输出信噪比下降得很快，这极大地影响了信号的质量。FM 系统的抗噪声

性能可以通过在发射机的输入端预加重调制信号的高频分量及在接收机的输出端去加重信号和噪声的高频分量而提高，因此，调频系统常采用预加重网络和去加重网络来改善输出信噪比。

预加重网络(pre-emphasis network)是在系统发送端对输入信号高频分量进行提升的网络，而去加重网络(de-emphasis network)则是在解调后对信号和噪声的高频分量进行压缩的网络。为了保证加入预加重网络和去加重网络后对信号分量没有影响，预加重网络的传递函数 $H_p(f)$ 应与去加重网络的传递函数 $H_d(f)$ 互为倒数。也就是说，为了使传输信号不失真，应该有

$$H_p(f) = \frac{1}{H_d(f)} \tag{4.174}$$

这是保证输出信号不变的必要条件。图 4.31 展示出了预加重网络和去加重网络在调频系统中所处的位置。

图 4.31　加有预加重网络和去加重网络的调频系统

可见，预加重网络是在信道噪声介入之前加入的，它对噪声并没有影响(并未提升噪声)；而输出端的去加重网络降低了输出噪声。这就有效提高了调制信号高频端的输出信噪比，进一步改善了调频系统的抗噪声性能。

因为采用了预加重网络和去加重网络的系统输出信号功率与没有采用预加重网络和去加重网络的系统相同，所以调频解调器输出信噪比的改善程度可以用预加重前的输出噪声功率与预加重后的输出噪声功率的比值来确定，即

$$\gamma = \frac{\int_{-f_m}^{f_m} P_d(f)\,\mathrm{d}f}{\int_{-f_m}^{f_m} P_d(f)\,|H_d(f)|^2\mathrm{d}f} \tag{4.175}$$

从式(4.175)可以看出输出信噪比的改善程度取决于去加重网络的特性。图 4.32 给出了一种实际中常采用的预加重网络和去加重网络及其特性，它在保持信号传输带宽不变的条件下，可使输出信噪比提高 6 dB 左右。

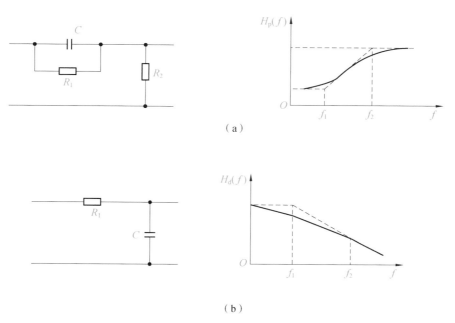

图 4.32　预加重网络和去加重网络及其特性
(a)预加重网络及其特性；(b)去加重网络及其特性

趣味小课堂： 在人类认识 FM 的过程中，由于首先关注了窄带调频，以卡森为代表的科学家曾经认为 FM 和 AM 相比毫无优势，然而 AM 调幅广播曾经也饱受静电噪声的干扰，使得广播通信质量不佳。阿姆斯特朗以解决 AM 噪声干扰问题为初衷，通过不懈研究，终于在 1933 年发明了频率调制。阿姆斯特朗的 FM 收音机演示使人们第一次在广播中听清了撕纸声和倒水的声音，大大改善了语音通信的质量。然而，由于 FM 技术的应用触犯了已经大幅投资 AM 广播的美国广播公司 RCA 的利益，阿姆斯特朗陷入了旷日持久的专利诉讼官司中。从阿姆斯特朗的故事中我们可以看到科学家以技术改变人们生活的鲜活事例，也可以看到科技工作者不畏强权、坚持正义和真理的精神。

4.4 模拟调制系统的比较

4.4.1 有效性及可靠性比较

为了便于在实际中合理地选用各种模拟调制系统，表 4.1 归纳出了各种模拟调制系统的传输带宽、输出信噪比及设备复杂程度。其中，输出信噪比一栏是在同等条件下，由相应公式计算得出的结果。

表 4.1　各种模拟调制系统的比较

调制方式	传输带宽	输出信噪比	设备复杂程度
AM	$2f_m$	$\left(\dfrac{S_o}{N_o}\right)_{AM}=\dfrac{1}{3}\left(\dfrac{S_i}{n_0f_m}\right)$	简单
DSB	$2f_m$	$\left(\dfrac{S_o}{N_o}\right)_{DSB}=\left(\dfrac{S_i}{n_0f_m}\right)$	中等
SSB	f_m	$\left(\dfrac{S_o}{N_o}\right)_{SSB}=\left(\dfrac{S_i}{n_0f_m}\right)$	复杂
VSB	略大于 f_m	近似 SSB	复杂
FM	$2(m_f+1)f_m$	$\left(\dfrac{S_o}{N_o}\right)_{FM}=\dfrac{3}{2}m_f^2\left(\dfrac{S_i}{n_0f_m}\right)$	中等

这里的同等条件是指假设所有系统在接收机输入端具有相等的输入信号功率 S_i，且加性噪声都是均值为 0、双边功率谱密度为 $\dfrac{n_0}{2}$ 的高斯白噪声，基带信号 $m(t)$ 的带宽均为 f_m，并在所有系统中都满足

$$\begin{cases} \overline{m(t)}=0 \\ \overline{m^2(t)}=\dfrac{1}{2} \\ |m(t)|_{max}=1 \end{cases} \tag{4.176}$$

例如，$m(t)$ 为正弦信号；所有的调制系统与解调系统都具有理想的特性；AM 的调幅度为 100%。

另外有以下两点值得注意：

（1）幅度调制和角度调制系统各有优缺点，即角度调制在抗噪声性能方面的长处是以增加传输带宽为代价的。换而言之，以牺牲系统的有效性来换取系统的可靠性，并且这种制度增益是有一定限制的，即角度调制系统存在门限效应。

（2）AM 接收机、VSB 接收机和 FM 接收机都比较容易实现，因此在 AM、TV 和高保真 FM 广播（包括

FM 立体声)中得到了广泛应用，而其他系统从不用于广播系统。

4.4.2　抗噪声性能比较

WBFM 抗噪声性能最好，DSB、SSB、VSB 抗噪声性能次之，AM 抗噪声性能最差。图 4.33 所示为各种模拟调制系统的抗噪声性能曲线，该图中的圆点表示门限值。在门限值以下，曲线迅速下跌；在门限值以上，DSB、SSB 的信噪比比 AM 高 4.7 dB 以上，而 FM($m_f=6$)的信噪比比 AM 高 22 dB。由此可见，当输入信噪比比较高时，FM 的调频指数 m_f 越大，抗噪声性能就越好。

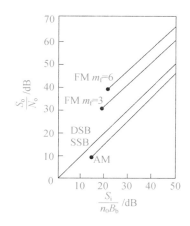

图 4.33　各种模拟调制系统的抗噪声性能曲线

4.4.3　频带利用率比较

SSB 的带宽最窄，其频带利用率最高；FM 占用的带宽随调频指数 m_f 的增大而增大，其频带利用率最低。可以说，FM 是以牺牲有效性来换取可靠性的。因此，m_f 值的选择要从通信质量和带宽限制两方面考虑。对于高质量通信(高保真音乐广播、电视伴音、双向式固定或移动通信、卫星通信和蜂窝电话系统)，采用 WBFM，m_f 值应选大些。对于一般通信，要考虑接收微弱信号，带宽窄些，噪声影响小，常选用 m_f 较小的调频方式。

4.5　MATLAB 实践

【例 4.1】用 MATLAB 产生一个频率为 1 Hz、功率为 1 W 的余弦信源，设载波频率为 10 Hz，试画出 DSB 调制信号的波形，求出该调制信号的功率谱和相干解调后的信号波形。

MATLAB 程序如下：

```
% 显示模拟调制的波形及解调方法 DSB,文件"mdsb. m"
% 信源
close all;
clear all;
dt=0. 001;        %时间采样间隔
fm=1;             %信源最高频率
fc=10;            %载波中心频率
T=5;              %信号时长
t=0:dt:T;
```

```
mt=sqrt(2)*cos(2*pi*fm*t);    %信源
% N0=0.01;          %白噪声单边功率谱密度

% DSB modulation
s_dsb=mt.*cos(2*pi*fc*t);
B=2*fm;
% noise=noise_nb(fc,B,N0,t);
% s_dsb=s_dsb+noise;

figure(2)
subplot(211)
plot(t,mt)          %标示 mt 的波形
title('Input signal');
subplot(212)
plot(t,s_dsb)
hold on          %画出 DSB 信号波形
plot(t,abs(mt),'r--')          %标示 mt 的波形
title('DSB modulated signal');

figure(1)
subplot(311)
plot(t,s_dsb)
hold on          %画出 DSB 信号波形
plot(t,mt,'r--')          %标示 mt 的波形
title('(a)DSB 调制信号的波形');
xlabel('t');
% DSB demodulation
rt=s_dsb.*cos(2*pi*fc*t);
rt=rt-mean(rt);
[f,rf]=T2F(t,rt);
[t,rt]=lpf(f,rf,2*fm);
subplot(312)
plot(t,rt)
hold on
plot(t,mt/2,'r--')
title('(b)相干解调后的信号波形');
xlabel('t')
subplot(313)
[f,sf]=T2F(t,s_dsb);          %求调制信号的频谱
psf=(abs(sf).^2)/T;          %求调制信号的功率谱密度
plot(f,psf)
axis([-2*fc 2*fc 0 max(psf)]);
title('(c)DSB 信号的功率谱');
xlabel('f');
```

运行结果如图 4.34 所示。

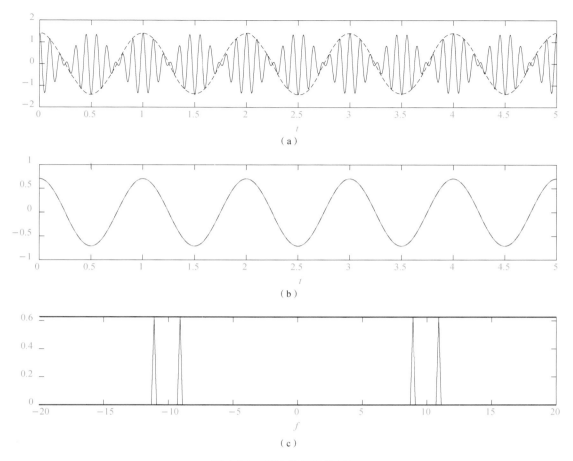

图 4.34　DSB 信号及其解调

（a）DSB 调制信号的波形；（b）相干解调后的信号波形；（c）DSB 信号的功率谱

【例 4.2】用 MATLAB 产生一个频率为 1 Hz、功率为 1 W 的余弦信源 $m(t)$，设载波频率为 10 Hz，试画出 SSB 调制信号的波形、该调制信号的功率谱和相干解调后的信号波形。

MATLAB 程序如下：

```
% 显示模拟调制的波形及解调方法 SSB
% 信源
close all;
clear all;
dt=0.001;        % 时间采样间隔
fm=1;            % 信源最高频率
fc=10;           % 载波中心频率
T=5;             % 信号时长
t=0:dt:T;
mt=sqrt(2)*cos(2*pi*fm*t);  % 信源
% N0=0.01;         % 白噪声单边功率谱密度
% SSB modulation
s_ssb=real(hilbert(mt). *exp(j*2*pi*fc*t));
B=fm;
% noise=noise_nb(fc,B,N0,t);
```

```
% s_ssb=s_ssb+noise;
figure(1)
subplot(311)
plot(t,s_ssb)
hold on      % 画出 SSB 信号波形
plot(t,mt,'r--')        % 标示 mt 的波形
title('(a)SSB 调制信号的波形');
xlabel('t');

% SSB demodulation
rt=s_ssb.*cos(2*pi*fc*t);
rt=rt-mean(rt);
[f,rf]=T2F(t,rt);
[t,rt]=lpf(f,rf,2*fm);

subplot(312)
plot(t,rt)
hold on
plot(t,mt/2,'r--')
title('(b)相干解调后的信号波形');
xlabel('t')
subplot(313)
[f,sf]=T2F(t,s_ssb);
psf=(abs(sf).^2)/T;
plot(f,psf)
axis([-2*fc 2*fc 0 max(psf)]);
title('(c)SSB 信号的功率谱');
xlabel('f');
```

运行结果如图 4.35 所示。

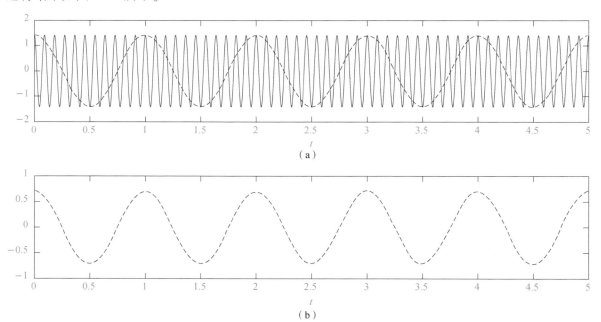

（a）

（b）

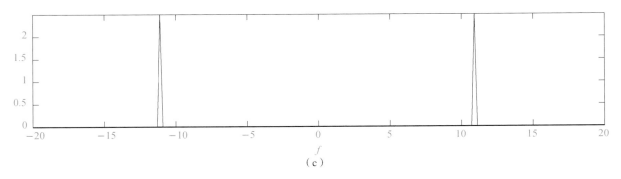

（c）

图 4.35　SSB 信号及其解调信号的波形

（a）SSB 调制信号的波形；（b）相干调解后的信号波形；（c）SSB 信号的功率谱

【例 4.3】设输入信号为 $m(t)=\cos2\pi t$，载波中心频率为 $f_t=10$ Hz，调制器的压控振荡系数为 5 Hz/V，载波平均功率为 1 W。试画出该调频信号的波形、该调频信号的幅度谱和该调频信号微分后的包络。

MATLAB 程序如下：

```
%FM 调制和解调,文件 mfm. m
clear all;
close all;

Kf=5;
fc=10;
T=5;
dt=0.001;
t=0:dt:T;

% 信源
fm=1;
% mt=cos(2*pi*fm*t)+1.5*sin(2*pi*0.3*fm*t);        % 信源信号
mt=cos(2*pi*fm*t);        % 信源信号
%FM 调制
A=sqrt(2);
% mti=1/2/pi/fm*sin(2*pi*fm*t) -3/4/pi/0.3/fm*cos(2*pi*0.3*fm*t);   % mt 的积分函数
mti=1/2/pi/fm*sin(2*pi*fm*t) ;   % mt 的积分函数
st=A*cos(2*pi*fc*t+2*pi*Kf*mti);
figure(1)
subplot(311);
plot(t,st)
hold on
plot(t,mt,'r--')
xlabel('t');title('(a)调频信号的波形')
% xlabel('t');ylabel('FM modulated signal')

subplot(312)
[f sf]=T2F(t,st);
plot(f, abs(sf))
axis([-25 25 0 3]);
```

```
xlabel('f');title('(b)调频信号的幅度谱');
% xlabel('f');ylabel('Spectrum of the FM signal');

% FM 解调
for k=1:length(st)-1
    rt(k)=(st(k+1)-st(k))/dt;
end
rt(length(st))=0;
subplot(313)
plot(t,rt)
hold on
plot(t,A*2*pi*Kf*mt+A*2*pi*fc,'r--')
xlabel('t');title('(c)调频信号微分后的包络')%
xlabel('t');ylabel('Signal envelope after differentiator');
```

运行结果如图 4.36 所示。

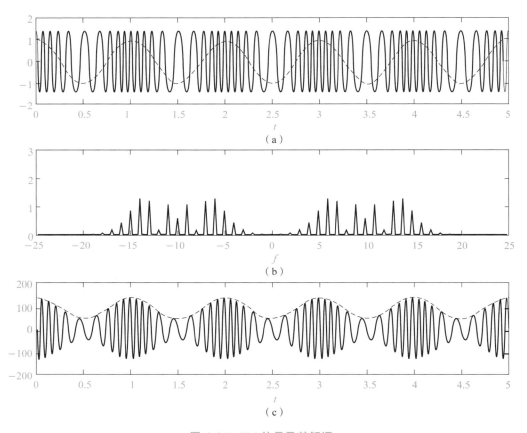

图 4.36　FM 信号及其解调

(a)调频信号的波形；(b)调频信号的幅度谱；(c)调频信号微分后的包络

思考与练习

1. 已知某调幅波的展开式为

$$s(t) = \cos(2\pi \times 10^4 t) + 4\cos(2\pi \times 1.1 \times 10^4 t) + \cos(2\pi \times 1.2 \times 10^4 t)$$

（1）求调幅系数和调制信号频率；

（2）写出该信号的傅里叶频谱式，画出它的振幅频谱图；

（3）画出该信号的解调框图。

2. 已知线性调制信号有以下两种表示形式。

（1）$\cos\omega t\cos\omega_c t$；

（2）$(1+0.5\sin\omega t)\cos\omega_c t$。

其中，$\omega_c=6\omega$。试画出它们的波形图和频谱图。

3. 已知调制信号 $m(t)=\cos 2000\pi t+\cos 4000\pi t$ 的载波为 $\cos 10^4\pi t$，对其进行单边带调制，试确定该单边带信号的表达式，并画出频谱图。

4. 将调幅波通过滤波器产生残留边带信号，若此滤波器传递函数 $H(\omega)$ 的波形如图 4.37 所示（斜线段为直线），当调制信号为 $m(t)=A(\sin100\pi t+\sin6000\pi t)$ 时，试确定所得残留边带信号的表达式。

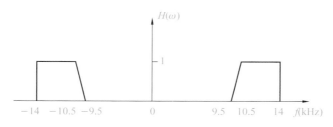

图 4.37 传递函数 $H(\omega)$ 的波形

5. 设某信道具有均匀的双边带噪声功率谱密度 $P_n(f)=5\times10^{-4}$ W/Hz，在该信道中传输抑制载波的双边带信号，并设调制信号 $m(t)$ 的频带限制在 5 kHz，而载波为 100 kHz，已调信号的功率为 10 kW。若接收机的输入信号在传输至解调器之前，先经过一理想带通滤波器滤波，试问：

（1）该理想带通滤波器应具有怎样的传输特性？

（2）解调器输入端的信噪比为多少？

（3）解调器输出端的信噪比为多少？

（4）求出解调器输出端的噪声功率谱密度，并用图形表示出来。

6. 若对某一信号用 DSB 进行传输，设加至接收机的调制信号 $m(t)$ 的功率谱密度为

$$P_m(f)=\begin{cases}\dfrac{n_m}{2}\cdot\dfrac{|f|}{f_m}, & |f|\leqslant f_m\\[2mm]0, & |f|>f_m\end{cases}$$

试求：

（1）接收机的输入信号功率；

（2）接收机的输出信号功率；

（3）若叠加于 DSB 信号的高斯白噪声的双边功率谱密度为 $\dfrac{n_0}{2}$，设解调器的输出端接有截止频率为 f_m 的理想低通滤波器，那么输出信噪比为多少？

7. 设一个信道具有均匀的双边带噪声功率谱密度 $P_n(f)=5\times10^{-4}$ W/Hz，在该信道中传输抑制载波的单边带（上边带）信号，并设调制信号 $m(t)$ 的频带限制在 5 kHz，而载波为 100 kHz，已调信号的功率为 10 kW。若接收机的输入信号在传输至解调器之前，先经过一理想带通滤波器滤波，试问：

（1）该理想带通滤波器应具有怎样的传输特性？

（2）解调器输入端的信噪比为多少？

（3）解调器输出端的信噪比为多少？

8. 设一个线性调制系统的输出信噪比为 20 dB，输出噪声功率为 10^{-9} W。由发射机输出端到解调器输入端之间总的传输损耗为 100 dB，试求：

(1) 采用 DSB-SC 时的发射机输出功率；

(2) 采用 SSB-SC 时的发射机输出功率。

9. 设接收的调幅信号为 $s_{\mathrm{m}}(t) = [A+m(t)]\cos\omega_c t$，采用包络检波法解调，其中 $m(t)$ 的功率谱密度为

$$P_{\mathrm{m}}(f) = \begin{cases} \dfrac{n_{\mathrm{m}}}{2} \cdot \dfrac{|f|}{f_{\mathrm{m}}}, & |f| \leqslant f_{\mathrm{m}} \\ 0, & |f| > f_{\mathrm{m}} \end{cases}$$

若有一个双边功率谱密度为 $\dfrac{n_0}{2}$ 的噪声叠加于已调信号，试求解调器的输出信噪比。

10. 设调制信号 $m(t)$ 的功率谱密度为

$$P_{\mathrm{m}}(f) = \begin{cases} \dfrac{n_{\mathrm{m}}}{2} \cdot \dfrac{|f|}{f_{\mathrm{m}}}, & |f| \leqslant f_{\mathrm{m}} \\ 0, & |f| > f_{\mathrm{m}} \end{cases}$$

若用 SSB 调制方式进行传输(忽略信道的影响)，试求：

(1) 接收机的输入信号功率；

(2) 接收机的输出信号功率；

(3) 若叠加于 SSB 信号的高斯白噪声的双边功率谱密度为 $\dfrac{n_0}{2}$，设解调器的输出端接有截止频率为 f_{m} 的理想低通滤波器，那么输出信噪比为多少？

(4) 该系统的调制制度增益 G 为多少？

11. 试证明当 AM 信号采用同步检测法进行解调时，其制度增益 G 与包络检验的结果相同。

12. 已知某单音调频波的振幅是 10 V，瞬时频率为

$$f(t) = 10^6 + 10^4\cos 2\pi \times 10^3 t \,(\mathrm{Hz})$$

试求：

(1) 此调频波的表达式；

(2) 此调频波的频率偏移、调频指数和频带宽度。

13. 已知某调制信号是 8 MHz 的单频余弦信号，设信道噪声单边功率谱密度 n_0 为 5×10^{-15} W/Hz，信道损耗 α 为 60 dB。若要求输出信噪比为 40 dB，试求：

(1) 100% 调制时 AM 信号的带宽和发射功率；

(2) 调频指数为 5 时 FM 信号的带宽和发射功率。

14. 有 60 路模拟语音信号采用频分复用方式传输。已知每路语音信号的频率范围为 $0\sim4$ kHz(含防护频带)，副载波采用 SSB 调制，主载波采用 FM 调制，调制指数 $m_{\mathrm{f}} = 2$。试求：

(1) 副载波调制合成信号带宽；

(2) 信道传输信号的带宽。

第 5 章

模拟信号的数字传输

本章导读

通信系统按信源的类型可分为模拟通信系统和数字通信系统。数字通信系统的基本任务是传输各种信息序列。实际上，如语音信号、图像信号、温度传感器(或其他传感器)的输出信号等本质上都是时间上连续的模拟信号。若要在数字通信系统中传输模拟信号，就必须将模拟信号转换成数字信号。

模拟信号数字化的过程包括三个步骤：抽样、量化和编码。抽样就是将时间离散化，而取值仍然是连续的。量化则是将取值离散化，量化信号是一种数字信号，它可以看成是多进制的数字脉冲信号。最常用的编码方法是脉冲编码调制(pulse code modulation，PCM)，它将量化后的信号变成二进制码元。由于编码方法和系统的传输效率直接相关，为了提高系统的传输效率，常常将这种 PCM 信号进一步压缩编码，再在通信系统中传输。本章将介绍一些较简单的压缩编码方法，如增量调制和差分脉冲编码调制等。

学习目标

知识与技能目标

❶了解抽样定理。

❷掌握均匀量化和非均匀量化。

❸掌握 PCM 原理和 A 律 13 折线编码、译码方法。

❹掌握 ΔM 原理、不过载条件和编码范围。

❺了解 PCM、ΔM 系统的抗噪声性能。

❻学会利用 MATLAB 仿真实现模拟信号的数字化。

素质目标

❶培养民族自豪感、民族自信等家国情怀。

❷树立追求卓越的工匠精神。

❸激发克服困难、战胜自我的勇气和决心。

抽样定理

将时间上连续的模拟信号变换为时间上离散的样值序列的过程称为抽样。抽样定理是模拟信号数字化的理论基础，而能否将时间上离散的样值序列恢复成原始的模拟信号，是抽样定理需要回答的问题。抽样定理可分为低通抽样定理和带通抽样定理两种。

5.1.1 低通抽样定理

理想抽样可以看成是连续信号 $m(t)$ 与周期性单位冲激脉冲 $\delta_T(t)$ 相乘的结果。因为抽样时间间隔相等，所以此定理又可称为均匀抽样。下面分析抽样过程的频谱特性，从而找出使抽样信号无失真地恢复成原模拟信号的条件。

设信号 $m(t)$ 的最高频率小于 ω_H，如图 5.1(a) 所示。设周期性单位冲激脉冲 $\delta_T(t)$ 的周期为 T，频率 $\omega_s = \dfrac{2\pi}{T}$，强度为 1，如图 5.1(c) 所示，则 $\delta_T(t)$ 可表示为

$$\delta_T(t) = \sum_{n=-\infty}^{\infty} \delta(t - nT) \tag{5.1}$$

将 $m(t)$ 与 δ_T 相乘，可得到抽样信号 $m_s(t)$，如图 5.1(e) 所示，则抽样信号可表示为

$$m_s(t) = m(t)\delta_T(t) \tag{5.2}$$

令 $M(\omega)$、$\Delta_T(\omega)$ 和 $M_s(\omega)$ 分别表示 $m(t)$、$\delta_T(t)$ 和 $m_s(t)$ 的频谱，则由频域卷积定理得

$$M_s(\omega) = \frac{1}{2\pi}\big[M(\omega) * \Delta_T(\omega) \big] \tag{5.3}$$

而 $\Delta_T(\omega)$ 是周期性单位冲激脉冲的频谱，由周期函数的特性得

$$\Delta_T(\omega) = \frac{2\pi}{T} \sum_{n=-\infty}^{\infty} \delta(\omega - n\omega_s) \tag{5.4}$$

式中，$\omega_s = \dfrac{2\pi}{T}$，此频谱如图 5.1(d) 所示。

将式(5.4)代入式(5.3)，得

$$M_s(\omega) = \frac{1}{T}\Big[M(\omega) * \sum_{n=-\infty}^{\infty} \delta(\omega - n\omega_s) \Big] \tag{5.5}$$

卷积公式为

$$f(t)\delta(t) = \int_{-\infty}^{\infty} f(\tau)\delta(t - \tau)\,\mathrm{d}\tau = f(t) \tag{5.6}$$

则式(5.5)可化简为

$$M_s(\omega) = \frac{1}{T}\Big[M(\omega) * \sum_{n=-\infty}^{\infty} \delta(\omega - n\omega_s) \Big] = \frac{1}{T} \sum_{-\infty}^{\infty} M(\omega - n\omega_s) \tag{5.7}$$

因为 $M(\omega - n\omega_s)$ 是原信号频谱 $M(\omega)$ 在频率轴上平移了 $n\omega_s$ 的结果，所以抽样信号的频谱 $M_s(\omega)$ 是由无数间隔频率为 ω_s 的原信号频谱 $M(\omega)$ 叠加而成的。因为已经假设信号 $m(t)$ 的最高频率小于 ω_H，所以若频率间隔 $\omega_s \geq 2\omega_H$，则 $M_s(\omega)$ 中包含的每个原信号的频谱 $M(\omega)$ 之间互不重叠，如图 5.1(f) 所示。这样就能够从 $M_s(\omega)$ 中用一个低通滤波器分离出信号 $m(t)$ 的频谱 $M(\omega)$，也就是能从抽样信号中恢复原信号。

这里，恢复原信号的条件是

$$\omega_s \geq 2\omega_H \tag{5.8}$$

即抽样速率 ω_s 应不小于 ω_H 的两倍。这个最低抽样速率 $2\omega_H$ 称为奈奎斯特（Nyquist）速率；与此相应的最

小抽样时间间隔$\dfrac{1}{2\omega_{\mathrm{H}}}$，称为奈奎斯特间隔。这就是抽样定理的主要内容。

若抽样速率低于奈奎斯特速率，则由图5.1(f)可以看出，相邻周期的频谱间将发生频谱重叠(又称混叠)，导致不能正确分离出原信号频谱$M(\omega)$。

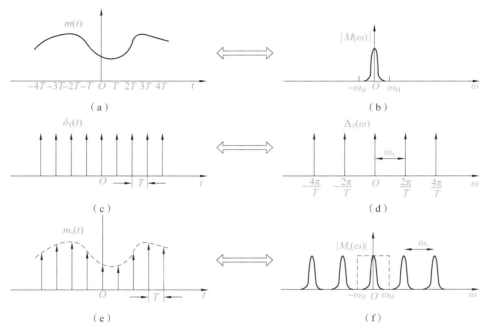

图5.1　模拟信号的抽样过程

$(\mathrm{a})m(t)$；$(\mathrm{b})|M(\omega)|$；$(\mathrm{c})\delta_{\mathrm{T}}(t)$；$(\mathrm{d})\Delta_{\mathrm{T}}(\omega)$；$(\mathrm{e})m_{\mathrm{s}}(t)$；$f|M_{\mathrm{s}}(\omega)|$

由图5.1(f)还可以看出，在频域上，抽样的效果相当于把原信号的频谱分别平移到周期性单位冲激脉冲$\delta_{\mathrm{T}}(t)$的每根谱线上，即以$\delta_{\mathrm{T}}(t)$的每根谱线为中心，把原信号频谱的正负两部分平移到其两侧，或者说，抽样是将$\delta_{\mathrm{T}}(t)$作为载波，用原信号对其调幅。

现在来考虑由抽样信号恢复原信号的方法。如图5.1(f)所示，当$\omega_{\mathrm{s}}\geqslant 2\omega_{\mathrm{H}}$时，用一个理想低通滤波器就能够从抽样信号中无失真地恢复原信号，该滤波器的传递函数为

$$G(\omega)=\begin{cases} T, & |\omega|<\dfrac{\omega_{\mathrm{s}}}{2} \\[2mm] 0, & |\omega|\geqslant\dfrac{\omega_{\mathrm{s}}}{2} \end{cases} \tag{5.9}$$

则有

$$M(\omega)=M_{\mathrm{s}}(\omega)\cdot G(\omega) \tag{5.10}$$

由时域卷积定理可知

$$m(t)=m_{\mathrm{s}}(t)*g(t) \tag{5.11}$$

式中

$$g(t)=\frac{1}{2\pi}\int_{-\infty}^{\infty}G(\omega)\exp(\mathrm{j}\omega t)\mathrm{d}\omega$$

$$=\frac{1}{2\pi}\int_{-\frac{\omega_{\mathrm{s}}}{2}}^{\frac{\omega_{\mathrm{s}}}{2}}T\exp(\mathrm{j}\omega t)\mathrm{d}\omega=\frac{\sin\dfrac{\omega_{\mathrm{s}}t}{2}}{\dfrac{\omega_{\mathrm{s}}t}{2}}=\frac{\sin\dfrac{\pi t}{T}}{\dfrac{\pi t}{T}} \tag{5.12}$$

由式(5.1)、(5.2)可知抽样信号为

$$m_s(t) = \sum_{n=-\infty}^{\infty} m(nT)\delta(t-nT) \tag{5.13}$$

因此，从时域中看，有

$$m(t) = m_s(t) * g(t) = \int_{-\infty}^{\infty} \sum_{n=-\infty}^{\infty} m(nT)\delta(\tau-nT) \frac{\sin\dfrac{\pi(t-\tau)}{T}}{\dfrac{\pi(t-\tau)}{T}} d\tau$$

$$= \sum_{n=-\infty}^{\infty} \int_{-\infty}^{\infty} m(nT) \frac{\sin\dfrac{\pi(t-\tau)}{T}}{\dfrac{\pi(t-\tau)}{T}} \delta(\tau-nT) d\tau = \sum_{n=-\infty}^{\infty} m(nT) \frac{\sin\dfrac{\pi(t-nT)}{T}}{\dfrac{\pi(t-nT)}{T}} \tag{5.14}$$

式中，$m(nT)$ 为 $m(t)$ 在 $t=nT(n=0, \pm1, \pm2, \cdots)$ 时的样值。

式(5.14)是由样值重建的信号时域表达式，称为内插公式。它说明以奈奎斯特速率抽样的带限信号 $m(t)$ 可以由其样值利用内插公式重建，这等效为将抽样信号通过一个理想低通滤波器来恢复原信号。

实际应用当中，滤波器的截止频率边缘不可能做到像理想滤波器那样陡峭，都存在一定的过渡带。因此，实用的抽样速率 f_s 必须比 $2f_H$ 大一些。例如，典型语音信号的最高频率通常限制在 3 400 Hz，那么抽样速率通常采用 8 000 Hz。

5.1.2　带通抽样定理

现实生活中很多带通信号的带宽远小于其中心频率。给定带通信号的下截止频率为 f_L，上截止频率为 f_H，带宽为 $B=f_H-f_L$。此时并不需要抽样速率高于 2 倍的上截止频率，带通抽样定理要求此时的最小抽样速率 f_s 为

$$f_s = \frac{2f_H}{m} \tag{5.15}$$

式中，m 为不超过 $\dfrac{f_H}{B}$ 的最大正整数。下面分两种情况加以说明。

（1）若最高频率 f_H 为带宽的整数倍，即当 $f_H=nB$ 时，$\dfrac{f_H}{B}=n$ 是整数，$m=n$，所以抽样速率为

$$f_s = \frac{2f_H}{m} = 2B \tag{5.16}$$

（2）若最高频率 f_H 不为带宽的整数倍，即

$$f_H = nB+kB,\ 0<k<1 \tag{5.17}$$

此时 $\dfrac{f_H}{B}=n+k$，m 是一个不超过 $n+k$ 的最大整数。显然，$m=n$，所以抽样速率为

$$f_s = \frac{2f_H}{m} = \frac{2(nB+kB)}{n} = 2B\left(1+\frac{k}{n}\right) \tag{5.18}$$

式中，n 为不超过 $\dfrac{f_H}{B}$ 的最大正整数；$0<k<1$。

5.2　脉冲幅度调制

在第 4 章中讨论的连续波调制是以连续振荡的正弦信号作为载波的，然而正弦信号并不是唯一的载波

形式，时间上离散的脉冲串同样可以作为载波。脉冲模拟调制就是用模拟基带信号 $m(t)$ 去控制脉冲串的某参数，使其按 $m(t)$ 的规律发生变化的调制方式。通常，按照基带信号改变脉冲参量（幅度、宽度和位置）的不同，脉冲调制可分为脉冲幅度调制[pulse amplitude modulation，PAM，如图5.2（b）所示]、脉冲宽度调制[pulse duration modulation，PDM，如图5.2（c）所示]和脉冲位置调制[pulse position modulation，PPM，如图5.2（d）所示]。这些种类的调制虽然在时间上都是离散的，但仍然是模拟调制，因为其代表信息的参量仍然是可以连续变化的。

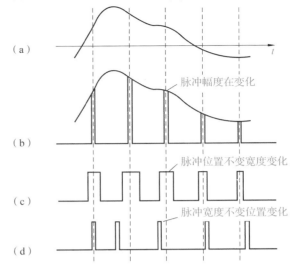

图 5.2　模拟脉冲调制
（a）模拟信号；（b）PAM；（c）PDM；（d）PPM

PAM 是一种最基本的模拟脉冲调制，它往往是模拟信号数字化的必经之路，也是脉冲编码调制的基础。下面对 PAM 做进一步分析。

在脉冲幅度调制中，若脉冲载波是冲激脉冲序列，则前面讨论的抽样定理就说明了脉冲幅度调制的原理。也就是说，按抽样定理得到的信号 $m_s(t)$ 是一个 PAM 信号。但是，用冲激脉冲序列进行抽样是一种理想情况，在实际中无法实现。实际中通常采用脉冲宽度相对于抽样周期很窄的窄脉冲序列近似代替冲激脉冲序列，从而实现脉冲幅度调制。下面介绍用窄脉冲序列进行实际抽样的两种脉冲幅度调制方式：自然抽样的脉冲调幅和平顶抽样的脉冲调幅。

1. 自然抽样的脉冲调幅

自然抽样又称曲顶抽样，抽样后其脉冲幅度（顶部）随抽样信号 $m(t)$ 的变化而变化，其原理如图5.3所示。

图 5.3　自然抽样的 PAM 原理

设基带模拟信号的波形为 $m(t)$，频谱为 $M(f)$。用这个信号对一个脉冲载波 $s(t)$ 调幅，$s(t)$ 的周期为 T，频谱为 $S(f)$，脉冲宽度为 τ，幅度为 A。设抽样信号 $m_s(t)$ 是 $m(t)$ 和 $s(t)$ 的乘积，则抽样信号 $m_s(t)$ 的频谱就是两者频谱的卷积，即

$$M_s(f) = M(f) * S(f) = \frac{A\tau}{T} \sum_{n=-\infty}^{\infty} Sa(n\tau f_H) M(f - 2nf_H) \tag{5.19}$$

图5.4所示为 PAM 调制过程的波形和频谱，它与理想抽样的频谱非常相似。比较式（5.19）和式（5.7）可以看出：理想抽样的频谱被 $\frac{1}{T}$ 加权，因而信号带宽为无穷大；自然抽样频谱的包络按 $Sa(n T f_H)$ 函数随频率增高而下降，因而带宽是有限的，且带宽与脉宽 τ 有关。τ 越大，带宽就越小，这有利于信号的传输，但 τ 过大会导致复用的路数减少，显然 τ 的大小要兼顾带宽和复用路数这两个相互矛盾的要求。若 $s(t)$ 的周期 $T \leqslant \frac{1}{2f_H}$，或其重复频率 $f_s \geqslant 2f_H$，则采用一个截止频率为 f_H 的低通滤波器仍可以分离出原模拟信号。

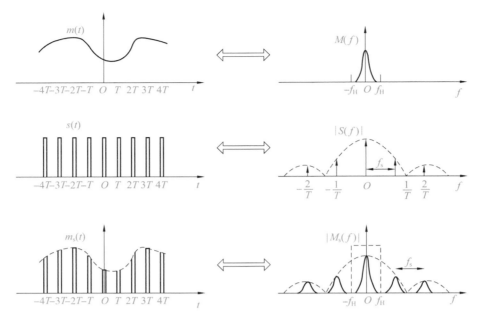

图 5.4 PAM 调制过程的波形和频谱

2. 平顶抽样的脉冲调幅

在实际应用中，常用抽样保持电路产生 PAM 信号，这种电路的原理如图 5.5 所示。模拟信号 $m(t)$ 和非常窄的周期性脉冲（近似冲激函数）$\delta_T(t)$ 相乘，得到乘积 $m_s(t)$，然后通过一个保持电路，将抽样电压保持一定时间。这样，保持电路的输出脉冲波形就保持平顶，如图 5.6 所示。

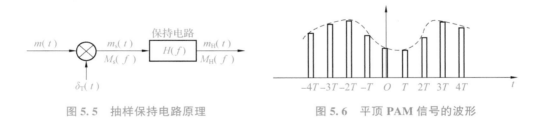

图 5.5 抽样保持电路原理   图 5.6 平顶 PAM 信号的波形

设保持电路的传递函数为 $H(f)$，则其输出信号的频谱 $M_H(f)$ 为

$$M_H(f) = M_s(f) H(f) \tag{5.20}$$

将 $M_s(f) = \dfrac{1}{T} \sum\limits_{n=-\infty}^{\infty} M(f - nf_s)$ 代入式（5.20），得

$$M_H(f) = \frac{1}{T} \sum_{n=-\infty}^{\infty} H(f) M(f - nf_s) \tag{5.21}$$

$M_s(f)$ 的曲线如图 5.1（f）所示，由此曲线可以看出，用低通滤波器就能滤出原模拟信号。比较式（5.21）和 $M_s(f)$ 的表达式可见，其区别在于式（5.21）中的每一项都被 $H(f)$ 加权。因此，不能再使用低通滤波器恢复（解调）原模拟信号。但是从原理上看，若在低通滤波器之前加一个传递函数为 $\dfrac{1}{H(f)}$ 的修正滤波器，就能无失真地恢复原模拟信号。

在实际应用中，平顶抽样信号采用抽样保持电路来实现，得到的脉冲为矩形脉冲。在 PCM 系统编码时，编码器的输入就是经抽样保持电路得到的平顶抽样脉冲。在实际应用中，用来恢复信号的低通滤波器也不可能是理想的。考虑到实际滤波器的可实现性，抽样速率 f_s 要选大一些，一般为 $2.5 f_H \leqslant f_s \leqslant 3 f_H$。

5.3 模拟信号的量化

5.3.1 量化原理

量化是一个近似过程，用预先规定的有限个电平来表示模拟信号的样值。设模拟信号的样值为 $m(kT)$，其中 T 是抽样周期，k 是整数。此样值仍然是一个取值连续的变量。如果用 N 位二进制码组来代表此样值的大小，则 N 个不同的二进制码元只能代表 $M=2^N$ 个不同的样值。因此，必须将样值的范围划分成 M 个区间，每个区间用一个电平来表示。这样，共有 M 个离散电平，它们被称为量化电平。在图 5.7 中给出了一个量化过程的例子：$m(kT)$ 表示模拟信号的样值；$m_q(kT)$ 表示量化信号值；q_1、q_2、$\cdots$、q_i、$\cdots$、q_M 是预先规定好的 M 个量化电平（这里 $M=7$）；m_i 为第 i 个量化区间的端点；$\Delta i = m_i - m_{i-1}$ 是电平之间的间隔，称为量化间隔。由此可以写出一般公式，即

$$m_q(kT) = q_i, \quad m_{i-1} \leq m(kT) < m_i \tag{5.22}$$

按照式(5.22)作变换，可以把模拟抽样信号 $m(kT)$ 变换成量化后的离散抽样信号，即量化信号。例如，在图 5.7 中，样值 $m(7T)$ 在 $m_4 \sim m_5$ 之间，则按规定进行变换后的量化值为 q_5。

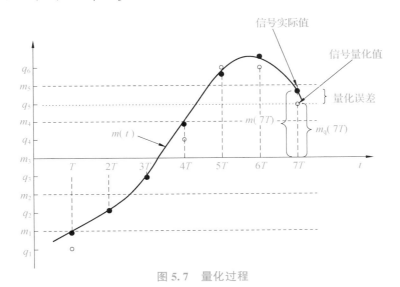

图 5.7　量化过程

在图 5.7 中，M 个样值区间是等间隔划分的，称为均匀量化。M 个样值区间也可以不均匀划分，称为非均匀量化。下面将分别讨论这两种量化方法。

5.3.2 均匀量化

设模拟抽样信号的取值范围在 a 和 b 之间，量化电平数为 M，则在均匀量化时的量化间隔为

$$\Delta v = \frac{b-a}{M} \tag{5.23}$$

量化区间的端点为

$$m_i = a + i\Delta v \tag{5.24}$$

式中，$i = 0,\ 1,\ \cdots,\ M$。

若量化输出电平 q_i 取为量化间隔的中点，则

$$q_i = \frac{m_i + m_{i-1}}{2}, \quad i = 1,\ 2,\ \cdots,\ M \tag{5.25}$$

显然，量化输出电平和量化前信号的样值一般不同，即量化输出电平有误差，这个误差称为量化误差。对于语音、图像等随机信号，量化误差也是随机的，它像噪声一样影响通信质量，因此又称为量化噪声。通常用输入量化器的信号功率与量化噪声功率之比（简称信号量噪比）来衡量量化器的性能。对于模拟抽样信号，给定其最大幅度，则量化电平越多，量化噪声就越小，信号量噪比就越高。下面对均匀量化时的平均信号量噪比进行定量分析。

在均匀量化时，量化噪声功率的平均值 N_q 可以表示为

$$N_q = E[(m_k - m_q)^2] = \int_a^b (m_k - m_q)^2 f(m_k) \mathrm{d}m_k = \sum_{i=1}^M \int_{m_{i-1}}^{m_i} (m_k - q_i)^2 f(m_k) \mathrm{d}m_k \qquad (5.26)$$

式中，m_k 为模拟信号的样值，即 $m(kT)$；m_q 为量化信号值，即 $m_q(kT)$；$f(m_k)$ 为信号样值 m_k 的概率密度；E 表示求统计平均值；M 为量化电平数；$m_i = a + i\Delta v$；$q_i = a + i\Delta v - \dfrac{\Delta v}{2}$。信号 m_k 的平均功率可以表示为

$$S_0 = E(m_k^2) = \int_a^b m_k^2 f(m_k) \mathrm{d}m_k \qquad (5.27)$$

若已知信号 m_k 的功率谱密度函数，则可由式(5.26)和式(5.27)计算出平均信号量噪比。

【例5.1】设一个均匀量化器的量化电平数为 M，其输入信号的样值在区间 $[-a, a]$ 内具有均匀的概率密度。试求该量化器的平均信号量噪比。

解：由式(5.26)可得

$$\begin{aligned} N_q &= \sum_{i=1}^M \int_{m_{i-1}}^{m_i} (m_k - q_i)^2 f(m_k) \mathrm{d}m_k = \sum_{i=1}^M \int_{m_{i-1}}^{m_i} (m_k - q_i)^2 \left(\frac{1}{2a}\right) \mathrm{d}m_k \\ &= \sum_{i=1}^M \int_{-a+(i-1)\Delta v}^{-a+i\Delta v} \left(m_k + a - i\Delta v + \frac{\Delta v}{2}\right)^2 \left(\frac{1}{2a}\right) \mathrm{d}m_k = \sum_{i=1}^M \left(\frac{1}{2a}\right)\left(\frac{\Delta v^3}{12}\right) = \frac{M(\Delta v)^3}{24a} \end{aligned} \qquad (5.28)$$

因为 $M\Delta v = 2a$，所以有

$$N_q = \frac{(\Delta v)^2}{12} \qquad (5.29)$$

又因为此信号具有均匀的概率密度，所以由式(5.27)可以得到信号功率为

$$S_0 = \int_{-a}^a m_k^2 \left(\frac{1}{2a}\right) \mathrm{d}m_k = \frac{M^2}{12}(\Delta v)^2 \qquad (5.30)$$

故平均信号量噪比为

$$\frac{S_0}{N_q} = M^2 \qquad (5.31)$$

或写成

$$\left(\frac{S_0}{N_q}\right)_{\mathrm{dB}} = 20\lg M \,(\mathrm{dB}) \qquad (5.32)$$

由式(5.32)可以看出，信号量噪比随量化电平数 M 的增大而提高。通常情况下，量化电平数应根据对信号量噪比的要求来确定。均匀量化器广泛应用于线性 A/D 变换接口，例如在计算机的 A/D 变换中，N 为 A/D 变换器的位数，常用的有 8 位、12 位和 16 位等。另外，在遥测遥控系统、仪表和图像信号的数字化接口中，也都使用均匀量化器。

在语音信号数字化通信中，均匀量化有一个明显的不足：信号量噪比随电平数的减小而下降。产生这一现象的原因是均匀量化的量化间隔 Δv 为固定值，量化电平分布均匀，因而无论信号大小如何，量化噪声的功率都不变。这样，小信号的信号量噪比就难以达到规定的要求。通常把满足信号量噪比要求的输入信号的取值范围定义为动态范围。因此，均匀量化时输入信号的动态范围将受到较大的限制。为了克服均匀量化的缺点，实际中往往采用非均匀量化。

5.3.3 非均匀量化

非均匀量化是一种在输入信号的动态范围内量化间隔不相等的量化。换言之,非均匀量化根据输入信号的概率密度函数来分布量化电平,以改善量化性能。由式(5.26)可知,可以在$f(m_k)$大的地方,设法降低量化噪声$(m_k-m_q)^2$,从而降低量化误差,提高信号量噪比。这意味着量化电平必须集中分布在幅度密度高的区域。

在商业电话中,有一种简单而又稳定的非均匀量化器叫对数量化器。该量化器在出现频率高的低幅度语音信号处,运用小的量化间隔;而在不经常出现的高幅度语音信号处,运用大的量化间隔。

实现非均匀量化的方法之一是把送入量化器的信号先用压缩器进行压缩处理,再把压缩的信号进行均匀量化。压缩器是一个非线性变换电路,在该电路中,微弱的信号被放大,强的信号被压缩。压缩过程是将输入电压x变换成输出电压y,即

$$y=f(x) \tag{5.33}$$

接收端采用一个与压缩特性相反的扩张器来恢复x。压缩与扩张示意图如图5.8所示。常用的压缩器大多采用对数压缩法,即$y=\ln x$。关于语音信号的压缩特性,国际电信联盟(ITU)制定了两种建议,即A压缩律(简称A律)和μ压缩律(简称μ律),以及相应的近似算法13折线法和15折线法。我国大陆、欧洲各国以及国际间互连时采用A律及相应的13折线法,北美、日本和韩国等少数国家和地区采用μ律及15折线法。下面分别讨论这两种压缩律及其近似算法。

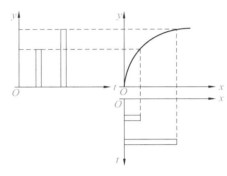

图5.8 压缩与扩张示意图

1. A 律

设对数压缩规律的表达式为

$$y=\begin{cases} \dfrac{Ax}{1+\ln A}, & 0 \leqslant x \leqslant \dfrac{1}{A} & (5.34\text{a}) \\[3mm] \dfrac{1+\ln Ax}{1+\ln A}, & \dfrac{1}{A} \leqslant x \leqslant 1 & (5.34\text{b}) \end{cases}$$

则符合式(5.34)的对数压缩规律为A律。其中,式(5.34b)是A律的主要表达式,但当$x=0$时,$y\to-\infty$,这不满足对压缩特性的要求。当x很小时应对它加以修正,过零点作切线,这就是式(5.34a)。式(5.34a)是一个线性方程,在国际标准中取$A=87.6$。A为压扩参数,当$A=1$时无压缩,A值越大压缩效果越明显。A律压缩特性如图5.9所示。

2. μ 律

设对数压缩规律的表达式为

$$y=\frac{\ln(1+\mu x)}{\ln(1+\mu)}, \quad 0 \leqslant x \leqslant 1 \tag{5.35}$$

式中,x为归一化输入;y为归一化输出;μ为压扩参数,表示压扩程度。符合式(5.35)的对数压缩规律为μ律。

不同μ值的压缩特性如图5.10所示。由图5.10可见,当$\mu=0$时,压缩特性是一条通过原点的直线,此时没有压缩效果,小信号得不到改善。μ值越大,压缩效果越明显,在国际标准中取$\mu=255$。另外需要说明的是,μ律压缩特性曲线是关于原点奇对称的,图5.10中只画出了μ律压缩特性曲线的正向部分。

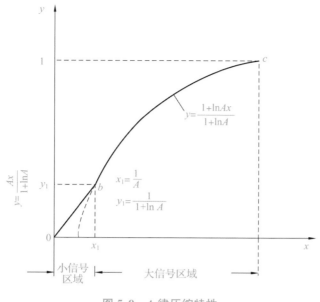

图 5.9　A 律压缩特性

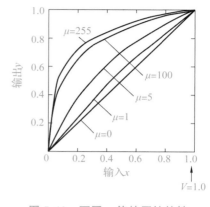

图 5.10　不同 μ 值的压缩特性

3. A 律 13 折线法

A 律 13 折线法是从非均匀量化的基本点出发，用 13 段折线逼近 $A=87.6$ 时的 A 律压缩特性的方法。其压缩特性曲线如图 5.11 所示。

在图 5.11 中，横坐标 x 在 0 至 1 区间中分为不均匀的 8 段。$\frac{1}{2}$ 至 1 区间中的线段称为第 8 段；$\frac{1}{4}$ 至 $\frac{1}{2}$ 间中的线段称为第 7 段；$\frac{1}{8}$ 至 $\frac{1}{4}$ 区间中的线段称为第 6 段……以此类推，直到 0 至 $\frac{1}{128}$ 间中的线段称为第 1 段。在图 5.11 中，纵坐标 y 均匀地划分为 8 段。将与这 8 段相应的坐标点 (x,y) 连起来，就得到了一条折线。由图 5.11 可见，除第 1 段和第 2 段外，其他各段折线的斜率都不相同，如表 5.2 所示。

表 5.2　各段折线的斜率

折线段号	1	2	3	4	5	6	7	8
斜　率	16	16	8	4	2	1	$\frac{1}{2}$	$\frac{1}{4}$

因为语音信号为交流信号，即输入电压 x 有正负极，所以图 5.11 中的压缩特性曲线只是实际中压缩特性曲线的一半。在第 3 象限还有关于原点奇对称的另一半曲线，如图 5.12 所示。

在图 5.12 中，第 1 象限中的第 1 段折线和第 2 段折线的斜率相同，所以这 2 段折线构成了一条直线段。同样，在第 3 象限中的第 1 段折线和第 2 段折线的斜率也相同，并且和第 1 象限中对应的折线斜率相同，所以这 4 段折线构成了一条直线段。因此，共有 13 段折线，故称 13 折线压缩特性。

下面研究 13 折线压缩特性和 A 律压缩特性之间的近似程度。为了方便起见，仅在折线的各转折点和端点上比较这两条压缩特性曲线的坐标值。对于 A 律压缩特性曲线，当 $A=87.6$ 时，其切点的横坐标 x_1 为

$$x_1 = \frac{1}{A} = \frac{1}{87.6} \approx 0.011\,4$$

将此 x_1 值代入 y_1 的表达式，可得此切点的纵坐标为

$$y_1 = \frac{Ax_1}{1+\ln A} = \frac{1}{1+\ln 87.6} \approx 0.183$$

这表明，A 律压缩特性曲线的直线段在坐标原点和此切点之间，即 $(0,0)$ 和 $(0.011\,4, 0.183)$ 之间。因此，此直线段的方程可以写为

$$x = \frac{1+\ln A}{A} y = \frac{1+\ln 87.6}{87.6} y \approx \frac{1}{16} y \qquad (5.36)$$

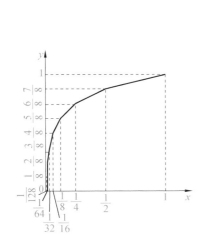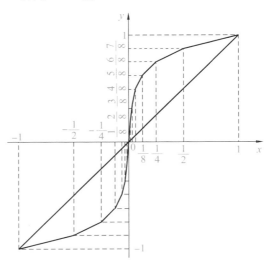

图 5.11　13 折线压缩特性曲线　　　　图 5.12　对称的 13 折线压缩特性曲线

13 折线第 1 个转折点的纵坐标为 $y = \frac{1}{8} = 0.125$，它小于 y_1，故此点位于 A 律的直线段中，按式 (5.36) 即可求出相应的 x 值为 $\frac{1}{128}$。

当 $y > 0.183$ 时，应按 A 律对数压缩规律的公式计算 x 值。此时，由式 (5.34b) 可以推出 x 的表达式，即

$$y = \frac{1+\ln Ax}{1+\ln A} = 1 + \frac{1}{1+\ln A} \ln x$$

$$y - 1 = \frac{\ln x}{1+\ln A} = \frac{\ln x}{\ln(eA)}$$

$$\ln x = (y-1)\ln(eA)$$

$$x = \frac{1}{(eA)^{1-y}} \qquad (5.37)$$

利用式 (5.37) 可以求出在此曲线段中对应各转折点纵坐标 y 的横坐标值。当把 $A = 87.6$ 代入式 (5.37) 时，计算结果如表 5.3 所示。表 5.3 对 A 律压缩法和 13 折线法做了比较。由表 5.3 可以看出，13 折线法和 $A = 87.6$ 时的 A 律压缩法效果十分接近。

表 5.3　A 律压缩法和 13 折线法的比较

y	0	$\frac{1}{8}$	$\frac{2}{8}$	$\frac{3}{8}$	$\frac{4}{8}$	$\frac{5}{8}$	$\frac{6}{8}$	$\frac{7}{8}$	1
A 律压缩法的 x 值	0	$\frac{1}{128}$	$\frac{1}{60.6}$	$\frac{1}{30.6}$	$\frac{1}{15.4}$	$\frac{1}{7.79}$	$\frac{1}{3.93}$	$\frac{1}{1.98}$	1
13 折线法的 x 值	0	$\frac{1}{128}$	$\frac{1}{64}$	$\frac{1}{32}$	$\frac{1}{16}$	$\frac{1}{8}$	$\frac{1}{4}$	$\frac{1}{2}$	1

4. μ 律 15 折线法

采用 μ 律 15 折线法逼近 μ 律压缩特性 ($\mu=255$) 的原理与 A 律 13 折线法类似，也把纵坐标 y 从 0 到 1 之间划分为 8 等份。计算各转折点 $\frac{i}{8}$ 处对应的横坐标 x 值的公式为

$$x=\frac{256^{y}-1}{255}=\frac{256^{\frac{i}{8}}-1}{255}=\frac{2^{i}-1}{255} \tag{5.38}$$

计算结果列于表 5.4 中。将这些转折点用线段连起来，就构成了 8 段折线。表 5.4 中还列出了各段折线的斜率。

表 5.4 μ 律的斜率

i	0	1	2	3	4	5	6	7	8
$y=\dfrac{i}{8}$	0	$\dfrac{1}{8}$	$\dfrac{2}{8}$	$\dfrac{3}{8}$	$\dfrac{4}{8}$	$\dfrac{5}{8}$	$\dfrac{6}{8}$	$\dfrac{7}{8}$	1
$x=\dfrac{(2^{i}-1)}{255}$	0	$\dfrac{1}{255}$	$\dfrac{3}{255}$	$\dfrac{7}{255}$	$\dfrac{15}{255}$	$\dfrac{31}{255}$	$\dfrac{63}{255}$	$\dfrac{127}{255}$	1
折线段号	1	2	3	4	5	6	7	8	
折线斜率	$\dfrac{255}{8}$	$\dfrac{255}{16}$	$\dfrac{255}{32}$	$\dfrac{255}{64}$	$\dfrac{255}{128}$	$\dfrac{255}{256}$	$\dfrac{255}{512}$	$\dfrac{255}{1024}$	

由于第 1 段折线和第 2 段折线的斜率不同，这两段折线不能合并为一条直线段。当考虑信号的正负电压时，仅正电压第 1 段折线和负电压第 1 段折线的斜率相同，这两段折线可以合并为一条直线段。因此，采用 μ 律压缩法得到的是 15 段折线，称为 15 折线压缩特性，其压缩特性曲线如图 5.13 所示。

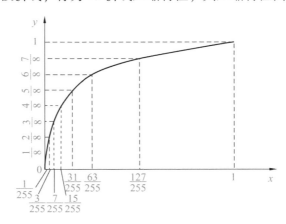

图 5.13 15 折线压缩特性曲线

比较 13 折线压缩特性曲线和 15 折线压缩特性曲线中第 1 段折线的斜率可知，15 折线压缩特性曲线中第 1 段折线的斜率 $\left(\dfrac{255}{8}\right)$ 大约是 13 折线压缩特性曲线中第 1 段折线斜率 (16) 的 2 倍。因此，15 折线压缩特性曲线给出的小信号的信号量噪比约是 13 折线压缩特性曲线的 2 倍。但是，对于大信号而言，15 折线压缩特性曲线给出的信号量噪比要比 13 折线压缩特性曲线给出的稍差。

上面已经详细讨论了 A 律和 μ 律以及相应的折线法压缩信号的原理。信号经过压缩后会产生失真，要补偿这种失真，就要在接收端相应位置采用扩张器。在理想情况下，扩张特性与压缩特性是互逆的，除量化误差外，信号通过压缩再扩张的过程中不应再引入另外的失真。

5.4 脉冲编码调制

5.4.1 脉冲编码调制的基本原理

通常情况下，量化后的信号经过变换处理，可以变换成各种各样的编码信号，然后就可以将它们送到信道中去传输，这个过程称为脉冲编码调制（PCM），简称脉码调制，其中代码通常采用二进制形式。而在线路的信噪比较好、可利用的频带比较窄的情形下，或者是在正交调制和多相调制之类的多进制调制方式中，多使用多进制代码。

PCM 系统的原理方框图如图 5.14 所示。在抽样保持电路[图 5.14(a)]中，由冲激脉冲对模拟信号进行抽样，得到在时间上离散的信号样值。这个样值仍是模拟量，在它被量化之前，通常用保持电路将其短暂保存，以便电路有时间对其进行量化。在实际电路中，常把抽样和保持电路联在一起，称为抽样保持电路。图 5.14(a)中的量化器把模拟抽样信号变成离散的数字量，然后在编码器中进行二进制编码。这样，每个二进制码组就代表一个量化后的信号样值。图 5.14(b)中译码器的原理和编码过程相反，这里不再赘述。

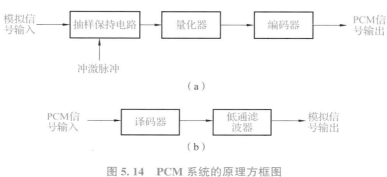

图 5.14　PCM 系统的原理方框图
(a)编码器；(b)译码器

在用电路实现时，图 5.14(a)中量化器和编码器的组合称为模/数变换器（A/D 变换器）；图 5.14(b)中译码器与低通滤波器的组合称为数/模变换器（D/A 变换器）。

1. 码字和码型

二进制编码具有抗干扰能力强、易于产生等优点，因此 PCM 中一般采用二进制码。对于 M 个量化电平，可以用 N 位二进制码来表示，其中每一个码组称为一个码字。为保证通信质量，国际上多采用 8 位编码的 PCM 系统。把量化后的所有量化级按其量化电平的大小次序排列起来，并列出各对应的码字，这种对应关系的整体就称为码型，码型指的是代码的编码规律。在 PCM 中常用的二进制码型有自然二进制码和折叠二进制码。自然二进制码就是十进制正整数的二进制表示；折叠二进制码是一种符号幅度码。现以 4 位码为例，将这两种编码列于表 5.5 中。考虑到语音信号是交流信号，故在此表中将 16 个双极性量化值分成两部分。第 0 至第 7 个量化值对应负极性电压；第 8 至第 15 个量化值对应正极性电压。显然，对于自然二进制码，这两部分之间没有什么对应联系。但是，对于折叠二进制码，除了其最高位符号相反外，其上下两部分还呈现映像关系，或称折叠关系。这种码用最高位来表示电压的极性正负，而用其他位来表示电压的绝对值。也就是说，在用最高位表示极性后，双极性电压可以采用单极性编码方法处理，从而大大简化了编码电路和编码过程。

表 5.5　自然二进制码和折叠二进制码的比较

样值极性	自然二进制码	折叠二进制码	量化值序号
负极	0000	0111	0
	0001	0110	1
	0010	0101	2
	0011	0100	3
	0100	0011	4
	0101	0010	5
	0110	0001	6
	0111	0000	7
正极	1000	1000	8
	1001	1001	9
	1010	1010	10
	1011	1011	11
	1100	1100	12
	1101	1101	13
	1110	1110	14
	1111	1111	15

折叠二进制码的另一个优点是误码对于小电压的影响较小。例如，若有 1 个码组为"1000"，在传输或处理时发生 1 个符号错误，变成"0000"。由表 5.5 可知，若它为自然二进制码，则它所代表的电压值将从 8 变成 0，误差为 8；若它为折叠二进制码，则它将从 8 变成 7，误差为 1。但是，若一个码组从"1111"变成"0111"，则自然二进制码将从 15 变成 7，误差仍为 8；而折叠二进制码则将从 15 变成 0，误差为 15。这表明，折叠二进制码对于小信号有利。因为语音信号中小电压出现的概率较大，所以折叠二进制码有利于减小语音信号的平均量化噪声。

了解了 PCM 的编码原理后，不难推论出译码的原理，这里不另作讨论。

2. 码位的选择与安排

码位的选择不仅关系到通信质量的好坏，还涉及设备的复杂程度。无论是自然二进制码还是折叠二进制码，码组中符号的位数都和量化值数目直接相关。量化间隔越多，量化值就越多，码组中符号的位数也随之增多，信号量噪比也随之变大。当然，码组中符号的位数增多后，会使信号的传输量和存储量增大，编码器也将更复杂。在语音通信中，通常采用 8 位的 PCM 编码就能够保证优质的通信质量。下面结合我国采用的 13 折线法编码，介绍一种码位排列方法。

在 13 折线法中采用的折叠二进制码有 8 位。其中，第 1 位(c_1)表示量化值的极性正负，后面的 7 位分为段落码和段内码两部分，用于表示量化值的绝对值。第 2 至第 4 位($c_2 \sim c_4$)是段落码，共计 3 位，可以表示 8 种斜率的段落；第 5 至第 8 位($c_5 \sim c_8$)为段内码，可以表示每一段落内的 16 种量化电平。段内码代表的 16 个量化电平是均匀划分的，所以这 7 位码总共能表示 $2^7 = 128$ 种量化值。在表 5.6 和表 5.7 中给出了段落码和段内码的编码规则。

表 5.6 段落码的编码规则

段落序号	段落码 $c_2c_3c_4$	段落范围（量化单位）
1	000	0~16
2	001	16~32
3	010	32~64
4	011	64~128
5	100	128~256
6	101	256~512
7	110	512~1 024
8	111	1024~2 048

表 5.7 段内码的编码规则

量化间隔	段内码 $c_5c_6c_7c_8$	量化间隔	段内码 $c_5c_6c_7c_8$
0	0000	8	1000
1	0001	9	1001
2	0010	10	1010
3	0011	11	1011
4	0100	12	1100
5	0101	13	1101
6	0110	14	1110
7	0111	15	1111

在上述编码方法中，虽然段内码是按量化间隔均匀编码的，但是因为各个段落的斜率不等、长度不等，所以不同段落的量化间隔是不同的。其中，第 1 段和第 2 段最短，斜率最大，其横坐标 x 的归一化动态范围只有 $\frac{1}{128}$。将其等分为 16 小段，每一小段的动态范围只有 $\frac{1}{128} \times \frac{1}{16} = \frac{1}{2\ 048}$，这就是最小量化间隔，将此最小量化间隔 $\frac{1}{2\ 048}$ 称为 1 个量化单位。第 8 段最长，其横坐标 x 的动态范围为 $\frac{1}{2}$。将其 16 等分后，每段长度为 $\frac{1}{32}$。如果采用均匀量化而仍希望对小电压保持有同样的动态范围 $\frac{1}{2\ 048}$，则需要用 11 位的码组才行。如果采用非均匀量化，只需要 7 位的码组就能满足要求。实际中，在电话网中采用的是非均匀量化的 PCM 体制，这类 PCM 电路已经做成单片 IC，并得到了广泛的应用。

典型语音信号的抽样速率是 8 000 Hz，因此，在采用这类非均匀量化编码器时，典型的数字电话传输比特率为 64 kbit/s。这个速率被国际电信联盟（ITU）制定的建议所采用。

5.4.2 逐次比较型编译码原理

1. 编码原理

实现编码的具体方法和电路有很多。例如，低速编码和高速编码、线性编码和非线性编码；逐次比较型编码器、级联型编码器和混合型编码器。这里只讨论实际中常用的逐次比较型编码器的原理。逐次比较型编码的原理与天平称重物的方法类似，样值脉冲信号相当于被测物，标准电平相当于天平的砝码。预先规定好一些作为比较标准的电流(或电压)，称之为权值电流，用符号 I_w 表示，I_w 的个数与编码位数有关。当样值脉冲 I_s 到来后，用逐步逼近的方法有规律地用各标准电流 I_w 去和样值脉冲做比较，每比较一次出一位码。当 $I_s > I_w$ 时，出"1"码；反之出"0"码，直到 I_w 和样值 I_s 逼近为止，完成对输入样值的非线性量化和编码。

在图 5.15 中给出了用于语音信号编码的逐次比较型非均匀量化编码器原理方框图。它由极性判决电路、整流器、保持电路、比较器及本地译码器等组成。

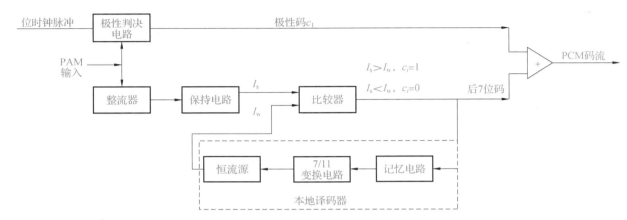

图 5.15　用于语音信号编码的逐次比较型非均匀量化编码器原理方框图

极性判决电路用来确定信号的极性。输入的 PAM 信号是双极性的，其样值为正时，在脉冲到来时刻 c_1 位出"1"码；样值为负时，c_1 位出"0"码。同时，将该信号经过全波整流器变为单极性信号。

比较器是编码器的核心，它的作用是通过比较样值电流 I_s 和标准电流 I_w 对输入信号的样值实现非线性量化和编码。每比较一次就输出一位二进制代码，且当 $I_s > I_w$ 时，输出"1"码；反之输出"0"码。因为在 13 折线法中用 7 位二进制代码来代表段落码和段内码，所以对一个输入信号的样值需要进行 7 次比较。每次所需的标准电流 I_w 均由本地译码器提供。

本地译码器包括记忆电路、7/11 变换电路和恒流源。记忆电路用来寄存二进制代码，除第 1 次比较外，其余各次比较都要依据前几次比较的结果来确定标准电流 I_w 值。因此，7 位码组中的前 6 位状态均应由记忆电路寄存下来。

恒流源也称 11 位线性解码电路或电阻网络，它用来产生各种标准电流 I_w。在恒流源中有数条基本的权值电流支路，每条支路都有一个控制开关。每次接通哪个开关以形成比较用的标准电流 I_w，由前面的比较结果经变换后得到的控制信号来控制。

7/11 变换电路就是前面非均匀量化中谈到的数字压缩器。由于按 A 律 13 折线法只编 7 位码，加至记忆电路的码也只有 7 位。而线性解码电路(恒流源)需要 11 条基本的权值电流支路，即要求有 11 个控制脉冲对其控制。因此，需要通过 7/11 变换电路将 7 位非线性码转换成 11 位线性码，其实质就是完成非线性和线性之间的变换。

保持电路的作用是在整个比较过程中保持输入信号的幅度不变。采用逐次比较型编码器编 7 位码(极性码除外)时，需要在一个抽样周期以内完成 I_s 与 I_w 的 7 次比较，在整个比较过程中都应保持输入信号的幅度不变，因此要求将样值脉冲展宽并保持。这在实际中要用到平顶抽样，通常由抽样保持电路实现。

2. 译码原理

译码的作用就是把收到的 PCM 信号还原成相应的 PAM 样值信号，即进行 D/A 变换。译码器原理方框图如图 5.16 所示，它与逐次比较型编码器中的本地译码器原理基本相同，所不同的是增加了极性控制电路、寄存读出电路和 7/12 变换电路，下面简单介绍各部分电路的作用。

串/并变换记忆电路的作用是将加入的串行 PCM 码变为并行码，并记忆下来，与编码器中译码电路的记忆作用基本相同。

极性控制电路的作用是根据收到的极性码 c_1 是 "1" 还是 "0" 来控制译码后 PAM 信号的极性、恢复原信号极性。

7/12 变换电路的作用是将 7 位非线性码转变为 12 位线性码。在编码器的本地译码器中采用 7/11 位码变换，使得量化误差有可能大于本段落量化间隔的一半。而译码器中采用 7/12 变换电路是为了增加一个 $\dfrac{\Delta v}{2}$ 恒流电源，人为地补上半个量化级，使最大量化误差不超过 $\dfrac{\Delta v}{2}$，从而改善信号量噪比。

寄存读出电路是将输入的串行码寄存在存储器中，待全部接收后再一起读出，送入解码网络。这个过程实质上是进行串/并转换的过程。

12 位线性解码电路主要是由恒流源和电阻网络组成，与编码器中的解码网络类似。它在寄存读出电路的控制下，输出相应的 PAM 信号。

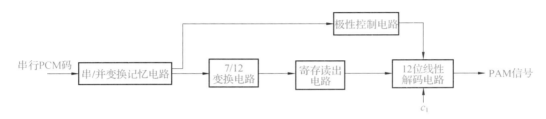

图 5.16　译码器原理方框图

5.4.3　PCM 信号的码元速率和带宽

因为 PCM 要用 N 位二进制代码表示一个样值，即在一个抽样周期内要编 N 位码，所以每个码元宽度为 $\dfrac{T}{N}$，码位越多，码元宽度越小，占用带宽越大。显然，传输 PCM 信号所需要的带宽要比模拟基带信号 $m(t)$ 的带宽大得多。

1. 码元速率

设 $m(t)$ 为低通信号，其最高频率为 f_H，按照抽样定理的抽样速率 $f_s \geqslant 2f_H$，如果量化电平数为 M，则所采用的二进制代码的码元速率为

$$f_b = f_s \cdot \log_2 M = f_s \cdot N \tag{5.39}$$

式中，N 为二进制编码的位数。

2. 最小带宽

抽样速率的最小值为 $f_s = 2f_H$，这时码元传输速率为 $f_b = 2f_H \cdot N$。在无码间串扰和采用理想低通传输特性的情况下，所需的最小传输带宽为

$$B = \frac{f_b}{2} = \frac{f_s \cdot N}{2} = N \cdot f_H \tag{5.40}$$

实际中利用升余弦的传输特性，可得此时所需的传输带宽为

$$B = f_b = f_s \cdot N \tag{5.41}$$

以语音传输为例，一路模拟语音信号 $m(t)$ 的带宽为 4 kHz，则抽样速率为 $f_s = 8$ kHz。若按 A 律 13 折线法进行编码，则需 $N = 8$ 位码，故所需的传输带宽为 $B = f_s \cdot N = 64$ kHz，这显然比直接传输语音信号的带宽要大得多。

5.4.4　PCM 系统的抗噪声性能

PCM 系统中的噪声有两种：量化噪声和加性噪声。由图 5.14(b)可以看出接收端低通滤波器的输出为

$$\hat{m}(t) = m(t) + n_q(t) + n_e(t) \tag{5.42}$$

式中，$m(t)$ 为输出端所需的信号成分，其功率用 S_o 表示；$n_q(t)$ 为量化噪声，其功率用 N_q 表示；$n_e(t)$ 为信道加性噪声，其功率用 N_e 表示。

首先讨论加性噪声的影响。加性噪声将使接收码组中产生错码，造成信噪比下降。通常仅需考虑在码组中有 1 位错码的情况，因为在同一码组中出现 2 位及 2 位以上错码的概率非常小，可以忽略。例如，当误码率为 $P_e = 10^{-4}$ 时，在一个 8 位码组中出现 1 位错码的概率为 $P_1 = 8P_e = 8 \times 10^{-4}$，而出现 2 位错码的概率为

$$P_2 = C_8^2 P_e^2 = \frac{8 \times 7}{2} \times (10^{-4})^2 = 2.8 \times 10^{-7}$$

所以 $P_2 \ll P_1$。现在仅讨论加性高斯白噪声对均匀量化的自然二进制码的影响，此时可以认为码组中出现的错码是彼此独立且均匀分布的。设码组的构成如图 5.17 所示，即码组的长度为 N 位，每位的权值分别为 2^0，2^1，$\cdots$，2^{N-1}。

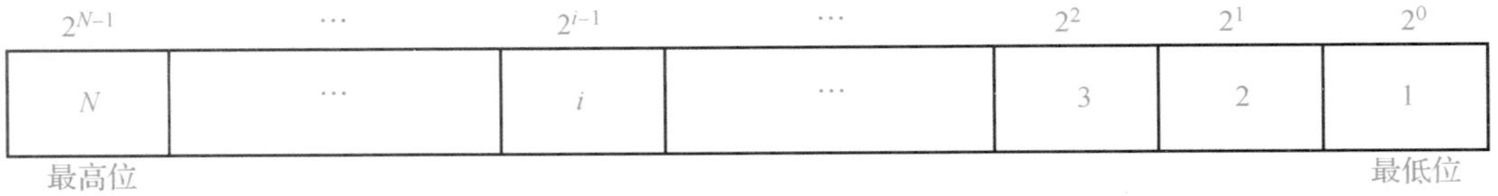

图 5.17　码组的构成

在考虑噪声对每个码元的影响时，要知道该码元所代表的权值。设量化间隔为 Δv，则第 i 位码元代表的信号权值为 $2^{i-1}\Delta v$。若该位码元发生错误，由"0"变成"1"或由"1"变成"0"，则产生的权值误差将为 $+2^{i-1}\Delta v$ 或 $-2^{i-1}\Delta v$。假设每位码元所产生的误码率 P_e 是相同的，则一个码组中有一位错码产生时的平均功率为

$$N_e = E[n_e^2(t)] = P_e \sum_{i=1}^{N} (2^{i-1}\Delta v)^2 = P_e \frac{2^{2N}-1}{3N}(\Delta v)^2 \approx \frac{P_e 2^{2N}}{3}(\Delta v)^2 \tag{5.43}$$

假设信号 $m(t)$ 在 $[-a, a]$ 区间内是均匀分布的，借助【例 5.1】的分析，可知输出信号功率为

$$S_o = E[m^2(t)] = \int_{-a}^{a} x^2 \cdot \frac{1}{2a}dx = \frac{(\Delta v)^2}{12} \cdot 2^{2N} \tag{5.44}$$

由式(5.43)和式(5.44)可以得到仅考虑信道加性噪声时 PCM 系统输出端的总信噪比为

$$\frac{S_o}{N_e} = \frac{1}{4P_e} \tag{5.45}$$

现在来讨论量化误差的影响。在 5.3.2 小节中给出了信号量噪比 $\frac{S_o}{N_q}$ 的一般计算公式，以及特殊条件下的计算结果。例如，假设信号 $m(t)$ 在 $[-a, a]$ 区间内具有均匀分布的概率密度，对 $m(t)$ 进行均匀量化，其量化级数为 M。在不考虑信道噪声的条件下，其信号量噪比 $\frac{S_o}{N_q}$ 与式(5.31)的结果相同，即

$$\frac{S_o}{N_q} = M^2 = 2^{2N} \tag{5.46}$$

可见，PCM 系统输出端的信号量噪比取决于每一个编码组的位数 N，并随 N 按指数规律增加。根据

PCM 系统的最小带宽 $B = N \cdot f_{\mathrm{H}}$，式（5.46）可以表示为

$$\frac{S_{\mathrm{o}}}{N_{\mathrm{q}}} = 2^{\frac{2B}{f_{\mathrm{H}}}} \tag{5.47}$$

式（5.47）表明，PCM 系统输出端的信号量噪比随系统的带宽 B 按指数规律增长，这充分体现了带宽与信号量噪比之间的互换关系。

在上面分析的基础上，同时考虑量化噪声和信道加性噪声，则 PCM 系统输出端的总信噪比为

$$\frac{S_{\mathrm{o}}}{N_{\mathrm{o}}} = \frac{E[m^2(t)]}{E[n_{\mathrm{q}}^2(t)] + E[n_{\mathrm{e}}^2(t)]} = \frac{2^{2N}}{1 + 4P_e 2^{2N}} \tag{5.48}$$

由式（5.48）可知，在大信噪比的条件下，即 $4P_e 2^{2N} \ll 1$ 时，P_e 很小，可以忽略错码带来的影响，这时可以只考虑量化噪声的影响。在小信噪比的条件下，即 $4P_e 2^{2N} \gg 1$ 时，P_e 较大，错码噪声起主要作用，总信噪比与 P_e 成反比。

注意：式（5.48）是在采用自然二进制码编码、均匀量化以及输入信号为均匀分布的前提下得到的。

> **趣味小课堂：** 邬贺铨是中国工程院院士、我国通信与信息系统领域著名的专家。邬贺铨院士在国内首先研制成功了 PCM30 路复用设备、STH-1/STM-4 复用设备、155/622 Mb/s SDH 光纤通信系统等，这些研究成果实现了数字电话重要装备的国产化，突破了国外的技术封锁。邬贺铨对我国通信事业的发展做出了卓越贡献。

5.5　差分脉冲编码调制

64 kbit/s 的 A 律、μ 律两种对数压扩 PCM 编码在大容量的光纤通信系统和数字微波系统中得到了广泛的应用。但 PCM 信号占用的频带带宽要比模拟通信系统中的一个标准话路带宽（3 kHz~4 kHz）宽很多倍，因此，对于大容量的长途传输系统，尤其是卫星通信系统，采用 PCM 的经济性能很难与模拟通信相比。

在 PCM 中编码时，系统对每个样值本身进行独立编码。这样，样值的整个幅值编码需要较多位数，比特率较高，使得数字化的信号带宽大大增加。大多数以奈奎斯特速率或更高速率抽样的信源信号在相邻样值之间表现出很强的相关性，有很大的冗余度。利用信源的这种相关性，一种简单的解决方法是对相邻样值的差值进行编码，而不是对样值本身进行编码。由于相邻样值差值的动态范围比样值本身的动态范围小，在量化台阶不变（即量化噪声不变）的情况下，编码位数可以显著减少，从而达到降低编码比特率、压缩信号带宽的目的。这种将语音信号相邻样值的差值进行量化编码的方法称为差分脉冲编码调制（differential PCM，DPCM）。如果仍用 N 位编码传送相邻样值的差值，那么 DPCM 系统的信号量噪比显然优于 PCM 系统。

实现差分脉冲编码的一个好办法是根据前面的 k 个样值预测当前时刻的样值。编码信号只是当前样值与预测值之间差值的量化编码，其基本原理概述如下。

用 x_n 表示当前时刻信源的样值，用 $\tilde{x}_n$ 表示对 x_n 的预测值，$\tilde{x}_n$ 是过去 k 个样值的线性加权和，定义为

$$\tilde{x}_n = \sum_{i=1}^{k} a_i x_{n-i} \tag{5.49}$$

式中，a_i 为预测器的系数。

此时，样值与预测值之间的差值 e_n 为

$$e_n = x_n - \tilde{x}_n = x_n - \sum_{i=1}^{k} a_i x_{n-i} \tag{5.50}$$

精确的一组预测系数能使差值 e_n 最小。

DPCM 就是对差值 e_n 进行量化编码,有

$$x_n = e_n + \sum_{i=1}^{k} a_i x_{n-i} \tag{5.51}$$

接收端收到 e_n,可以利用式(5.51)获得 x_n。

图 5.18 所示为 DPCM 系统的原理框图。其中,x_n 表示当前的信源样值,预测器的输入信号记为 x'_n,则预测器输出的预测值为

$$\tilde{x}_n = \sum_{i=1}^{k} a_i x'_{n-i} \tag{5.52}$$

差值为

$$e_n = x_n - \tilde{x}_n \tag{5.53}$$

e_n 经量化后输出 e_{qn},编码器将量化后的每个预测差值 e_{qn} 进行编码,输出二进制数字序列,通过信道传送到接收端。同时,将该差值 e_{qn} 与本地预测值 $\tilde{x}_n$ 相加,即可得到 x'_n。

在接收端装有与发送端相同的预测器,将它的输出 $\tilde{x}_n$ 与 e_{qn} 相加后可得到 x'_n。信号 x'_n 便是所要求的预测器的激励信号,也是所要求的解码器输出的重建信号。在传输过程中没有错码的条件下,解码器输出的重建信号 x'_n 与编码器中的 x'_n 相同。

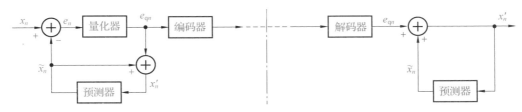

图 5.18　DPCM 系统的原理框图

DPCM 系统的量化误差应该定义为输入信号样值 x_n 与解码器的输出信号样值 x'_n 之差,即

$$n_q = x_n - x'_n = (e_n + \tilde{x}_n) - (\tilde{x}_n + e_{qn}) = e_n - e_{qn} \tag{5.54}$$

由式(5.54)可见,这种 DPCM 系统的总量化误差 n_q 仅与差值信号 e_n 的量化误差有关。n_q 和 x_n 都是随机量,因此 DPCM 系统的总信号量噪比可表示为

$$\left(\frac{S}{N}\right)_{\text{DPCM}} = \frac{E(x_n^2)}{E(n_q^2)} = \frac{E(x_n^2)}{E(e_n^2)} \cdot \frac{E(e_n^2)}{E(n_q^2)} = G_p \cdot \left(\frac{S}{N}\right)_q \tag{5.55}$$

式中,$\left(\dfrac{S}{N}\right)_q$ 为把差值序列作为信号时量化器的信号量噪比,与 PCM 系统考虑量化误差时所计算的信号量噪比相当;G_p 可理解为 DPCM 系统相对于 PCM 系统而言的信噪比增益,称为预测增益。如果能够选择合理的预测规律,差值功率 $E(e_n^2)$ 就能远小于信号功率 $E(x_n^2)$,G_p 就会大于 1,该系统就能获得增益。对 DPCM 系统的研究就是围绕如何使 G_p 和 $\left(\dfrac{S}{N}\right)_q$ 这两个参数取最大值而逐步完善的,通常 G_p 为 6~11 dB。

5.6　增量调制

增量调制(delta modulation,ΔM)可以看成是 PCM 的一个特例。它是在 20 世纪 40 年代继 PCM 后被提出的,是一种简单的模拟信号数字化方法。ΔM 与 PCM 虽然都是用二进制代码去表示模拟信号的编码方式,但在 PCM 中,代码表示样值本身的大小,所需码位数较多,编译设备复杂;而在 ΔM 中,用一位编

码表示相邻样值的相对大小，反映抽样时刻波形的变化趋势，与样值本身的大小无关。这就是 ΔM 与 PCM 本质区别。

ΔM 与 PCM 编码方式相比，ΔM 具有编译码设备简单、低比特率时的信号量噪比高、抗误码特性好等优点。因此，ΔM 适用于一些要求低码率的应用场景中，比如军事通信等。

5.6.1　增量调制原理

在数字通信系统中传输一个模拟信号，首先要对模拟信号抽样。如果抽样速率很高（远大于奈奎斯特速率）、抽样间隔很小，那么相邻样点之间的幅度变化不会很大，此时相邻样值的相对大小（差值）同样能反映模拟信号的变化规律。若将这些差值进行编码，同样可以传输模拟信号所含的信息。此差值又称"增量"，其值可正可负。增量调制就是用差值编码进行通信的方式，其波形如图 5.19 所示。

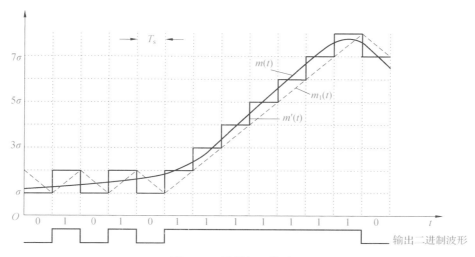

图 5.19　增量调制的波形

图 5.19 中，$m(t)$ 为模拟信号，用一个时间间隔为 T_s、相邻幅度差为 $+\sigma$ 和 $-\sigma$（σ 为量化台阶）的阶梯波 $m'(t)$ 来逼近它。如果 T_s 足够小，且 σ 也足够小，则阶梯波 $m'(t)$ 可以近似代替 $m(t)$。阶梯波 $m'(t)$ 有两个特点：第一，在每个 T_s 间隔内，$m'(t)$ 幅值不变；第二，相邻间隔的幅值差不是 $+\sigma$（上升一个量化台阶），就是 $-\sigma$（下降一个量化台阶）。利用这两个特点，用"1"码和"0"码分别代表 $m'(t)$ 上升或下降一个量化台阶 σ，则 $m'(t)$ 就被一个二进制序列表征（见图 5.19 中横轴下面的序列）。该序列也相当于表征了模拟信号 $m(t)$，实现了模/数转换。另外，还可以用另一种形式近似表征，如图 5.19 中虚线所示的斜变波 $m_1(t)$ 可用来近似表征 $m(t)$。斜变波 $m_1(t)$ 也只有两种变化：按斜率 $\dfrac{\sigma}{T_s}$ 上升一个量化台阶和按斜率 $-\dfrac{\sigma}{T_s}$ 下降一个量化台阶。用"1"码表示正斜率，用"0"码表示负斜率，同样可以获得二进制序列。由于斜变波在电路中容易实现，实际中常采用它来近似表征 $m(t)$。

与编码相对应，译码也有两种形式。一种是收到"1"码上升一个量化台阶，收到"0"码下降一个量化台阶，这样就把二进制代码经过译码后变为了如 $m'(t)$ 这样的阶梯波。另一种是收到"1"码后产生一个正斜率电压，在 T_s 间隔内上升一个量化台阶 σ；收到"0"码后产生一个负斜率电压，在 T_s 间隔内下降一个量化台阶 σ，这样就把二进制代码经过译码后变为了如 $m_1(t)$ 这样的斜变波。考虑到在电路中实现的难易程度，一般都采用后一种方法。这种方法用一个简单的 RC 积分电路就可以把二进制代码变为如 $m_1(t)$ 这样的波形，如图 5.20 所示。

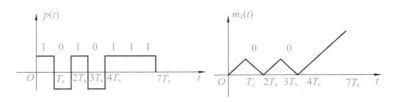

图 5.20　积分译码器原理

根据 ΔM 编码、译码的基本原理，可以组成一个如图 5.21 所示的 ΔM 系统方框图。发送端编码器是由相减器、判决器、脉冲发生器(极性变换电路)和积分器组成的一个闭环反馈电路。其中，相减器的作用是取出差值 $e(t)$，使 $e(t)=m(t)-m_1(t)$。判决器也称比较器或数码形成器，它的作用是对差值 $e(t)$ 的极性进行识别和判决，以便在抽样时刻输出数码(增量码)，即如果在给定的抽样时刻 t_i 上，有

$$e(t_i)=m(t_i)-m_1(t_i)\geqslant 0 \tag{5.56}$$

则判决器输出"1"码；如有

$$e(t_i)=m(t_i)-m_1(t_i)<0 \tag{5.57}$$

则输出"0"码。脉冲发生器和积分器组成本地译码器，它的作用是根据 $c(t)$ 形成预测信号 $m_1(t)$，即 $c(t)$ 为"1"码时，$m_1(t)$ 上升一个量化台阶 σ，$c(t)$ 为"0"码时，$m_1(t)$ 下降一个量化台阶 σ，并送到相减器与 $m(t)$ 进行幅度比较。若用阶梯波 $m'(t)$ 作为预测信号，则抽样时刻 t_i 应改为 t_i^-，表示 t_i 时刻的前一瞬间，即相当于阶梯波跃变点的前一瞬间。在 t_i^- 时刻，斜变波与阶梯波有完全相同的值。

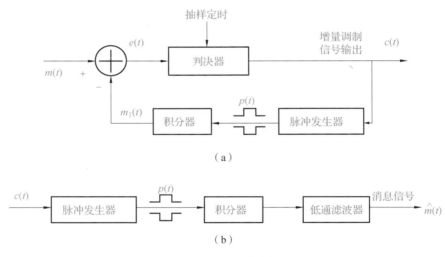

图 5.21　ΔM 系统方框图
(a)编码器；(b)译码器

接收端解码电路由译码器和低通滤波器组成，其中，译码器的电路结构和作用与发送端的本地译码器相同，用来由 $c(t)$ 恢复 $m_1(t)$。为了区别收发两端完成同样作用的部件，称发送端的译码器为本地译码器。低通滤波器的作用是滤除 $m_1(t)$ 中的高次谐波，使输出波形平滑且更加逼近原来的模拟信号 $m(t)$。

因为 ΔM 是前后两个样值的差值的量化编码，所以 ΔM 实际上是一种简单的 DPCM 方案，预测值仅用前一个样值来代替，即当图 5.18 中 DPCM 系统的预测器是一个时延单元、量化电平取 2 时，该 DPCM 系统就是一个简单的 ΔM 系统，如图 5.22 所示。用它进行理论分析将更准确、合理，但在使用硬件来实现 ΔM 系统时，图 5.21 要简便得多。

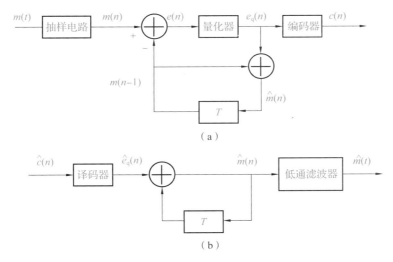

图 5.22　ΔM 系统方框图

(a)编码器；(b)译码器

5.6.2　增量调制系统中的量化噪声

由增量调制原理可知，译码器恢复的信号是阶梯形电压经过低通滤波器平滑作用后的解调电压。它与编码器输入模拟信号的波形近似，但是存在失真，将这种失真称为量化噪声。这种量化噪声产生的原因有两个：第一，编译码时用阶梯波形来近似表示模拟信号波形，由阶梯本身的电压突跳产生失真，其波形如图 5.23(a)所示。它是增量调制的基本量化噪声，又称一般量化噪声。它伴随着信号存在而存在，即只要有信号，就有这种噪声。第二，信号变化过快引起失真，这种失真称为过载量化噪声，其波形如图 5.23(b)所示。它在输入信号斜率的绝对值过大时产生。在抽样速率和量化台阶一定时，阶梯波的最大可能斜率是一定的。若信号上升的斜率超过阶梯波的最大可能斜率，阶梯波的上升速度赶不上信号的上升速度，就产生了过载量化噪声。在图 5.23 中，这两种量化噪声的波形是经过低通滤波器前的波形。

设抽样周期为 T_s，抽样速率为 $f_s = \dfrac{1}{T_s}$，量化台阶为 σ，则一个量化台阶的斜率 k 为

$$k = \frac{\sigma}{T} = \sigma f_s \tag{5.58}$$

它是译码器的最大跟踪斜率。当增量调制器的输入信号斜率超过这个最大值时，将产生过载量化噪声。因此，为了避免产生过载量化噪声，必须使 σ 和 f_s 的乘积足够大，使信号的斜率不会超过这个值。另一方面，σ 值和基本量化噪声的大小直接相关，若 σ 取值太大，势必会增大基本量化噪声。因此，只有用增大 f_s 的办法增大乘积 σf_s，才能保证基本量化噪声和过载量化噪声两者都不超过要求。实际中增量调制采用的抽样速率 f_s 比 PCM 和 DPCM 的抽样速率都大很多。ΔM 系统抽样速率的典型值为 16 kHz 或 32 kHz，相应的单话路编码比特率为 16 kbit/s 或 32 kbit/s。

当增量调制编码器输入电压的峰值为 0 或小于 σ 时，

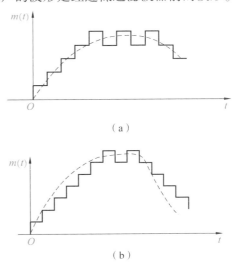

图 5.23　量化噪声波形

(a)基本量化噪声波形；(b)过载量化噪声波形

编码器的输出的就是"1"和"0"交替的二进制序列。因为译码器的输出端接有低通滤波器，所以这时译码器的输出电压为0。只有当输入的峰值电压大于$\frac{\sigma}{2}$时，输出序列才随信号的变化而变化。故称$\frac{\sigma}{2}$为增量调制编码器的起始编码电平。

现在讨论增量调制系统中量化噪声的功率和信号量噪比的计算。这时仅考虑基本量化噪声，并假定在设计时已经考虑到使系统不会产生过载量化噪声。这样，图5.19中阶梯波$m'(t)$的波形就是译码积分器输出波形，而$m'(t)$和$m(t)$之差就是低通滤波前的量化噪声$e(t)$。由图5.23(a)可知，$e(t)$随时间在区间$(-\sigma, +\sigma)$内变化。假设它在此区间内均匀分布，则$e(t)$的概率密度分布为

$$f(e) = \frac{1}{2\sigma}, \quad -\sigma \leqslant e \leqslant +\sigma \tag{5.59}$$

故$e(t)$的平均功率可以表示为

$$E[e^2(t)] = \int_{-\sigma}^{\sigma} e^2 f(e)\,\mathrm{d}e = \frac{1}{2\sigma}\int_{-\sigma}^{\sigma} e^2\,\mathrm{d}e = \frac{\sigma^2}{3} \tag{5.60}$$

假设这个功率的频谱均匀分布在从0到抽样速率f_s之间，即其功率谱密度$P(f)$可以近似表示为

$$P(f) = \frac{\sigma^2}{3f_s}, \quad 0 < f < f_s \tag{5.61}$$

因此，此量化噪声通过截止频率为f_m的低通滤波器之后，其功率为

$$N_q = P(f)f_m = \frac{\sigma^2}{3}\left(\frac{f_m}{f_s}\right) \tag{5.62}$$

由式(5.62)可以看出，此基本量化噪声的功率只和σ与$\frac{f_m}{f_s}$有关，和输入信号的大小无关。

下面讨论信号量噪比的计算。

设输入信号为

$$m(t) = A\sin\omega_k t \tag{5.63}$$

式中，A为振幅；ω_k为信号角频率。

$m(t)$的斜率为

$$\frac{\mathrm{d}m(t)}{\mathrm{d}t} = A\omega_k\cos\omega_k t \tag{5.64}$$

由式(5.64)可看出，此斜率的最大值为$A\omega_k$。

为了保证不发生过载，要求信号的最大斜率不超过译码器的最大跟踪斜率，即

$$A\omega_k \leqslant \frac{\sigma}{T} = \sigma \cdot f_s \tag{5.65}$$

式(5.65)表明，保证不过载的临界振幅A_{max}为

$$A_{max} = \frac{\sigma \cdot f_s}{\omega_k} \tag{5.66}$$

即临界振幅A_{max}与量化台阶σ和抽样速率f_s成正比，与信号角频率ω_k成反比。这个条件限制了信号的最大功率。由式(5.66)不难推导出这时的最大信号功率为

$$S_{max} = \frac{A_{max}^2}{2} = \frac{\sigma^2 f_s^2}{2\omega_k^2} = \frac{\sigma^2 f_s^2}{8\pi^2 f_k^2} \tag{5.67}$$

式中，$f_k = \frac{\omega_k}{2\pi}$。

因此，最大信号量噪比可以由式(5.62)和式(5.67)求出，即

$$\frac{S_{max}}{N_q} = \frac{\sigma^2 f_s^2}{8\pi^2 f_k^2}\left[\frac{3}{\sigma^2}\left(\frac{f_s}{f_m}\right)\right] = \frac{3}{8\pi^2}\left(\frac{f_s^3}{f_k^2 f_m}\right) \approx 0.04\frac{f_s^3}{f_k^2 f_m} \tag{5.68}$$

式(5.68)表明，最大信号量噪比与抽样速率 f_s 的三次方成正比，而与信号频率 f_k 的平方成反比。因此，在增量调制系统中，提高抽样速率可以显著增大信号量噪比。

增量调制系统用于语音信号编码时，要求抽样速率达到几十比特每秒以上，而且语音信号质量也不如 PCM 系统。为了提高增量调制的质量和降低编码速率，出现了一些改进方案，例如增量总和 $(\Delta - \sum)$ 调制、压扩式自适应增量调制等。

5.6.3　PCM 系统与 ΔM 系统比较

PCM 和 ΔM 都是模拟信号数字化的基本方法。ΔM 实际上是 DPCM 的一种特例，所以有时把 PCM 和 ΔM 统称为脉冲编码。但应注意，PCM 是对样值本身进行编码，ΔM 是对相邻样值的差值进行编码，这是 ΔM 和 PCM 的本质区别。

1. 抽样速率

PCM 系统中的抽样速率 f_s 是根据抽样定理来确定的。若信号的最高频率为 f_m，则 $f_s \geq 2f_m$。假设对语音信号取 $f_s = 8$ kHz。

在 ΔM 系统中传输的不是信号本身的样值，而是信号的增量（即斜率），因此其抽样速率 f_s 不能根据抽样定理来确定。ΔM 系统的抽样速率与最大跟踪斜率和信噪比有关，在保证不发生过载的情况下，当 ΔM 系统达到与 PCM 系统相同的信噪比时，ΔM 系统的抽样速率远远高于奈奎斯特速率。

2. 带宽

ΔM 系统在每一次抽样时只传送一位代码，因此 ΔM 系统的码率为 $f_b = f_s$，要求的最小带宽为

$$B_{\Delta M} = \frac{1}{2}f_s \tag{5.69}$$

实际应用时，有

$$B_{\Delta M} = f_s \tag{5.70}$$

而 PCM 系统的码率为 $f_b = Nf_s$。在同样的语音质量要求下，PCM 系统的码率为 64 kHz，因而要求最小信道带宽为 32 kHz。而采用 ΔM 系统时，抽样速率至少为 100 kHz，要求最小带宽为 50 kHz。通常，ΔM 系统的抽样速率采用 32 kHz 或 16 kHz 时，其语音质量不如 PCM。

3. 信号量噪比

在相同的信道带宽（即相同的码率 f_b）条件下：在码率较低时，ΔM 系统性能优越；在编码位数多、码率较高时，PCM 系统性能优越。这是因为 PCM 系统的信号量噪比为

$$\left(\frac{S_o}{N_q}\right)_{PCM} \approx 10\lg 2^{2N} \approx 6N\,(\mathrm{dB}) \tag{5.71}$$

它与编码位数 N 近似成线性关系。

ΔM 系统的码率为 $f_b = f_s$，PCM 系统的码率为 $f_b = 2Nf_m$。当 ΔM 系统与 PCM 系统的码率相同时，有 $f_s = 2Nf_m$，将其代入式(5.67)中，可得 ΔM 系统的信号量噪比为

$$\left(\frac{S_o}{N_q}\right)_{\Delta M} \approx 10\lg\left[0.32N^3\left(\frac{f_m}{f_k}\right)^2\right](\mathrm{dB}) \tag{5.72}$$

它与 N 成对数关系，并与 $\frac{f_m}{f_k}$ 有关。

4. 信道误码的影响

在 ΔM 系统中,每一个误码代表造成一个量化台阶的误差,所以它对误码不太敏感,对误码率的要求较低,一般在 $10^{-4} \sim 10^{-3}$。而在 PCM 系统中,每一个误码都会造成较大的误差,尤其是高位码元,错一位就可以造成许多量化台阶的误差(最高位的误码表示 2^{N-1} 个量化台阶的误差)。因此,误码对 PCM 系统的影响要比 ΔM 系统严重些,故 PCM 系统对误码率的要求较高,一般为 $10^{-6} \sim 10^{-5}$。由此可见,ΔM 系统允许用于误码率较高的信道条件中。

5. 设备复杂度

PCM 系统的特点是多路信号统一编码,一般采用 8 位编码(对语音信号),编码设备复杂,但质量较好。PCM 系统一般用于大容量的干线(多路)通信。

ΔM 系统的特点是单路信号单独使用一个编码器,设备简单,在单路应用时不需要收发同步设备。但在多路应用时,每路独用一套编译码器,所以路数增加时设备也成倍增加。ΔM 系统一般适用于小容量支线通信。

实际中,随着集成电路的发展,ΔM 系统的优点已不再那么显著。在传输语音信号时,ΔM 系统语音信号在清晰度和自然度方面都不如 PCM 系统。因此,在通用多路系统中很少用或不用 ΔM 系统。ΔM 系统一般用在通信容量小和质量要求不是特别高的场合,以及军事通信和一些特殊通信中。

5.7 MATLAB 实践

【例 5.2】设低通信号为 $x(t) = 0.1\cos(0.15\pi t) + 1.5\sin 2.5\pi t + 0.5\cos 4\pi t$。

(1)画出该低通信号的波形;

(2)画出抽样速率为 $f_s = 4$ Hz 时的抽样信号序列;

(3)画出用抽样信号序列恢复的原始信号波形。

MATLAB 程序如下:

```
%低通抽样定理
clear all;
close all;
dt=0.01;
t=0:dt:10;
xt=0.1*cos(0.15*pi*t)+1.5*sin(2.5*pi*t)+0.5*cos(4*pi*t);
[f,xf]=T2F(t,xt);

%抽样信号,抽样速率为 4 Hz
fs=4;
sdt=1/fs;
t1=0:sdt:10;
st=0.1*cos(0.15*pi*t1)+1.5*sin(2.5*pi*t1)+0.5*cos(4*pi*t1);
[f1,sf]=T2F(t1,st);

%恢复原始信号
t2=-50:dt:50;
gt=sinc(fs*t2);
stt=sigexpand(st,sdt/dt);
```

```
xt_t=conv(stt,gt);
figure(1)
subplot(311)
plot(t,xt)
title('原始信号波形');
subplot(312)
stem(t1,st);title('抽样信号序列');
subplot(313)
t3=-50:dt:60+sdt-dt;
plot(t3,xt_t);title('用抽样信号序列恢复的原始信号波形')
axis([0 10 -4 4]);

figure(2)
subplot(211)
plot(f,abs(xf))
subplot(212)
plot(f1,abs(sf))
```

运行结果如图 5.24 所示。

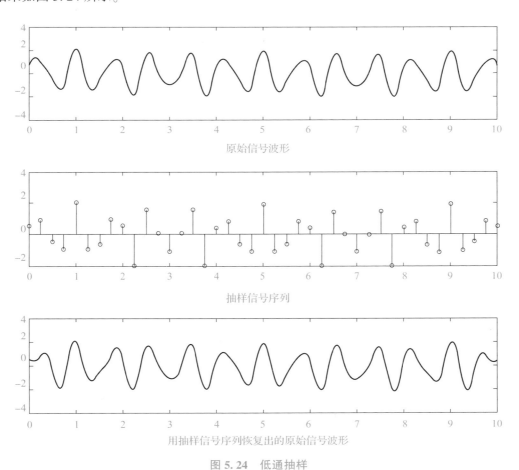

原始信号波形

抽样信号序列

用抽样信号序列恢复出的原始信号波形

图 5.24　低通抽样

【例 5.3】设输入信号为 $x(t)=A_c\sin 2\pi t$，对 $x(t)$ 信号进行抽样、量化和 A 律 PCM 编码，经过传输后，在接收端进行 PCM 译码。

（1）画出经过 PCM 编码、译码后的波形与未编码波形；

（2）设信道没有误码，画出不同幅度 A_c 情况下，PCM 译码后的信号量噪比。

MATLAB 程序如下：

```
% show thepcm encode and decode   pcm. m
clear all;
close all;
dt=1/4096;
t=0:dt:2;
vm1=-70:1:0;       % 输入正弦信号
vm=10. ^(vm1/20);
v=1;         % 量化区间为[-1,+1]

figure(1)
for k=1:length(vm)
   for m=1:2
     x=vm(k)*sin(2*pi*t+2*pi*rand(1));
     sxx=floor(x*4096);
     y=pcm_encode(sxx);
     yy=pcm_decode(y,v);

     nq(m)=sum((x-yy). *(x-yy))/length(x);
     sq(m)=mean(yy. ^2);
     snr(m)=(sq(m)/nq(m));
     drawnow
     subplot(211)
     plot(t,x)
     title('抽样序列');
     subplot(212)
     stairs(t,yy)
     title('PCM 译码序列');
   end
     snrq(k)=10*log10(mean(snr));
end

figure(2)
plot(vm1,snrq)
xlabel('输入正弦信号幅度的 dB 值');
ylabel('信号量噪比');
axis([-60 0 0 60]);
grid
```

运行结果如图 5. 25 和图 5. 26 所示。

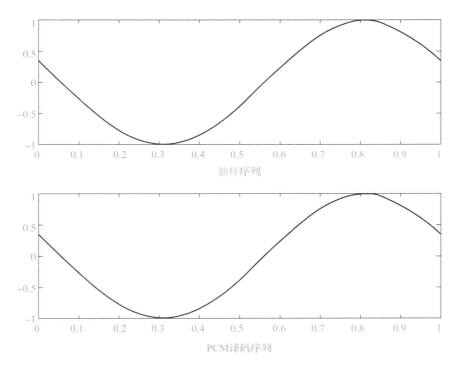

图 5.25　*A* 律 PCM 编码、译码后波形与输入波形的对比示意图

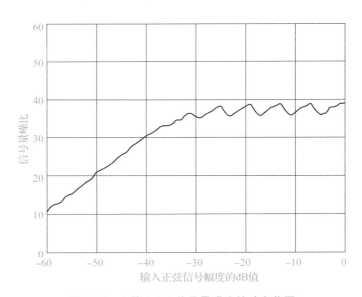

图 5.26　*A* 律 PCM 信号量噪比的动态范围

思考与练习

1. 已知一低通信号 $m(t)$ 的频谱 $M(f)$ 为

$$M(f) = \begin{cases} 1 - \dfrac{|f|}{200}, & |f| < 200 \text{ Hz} \\ 0, & |f| \geqslant 200 \text{ Hz} \end{cases}$$

（1）假设以 $f_s = 300$ Hz 的抽样速率对 $m(t)$ 进行理想抽样，试画出抽样信号 $m_{s1}(t)$ 的频谱图；

（2）若用 $f_s = 400$ Hz 的抽样速率对 $m(t)$ 进行理想抽样，试画出抽样信号 $m_{s2}(t)$ 的频谱图。

2. 已知一基带信号 $m(t)=\cos 2\pi t+2\cos 4\pi t$，对其进行理想抽样。

(1) 为了在接收端不失真地从已知抽样信号 $m_s(t)$ 中恢复 $m(t)$，应如何选择抽样间隔？

(2) 若抽样间隔取为 $0.2\,\mathrm{s}$，试画出抽样信号的频谱图。

3. 已知某信号 $m(t)$ 的频谱 $M(\omega)$ 如图 5.27(b) 所示，将它通过传递函数为 $H_1(\omega)$ 的滤波器后再进行理想抽样。

(1) 抽样速率应为多少？

(2) 若抽样速率 $f_s=3f_1$，试画出抽样信号 $m_s(t)$ 的频谱。

(3) 接收端的接收网络应具有怎样的传递函数 $H_2(\omega)$，才能由 $m_s(t)$ 不失真地恢复 $m(t)$？

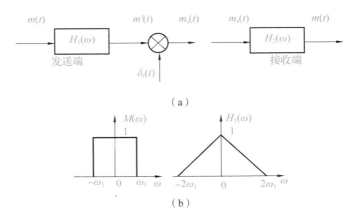

（a）

（b）

图 5.27 抽样定理方框图和 $m(t)$ 的频谱 $M(\omega)$

（a）抽样定理方框图；（b）$m(t)$ 的频谱 $M(\omega)$

4. 已知信号 $m(t)$ 的最高频率为 f_m，若用如图 5.28 所示的 $q(t)$ 对 $m(t)$ 进行自然抽样，试确定抽样信号频谱的表达式，并画出其示意图（注：$m(t)$ 的频谱 $M(\omega)$ 的形状可自行假设）。

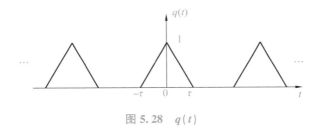

图 5.28 $q(t)$

5. 已知信号 $m(t)$ 的最高频率为 f_m，用矩形脉冲对 $m(t)$ 进行瞬时抽样，矩形脉冲的宽度为 2τ、幅度为 1，试确定抽样信号及其频谱的表达式。

6. 设 $m(t)=9+A\cos\omega t$，其中 $A\leqslant 10\,\mathrm{V}$。若 $m(t)$ 被均匀量化为 40 个电平，试确定所需二进制码组的位数 N 和量化间隔 Δv。

7. 已知模拟信号样值的概率密度 $f(x)$ 如图 5.29 所示。若按 4 个电平进行均匀量化，试计算信号量噪比。

8. 采用 A 律 13 折线法编码，设最小量化间隔为 1 个量化单位，已知抽样脉冲值为 +635 个量化单位。

(1) 试求此时编码器输出的码组，并计算量化误差；

(2) 写出对应于该 7 位码（不包括极性码）的均匀量化 11 位码（采用自然二进制码）。

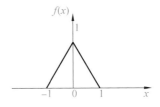

图 5.29 概率密度 $f(x)$

9. 采用 A 律 13 折线法编码电路，设接收端收到的码组为"01010011"，最小量化间隔为 1 个量化单位，已知段内码为折叠二进制码。

（1）试问译码器输出为多少个量化单位？

（2）写出对应于该 7 位码（不包括极性码）的均匀量化 11 位码。

10. 用 A 律 13 折线法编码，设最小量化间隔为 1 个量化单位，已知抽样脉冲值为 -95 个量化单位。

（1）试求此时编码器的输出码组，并计算量化误差；

（2）写出对应于该 7 位码（不包括极性码）的均匀量化 11 位码。

11. 对信号 $m(t) = M\sin 2\pi f_0 t$ 进行简单增量调制，若选择的量化台阶 σ 和抽样速率既保证不过载，又保证不会因信号振幅太小而使增量调制器不能正常编码，试证明此时要求 $f_s > \pi f_0$。

12. 对带宽均在 300~3 400 Hz 范围内的 10 路模拟信号进行 PCM 时分复用传输。设抽样速率为 8 000 Hz，抽样后进行 8 级量化，并编为自然二进制码，码元波形是宽度为 τ 的矩形脉冲，且占空比为 1。试求传输此时分复用 PCM 信号所需的奈奎斯特基带带宽。

13. 已知某语音信号的最高频率为 $f_m = 3 400$ Hz，使用 PCM 系统进行传输，要求信号量噪比 $\dfrac{S_0}{N_q}$ 不低于 30 dB。试求此 PCM 系统所需的频带宽度。

第 6 章

数字信号的基带传输

本章导读

　　随着大规模集成电路蓬勃发展，数字传输方式日益受到欢迎。这是由于数字通信系统的设备复杂程度和技术难度大大降低，而宽带问题也可以通过使用高效的数据压缩技术以及使用光纤等大容量传输介质来解决。

　　数字基带传输具有十分重大的意义，主要有四个方面的原因：其一，数字基带传输仍然被广泛用于由对称电缆构成的近程数据通信系统；其二，数字基带传输不仅可以用于低速数据传输，还可以用于高速数据传输，传输技术发展迅速；其三，有些问题是基带传输系统和带通传输系统都必须考虑的；其四，任何一个采用线性调制的带通传输系统都可以等效为一个基带传输系统。本章将着重介绍通过设计基带传输系统总特性来消除码间串扰的方法，以及通过有效减小信道加性噪声的影响来提高系统抗噪声性能的方法。

学习目标

知识与技能目标

① 了解主要传输码型的编码规则及特点。

② 了解眼图的含义及作用。

③ 掌握部分响应系统的编码方法。

④ 掌握系统无码间串扰的条件及滚降无串扰系统特性的分析方法。

⑤ 学会时域均衡的分析及计算方法。

⑥ 学会利用 MATLAB 计算数字信号的功率谱密度及绘制其波形图。

⑦ 学会利用 MATLAB 计算升余弦滚降系统频谱及绘制其波形图。

⑧ 学会利用 MATLAB 绘制数字基带信号眼图。

素质目标

① 培养民族自豪感、民族自信心等家国情怀。

② 培养追求卓越的工匠精神。

③ 激发克服困难、战胜自我的勇气和决心。

6.1 数字基带信号

基带信号：信源发出的未经调制的原始电信号。

数字基带信号：离散的原始电信号，其频谱通常是从零频或低频开始的。

频带信号：经过调制的信号，又称已调信号，其频谱进行了搬移，便于传输。

数字基带传输系统是直接传输未经调制的数字基带脉冲的系统，其原理方框图如图 6.1 所示。

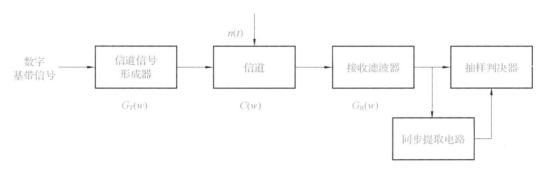

图 6.1 数字基带传输系统原理方框图

数字基带传输系统主要包括信道信号形成器、信道、接收滤波器、抽样判决器和同步提取电路。信道信号形成器产生的基带信号(如去直流分量、升余弦脉冲)适用于信道传输，该信号在传输过程中通常会引入噪声，这里的信道指有线信道，如常见的市话电缆、架空明线等。传输后的信号经过接收端的接收滤波器进行滤噪和波形均衡。抽样判决器是在传输特性不理想及夹杂噪声的情况下，对接收滤波器的输出波形在规定时刻(由位定时脉冲控制)进行抽样判决，其作用是恢复或再生基带信号。同步提取电路从接收信号中提取位定时脉冲，抽样判决器的判决效果取决于位定时脉冲的准确性。

趣味小课堂：随着华为公司 5G 技术的突破，中国成为 5G 的时代引领者。5G 与 4G、3G 等的不同之处在于其采用了 28 GHz 毫米波通信，但由于有的手机没有相应的手机基带，这些手机无法使用 5G 功能，只有带有 5G 基带的手机才能享受 5G 服务。华为作为将 5G 开发完善的通信设备厂商，不但成功开发了 5G 微基站和网络协议，还实现了配套有 5G 基带的手机的量产。

6.2 数字基带信号的码型

6.2.1 数字基带信号的码型设计原则

数字基带信号是表示消息代码的电波，这些消息代码可以用不同的电平或脉冲来表示。数字基带信号(以下简称基带信号)有多种类型，如矩形脉冲、三角波、高斯脉冲和升余弦脉冲。在进行信号传输前，要求对码型进行设计，具体设计原则如下。

(1)若信道中存在传输频带低端受限的情况，通常来说线路传输码型的频谱中不应含有直流分量。

(2)码型变换也叫码型编译码，该变换过程应对任何信源具有透明性，即与信源的统计特性无关。

(3)从基带信号中提取定时信息的过程要简便，这里的定时信息指位定时信息和分组同步信息。

(4)传输系统中信号的传输质量应便于实时监测。若基带信号码流中存在错误的信号，则需要将错误信号检测出来。

(5)为了节省传输频带、提高信道的频谱利用率并减小串扰，高频分量在基带信号频谱中应尽可

119

能少。

(6)编译码设备应尽量简单。

6.2.2 数字基带信号的常见码型

基带信号有多种不同的码型,下面介绍其中常见的几种。

1. 单极性不归零码

在二元码中用高电平(正电平)A和低电平(常为零电平)分别表示二进制数字"1"和"0",在整个码元期间电平保持不变。单极性不归零码常记作 NRZ,其波形如图6.2所示。

图 6.2 单极性不归零码波形

2. 双极性不归零码

在二元码中用正电平A和负电平$-A$分别表示二进制数字"1"和"0",在整个码元期间电平保持不变,且在这种码型中不存在零电平,其波形如图6.3所示。

图 6.3 双极性不归零码波形

3. 单极性归零码

与单极性不归零码波形不同,单极性归零码波形的码元宽度大于有电脉冲宽度,每个有电脉冲在小于码元长度内总要回到零电平,因此单极性归零码波形又称为归零波形,其波形如图6.4所示。

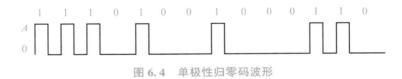

图 6.4 单极性归零码波形

4. 双极性归零码

双极性归零码波形是双极性波形的归零形式,每个码元内的脉冲都回到零电平,因此相邻脉冲之间都留有零电位的间隔。它不仅具有双极性和归零的特点,还便于提取同步脉冲,其波形如图6.5所示。

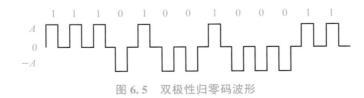

图 6.5 双极性归零码波形

5. 差分码

差分码用电平跳变或不变分别表示二进制数字"1"或"0"。传号差分码用电平跳变来表示二进制数字"1",记作 NRZ(M),其波形如图6.6所示。空号差分码用电平跳变来表示二进制数字"0",记作

NRZ(S)。差分波形又叫相对码波形，因为代码的表示取决于相邻脉冲电平的相对变化。单极性、双极性不归零码波形和单极性、双极性归零码波形都是绝对码波形。

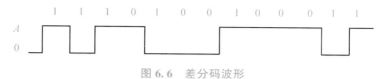

图6.6　差分码波形

6. 多电平波码

对于前面所述的各种信号，其二进制符号与脉冲是一对一的关系。在实际中，还存在多电平波码波形或多值波码波形，其二进制符号与脉冲是多对一的关系。例如，令两个二进制符号"11"对应"$+3E$"，"01"对应"$+E$"，"00"对应"$-3E$"，"10"对应"$-E$"，可以得到四电平波码波形，如图 6.7 所示。正是因为可以用一个脉冲代表多个二进制符号，所以多电平波码被广泛应用于高速数据传输系统中。

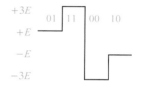

图6.7　四电平波码波形

> **趣味小课堂：** 数字信号有多种码型，使用时要对具体问题作具体分析。具体情况具体分析是马克思主义的活的灵魂，也是马克思主义哲学的一条基本原则。列宁在《共产主义》一文中批评匈牙利共产党员库恩·贝拉时写道："他忽略了马克思主义的精髓，马克思主义活的灵魂：对具体情况作具体分析。"后来，毛泽东在《矛盾论》中又重申了列宁的这一思想，他写道："马克思主义最本质的东西，马克思主义的活的灵魂，就在于具体地分析具体的情况。"

6.2.3　数字基带信号的传输码型

前面所述的几种码型较为常见，但不适合在基带传输系统中直接进行传输。例如，为了防止信号严重畸变，在低频传输特性差的信道中不适合传输含有直流分量和较丰富低频分量的单极性基带波形；再者，当消息代码中存在长串的连续二进制数字"1"或"0"时，非归零波形会出现连续的固定电平，从而无法获取定时信息。同样的，单极性归零码在传送连续的二进制数字"0"时，也会出现此问题。因此，对于传输码型的选择，要遵循以下原则：第一，不含有直流分量，并且只有很少量的低频分量；第二，含有码元的定时信息，便于提取定时信号；第三，功率谱主瓣宽度窄，提高传输效率；第四，具有一定的检错能力，便于进行宏观监测；第五，适用于各种信源的变化场景，即不受信源的统计特性影响。

1. 数字双相码

数字双相码又称曼彻斯特(Manchester)码。它用一个周期的正负对称波形表示"0"，而用其反相波形表示"1"。编码规则之一是"0"码用"01"两位码表示，"1"码用"10"两位码表示，如图 6.8 所示。

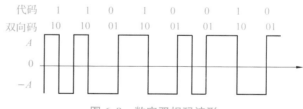

图6.8　数字双相码波形

双相码只有极性相反的两个电平，它的波形属于双极性 NRZ 波形。因为双相码在每个码元周期的中心点都存在电平跳变，所以以位定时信息含量多。另外，因为它的正电平与负电平各占一半，所以双向码没有直流分量，编码过程也比较简单。但双相码的缺点在于其带宽是原信码的两倍，导致频带利用率有所降低。

2. 密勒码

密勒(Miller)码又称延迟调制码，它是数字双相码的一种变形形式。在密勒码中，码元周期中点处出现跳变用二进制数字"1"来表示，而二进制数字"0"有两种表示情况：若是单个"0"，则跳变不会出现在码元周期内；若遇到连续的"0"时，电平跳变就会出现在前一个"0"结束（也就是后一个"0"开始）时。图6.9 给出了代码序列为 11010010 时的密勒码波形。该密勒码波形中的最大宽度为两个码元周期的波形，那么对应的代码是一个"0"码夹在两个"1"码中间，宏观检错可以利用该特性完成。通过对比数字双相码和密勒码的两个波形得出：曼彻斯特码的下降沿恰好与密勒码的跃变沿一致。因此，双稳电路能够利用曼彻斯特码的下降沿来输出密勒码。

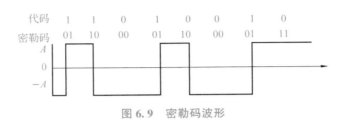

图 6.9　密勒码波形

3. CMI 码

传号反转（coded mark inversion，CMI）码，与数字双相码类似，它也是一种双极性二电平波码。编码规则："1"码交替用"11"和"00"两位码表示；"0"码固定用"01"表示。CMI 码波形如图 6.10 所示。

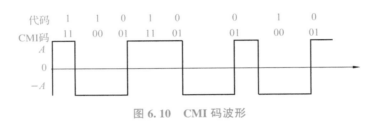

图 6.10　CMI 码波形

CMI 码含有丰富的位定时信息，这是因为它具有较多的电平跃变。此外，宏观检错是利用"10"为禁用码组，并且不会出现 3 个以上连码的规律来实现的。

4. AMI 码

传号交替反转（alternative mark inversion，AMI）码的编码规则是将二进制消息代码"1"（传号）交替地变换为传输码"+1"和"-1"，而"0"（空号）保持不变。例如：

消息代码： 1 0 0 1 1 0 0 0 0 0 0 0 1 1 0 0 1 1…
AMI 码：   +1 0 0 -1 +1 0 0 0 0 0 0 0 -1 +1 0 0 -1 +1…

AMI 码对应的基带信号是正负极性交替的脉冲序列，而"0"电位保持不变。AMI 码的优点在于它的功率谱中不含直流成分，而且所含高频和低频较少，能量主要集中在频率为 $\frac{1}{2}$ 码速处。即使 AMI 码的位定时频率分量为"0"，也可以提取位定时信号，只要将基带信号经全波整流变为单极性归零码波形即可。除此之外，AMI 码还可以利用传号极性交替规律观察误码情况，这得益于简单有效的编译码电路。因此，国际电话电报咨询委员会（Consultative Committee of International Telephone and Telegraph，CCITT）建议采用的传输码之一为 AMI 码。AMI 码的缺点是在原信码出现连"0"码的情况下，会使信号的电平长时间不跳变，导致难以提取位定时信号。不过，采用三阶高密度双极性码（high density bipolar of order 3 code，HDB3 码）能够行之有效地解决连"0"码问题。

5. HDB3 码

HDB3 码的作用是保持 AMI 码的优点而克服其缺点，使连"0"的个数不超过 3。HDB3 码是 AMI 码的一种改进型，它的编码规则如下。

（1）首先将消息代码转换成 AMI 码，若连"0"的个数小于 4，编码结束。若连"0"的个数不超过 3，则与 AMI 码的规则一样，即传号极性交替。

（2）若连"0"的个数大于等于 4，则在连"0"小段中，将每 4 个"0"中的第 4 个"0"变换成与其前一非"0"符号同极性的符号（即将+1 记为+V，−1 记为−V），而这破坏了极性交替的规则，所以以"V"称为破坏脉冲。

（3）若相邻"V"码之间存在奇数个非"0"码，编码结束；若存在偶数个非"0"码，则将该小段的第 1 个"0"码变换成"+B"或"−B"，"B"码的极性与前一非"0"码的极性相反，后面的非"0"码从"V"码开始交替变化。其中，"B"称为调节脉冲。

例如：

代码：	1000	0	1000	0	1	1	000	0	1	1
AMI 码：	−1000	0	+1000	0	−1	+1	000	0	−1	+1
HDB3 码：	−1000	−V	+1000	+V	−1	+1	−B00	−V	+1	−1

示例中的"±V"脉冲和"±B"脉冲实质上与"±1"脉冲波形相同，使用"V"码和"B"码的目的是将原信码中的"0"码变换成"1"码。

HDB3 码在编码规则方面比较复杂，但其译码简便。显然，根据前述原理可以得到：每一个破坏脉冲"V"的极性总是与前一非"0"码极性相同（调节脉冲"B"同理）。换句话说，从收到的符号序列中找到破坏脉冲"V"很简单，那么也可以断定"V"的符号和它前面的 3 个符号一定是连"0"符号，即能同时恢复 4 个连"0"码，最后将所有"−1"码变成"+1"码就能得到原消息代码。

HDB3 码不仅具有 AMI 码的优点，还便于提取位定时信号，这是因为它可以限制 3 个以内的连"0"码。实际中，HDB3 码是我国和欧洲一些国家应用广泛的码型，A 律 PCM 四次群以下的接口码型均为 HDB3 码。

6. PST 码

成对选择三进制（pair selected ternary，PST）码的编码规则如下。

首先将二进制的代码划分成码组序列，其中每一码组含有两个码元。然后将各个码组编码成两位三进制数字（+、−、0）。两位三进制数字共有 9 种组合状态，可灵活地选择其中的 4 种状态。

代码：	01 00 11 10 10 11 00
取正模式时：	0 + − + + − − 0 + 0 + − − +
取负模式时：	0 − − + + − + 0 − 0 + − − +

若出现在一个码组中仅发送单个脉冲的情况，两种模式应交替变换，这是为了避免 PST 码的直流漂移，如表 6.1 所示。PST 码的优点是可以提供丰富的位定时分量，并且不含有直流成分，具有简单的编码过程；缺点是在识别过程中要提供"分组"信息，即需要建立帧同步。

表 6.1　PST 码

二进制代码	正模式	负模式
0 0	− +	− +
0 1	0 +	0 −
1 0	+ 0	− 0
1 1	+ −	+ −

6.3　基带信号的频谱分析

因为数字基带信号是一个随机脉冲序列，它没有确定的频谱函数，所以只能用功率谱来描述它的频谱特性。第 2 章中介绍的由随机过程的相关函数去求随机过程的功率（或能量）谱密度的方法就是一种典型的分析广义平稳随机过程的方法。因为这种计算方法比较复杂，下面介绍一种比较简单的方法，它以随机过程功率谱的原始定义为出发点，求出数字随机序列的功率谱公式。

设一个二进制随机脉冲序列 $s(t)$ 的示意波形如图 6.11 所示。其中，$g_1(t)$、$g_2(t)$ 分别表示消息码的"0"码和"1"码，T_s 为各个码元的宽度。应当指出，在图 6.11 中，虽然把 $g_1(t)$ 和 $g_2(t)$ 都画成了三角波（高度不同），但实际上 $g_1(t)$ 和 $g_2(t)$ 可以是任意形状的脉冲。

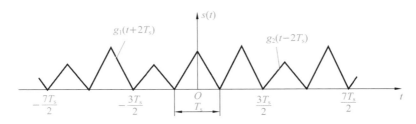

图 6.11　二进制随机脉冲序列 $s(t)$ 的示意波形

二进制随机脉冲序列 $s(t)$ 的表达式为

$$s(t) = \sum_{-\infty}^{\infty} a^n g(t - nT_s) \tag{6.1}$$

假设序列中任一码元时间 T_s 内 $g_1(t)$ 和 $g_2(t)$ 出现的概率分别为 P 和 $1-P$，且认为它们的出现是互不依赖的（统计独立），那么该序列中 a_n 是第 n 个信息符号所对应的电平值（$\{0, 1\}$ 或 $\{-1, +1\}$ 等），则 $s(t)$ 写成求和级数的形式为

$$s(t) = \sum_{-\infty}^{\infty} s_n(t) \tag{6.2}$$

其中，$s_n(t)$ 为

$$s_n(t) = \begin{cases} g_1(t-nT_s), & \text{以概率 } P \text{ 出现} \\ g_2(t-nT_s), & \text{以概率 } 1-P \text{ 出现} \end{cases} \tag{6.3}$$

为了达到简化频谱分析推导过程的目的，可以把 $s(t)$ 分解成稳态波 $v(t)$ 和交变波 $u(t)$。稳态波是随机序列 $s(t)$ 的统计平均分量，它取决于每个码元内出现 $g_1(t)$、$g_2(t)$ 的概率加权平均，且每个码元统计平均波形相同，因此可表示为

$$v(t) = \sum_{n=-\infty}^{\infty} \left[Pg_1(t - nT_s) + (1 - P)g_2(t - nT_s) \right] = \sum_{n=-\infty}^{\infty} v_n(t) \tag{6.4}$$

显然 $v(t)$ 是一个以 T_s 为周期的函数。交变波 $u(t)$ 是 $s(t)$ 与 $v(t)$ 之差，即

$$u(t) = s(t) - v(t) \tag{6.5}$$

其中第 n 个码元为

$$u_n(t) = s_n(t) - v_n(t) \tag{6.6}$$

于是有

$$u(t) = \sum_{n=-\infty}^{\infty} u_n(t) \tag{6.7}$$

根据式（6.3）和式（6.4），可将 $u_n(t)$ 表示为

$$u_n(t) = \begin{cases} g_1(t-nT_s)-Pg_1(t-nT_s)-(1-P)g_2(t-nT_s) \\ = (1-P)\left[g_1(t-nT_s)-g_2(t-nT_s) \right], & \text{以概率 } P \text{ 出现} \\ g_2(t-nT_s)-Pg_1(t-nT_s)-(1-P)g_2(t-nT_s) \\ = -P\left[g_1(t-nT_s)-g_2(t-nT_s) \right], & \text{以概率 } 1-P \text{ 出现} \end{cases} \tag{6.8}$$

或者写为

$$u_n(t) = a_n [g_1(t-nT_s) - g_2(t-nT_s)] \tag{6.9}$$

其中，a_n 为

$$a_n = \begin{cases} 1-P, & \text{以概率 } P \text{ 出现} \\ -P, & \text{以概率 } 1-P \text{ 出现} \end{cases} \tag{6.10}$$

显然，$u(t)$ 是随机脉冲序列。

利用式（6.4）和式（6.7）可以分别求出稳态波 $v(t)$ 和交变波 $u(t)$ 的功率谱，再利用式（6.5）即可得到随机基带脉冲序列 $s(t)$ 的频谱特性。

6.3.1　$v(t)$ 的功率谱密度 $P_v(f)$

因为 $v(t)$ 是以 T_s 为周期的信号，所以 $v(t) = \sum\limits_{m=-\infty}^{\infty} [Pg_1(t-nT_s) + (1-P)g_2(t-nT_s)]$ 可以展开成傅里叶级数，即

$$v(t) = \sum_{m=-\infty}^{\infty} C_m e^{j2\pi mf_s t} \tag{6.11}$$

其中，C_m 为

$$C_m = \frac{1}{T_s} \int_{-\frac{T_s}{2}}^{\frac{T_s}{2}} v(t) e^{-j2\pi mf_s t} dt \tag{6.12}$$

因为在 $\left(-\dfrac{T_s}{2}, \dfrac{T_s}{2}\right)$ 范围内（相当 $n=0$），$v(t) = Pg_1(t) + (1-P)g_2(t)$，所以有

$$C_m = \frac{1}{T_s} \int_{-\frac{T_s}{2}}^{\frac{T_s}{2}} [pg_1(t) + (1-p)g_2(t)] e^{-j2\pi mf_s t} dt \tag{6.13}$$

又因为 $Pg_1(t) + (1-P)g_2(t)$ 只存在于 $\left(-\dfrac{T_s}{2}, \dfrac{T_s}{2}\right)$ 范围内，所以式（6.13）的积分限可以改为从 $-\infty$ 到 ∞，即

$$C_m = \frac{1}{T_s} \int_{-\infty}^{\infty} [pg_1(t) + (1-p)g_2(t)] e^{-j2\pi mf_s t} dt = f_s[PG_1(mf_s) + (1-P)G_2(mf_s)] \tag{6.14}$$

式中，$G_1(mf_s)$、$G_2(mf_s)$ 和 f_s 分别为

$$G_1(mf_s) = \int_{-\infty}^{\infty} g_1(t) e^{-j2\pi mf_s t} dt \tag{6.15}$$

$$G_2(mf_s) = \int_{-\infty}^{\infty} g_2(t) e^{-j2\pi mf_s t} dt \tag{6.16}$$

$$f_s = \frac{1}{T_s} \tag{6.17}$$

再根据周期信号功率谱密度与傅里叶系数 C_m 的关系式，有

$$P_v(f) = \sum_{m=-\infty}^{\infty} |C_m|^2 \delta(f-mf_s) = \sum_{m=-\infty}^{\infty} |f_s[PG_1(mf_s) + (1-P)G_2(mf_s)]|^2 \delta(f-mf_s) \tag{6.18}$$

由式（6.18）可知，稳态波的功率谱 $P_v(f)$ 是冲击强度取决于 $|C_m|^2$ 的离散谱，根据离散谱可以确定随机序列是否包含直流分量（$m=0$）和位定时分量（$m=1$）。

6.3.2　$u(t)$ 的功率谱密度 $P_u(f)$

$u(t)$ 是功率型随机脉冲序列，可以利用截断函数和统计平均的方法求出它功率谱密度。参照第 2 章中功率谱密度的原始定义，有

$$P_u(f) = \lim_{N \to \infty} \frac{E[\,|U_T(f)|^2\,]}{(2N+1)T_s} \tag{6.19}$$

式中，$U_T(f)$ 是 $u(t)$ 的截断函数 $u_T(t)$ 的频谱函数；E 表示统计平均；截取时间 T 是 $(2N+1)$ 个码元的长度，即

$$T = (2N+1)T_s \tag{6.20}$$

式中，N 为一个足够大的数值，且当 $T \to \infty$ 时，意味着 $N \to \infty$。

现在先求出频谱函数 $U_T(f)$ 的表达式。由式 (6.8) 可得

$$u_T(t) = \sum_{n=-N}^{N} u_n(t) = \sum_{n=-N}^{N} a_n[g_1(t-nT_s) - g_2(t-nT_s)] \tag{6.21}$$

则有

$$U_T(f) = \int_{-\infty}^{\infty} u_T(t)e^{-j2\pi ft}dt = \sum_{n=-N}^{N} a_n \int_{-\infty}^{\infty} [g_1(t-nT_s) - g_2(t-nT_s)]e^{-j2\pi ft}dt = \sum_{n=-N}^{N} a_n e^{-j2\pi f nT_s}[G_1(f) - G_2(f)]$$

$$\tag{6.22}$$

式中，$G_1(f)$ 和 $G_2(f)$ 分别为

$$G_1(f) = \int_{-\infty}^{\infty} g_1(t)e^{-j2\pi ft}dt \tag{6.23}$$

$$G_2(f) = \int_{-\infty}^{\infty} g_2(t)e^{-j2\pi ft}dt \tag{6.24}$$

于是有

$$|U_T(f)|^2 = U_T(f)U_T^*(f) = \sum_{m=-N}^{N} \left\{ \sum_{n=-N}^{N} a_m a_n e^{j2\pi f(n-m)T_s}[G_1(f) - G_2(f)][G_1(f) - G_2(f)]^* \right\} \tag{6.25}$$

其统计平均 $E[\,|U_T(f)|^2\,]$ 为

$$\sum_{m=-N}^{N} \left\{ \sum_{n=-N}^{N} E(a_m a_n)e^{j2\pi f(n-m)T_s}[G_1(f) - G_2(f)][G_1^*(f) - G_2^*(f)] \right\} \tag{6.26}$$

当 $m = n$ 时，有

$$a_m a_n = a_n^2 = \begin{cases} (1-P)^2, & \text{以概率 } P \text{ 出现} \\ P^2, & \text{以概率 } (1-P) \text{ 出现} \end{cases} \tag{6.27}$$

所以有

$$E(a_n^2) = P(1-P)^2 + (1-P)P^2 = P(1-P) \tag{6.28}$$

当 $m \neq n$ 时，有

$$a_m a_n = a_n^2 = \begin{cases} (1-P)^2, & \text{以概率 } P^2 \text{ 出现} \\ P^2, & \text{以概率 } (1-P)^2 \text{ 出现} \\ -P(1-P), & \text{以概率 } 2P(1-P) \text{ 出现} \end{cases} \tag{6.29}$$

所以有

$$E(a_m a_n) = P^2(1-P)^2 + (1-P)^2 P^2 + 2P(1-P)(P-1)P = 0 \tag{6.30}$$

由以上计算可知式 (6.20) 的统计平均值仅在 $m = n$ 时存在，即

$$E[\,|U_T(f)|^2\,] = \sum_{n=-N}^{N} E(a_n^2)|G_1(f) - G_2(f)|^2 = (2N+1)P(1-P)|G_1(f) - G_2(f)|^2 \tag{6.31}$$

根据式 (6.31) 可求得交变波的功率谱为

$$P_u(f) = \lim_{N \to \infty} \frac{(2N+1)P(1-P)|G_1(f) - G_2(f)|^2}{(2N+1)T_s} = f_s P(1-P)|G_1(f) - G_2(f)|^2 \tag{6.32}$$

由式 (6.32) 可知，交变波的功率谱 $P_u(f)$ 是连续谱，它与 $g_1(t)$ 和 $g_2(t)$ 的频谱及其出现的概率 P 有关。

6.3.3 $s(t) = u(t) + v(t)$ 的功率谱密度 $P_s(f)$

根据 $s(t) = u(t) + v(t)$，将式(6.14)与式(6.24)相加，可得到随机序列 $s(t)$ 的功率谱密度，即

$$P_s(f) = P_u(f) + P_v(f) = f_s P(1 - P) |G_1(f) - G_2(f)|^2$$

$$+ \sum_{m=-\infty}^{\infty} |f_s[PG_1(mf_s) + (1 - P)G_2(mf_s)]|^2 \delta(f - mf_s) \tag{6.33}$$

式(6.33)是双边的功率谱密度表达式，如果写成单边的，则有

$$P_s(f) = f_s P(1 - P) |G_1(f) - G_2(f)|^2 + f_s^2 |PG_1(0) + (1 - P)G_2(0)|^2 \delta(f)$$

$$+ 2f_s^2 \sum_{m=1}^{\infty} |PG_1(mf_s) + (1 - P)G_2(mf_s)|^2 \delta(f - mf_s), \quad f \geqslant 0 \tag{6.34}$$

由式(6.31)可知，二进制随机脉冲序列的功率谱密度可能包含连续谱 $P_u(f)$ 和离散谱 $P_v(f)$。连续谱总是存在的，因为代表数据信息的 $g_1(t)$ 和 $g_2(t)$ 不能完全相同，所以 $G_1(f) \neq G_2(f)$；而离散谱是否存在，取决于 $g_1(t)$ 和 $g_2(t)$ 的波形及其出现的概率 P。

趣味小课堂： 2022 年 2 月 28 日，全球移动通信系统协会(GSMA)部长级会议"面向 4G、5G 以及未来演进的频谱战略"通过 MWC in China 同步直播，时任国家无线电监测中心主任、党委副书记程建军指出：2021年，中国 5G 网络建设取得了长足进步，用户规模持续扩大，赋能传统行业不断加速。中国在 5G 频谱政策方面的积极举措是中国 5G 快速发展的先决条件。在综合考虑高中低频段特点的基础上，发挥频谱政策先导性和基础性作用，支撑 5G 快速规模化部署。截至 2021 年底，中国已为国际移动通信(IMT)系统在中低频段规划了约 1 200 MHz 带宽的频谱，其中为 5G 准备了 770 MHz 带宽的频谱资源。未来，中国无线电主管部门将在国际电信联盟框架下，积极贡献中国方案，与世界各国主管部门、产业界一道，携手促进IMT 频谱使用全球协调一致，推动 IMT 技术在全球数字经济发展中发挥关键作用。

6.4 数字基带传输中的误码分析

6.4.1 产生误码的因素

在数字基带系统模型中，引起误码的原因主要有两个：其一是噪声，其二是由传输特性(包括发送滤波器、接收滤波器和传输信道的特性)不良引起的码间串扰。数字基带传输系统模型如图 6.12 所示。

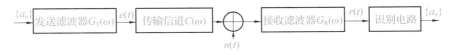

图 6.12 数字基带传输系统模型

假设 $\{a_n\}$ 为发送滤波器的输入符号序列，在二进制情况下，a_n 的取值为 $\{0, 1\}$ 或 $\{-1, +1\}$。为了便于分析，假设 $\{a_n\}$ 对应的基带信号 $d(t)$ 是间隔为 T_s、强度由 a_n 决定的单位冲激序列，即

$$d(t) = \sum_{n=-\infty}^{\infty} a_n \delta(t - nT_s) \tag{6.35}$$

此信号激励发送滤波器(即信道信号形成器)时，发送滤波器的输出信号为

$$s(t) = d(t) * g_T(t) = \sum_{n=-\infty}^{\infty} a_n g_T(t - nT_s) \tag{6.36}$$

式中，$g_T(t)$ 是在单个 δ 作用下形成的发送基本波形，即发送滤波器的冲激响应。若发送滤波器的传输特

性为 $G_T(\omega)$，则 $g_T(t)$ 的表达式为

$$g_T(t) = \frac{1}{2\pi} \int_{-\infty}^{\infty} G_T(\omega) e^{j\omega t} d\omega \tag{6.37}$$

信号 $s(t)$ 通过信道时会产生波形畸变，同时还会叠加噪声。因此，若设信道的传输特性为 $G(\omega)$，接收滤波器的传输特性为 $G_R(\omega)$，则接收滤波器的输出信号 $r(t)$ 可表示为

$$r(t) = \sum_{n=-\infty}^{\infty} a_n g_R(t - nT_s) + n_R(t) \tag{6.38}$$

式中，$g_R(t)$ 为

$$g_R(t) = \frac{1}{2\pi} \int_{-\infty}^{\infty} G_T(\omega) C(\omega) G_R(\omega) e^{j\omega t} d\omega \tag{6.39}$$

$r(t)$ 被送入识别电路，并由该电路确定 a_n 的取值。假定识别电路是一个抽样判决电路，则对信号抽样的时刻一般为 $kT_s + t_0$。其中，k 是相应的第 k 个时刻，t_0 是可能的时偏。因此，要确定 a_k 的取值，就必须先确定 $r(t)$ 在该样点上的值，即

$$\begin{aligned} r(kT_s + t_0) &= \sum_n a_n g_R(kT_s + T_0 - nT_s) + n_R(kT_s + t_0) \\ &= a_k g_R(t_0) + \sum_{n \neq k} a_n g_R[(k - n)T_s + t_0] + n_R(kT_s + t_0) \end{aligned} \tag{6.40}$$

式中，第 1 项 $a_k g_R t_0$ 是第 k 个接收基本波形在上述抽样时刻上的取值，它是确定 a_k 的依据；第 2 项 $\sum_{n \neq k} a_n g_R[(k - n)T_s + T_0] + n_R(kT_s + T_0)$ 是除第 k 个码元以外的其他码元波形在第 k 个抽样时刻上的总和，它对当前码元 a_k 的判决起着干扰的作用，所以称为码间串扰值；第 3 项 $n_R(kT_s + t_0)$ 是输出噪声在抽样瞬间的值，它是一种随机干扰，也会影响对第 k 个码元的判决。

由于码间串扰和随机干扰的存在，当 $r(kT_s + t_0)$ 加到判决电路时，对 a_k 取值的判决可能判对也可能判错。显然，只有当码间串扰和随机干扰足够小时，才能基本保证上述判决的正确；反之，若码间串扰和随机干扰严重，就有很大概率判错。

6.4.2 码间串扰的消除方法

码间串扰的大小取决于 a_n 和系统输出波形 $g_R(t)$ 在抽样时刻上的取值。然而，a_n 是随信息内容变化而变化的，从统计观点看，它总是以某种概率随机取值的。系统响应 $g_R(t)$ 仅依赖发送滤波器至接收滤波器之间的传输特性。

基带传输特性的分析模型如图 6.13 所示。

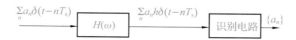

图 6.13 基带传输特性的分析模型

给定一个系统特性 $H(\omega)$ 为

$$H(\omega) = G_T(\omega) C(\omega) G_R(\omega) \tag{6.41}$$

由以上分析可知，要想消除码间串扰，应有

$$\sum_{n \neq k} a_n h[(k - n)T_s + t_0] = 0 \tag{6.42}$$

由于 a_n 是随机的，要想通过各项相互抵消使码间串扰为 0 是行不通的，这就需要对 $h(t)$ 的波形提出要求。如果相邻码元中前一个码元的波形在后一个码元抽样判决时刻时已经衰减到 0，就能满足要求，如图 6.14(a)所示。但是，这样的波形不易实现，因为在实际中 $h(t)$ 的波形有很长的"尾巴"，每个码元的

"尾巴"造成对其相邻码元的串扰。但只要让它在 t_0+T_s、t_0+2T_s 等后面码元的抽样判决时刻上正好为 0，就能消除码间串扰，如图 6.14(b) 所示。这也是消除码间串扰的基本思想。

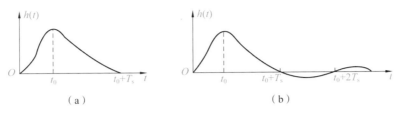

图 6.14 消除码间串扰的原理
(a) 不带"尾巴"；(b) 带有"尾巴"

因此，利用 $H(\omega)$ 的特性可以消除码间串扰，下面将介绍它的具体设计方法。

若不考虑噪声影响，由上述分析可知，如果假设信道和接收滤波器所造成的延迟 $t_0=0$，那么无码间串扰的基带系统冲激响应为

$$h(kT_s)=\begin{cases} 1, & k=0 \\ 0, & k\neq 0 \end{cases} \tag{6.43}$$

式 (6.43) 说明，无码间串扰的基带系统冲激响应除在 $t=0$ 时取值不为零外，在其他抽样时刻 $t=kT_s$ 上的抽样值均为零。

因为

$$h(t)=\frac{1}{2\pi}\int_{-\infty}^{\infty}H(\omega)\mathrm{e}^{\mathrm{j}\omega t}\mathrm{d}\omega \tag{6.44}$$

所以当 $t=kT_s$ 时，有

$$h(kT_s)=\frac{1}{2\pi}\sum_i\int_{-\infty}^{\infty}H(\omega)\mathrm{e}^{\mathrm{j}\omega kT_s}\mathrm{d}\omega \tag{6.45}$$

把式 (6.45) 的积分区间用分段积分代替，每段长为 $\dfrac{2\pi}{T_s}$，则式 (6.45) 可写为

$$h(kT_s)=\frac{1}{2\pi}\sum_i\int_{\frac{(2i-1)\pi}{T_s}}^{\frac{(2i+1)\pi}{T_s}}H(\omega)\mathrm{e}^{\mathrm{j}\omega kT_s}\mathrm{d}\omega \tag{6.46}$$

作变量代换：令 $\omega'=\omega-\dfrac{2i\pi}{T_s}$，则有 $\mathrm{d}\omega'=\mathrm{d}\omega$，$\omega=\omega'+\dfrac{2\pi i}{T_s}$，且当 $\omega=\dfrac{(2i\pm1)\pi}{T_s}$ 时，$\omega'=\pm\dfrac{\pi}{T_s}$，于是

$$h(kT_s)=\frac{1}{2\pi}\sum_i\int_{-\frac{\pi}{T_s}}^{\frac{\pi}{T_s}}H\left(\omega'+\frac{2i\pi}{T_s}\right)\mathrm{e}^{\mathrm{j}\omega'kT_s}\mathrm{e}^{\mathrm{j}2\pi ik}\mathrm{d}\omega'=\frac{1}{2\pi}\sum_i\int_{-\frac{\pi}{T_s}}^{\frac{\pi}{T_s}}H\left(\omega'+\frac{2i\pi}{T_s}\right)\mathrm{e}^{\mathrm{j}\omega'kT_s}\mathrm{d}\omega' \tag{6.47}$$

当式 (6.47) 一致收敛时，求和与积分的次序可以互换，于是有

$$h(kT_s)=\frac{1}{2\pi}\int_{-\frac{\pi}{T_s}}^{\frac{\pi}{T_s}}\sum_i H\left(\omega+\frac{2i\pi}{T_s}\right)\mathrm{e}^{\mathrm{j}\omega kT_s}\mathrm{d}\omega \tag{6.48}$$

这里把 ω' 重新记为 ω。

由傅里叶级数可知，若 $F(\omega)$ 是周期为 $\dfrac{2\pi}{T_s}$ 的频率函数，则可用指数型傅里叶级数表示为

$$F(\omega)=\sum_n f_n\mathrm{e}^{-\mathrm{j}\omega T_s} \tag{6.49}$$

$$f_n=\frac{T_s}{2\pi}\int_{-\frac{\pi}{T_s}}^{\frac{\pi}{T_s}}F(\omega)\mathrm{e}^{\mathrm{j}\omega T_s}\mathrm{d}\omega \tag{6.50}$$

将式 (6.46) 和式 (6.47) 与式 (6.45) 对照，$h(kT_s)$ 就是 $\dfrac{1}{T_s}\sum_i H\left(\omega+\dfrac{2i\pi}{T_s}\right)$ 的指数型傅里叶级数的系数，因而有

$$\frac{1}{T_s}\sum_i H\left(\omega + \frac{2\pi i}{T_s}\right) = \sum_k h(kT_s)\,\mathrm{e}^{-\mathrm{j}\omega kT_s}, \quad |\omega| \leqslant \frac{\pi}{T_s} \tag{6.51}$$

将无码间串扰的时域条件式(6.43)代入式(6.51),便可得到无码间串扰时,基带传输特性应满足的频域条件,即

$$\frac{1}{T_s}\sum_i H\left(\omega + \frac{2\pi i}{T_s}\right) = 1, \quad |\omega| \leqslant \frac{\pi}{T_s} \tag{6.52}$$

或者写为

$$\sum_i H\left(\omega + \frac{2\pi i}{T_s}\right) = T_s, \quad |\omega| \leqslant \frac{\pi}{T_s} \tag{6.53}$$

该条件称为奈奎斯特第一准则。它提供了一种检验一个给定系统特性 $H(\omega)$ 是否产生码间串扰的方法。

式(6.53)中,$\sum_i H\left(\omega + \frac{2\pi i}{T_s}\right)$ 的含义是将 $H(\omega)$ 在 ω 轴上移位 $\frac{2\pi i}{T_s}$($i=0$,± 1,± 2,$\cdots$),然后把移至 $|\omega| \leqslant \frac{\pi}{T_s}$ 区间内的各项内容进行叠加。例如,设 $H(\omega)$ 具有如图6.15(a)所示的特性,在 $|\omega| \leqslant \frac{\pi}{T_s}$ 区间内,当 $i=0$ 时,$\sum_i H\left(\omega + \frac{2\pi i}{T_s}\right)$ 中的一项为 $H(\omega)$,如图6.15(b)所示;当 $i=-1$ 时,$\sum_i H\left(\omega + \frac{2\pi i}{T_s}\right)$ 中的一项为 $H\left(\omega - \frac{2\pi}{T_s}\right)$,如图6.15(c)所示;当 $i=+1$ 时,$\sum_i H\left(\omega + \frac{2\pi i}{T_s}\right)$ 中的一项为 $H\left(\omega + \frac{2\pi}{T_s}\right)$,如图6.15(d)所示。除了这三项外,$i$ 为其他值时,$\sum_i H\left(\omega + \frac{2\pi i}{T_s}\right)$ 中的各项均为0,所以在 $|\omega| \leqslant \frac{\pi}{T_s}$ 区间内有

$$\sum_i H\left(\omega + \frac{2\pi i}{T_s}\right) = H\left(\omega - \frac{2\pi}{T_s}\right) + H(\omega) + H\left(\omega + \frac{2\pi i}{T_s}\right) \tag{6.54}$$

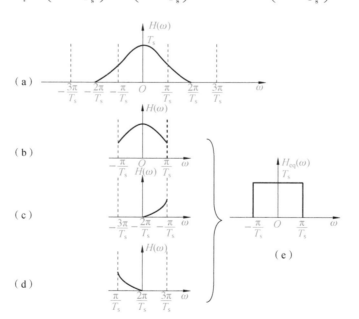

图 6.15　$H(\omega)$ 的构成

(a)$H(\omega)$;(b)$i=0$;(c)$i=-1$;(d)$i=\pm 1$;(e)$H_{\mathrm{eq}}(\omega)$

因此,式(6.53)的物理意义是,按 $\omega = \pm \frac{(2n-1)\pi}{T_s}$(其中 n 为正整数)将 $H(\omega)$ 在 ω 轴上以 $\frac{2\pi}{T_s}$ 间隔切开,然

后分段沿 ω 轴平移到 $\left(-\dfrac{\pi}{T_s},\ \dfrac{\pi}{T_s}\right)$ 区间内进行叠加，其结果应当为一常数（可以不是 T_s），如图 6.15（e）所示。这种特性称为等效理想低通特性，记为 $H_{eq}(\omega)$，即

$$H_{eq}(\omega) = \begin{cases} \displaystyle\sum_i H\left(\omega + \dfrac{2\pi i}{T_s}\right) = T, & |\omega| \leqslant \dfrac{\pi}{T_s} \\ 0, & |\omega| > \dfrac{\pi}{T_s} \end{cases} \qquad (6.55)$$

显然，满足式（6.55）的系统特性 $H(\omega)$ 并不是唯一的。

当式（6.55）中只有 $i=0$ 时，式（6.55）可化为

$$H_{eq}(\omega) = H(\omega) = \begin{cases} T_s, & |\omega| \leqslant \dfrac{\pi}{T_s} \\ 0, & |\omega| > \dfrac{\pi}{T_s} \end{cases} \qquad (6.56)$$

这时，$H(\omega)$ 为一理想低通滤波器，其传输特性如图 6.16（a）所示。$H(\omega)$ 的冲激响应为

$$h(t) = \frac{\sin \dfrac{\pi}{T_s} t}{\dfrac{\pi}{T_s} t} = Sa\left(\frac{\pi t}{T_s}\right) \qquad (6.57)$$

如图 6.16（b）所示，$h(t)$ 在 $t = \pm k T_s(k \neq 0)$ 时有周期性零点，当发送序列的间隔为 T_s 时，正好巧妙地利用了这些零点[见图 6.16（b）中的虚线]实现了无码间串扰传输。

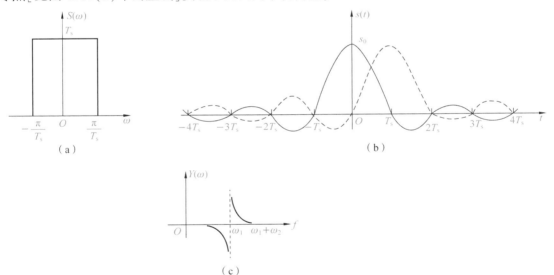

图 6.16　理想低通系统

（a）传输特性；（b）冲激响应；（c）滚降特性

由图 6.16 和式（6.56）可以看出，输入序列若以 $\dfrac{1}{T_s}$ 的速率进行传输，则其所需的最小传输带宽为 $\dfrac{1}{2T_s}$。这是在抽样时刻无码间串扰条件下，基带系统所能达到的极限情况。

此时基带系统所能提供的最大频带利用率为 $\eta = 2$ 波特每赫兹。通常，把 $\dfrac{1}{2T_s}$ 称为奈奎斯特带宽，记为 W_1，则该系统无码间串扰时的最大传输速率为 $2W_1$，这个最大传输速率称为奈奎斯特速率。显然，如果

该系统用高于 $\dfrac{1}{T_s}$ 的码元速率进行传输，将存在码间串扰。

由上述可知，具有理想低通传输特性的基带系统存在最大的频带利用率。但令人遗憾的是，在实际应用中，具有理想低通传输特性的基带系统存在两个问题：一是理想矩形特性的物理实现极为困难；二是理想的冲激响应 $h(t)$ 有很长的"尾巴"，而且衰减速度很慢，若位定时存在偏差，就可能出现严重的码间串扰。由于位定时误差总是可能存在于实际的传输系统中，一般不采用 $H_{eq}(\omega)=H(\omega)$，而是将它作为理想的"标准"或者与别的系统特性进行比较的基础。

鉴于系统的频率截止特性过于陡峭导致理想冲激响应 $h(t)$ 尾部衰减慢，若图 6.16(c) 中的 $Y(\omega)$ 具有对 W_1 呈奇对称的振幅特性，则此时的 $H(\omega)$ 即为所要求的系统特性。这种设计也可以看成是理想低通特性按奇对称条件进行"圆滑"的结果，所谓的"圆滑"即为"滚降"。

定义滚降系数 α 为

$$\alpha=\frac{\omega_2}{\omega_1} \tag{6.58}$$

式中，ω_1 为无滚降时的截止频率；ω_2 为滚降部分的截止频率。

显然，$0\leqslant\alpha\leqslant1$，且不同的 α 具有不同的滚降特性。图 6.17 所示为 3 种按余弦滚降的滚降特性和冲激响应。滚降系数为 α 的余弦滚降特性 $H(\omega)$ 可表示成

$$H(\omega)=\begin{cases} T_s, & 0\leqslant|\omega|<\dfrac{(1-\alpha)\pi}{T_s} \\ \dfrac{T_s}{2}\left[1+\sin\dfrac{T_s}{2\alpha}\left(\dfrac{\pi}{T_s}-\omega\right)\right], & \dfrac{(1-\alpha)\pi}{T_s}\leqslant|\omega|<\dfrac{(1+\alpha)\pi}{T_s} \\ 0, & |\omega|\geqslant\dfrac{(1+\alpha)\pi}{T_s} \end{cases} \tag{6.59}$$

而相应的 $h(t)$ 为

$$h(t)=\frac{\sin\dfrac{\pi t}{T_s}}{\dfrac{\pi t}{T_s}}\cdot\frac{\cos\dfrac{\alpha\pi t}{T_s}}{1-\dfrac{4\alpha^2 t^2}{T_s^2}} \tag{6.60}$$

实际中，$H(\omega)$ 可按不同的 α 来选取。

由图 6.17 可以看出：当 $\alpha=0$ 时，$H(\omega)$ 就是理想低通特性；当 $\alpha=1$ 时，$H(\omega)$ 是实际中常采用的升余弦频谱特性，这时，$H(\omega)$ 可表示为

$$H(\omega)=\begin{cases} \dfrac{T_s}{2}\left(1+\cos\dfrac{\omega T_s}{2}\right), & |\omega|\leqslant\dfrac{2\pi}{T_s} \\ 0, & |\omega|>\dfrac{\pi}{T_s} \end{cases} \tag{6.61}$$

其单位冲激响应为

$$h(t)=\frac{\sin\dfrac{\pi t}{T_s}}{\dfrac{\pi t}{T_s}}\cdot\frac{\cos\dfrac{\pi t}{T_s}}{1-\dfrac{4t^2}{T_s^2}} \tag{6.62}$$

由图 6.17 和式(6.59)可知，升余弦滚降系统的 $h(t)$ 满足样值上无串扰的传输条件，且各样值之间又增加了一个零点，其尾部衰减较快(与 t^2 成反比)，这有利于减小码间串扰和位定时误差的影响。

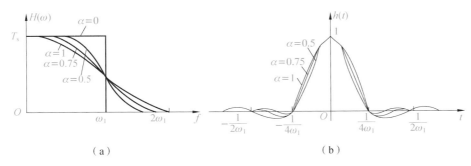

图 6.17　3 种按余弦滚降的滚降特性和冲激响应

（a）滚降特性；（b）冲激响应

6.4.3　基带系统的噪声分析

6.4.2 节讨论了在无噪声影响时的码间串扰，本节将研究在无码间串扰的情况下，基带信号传输中噪声的影响，即计算信道噪声引起的误码率。

如果信道噪声只影响接收端，那么抽样判决器输入端的随机噪声就是信道加性噪声通过接收滤波器后的输出噪声。在一般情况下，假设信道噪声为平稳高斯白噪声，且接收滤波器是线性网络，则抽样判决器输入噪声也是平稳高斯噪声，抗噪声性能分析模型如图 6.18 所示。

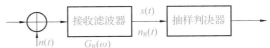

图 6.18　抗噪声性能分析模型

假设二进制接收波形为 $s(t)$，信道噪声 $n(t)$ 通过接收滤波器后的输出噪声为 $n_R(t)$，则接收滤波器将输出信号加噪声的混合波形，即

$$x(t) = s(t) + n_R(t) \tag{6.63}$$

由无噪声和有噪声时的判决电路输入波形（图 6.19）可知，在噪声情况下产生的误码有两种差错形式：一是发送的是"1"码，却被判为"0"码；二是发送的是"0"码，却被判为"1"码。下面将分别求取这两种情况的码元错判概率。

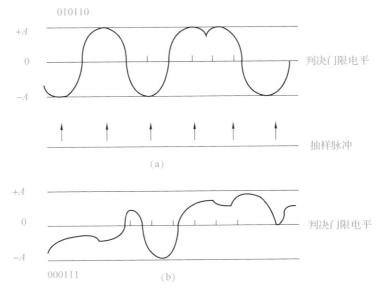

图 6.19　无噪声和有噪声时判决电路的输入波形

（a）无噪声；（b）有噪声

对于二进制双极性基带信号，在一个码元持续时间内，抽样判决器输入端得到的波形可表示为

$$x(kT_s) = \begin{cases} A + n_R(kT_s), & \text{发送“1”时} \\ -A + n_R(kT_s), & \text{发送“0”时} \end{cases} \tag{6.64}$$

设判决电路的判决门限为 V_d，判决规则为当 $x(kT_s) > V_d$ 时，判为"1"码；当 $x(kT_s) < V_d$ 时，判为"0"码。$n_R(t)$ 的功率谱密度 $P_n(\omega)$ 为

$$P_n(\omega) = \frac{n_0}{2} | G_R(\omega) |^2 \tag{6.65}$$

方差（噪声平均功率）为

$$\sigma_n^2 = \frac{1}{2\pi} \int_{-\infty}^{\infty} \frac{n_0}{2} | G_R(\omega) |^2 \mathrm{d}\omega \tag{6.66}$$

可见，$n_R(t)$ 是均值为 0、方差为 σ_n^2 的高斯噪声，因此其瞬时值的统计特性可用一维概率密度函数描述，即

$$f(V) = \frac{1}{\sqrt{2\pi}\,\sigma_n} \exp\left(-\frac{V^2}{2\sigma_n^2}\right) \tag{6.67}$$

式中，V 是噪声的瞬时取值 $n_R(kT_s)$。

因此，当发送"1"时，$A + n_R(kT_s)$ 的一维概率密度函数为

$$f_1(x) = \frac{1}{\sqrt{2\pi}\,\sigma_n} \exp\left[-\frac{(x-A)^2}{2\sigma_n^2}\right] \tag{6.68}$$

而当发送"0"时，$-A + n_R(kT_s)$ 的一维概率密度函数为

$$f_0(x) = \frac{1}{\sqrt{2\pi}\,\sigma_n} \exp\left[-\frac{(x+A)^2}{2\sigma_n^2}\right] \tag{6.69}$$

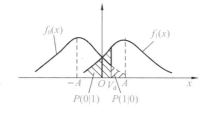

图 6.20　$x(kT_s)$ 的一维概率密度曲线

$x(kT_s)$ 的一维概率密度曲线如图 6.20 所示。

这时，在 $-A$ 到 A 之间选择一个适当的电平 V_d 作为判决门限，根据判决规则将会出现以下几种情况：

对"1"码 $\begin{cases} \text{当 } x > V_d \text{ 时，判为"1"码（判断正确）} \\ \text{当 } x < V_d \text{ 时，判为"0"码（判断错误）} \end{cases}$

对"0"码 $\begin{cases} \text{当 } x < V_d \text{ 时，判为"0"码（判断正确）} \\ \text{当 } x > V_d \text{ 时，判为"1"码（判断错误）} \end{cases}$

可见，在二进制基带信号传输过程中，噪声会引起两种形式的误码。

（1）发"1"错判为"0"的概率 $P(0|1)$ 为

$$P(0|1) = P(x < V_d) = \int_{-\infty}^{V_d} f_1(x)\mathrm{d}x = \int_{-\infty}^{V_d} \frac{1}{\sqrt{2\pi}\,\sigma_n} \exp\left[-\frac{(x-A)^2}{2\sigma_n^2}\right]\mathrm{d}x = \frac{1}{2} + \frac{1}{2}\mathrm{erf}\left(\frac{V_d - A}{\sqrt{2}\,\sigma_n}\right) \tag{6.70}$$

（2）发"0"错判为"1"的概率 $P(1|0)$ 为

$$P(1|0) = P(x > V_d) = \int_{V_d}^{\infty} f_0(x)\mathrm{d}x = \int_{V_d}^{\infty} \frac{1}{\sqrt{2\pi}\,\sigma_n} \exp\left[-\frac{(x+A)^2}{2\sigma_n^2}\right]\mathrm{d}x = \frac{1}{2} - \frac{1}{2}\mathrm{erf}\left(\frac{V_d + A}{\sqrt{2}\,\sigma_n}\right) \tag{6.71}$$

$P(0|1)$ 和 $P(1|0)$ 分别如图 6.20 中的阴影部分所示。若发送"1"码的概率为 $P(1)$，发送"0"码的概率为 $P(0)$，则基带传输系统的总误码率可表示为

$$P_e = P(1)P(0|1) + P(0)P(1|0) = P(1)\int_{-\infty}^{V_d} f_1(x)\mathrm{d}x + P(0)\int_{V_d}^{\infty} f_0(x)\mathrm{d}x \tag{6.72}$$

从以上分析可以看出，误码率与 $P(1)$、$P(0)$、$f_0(x)$、$f_1(x)$ 及 V_d 有关，而 $f_0(x)$ 及 $f_1(x)$ 又与信号的峰值 A 及噪声功率 σ_n^2 有关。通常 $P(1)$ 和 $P(0)$ 是给定的，因此误码率最终由 A、σ_n^2 和门限电平 V_d 决定。在 A 和 σ_n^2 一定的条件下，可以找到一个使误码率最小的判决门限电平，这个门限电平称为最佳门限

电平。若令

$$\frac{\mathrm{d}P_e}{\mathrm{d}V_d} = 0 \qquad\qquad (6.73)$$

则可求得最佳门限电平为

$$V_d^* = \frac{\sigma_n^2}{2A}\ln\frac{P(0)}{P(1)} \qquad\qquad (6.74)$$

在发送概率相等和门限电平最佳的情况下，系统的总误码率仅取决于 A 与 σ_n 的比值，而与所采用的信号形式无关（信号形式必须是能够消除码间串扰的）。若 $\frac{A}{\sigma_n}$ 值越大，则 P_e 越小；反之，P_e 越大。

> **趣味小课堂：** 随着卫星互联网被纳入国家新基建，国家政策扶持、行业利好不断，卫星通信迎来了更加广阔的发展空间。工业和信息化部印发的《"十四五"信息通信行业发展规划》中提出："完善高中低轨卫星网络协调布局，实现5G地面蜂窝通信和卫星通信融合，初步建成覆盖全球的卫星信息网络，开展卫星通信应用开发和试点示范。"这为卫星研究发展带来新的机遇。其中，卫星通信信道作为一种特殊的无线信道，其衰落特性、误码特性与地面无线信道相比，具有一些独特的性质。因此，在进行数字基带传输系统性能分析、通信协议性能分析时，不断研发合适的卫星信道误码模型，能有效支持系统性能的仿真和研究，改善上层通信协议的性能。

6.5　眼图

眼图是为了方便估计和改善（通过调整）系统性能，通过实验手段在示波器上观察到的一种基带信号图形。观察眼图的具体做法是用一个示波器跨接在接收滤波器的输出端，然后调整示波器的水平扫描周期，使其与接收码元的周期同步。此时可以从示波器显示的图形上，观察出码间串扰和噪声的影响，从而估计出系统性能的优劣程度。在传输二进制信号波形时，示波器显示的图形很像人的眼睛，故取名为"眼图"。

假设基带传输特性是无码间串扰的，那么基带脉冲序列［图6.21（a）］就会形成扫描迹线细而清晰的大"眼睛"［图6.21（b）］。假设基带传输特性是有码间串扰的，那么基带脉冲序列［图6.21（c）］的波形将会失真，导致示波器的扫描迹线不完全重合，形成的眼图［图6.21（d）］迹线杂乱，"眼睛"张开程度较小，且眼图不端正。最佳抽样时刻在眼图中央的纵轴位置，也就是"眼睛"张开程度最大的时刻，信号取值为1。最佳的判决门限电平在眼图中央的横轴位置。若波形存在码间串扰，信号取值在抽样时刻不是1，而是比1小且比−1大的值，则眼图将部分"闭合"。"眼睛"张开程度的大小反映码间串扰的强弱。若存在噪声，则其叠加在信号上，导致眼图的迹线更杂乱，"眼睛"张开的程度也更小。

由上述分析可得，眼图可以定性反映码间串扰的大小和噪声的大小。眼图可以用来指示接收滤波器的调整，以减小码间串扰，从而改善系统性能。为了说明眼图和系统性能之间的关系，可以把眼图简化为一个模型，如图6.22所示。由图6.22可以获得以下信息。

（1）最佳抽样时刻应是"眼睛"张开程度最大的时刻。

（2）眼图斜边的斜率决定了系统对抽样位定时误差的灵敏程度。斜率越大，对抽样位定时误差越灵敏。

（3）眼图中阴影区的垂直高度表示在抽样时刻上信号受噪声干扰的畸变范围。

（4）眼图中央的横轴位置对应于判决门限电平。

（5）在抽样时刻上，上下两阴影区间隔距离的一半为噪声容限，噪声瞬时值超过它就可能发生错误判决。

（6）眼图中倾斜阴影带与横轴相交的区间表示接收波形零点位置的变化范围，即过零点畸变，它对于利用信号零交点的平均位置来提取位定时信息的接收系统有很大影响。

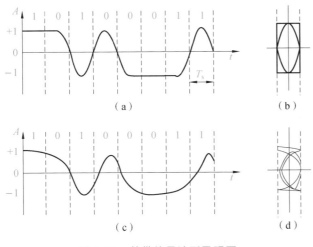

图 6.21　基带信号波形及眼图

（a）无码间串扰的基带脉冲序列；（b）无码间串扰时的眼图；
（c）有码间串扰的基带脉冲序列；（d）有码间串扰时的眼图

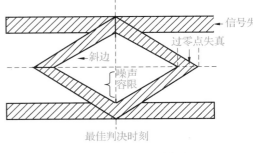

图 6.22　眼图模型

6.6　均衡

假设信道特性已知，为了消除码间串扰并尽量减小噪声的影响，可以精心设计接收滤波器和发送滤波器。但在实际情况中，存在滤波器的设计误差和信道特性的变化，这样就不能实现理想的传输特性，所以会出现波形失真进而产生码间串扰，相应的系统性能也必然会下降。理论和实践均证明，在基带传输系统中插入一种可调（或不可调）滤波器可以校正或补偿系统特性，从而减小码间串扰的影响，这种滤波器称为均衡器，具有均衡器的基带传输系统如图 6.23 所示。

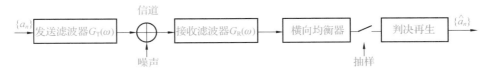

图 6.23　具有均衡器的基带传输系统

均衡器种类众多，按研究角度和领域可分为频域均衡器和时域均衡器。频域均衡器从校正系统的频率特性出发，利用一个可调滤波器的频率特性去补偿信道或系统的频率特性，使包括可调滤波器在内的基带传输系统的总特性接近无失真传输条件；时域均衡器可用来直接校正已失真的响应波形，使包括可调滤波器在内的整个系统的冲激响应满足无码间串扰条件。

时域均衡器的原理是将均衡器输入端（即接收滤波器输出端）采样时刻上有码间串扰的响应波形变换成无码间串扰的响应波形。如图 6.24 所示，由于波形上存在"尾巴"和畸变，在各采样点上会对其他码元造成串扰。如果均衡器能产生如图 6.24（a）中虚线所示的大小相等、极性相反的补偿波形，校正后的波形就没有"尾巴"了，即消除了由码间串扰引入的畸变部分波形。

在接收滤波器后面插入一个横向滤波器，构成新的传递函数 $H'(\omega)$，如图 6.25 所示，使这个包括 $T(\omega)$ 在内的 $H'(\omega)$（总特性）满足奈氏准则，也可消除码间串扰。

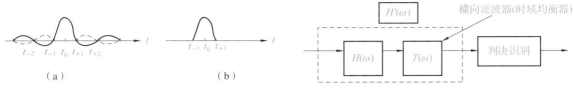

图 6.24 均衡前与均衡后的波形
（a）均衡前；（b）均衡后

图 6.25 横向滤波器的传递函数

由理论分析证明：给定一个系统特性 $H(\omega)$，就能确定唯一的 $T(\omega)$，于是找到新的总特性 $H'(\omega) = H(\omega) \cdot T(\omega)$。横向滤波器组成框图如图 6.26 所示，设有 $2N$ 个延时单元、$(2N+1)$ 个抽头 $[(2N+1)$ 个加权输出$]$，其传递函数为 $T(\omega)$，冲激响应为 $h_T(t)$，有 $h_T(t) \leftrightarrow T(\omega)$，输出 $y(t)$ 波形由输入 $x(t)$ 波形延迟加权得到。

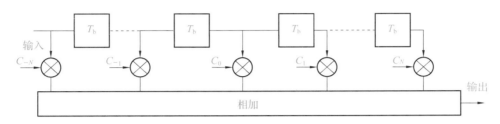

图 6.26 横向滤波器组成框图

若设有限长横向滤波器的单位冲激响应为 $e(t)$，相应的频率特性为 $E(\omega)$，则

$$e(t) = \sum_{i=-N}^{N} C_i \delta(t - iT_s) \tag{6.75}$$

其相应的频率特性为

$$E(\omega) = \sum_{i=-N}^{N} C_i e^{-j\omega T_s} \tag{6.76}$$

横向均衡器输出为

$$y(t) = x(t) * e(t) = \sum_{i=-N}^{N} C_i x(t - iT_s) \tag{6.77}$$

在抽样时刻 $kT_s + t_0$ 上，有

$$y(kT_s + t_0) = \sum_{i=-N}^{N} C_i x(kT_s + t_0 - iT_s) = \sum_{i=-N}^{N} C_i x[(k-i)T_s + t_0] \tag{6.78}$$

或者简写为

$$y_k = \sum_{i=-N}^{N} C_i x_{k-i} \tag{6.79}$$

由式（6.79）可知，横向滤波器在第 k 抽样时刻得到的样值 y_k 由 $(2N+1)$ 个 C_i 与 x_{k-i} 的乘积之和确定。理论上，当 $N = \infty$（有无限个抽头）时才能做到各个样点无码间串扰。

实际上延迟线长度总是有限的，因而串扰不能完全消除。均衡效果一般采用峰值畸变和均方畸变准则来衡量。

峰值畸变定义为

$$D = \frac{1}{y_0} \sum_{k=-\infty}^{\infty}{}' |y_k| \tag{6.80}$$

式中，符号 $\sum_{k=-\infty}^{\infty}{}'$ 表示 $\sum$，除 $k=0$ 以外的各样值的绝对值之和反映了码间串扰的最大值；y_0 是有用信号样值，所以峰值失真 D 就是码间串扰最大值与有用信号样值之比。显然，对于完全消除码间串扰的均衡器而言，应有 $D=0$；对于码间串扰不为零的场合，希望 D 有最小值。

均方畸变定义为

$$e^2 = \frac{1}{y_0^2} \sum_{k=-\infty}^{\infty}{}' y_k^2, \quad (k \neq 0) \tag{6.81}$$

其物理意义与峰值畸变准则相似。

按照以上两个准则来确定均衡器的抽头系数均可使失真最小，从而获得最佳的均衡效果。

【例 6.1】已知输入 $x_{-2}=0$，$x_{-1}=0.1$，$x_0=1$，$x_1=-0.2$，$x_2=0.1$，设计一个三抽头的横向滤波器，选取合适的抽头系数，使均衡效果达到最佳，并计算均衡前后的峰值失真。

解：根据题意，列出矩阵方程为

$$\begin{bmatrix} x_0 & x_{-1} & x_{-2} \\ x_1 & x_0 & x_{-1} \\ x_2 & x_1 & x_0 \end{bmatrix} \begin{bmatrix} C_{-1} \\ C_0 \\ C_1 \end{bmatrix} = \begin{bmatrix} 0 \\ 1 \\ 0 \end{bmatrix} \tag{6.82}$$

将样值代入式(6.79)，可列出方程组为

$$\begin{cases} C_{-1}+0.1C_0=0 \\ -0.2C_{-1}+C_0+0.1C_1=1 \\ 0.1C_{-1}-0.2C_0+C_1=0 \end{cases}$$

解方程组可得 $C_{-1} \approx -0.096\,06$，$C_0 \approx 0.960\,6$，$C_1 \approx 0.201\,7$，于是得 $y_{-1}=0$，$y_0=1$，$y_1=0$，$y_{-3}=0$，$y_{-2} \approx 0.009\,6$，$y_2 \approx 0.055\,7$，$y_3 \approx 0.021\,6$。

输入峰值畸变为

$$D_x = \frac{1}{x_0} \sum_{\substack{k=-\infty \\ k\neq 0}}^{\infty} |x_k| = \frac{1}{x_0}(|x_{-2}|+|x_{-1}|+|x_1|+|x_2|) = 0.4$$

输出峰值畸变为

$$D_y = \frac{1}{y_0}(|y_{-3}|+|y_{-2}|+|y_{-1}|+|y_1|+|y_2|+|y_3|) = 0.086\,9$$

均衡后的峰值失真减小到了原来的 $\frac{869}{4\,000}$。

分析讨论：

(1) 三抽头均衡器可以使 y_0 两侧各有一个零点，即 y_{+1} 和 y_{-1} 被校正到零，但 y_{-2} 和 y_{+2} 不为零，还有码间串扰，若再增加 3 节延时，抽头($N=2$)也增加 2 个，就可使抽样时刻前后的 2 个码元串扰为零。但在远离 y_0 的一些样点上仍会有码间串扰。这就是说抽头有限时，总不能完全消除码间串扰，但适当增加抽头数可以将码间串扰减小到相当小的程度。

(2) 补偿后的峰值畸变为 $D_y=0.086\,9$，而输入峰值畸变为 $D_x=0.4$。可见，输出信号 $y(t)$ 得到了改善，若增加横向滤波器的长度，即 $N \to \infty$，则 $D_y \to 0$。

趣味小课堂：水声信道是典型的时延、多普勒双扩展信道。时延扩展会在接收信号中引入码间串扰，这是影响高速水声通信系统性能的主要因素之一。因此，对于单载波水声通信技术的研究主要集中在对码间串扰的抑制方面，如信道均衡技术的研究。单载波时域均衡水声通信系统中常用的均衡方案有两种：其一是自适应均衡器。1991 年，判决反馈均衡器在无线通信领域中得到了深入研究和验证，并逐渐替代了线性均衡器，成为在无线衰落信道中解决码间串扰的一类重要的均衡器。其二是时间反转镜技术。1996 年，斯克里普斯海洋研究所 Kuperman 科研团队首先对时间反转镜技术开展了试验研究，因其通信系统算法简单、计算量小，得到了快速发展，受到了国内外学者和科研人员广泛的关注。

6.7　MATLAB 实践

【例 6.2】用 MATLAB 画出如下数字基带信号波形及其功率谱密度。

(1) $g(t)=\begin{cases}1, & 0\leqslant t<T_s\\ 0, & \text{其他}\end{cases}$，输入二进制序列取值为 0、1（假设等概率出现），此波形称为单极性不归零码（NRZ）波形。

(2) $g(t)=\begin{cases}1, & 0\leqslant t<\tau<T_s\\ 0, & \text{其他}\end{cases}$，输入二进制数列取值为 0、1（假设等概率出现），此波形称为单极性归零码（RZ）波形。

(3) $g(t)=\dfrac{\sin\dfrac{\pi t}{T_s}}{\dfrac{\pi t}{T_s}}$，输入二进制数列取值为 −1、+1（假设等概率出现）。

MATLAB 程序如下：

```
clear all;
close all;
Ts=1;
sample_number=8;
dt=Ts/sample_number;
code_number=1000;

t=0:dt:(code_number*sample_number-1)*dt;
T=t(end);
NRZ=ones(1,sample_number);
RZ=ones(1,sample_number/2);
RZ=[RZ zeros(1,sample_number/2)];
mt3=sinc((t-5)/Ts);
gt3=mt3(1:10*sample_number);
d=(sign(randn(1,code_number))+1)/2;
new_sequence=sigexpand(d,sample_number);

st_NRZ=conv(new_sequence,NRZ);
st_RZ=conv(new_sequence,RZ);
d=2*d-1;
new_sequence=sigexpand(d,sample_number);
st_new=conv(new_sequence,gt3);

[f,st1f]=T2F(t,[st_NRZ(1:length(t))]);
[f,st2f]=T2F(t,[st_RZ(1:length(t))]);
[f,st3f]=T2F(t,[st_new(1:length(t))]);

figure(1)
subplot(321);
plot(t,[st_NRZ(1:length(t))]);grid
axis([0 20 -1.5 1.5]);
title('单极性 NRZ 波形');

subplot(322);
plot(f,10*log10(abs(st1f).^2/T));grid;
axis([-5 5 -40 10]);
```

```
title('单极性 NRZ 功率谱密度');

subplot(323)
plot(t,[ st_RZ(1:length(t))]);
axis([ 0 20 - 1.5 1.5]);grid
title('单极性 RZ 波形');

subplot(324)
plot(f,10*log10(abs(st2f).^2/T));
axis([ - 5 5 - 40 10]);grid
title('单极性 RZ 功率谱密度( dB/Hz)');

subplot(325)
plot(t- 5,[ st_new(1:length(t))]);
axis([ 0 20 - 2 2]);grid;
title('双极性 sinc 波形');
xlabel('t/Ts ');

subplot(326);
plot(f,10*log10(abs(st3f).^2/T));
axis([ - 5 5 - 40 10]);grid
title('sinc 波形功率谱密度( dB/Hz)');
xlabel('f/Ts');
```

运行结果如图 6.27 所示。

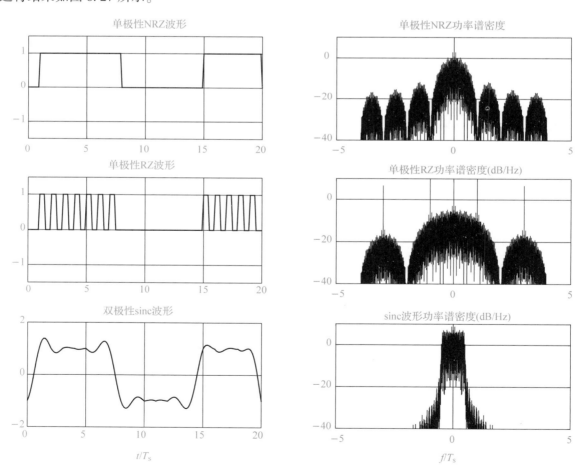

图 6.27 数字基带信号波形及其功率谱密度示意图

值得注意的是，上述语句只显示了主程序。除此之外，"MATLAB. m"文件中还需定义 sigexpand 函数 [在输入的序列中，往每相邻两个码元中间插入($N-1$)个 0，达到扩展序列的目的] 和 T2F 函数 (傅里叶变换)，将这两个函数保存在两个"m"文件里，注意文件的名字必须和函数的名字一致。函数定义分别如下。

```
function[out]=sigexpand(d,M)
N=length(d);
out=zeros(M,N);
out(1,:)=d;
out=reshape(out,1,M*N);
function[f,sf]=T2F(t,st)
dt=t(2)-t(1);
T=t(end);
df=1/T;
N=length(st);
f=-N/2*df:df:N/2*df-df;
sf=fft(st);
sf=T/N*fftshift(sf);
```

【例 6.3】设基带传输系统是响应为 $\alpha=0.5$ 的升余弦滚降系统，画出在接收端的基带数字信号波形及其眼图。

MATLAB 程序如下：

```
clear all;
close all;
Ts=1;
sample_number=17;
eye_number=7;
a=0.5; %%%调此参数
code_number=1000;

dt=Ts/sample_number;
t=-3*Ts:dt:3*Ts;

digital_signal=sign(randn(1,code_number));
bi_digital_signal=sigexpand(digital_signal,sample_number);
ht=sinc(t/Ts).*(cos(a*pi*t/Ts))./(1-4*a^2*t.^2/Ts^2+eps);
st=conv(bi_digital_signal,ht);
tt=-3*Ts:dt:(code_number+3)*sample_number*dt-dt;

figure(1)
subplot(211)
plot(tt,st);
axis([0 20 -1.2 1.2]);xlabel('t/Ts');
title('基带信号');
subplot(212)
ss=zeros(1,eye_number*sample_number);
ttt=0:dt:eye_number*sample_number*dt-dt;
```

```
    for i=3:50
        ss=st(i*sample_number+1:(i+eye_number)*sample_number);
        drawnow;
        plot(ttt,ss);hold on;
    end
    xlabel('t/Ts');title('基带信号眼图');
```

运行结果如图 6.28 所示。

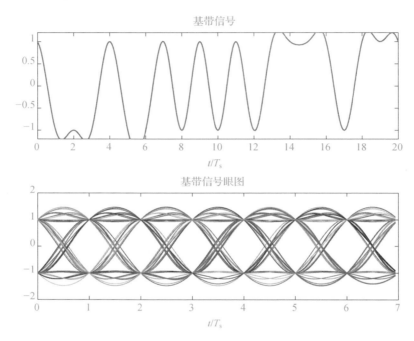

基带信号

基带信号眼图

图 6.28　基带数字信号波形及其眼图示意图

【例 6.4】产生一个 {+1，-1} 的二元随机序列，画出其第一类部分响应系统的基带信号波形及眼图。

MATLAB 程序如下：

```
clear all;
close all;
Ts=1;
sample_number=16;
eye_number=11;
code_number=1000;

dt=Ts/sample_number;
t=-5*Ts:dt:5*Ts;

digital_signal=sign(randn(1,code_number));
bi_digital_signal=sigexpand(digital_signal,sample_number);
ht=sinc((t+eps)/Ts)./(1-(t+eps)./Ts);
ht(6*sample_number+1)=1;
```

```
st=conv(bi_digital_signal,ht);
tt=- 5*Ts:dt:(code_number+5)*sample_number*dt- dt;

figure(1)
subplot(211);
plot(tt,st);
axis([0 20 - 3 3]);xlabel('t/Ts');title('部分响应基带信号波形');
subplot(212)
ss=zeros(1,eye_number*sample_number);
ttt=0:dt:eye_number*sample_number*dt- dt;
for i=5:100
ss=st(i*sample_number+1:(i+eye_number)*sample_number);
drawnow;
plot(ttt,ss);hold on;
end
xlabel('t/Ts');title('部分响应信号眼图')
```

运行结果如图 6.29 所示。

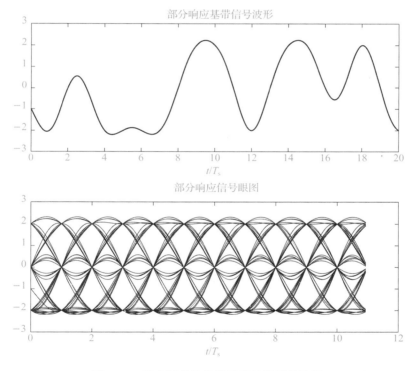

图 6.29　数字基带信号波形及其眼图示意图

思考与练习

1. 数字基带信号中单极性波形与双极性波形的主要区别是什么？

2. 为什么要研究数字基带信号功率谱密度？

3. HDB3 码、差分双相码和 AMI 码分别是什么？它们各有哪些主要特点？

4. 什么是码间串扰？它是如何产生的？它对通信质量有什么影响？

5. 怎样降低系统误码率？

6. 用眼图模型可以说明基带传输系统的哪些性能？它有什么作用？

7. 什么是最佳判决门限电平？

8. 什么是频域均衡？什么是时域均衡？横向滤波器为什么能实现时域均衡？

9. 时域均衡器的均衡效果是如何衡量的？

10. 设二进制符号序列为110010001110，试以矩形脉冲为例，分别画出相应的单极性不归零码波形、双极性不归零码波形、单极性归零码波形、双极性归零码波形、差分码波形及多电平波码波形。

11. 设某二进制数字基带信号中，数字信息"1"和"0"分别由 $g(t)$ 和 $-g(t)$ 表示，且"1"和"0"出现的概率相等，$g(t)$ 是升余弦频谱脉冲，即

$$g(t) = \frac{1}{2} \frac{\cos\left(\frac{\pi t}{T_s}\right)}{1 - \frac{4t^2}{T_s^2}} Sa\left(\frac{\pi t}{T_s}\right)$$

(1) 写出该数字基带信号的功率谱密度表达式，并画出功率谱密度图；

(2) 从该数字基带信号中能否直接提取频率为 $f_s = \frac{1}{T_s}$ 的分量？

(3) 若码元间隔 $T_s = 10^{-3}(s)$，试求该数字基带信号的传码率及频带宽度。

12. 设信息序列为100000000001100001，试确定相应的 AMI 码及 HDB3 码，并画出相应的波形。

13. 某基带传输系统接收滤波器输出信号的基带脉冲为如图 6.30 所示的三角形脉冲。

(1) 求该基带传输系统的传递函数 $H(\omega)$；

(2) 假设信道的传递函数为 $C(\omega) = 1$，发送滤波器和接收滤波器具有相同的传递函数，即 $C_T(\omega) = C_R(\omega)$，试求这时 $C_T(\omega)$ 或 $C_R(\omega)$ 的表达式。

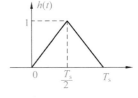

图 6.30　三角形脉冲

14. 某二进制数字基带传输系统所传送的是单极性基带信号，且数字信息"1"和"0"出现的概率相等。

(1) 当数字信息为"1"时，接收滤波器输出信号在抽样判决时刻的值为 $A = 1$ V，且接收均值为 0、均方根值为 0.2 V 的高斯噪声，试求这时的误码率 P_e；

(2) 若要求误码率 P_e 不大于 10^{-5}，试确定 A 的最小值。

15. 一随机二进制序列为10110001…，符号"1"对应的基带波形为升余弦波形，持续时间为 T_s；符号"0"对应的基带波形恰好与"1"对应的基带波形相反。

(1) 当示波器扫描周期 $T_0 = T_s$ 时，试画出眼图；

(2) 当 $T_0 = 2T_s$ 时，试重画眼图；

(3) 比较以上两种眼图的最佳抽样判决时刻、判决门限电平及噪声容限值。

16. 设有一个三抽头的迫零均衡器，已知输入信号 $x(t)$ 在各样点的值依次为 $x_{-2} = 0$、$x_{-1} = 0.2$、$x_0 = 1$、$x_1 = -0.3$、$x_2 = 0.1$。

(1) 求三个抽头的最佳系数；

(2) 比较均衡前后的峰值失真。

第 7 章
数字信号的频带传输

本章导读

　　数字信号的传输方式分为基带传输和频带传输。上一章详细介绍了数字信号的基带传输，本章将介绍数字信号的频带传输。

　　数字信号有二进制和多进制之分，因此，数字调制可分为二进制调制和多进制调制。在二进制调制中，信号参量只有两种可能的取值；而在多进制调制中，信号参量有多于两种的取值。本章主要讨论二进制数字调制系统的原理及其抗噪声性能，并简要介绍多进制数字调制的基本原理。一些改进的、现代的、特殊的调制方式将放在后面的章节中进行讨论。

学习目标

知识与技能目标

❶ 了解数字载波键控的概念。

❷ 认识 MASK、MFSK 等多进制数字系统的性能及特点。

❸ 掌握 2ASK、2FSK、2PSK、2DPSK 调制和解调原理，及其已调信号的时域表示方法和频谱结构。

❹ 掌握数字系统抗噪性能分析方法。

❺ 学会二进制数字调制系统的性能比较方法。

❻ 学会利用 MATLAB 绘制 2PSK、2FSK 信号的波形和功率谱。

❼ 学会利用 MATLAB 计算多进制系统 MPSK 信号的误码率。

素质目标

❶ 培养坚韧不拔的意志和孜孜不倦的钻研精神。

❷ 培养爱国主义情怀。

❸ 培养创新精神与实践能力。

7.1 数字频带信号

　　在实际中，并不是所有信道都能直接传送基带信号，大部分信道必须用基带信号来控制载波波形的某些参量，基带信号变化会导致载波的这些参量随之变化，这个过程称为调制。数字调制是用载波信号的某些离散状态来表征所传送的信息，在接收端对载波信号的离散调制参量进行检测。数字调制信号也称键控信号。经过调制以后的信号放在信道中传输，称为数字信号频带传输，其系统框图如图7.1所示。

图 7.1　数字信号频带传输系统框图

通常情况下，数字调制与模拟调制原理相同，能够通过模拟调制的方法实现数字调制。然而，与模拟信号不同，数字基带信号有离散取值的特点。基于此，数字基带信号的离散状态可以使用载波的某些离散状态来表示。利用数字键控来实现数字调制的方法称为键控法。

7.2　数字调制原理

7.2.1　二进制幅度键控

1. 2ASK 的一般原理及实现方法

幅度键控是指正弦载波的幅度随数字基带信号变化而变化的数字调制。二进制幅度键控（2 amplitude shift keying，2ASK）是指用正弦载波的不同幅度（该幅度只有两种变化状态）来分别代表二进制信息"0"和"1"。它的实现方法有两种，分别是模拟相乘法和键控法，图7.2所示是采用乘法器实现的2ASK调制。

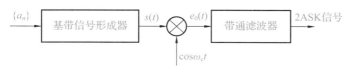

图 7.2　采用乘法器实现的 2ASK 调制

设数字信号是由二进制码元"0"和"1"组成的序列，若"0"出现的概率为 P，那么"1"出现的概率为 $1-P$，且它们彼此独立。一个二进制幅度键控信号可以表示成一个单极性矩形脉冲序列与一个正弦载波相乘，即

$$s(t) = \sum_n a_n g(t-nT_s) \tag{7.1}$$

式中，a_n 为

$$a_n = \begin{cases} 0, & \text{以概率 } P \text{ 出现} \\ 1, & \text{以概率 } 1-P \text{ 出现} \end{cases} \tag{7.2}$$

T_s 是二进制基带信号时间间隔；$g(t)$ 是持续时间为 T_s 的矩形脉冲，有

$$g(t) = \begin{cases} 1, & 0 \leq t \leq T_s \\ 0, & \text{其他} \end{cases} \tag{7.3}$$

则二进制幅度键控信号可表示为

$$e_{2ASK}(t) = \sum_n a_n g(t-nT_s) \cos\omega_c t \tag{7.4}$$

其典型波形如图7.3所示。

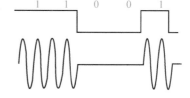

图 7.3　2ASK 典型波形

2. 2ASK 信号的功率谱及带宽

设 $g(t) \leftrightarrow G(f)$，$s(t) \leftrightarrow S(f)$，$e_0(t) \leftrightarrow E_0(f)$，由基带传输系统的功率谱密度求得

$$G(f) = T_s S_a(\pi f T_s) \cdot e^{-j\pi f T_s} \tag{7.5}$$

$$E_0(\omega) = \frac{1}{2}[S(f+f_c) + S(f-f_c)] \tag{7.6}$$

假如 $S(f+f_c)$ 和 $S(f-f_c)$ 在频率轴上互不重叠，则 $e_0(t)$ 的功率谱为

$$P_e(f) = \frac{1}{4}\left[P_s(f+f_c) + P_s(f-f_c) \right] \tag{7.7}$$

式中，$P_s(f)$ 为 $s(t)$ 的功率谱，可见，知道 $P_s(f)$ 后即可知道 $P_e(f)$。

二进制随机序列 $s(t)$ 的功率谱为

$$P_s(f) = f_s p(1-p) \mid G(f) \mid^2 + f_s^2 (1-p)^2 \sum_{m=-\infty}^{\infty} \mid G(mf_s) \mid^2 \cdot \delta(f-mf_s) \tag{7.8}$$

根据 $g(t)$ 的频谱特性，对于 $m \neq 0$（$\sin m\pi = 0$）的整数有 $G(mf_s) = 0$，故 $s(t)$ 的功率谱为

$$P_s(f) = f_s p(1-p) \cdot \mid G(f) \mid^2 + f_s^2 (1-p)^2 \mid G(0) \mid^2 \cdot \delta(f) \tag{7.9}$$

$e_0(t)$ 的功率谱为

$$P_e(f) = \frac{1}{4} f_s p(1-p) \left[\mid G(f+f_c) \mid^2 + \mid G(f-f_c) \mid^2 \right] + \frac{1}{4} f_s^2 (1-p)^2 \mid G(0) \mid^2 \left[\delta(f+f_c) + \delta(f-f_c) \right] \tag{7.10}$$

当 $p = \frac{1}{2}$ 时，$e_0(t)$ 的功率谱为

$$P_e(f) = \frac{1}{16} f_s \left[\mid G(f+f_c) \mid^2 + \mid G(f-f_c) \mid^2 \right] + \frac{1}{16} f_s^2 \mid G(0) \mid^2 + \left[\delta(f+f_c) + \delta(f-f_c) \right] \tag{7.11}$$

将式（7.11）代入式（7.12），整理后可得 $e_0(t)$ 的功率谱为

$$P_e(f) = \frac{T_s}{16} \{ \mid Sa\left[\pi(f+f_c)T_s \right] \mid^2 + \mid Sa\left[\pi(f-f_c)T_s \right] \mid^2 \} + \frac{1}{16} \left[\delta(f+f_c) + \delta(f-f_c) \right] \tag{7.12}$$

2ASK 信号的功率谱如图 7.4 所示。由图 7.4 可得，2ASK 信号 $e_0(t)$ 的功率谱由两部分组成，即连续谱和离散谱；$s(t)$ 经线性调制后的双边带谱决定了连续谱；2ASK 信号的频带宽度是基带脉冲带宽 B_s 的两倍。这与模拟 AM、DSB 一样。若只计算基带脉冲频谱的主瓣，则其带宽为

$$B_{2ASK} = 2B_s = 2f_s \tag{7.13}$$

3. 2ASK 的解调

2ASK 信号有两种基本的解调方法：非相干解调法（包络检波法）和相干解调法。相比于模拟调制解调，数字调制解调会增加一个"抽样判决器"方框，它可以提高数字信号的接收性能。二进制振幅键控信号解调器原理方框图如图 7.5 所示。2ASK 信号非相干解调过程的时间波形如图 7.6 所示。

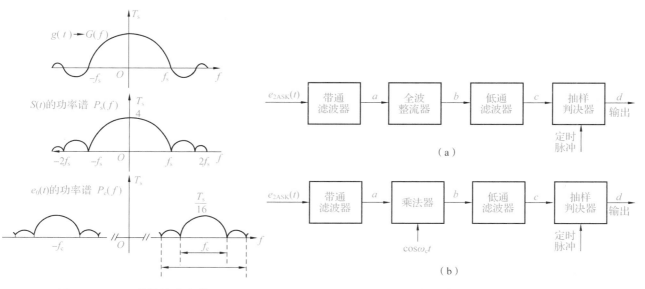

图 7.4 2ASK 信号的功率谱

图 7.5 二进制振幅键控信号解调器原理方框图
（a）非相干解调法；（b）相干解调法

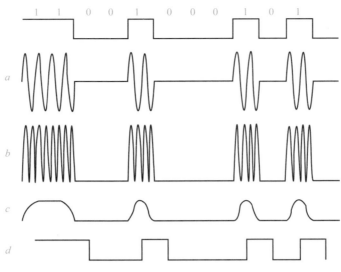

图 7.6　2ASK 信号非相干解调过程的时间波形

7.2.2　二进制频率键控

1. 2FSK 信号的产生及波形

频率键控利用正弦载波的频率变化来传递数字信息。二进制频率键控（2 frequency shift keying，2FSK）指正弦载波的频率随二进制基带信号在 f_1 和 f_2 两个频率点之间变化。2FSK 信号的产生有两种方法：模拟调频法和键控法，如图 7.7 所示。

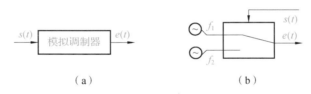

（a）　　　　　　　　　　（b）

图 7.7　2FSK 信号的产生

（a）模拟调频法；（b）键控法

模拟调频法利用数字基带信号控制压控振荡器的输出频率从而获得 2FSK 信号，其优点是 2FSK 信号的相位在码元变换时刻不发生跳变且包络恒定，缺点是频率稳定度差。

若二进制基带信号的"1"对应载波频率 f_1，"0"对应载波频率 f_2，则二进制频率键控信号的时域表达式为

$$e_{2FSK}(t)=\Big[\sum_n a_n g(t-nT_s)\Big]\cos(\omega_1 t+\varphi_n)+\Big[\sum_n b_n g(t-nT_s)\Big]\cos(\omega_2 t+\theta_n) \tag{7.14}$$

式中，a_n 和 b_n 分别为

$$a_n=\begin{cases}0,&\text{以概率 } P \text{ 出现}\\1,&\text{以概率 } 1-P \text{ 出现}\end{cases} \tag{7.15}$$

$$b_n=\begin{cases}0,&\text{以概率 } 1-P \text{ 出现}\\1,&\text{以概率 } P \text{ 出现}\end{cases} \tag{7.16}$$

b_n 是 a_n 的反码，即若 $a_n=1$，则 $b_n=0$；若 $a_n=0$，则 $b_n=1$。于是 $b_n=\overline{a_n}$。φ_n 和 θ_n 分别代表 a_n 和 b_n 中第 n 个信号码元的初始相位。在二进制频率键控信号中，φ_n 和 θ_n 不携带信息，通常可令 φ_n 和 θ_n 为零。

因此，二进制频率键控信号的时域表达式可简化为

$$e_{2FSK}(t) = \left[\sum_n a_n g(t-nT_s) \right] \cos\omega_1 t + \left[\sum_n \bar{a}_n g(t-nT_s) \right] \cos\omega_2 t \qquad (7.17)$$

2FSK 信号的典型波形如图 7.8 所示。

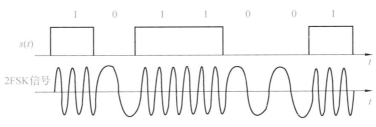

图 7.8　2FSK 信号的典形波形

2. 2FSK 信号的功率谱及带宽

在相位连续和相位不连续两种不同的情况下，2FSK 信号的频谱也不同。由于后者分析相对较简单，下面将作重点介绍。

已知 2FSK 调制是非线性调制，它的分析有难度，但 2FSK 信号可以表示成频率分别为 f_1 和 f_2 的两个 2ASK 信号的叠加。两个 2ASK 信号的"1"码元和"0"码元在时间上永远不会同时出现，因此 2FSK 信号的功率谱密度可以看成是这两个 2ASK 信号功率谱密度之和，即

$$e_{2FSK}(t) = s_1(t)\cos\omega_1 t + s_2(t)\cos\omega_2 t \qquad (7.18)$$

根据二进制幅度键控信号的功率谱密度，可以得到二进制频率键控信号的功率谱密度 $P_{2FSK}(f)$ 为

$$P_{2FSK}(f) = \frac{1}{4}\left[P_{s_1}(f+f_1) + P_{s_1}(f-f_1) \right] + \frac{1}{4}\left[P_{s_2}(f+f_2) + P_{s_2}(f-f_2) \right] \qquad (7.19)$$

令概率 $P = \dfrac{1}{2}$，将二进制数字基带信号的功率谱密度公式代入可得

$$P_{2FSK}(f) = \frac{T_s}{16}\left[\left| \frac{\sin\pi(f+f_1)T_s}{\pi(f+f_1)T_s} \right|^2 + \left| \frac{\sin\pi(f-f_1)T_s}{\pi(f-f_1)T_s} \right|^2 \right] + \frac{T_s}{16}\left[\left| \frac{\sin\pi(f+f_2)T_s}{\pi(f+f_2)T_s} \right|^2 + \left| \frac{\sin\pi(f-f_2)T_s}{\pi(f-f_2)T_s} \right|^2 \right]$$

$$+ \frac{1}{16}\left[\delta(f+f_1) + \delta(f-f_1) + \delta(f+f_2) + \delta(f-f_2) \right] \qquad (7.20)$$

由式（7.20）可得，相位不连续的 2FSK 信号的功率谱由离散谱和连续谱组成，如图 7.9 所示。其中，离散谱位于两个载频 f_1 和 f_2 处；连续谱由中心分别位于 f_1 和 f_2 处的两个双边谱叠加形成。若两个载波频差小于 f_s，则连续谱单峰出现在频率 f_c 处；若载波频差大于 f_s，则连续谱出现双峰。若以二进制频率键控信号功率谱第 1 个零点处的频率间

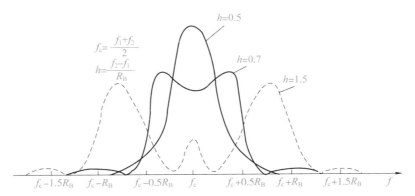

图 7.9　相位不连续的 2FSK 信号的功率谱示意图

隔计算二进制频率键控信号的带宽，则该二进制频率键控信号的带宽 B_{2FSK} 为

$$B_{2FSK} = |f_2 - f_1| + 2f_s \qquad (7.21)$$

其中，$f_s = \dfrac{1}{T_s}$。

3. 2FSK 的解调

二进制频率键控信号有多种解调方法。例如，有模拟鉴频法和数字检测法，还有非相干解调法和相干解调法。二进制频率键控信号解调器的原理如图 7.10 所示，二进制频率键控信号被分解成上下两路二进制幅度键控信号后，对它们分别解调，由抽样判决器比较上下两路的样值，从而判决出输出信号。

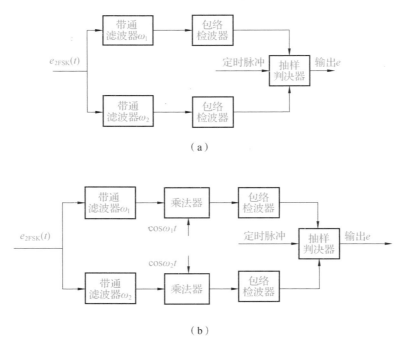

（a）

（b）

图 7.10　二进制频率键控信号解调器的原理

（a）非相干解调；（b）相干解调

以非相干解调为例，二进制频率键控信号通过带通滤波器提取出不同频率的信号，再将两条支路的信号分别通过包络检波器，然后进行抽样判决，最终恢复与原数字信号对应的数字基带信号。2FSK 非相干解调过程的时间波形如图 7.11 所示。

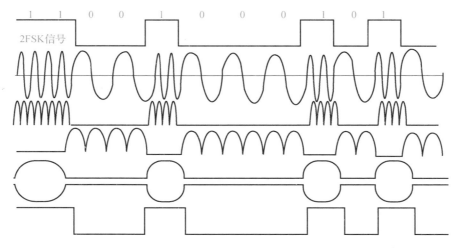

图 7.11　2FSK 非相干解调过程的时间波形

7.2.3　二进制相位键控

1. 2PSK 的一般原理及实现方法

相位键控是正弦载波的相位随数字基带信号变化而变化的数字键控。二进制相位键控(2 phase shift keying,2PSK)是指用正弦载波的不同相位(初始相位为 0 和 π)来分别代表二进制信号"0"和"1"。未调正弦载波的相位是信号相位变化的参考依据,因此,数字信号是用载波相位的绝对数值来表示的,称为绝对相位。二进制相位键控信号的产生方法有两种:模拟调制和数字键控,其调制原理分别如图 7.12(a)和图 7.12(b)所示。

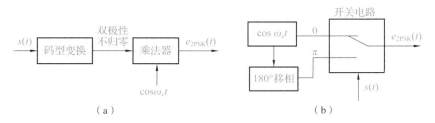

图 7.12　2PSK 信号的调制原理

(a)模拟调制;(b)数字键控

二进制相位键控信号的时域表达式为

$$e_{2PSK}(t) = \left[\sum_n a_n g(t-nT_s) \right] \cos\omega_c t \tag{7.22}$$

2ASK 与 2FSK 不同的是,在 2PSK 调制中,a_n 应选择双极性,即

$$a_n = \begin{cases} 1, & \text{以概率 } P \text{ 出现} \\ -1, & \text{以概率 } 1-P \text{ 出现} \end{cases} \tag{7.23}$$

若 $g(t)$ 是脉宽为 T_s、高度为 1 的矩形脉冲,则有

$$e_{2PSK}(t) = \begin{cases} \cos\omega_c t, & \text{以概率 } P \text{ 出现} \\ -\cos\omega_c t, & \text{以概率 } 1-P \text{ 出现} \end{cases} \tag{7.24}$$

由式(7.12)可看出,当发送二进制符号"1"时,已调信号 $e_{2PSK}(t)$ 取 0 相位;当发送二进制符号"0"时,$e_{2PSK}(t)$ 取 π 相位。若用 φ_n 表示第 n 个符号的绝对相位,则有

$$\varphi_n = \begin{cases} 0, & \text{发送"1"符号} \\ \pi, & \text{发送"0"符号} \end{cases} \tag{7.25}$$

这种以载波的不同相位直接表示相应二进制数字信号的调制方式,称为二进制绝对相位键控方式。一种典型的二进制相位键控信号的时间波形如图 7.13 所示。

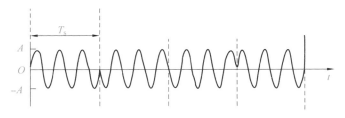

图 7.13　一种典型的二进制相位键控信号的时间波形

2. 2PSK 信号的解调

2PSK 信号的解调通常采用相干解调,其解调原理如图 7.14 所示。在相干解调过程中,如何得到与接收的 2PSK 信号同频的相干载波是极其重要的问题,有关问题将在第 11 章同步原理中介绍。

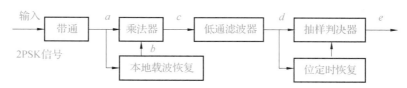

图 7.14　2PSK 信号的解调原理

2PSK 信号相干解调过程中各点的时间波形如图 7.15 所示。当恢复的相干载波产生 180° 倒相时，解调出的数字基带信号与发送的数字基带信号正好相反，即"1"变为"0"、"0"变为"1"，解调器输出的数字信号全部出错，这种现象称为"倒 π"现象。在 2PSK 信号的载波恢复过程中，存在 180° 的相位模糊，导致 2PSK 信号的相干解调存在随机的"倒 π"现象，故在实际中一般很少采用 2PSK。

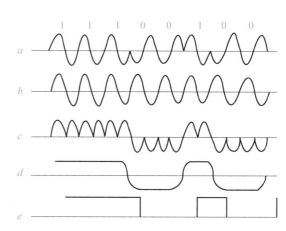

7.2.4　二进制差分相位键控

1. 2DPSK 的一般原理及实现方法

7.2.3 节中指出如果采用绝对相位，在发送端和

图 7.15　2PSK 信号相干解调过程中各点的时间波形

接收端都必须有一个相位作基准。若是参考相位数值变化，将会使恢复的数字信号产生错码，即"1"变为"0"、"0"变为"1"，因此通常情况下不采用 2PSK。而差分相位键控（2 differential phase shift keying，2DPSK）能够克服这个缺点。2DPSK 是用前后相邻码元的载波相对相位变化来表示数字信号的。假设前后相邻码元的载波相位差为 $\Delta\Phi$，可定义一种数字信号与 $\Delta\Phi$ 之间的关系为

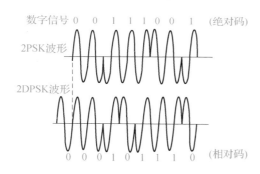

图 7.16　2PSK 信号与 2DPSK 信号的波形

$$\begin{cases} \Delta\Phi = \pi \rightarrow 数字信号为"1" \\ \Delta\Phi = 0 \rightarrow 数字信号为"0" \end{cases} \tag{7.26}$$

若 2PSK 信号调制规则为用载波的 0 相位代表数字信号"1"，π 相位代表数字信号"0"，比较 2PSK 信号与 2DPSK 信号的波形，如图 7.16 所示。

由图 7.16 可知，2DPSK 波形的同一相位所对应的数字信号并不相同，数字信号的符号取决于前后码元的相位差。相对码经过绝对移相也可以形成 2DPSK。鉴于此，正确判定原信息的前提条件有两个：已知是绝对的还是相对的相位键控方式；相对移相信号可以看成是把数字信息序列（绝对码）变换成相对码，再根据相对码进行绝对移相而形成的。

2DPSK 信号的调制同样有两种实现方法：模拟相乘法和键控法，分别如图 7.17（a）和图 7.17（b）所示。首先将绝对码通过码型变换电路形成相对码，再进行 2DPSK 调制。

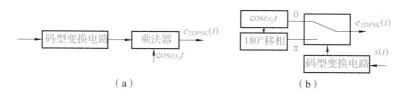

图 7.17　2DPSK 信号调制原理

（a）模拟相乘法；（b）键控法

2DPSK 信号调制过程的波形如图 7.18 所示。

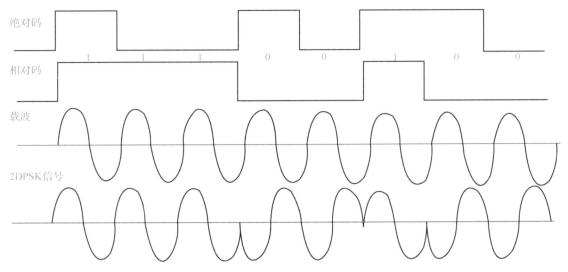

图 7.18 2DPSK 信号调制过程的波形

2. 2DPSK 的解调

2DPSK 信号解调的实现方法有两种：极性比较法和相位比较法。极性比较法的解调原理和解调过程中各点的波形如图 7.19 所示，其解调原理是采用相干解调由 2DPSK 信号恢复相对码，该码通过码反变换器转换为绝对码，从而恢复发送的二进制数字信号。相干载波在解调过程中会产生 180° 相位模糊，因而解调出的相对码将倒置，但是经过码反变换器后，输出的绝对码不会出现任何倒置，从而解决了载波相位模糊的问题。

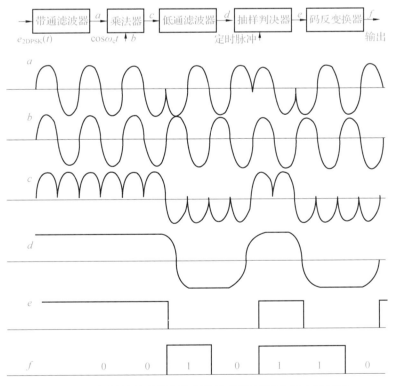

图 7.19 极性比较法的解调原理和解调过程中各点的波形

2DPSK 信号采用相位比较法的解调原理和解调过程中各点的时间波形如图 7.20 所示。它的解调原理是对前后码元的相位差进行直接比较，从而恢复发送的二进制数字信号。因为在解调的同时还完成了码反变换，所以解调器中不再需要码反变换器。差分相干解调方法是一种非相干解调方法，这是因为它不需要专门的相干载波。

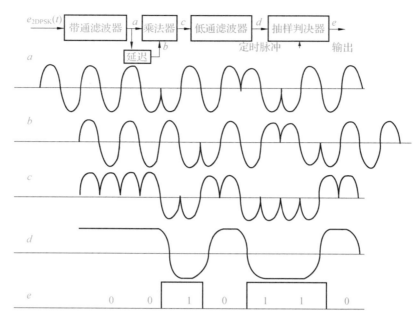

图 7.20　相位比较法的解调原理和解调过程中各点的时间波形

3. 2PSK 及 2DPSK 信号的功率谱密度

相比于 2PSK 信号的解调过程，2DPSK 信号的解调过程只差一个码变换及一个码反变换，而这并不影响它的频谱结构，即 2DPSK 信号的频谱与 2PSK 信号的频谱完全相同，所以下面只分析 2PSK 信号频谱。已知 2PSK 和 2ASK 的形式完全相同，只是 a_n 的取值不同，因此采用与 2ASK 信号功率谱密度相同的求法，即可得到 2PSK 信号的功率谱密度。

2PSK 信号的功率谱密度为

$$P_{2PSK}(f) = \frac{1}{4}[P_s(f+f_c) + P_s(f-f_c)] \tag{7.27}$$

因为 $g(t)$ 是双极性矩形脉冲信号，所以式(7.27)可变为

$$P_{2PSK}(f) = f_s P(1-P)[\,|G(f+f_c)|^2 + |G(f-f_c)|^2] + \frac{1}{4}f_s^2(1-2P)^2|G(0)|^2[\delta(f+f_c) + \delta(f-f_c)] \tag{7.28}$$

若二进制基带信号采用矩形脉冲，且"1"符号和"0"符号出现的概率相等，即 $P = \frac{1}{2}$，则 2PSK 信号的功率谱密度可以简化为

$$P_{2PSK}(f) = \frac{T_s}{4}\left[\left|\frac{\sin\pi(f+f_c)T_s}{\pi(f+f_c)T_s}\right|^2 + \left|\frac{\sin\pi(f-f_c)T_s}{\pi(f-f_c)T_s}\right|^2\right] \tag{7.29}$$

由前述可得，2PSK 信号频谱由连续谱和离散谱构成。若双极性信号等概率出现，则只存在连续谱部分。2PSK 信号与 2ASK 信号的连续谱结构基本相同，二者仅相差一个常数因子。显然，2PSK 信号与 2ASK 信号的带宽也完全相同。

趣味小课堂： 天通一号卫星移动通信系统是我国自主研制建设的卫星移动通信系统，也是我国空间信息基础设施的重要组成部分，被誉为"中国版的海事卫星"，它标志着我国打破了国外垄断，正式进入地球同步轨道移动通信卫星俱乐部。天通系统已经实现对我国领土、领海的全面覆盖，为用户提供全天候、全天时、稳定可靠的移动通信服务。用户使用天通卫星手机或终端在卫星服务区内，可进行语音、短信、数据通信及位置服务。天通系统使用 1740 号段作为业务号码，现实生活中支持天通系统的终端已有 25 款之多。

7.3 二进制数字调制系统的抗噪声性能

7.3.1 2ASK 系统的抗噪声性能

设在 2ASK 系统中发送一个码元的时间 T_s 内，输入波形为

$$S_T(t) = \begin{cases} A\cos\omega_c t, & \text{发送"1"时} \\ 0, & \text{发送"0"时} \end{cases} \tag{7.30}$$

而接收波形为

$$y(t) = \begin{cases} a\cos\omega_c t + n(t), & \text{发送"1"时} \\ n(t), & \text{发送"0"时} \end{cases} \tag{7.31}$$

2ASK 信号的解调方法有包络检波法和相干解调法，但在解调器前端都需经过一个带通滤波器，其输出波形为

$$y_i(t) = \begin{cases} u_i(t) + n_i(t) & \text{发送"1"时} \\ n_i(t) & \text{发送"0"时} \end{cases} \tag{7.32}$$

其中，$n_i(t)$ 为加性高斯白噪声，其均值为零，方差为 σ^2，可表示为

$$n_i(t) = n_c(t)\cos\omega_c t - n_s(t)\sin\omega_c t \tag{7.33}$$

于是输出波形 $y_i(t)$ 可表示为

$$y_i(t) = \begin{cases} a\cos\omega_c t + n_c(t)\cos\omega_c t - n_s(t)\sin\omega_c t \\ n_c(t)\cos\omega_c t - n_s(t)\sin\omega_c t \end{cases} = \begin{cases} [a+n_c(t)]\cos\omega_c t - n_s(t)\sin\omega_c t, & \text{发送"1"时} \\ n_c(t)\cos\omega_c t - n_s(t)\sin\omega_c t, & \text{发送"0"时} \end{cases} \tag{7.34}$$

1. 包络检波法的系统性能

包络检波法比较简单，它的解调过程不需要相干载波，接收端带通滤波器的输出波形与相干解调法的输出波形相同，即

$$y_i(t) = \begin{cases} [a+n_c(t)]\cos\omega_c t - n_s(t)\sin\omega_c t, & \text{发送"1"时} \\ n_c(t)\cos\omega_c t - n_s(t)\sin\omega_c t, & \text{发送"0"时} \end{cases} \tag{7.35}$$

包络检波器能检测出输入波形包络的变化。包络检波器输入波形 $y(t)$ 可进一步表示为

$$y_i(t) = \begin{cases} \sqrt{[a+n_c(t)]^2+n_s^2(t)}\cos[\omega_c t + \varphi_1(t)], & \text{发送"1"时} \\ \sqrt{n_c^2(t)+n_s^2(t)}\cos[\omega_c t + \varphi_0(t)], & \text{发送"0"时} \end{cases} \tag{7.36}$$

式中，$\sqrt{[a+n_c(t)]^2+n_s^2(t)}$ 和 $\sqrt{n_c^2(t)+n_s^2(t)}$ 分别为发送"1"和发送"0"时的包络。

当发送"1"时，包络检波器的输出波形 $V_1(t)$ 为

$$V_1(t) = \sqrt{[a+n_c(t)]^2+n_s^2(t)} \tag{7.37}$$

当发送"0"时，包络检波器的输出波形 $V_0(t)$ 为

$$V_0(t) = \sqrt{n_c^2(t)+n_s^2(t)} \tag{7.38}$$

在 kT_s 时刻，包络检波器输出波形的样值为

$$V = \begin{cases} \sqrt{[a+n_c]^2 + n_s^2}, & 发送"1"时 \\ \sqrt{n_c^2 + n_s^2}, & 发送"0"时 \end{cases} \tag{7.39}$$

由随机信号分析可知，发送"1"码的包络一维概率密度函数服从广义瑞利分布；发送"0"码的包络一维概率密度函数服从瑞利分布。它们的一维概率密度函数分别为

$$f_1(V) = \frac{V}{\sigma_n^2} I_0\left(\frac{aV}{\sigma_n^2}\right) e^{-\frac{V^2 + a^2}{2\sigma_n^2}} \tag{7.40}$$

$$f_0(V) = \frac{V}{\sigma_n^2} e^{-\frac{V^2}{2\sigma_n^2}} \tag{7.41}$$

式(7.40)和式(7.41)中，σ_n^2 为窄带高斯噪声 $n(t)$ 的方差。

抽样判决器对输出包络进行判决，设判决门限值为 b，规定某一抽样时刻的样值 $V > b$，则判为"1"码；若 $V \leqslant b$，则判为"0"码。显然，选择的 b 值与判决的正确程度密切相关，选择的 b 值不同，得到的误码率也不同。

当发送符号为"1"时，若样值 V 小于或等于判决门限值 b，则产生将"1"符号判为"0"符号的错误，其错误概率 $P(0|1)$ 为

$$P(0|1) = P(V \leqslant b) = \int_0^b f_1(V)\,\mathrm{d}V = 1 - \int_b^\infty f_1(V)\,\mathrm{d}V = 1 - \int_b^\infty \frac{V}{\sigma_n^2} I_0\left(\frac{aV}{\sigma_n^2}\right) e^{-\frac{V^2 + a^2}{2\sigma_n^2}}\,\mathrm{d}V \tag{7.42}$$

式(7.42)中的积分值可以用 Marcum Q 函数(简称 Q 函数)计算，Q 函数定义为

$$Q(\alpha, \beta) = \int_\beta^\infty t I_0(\alpha t) e^{-\frac{t^2 + a^2}{2}}\,\mathrm{d}t \tag{7.43}$$

将 Q 函数代入式(7.42)可得

$$P(0|1) = 1 - Q(\sqrt{2r}, b_0) \tag{7.44}$$

式中，$b_0 = \dfrac{b}{\sigma_n}$ 可看为归一化门限值；$r = \dfrac{a^2}{2\sigma_n^2}$ 为信噪比。

同理，当发送符号为"0"时，若样值 V 大于判决门限 b，则产生将"0"符号判为"1"符号的错误，其错误概率 $P(1|0)$ 为

$$P(1|0) = P(V > b) = \int_b^\infty f_0(V)\,\mathrm{d}V = \int_b^\infty \frac{V}{\sigma_n^2} e^{-\frac{V^2}{2\sigma_n^2}}\,\mathrm{d}V = e^{-\frac{b^2}{2\sigma_n^2}} = e^{-\frac{b_0^2}{2}} \tag{7.45}$$

若发送"1"符号的概率为 $P(1)$，发送"0"符号的概率为 $P(0)$，则系统的总误码率 P_e 为

$$P_e = P(1)P(0|1) + P(0)P(1|0) = P(1)\left[1 - Q(\sqrt{2r}, b_0)\right] + P(0) e^{-\frac{b_0^2}{2}} \tag{7.46}$$

与同步检测法类似，在系统输入信噪比一定的情况下，系统误码率将与归一化门限值 b_0 有关。

包络检波时误码率可以用如图 7.21 所示的波形来几何表示。

可见，包络检波法的系统总误码率由输入信噪比 r 和归一化门限值 b_0 来决定。当 r 固定后，总误码率仅是 b_0 的函数，即选取不同的 b_0 值将直接影响系统的总误码率。

最佳归一化判决门限值 b_0^* 也可以通过求极值的方法得到，令

$$\frac{\partial P_e}{\partial b} = 0 \tag{7.47}$$

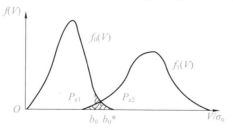

图 7.21　包络检波时总误码率波形的几何表示

可得

$$P(1)f_1(b^*) = P(0)f_0(b^*) \tag{7.48}$$

当 $P(1) = P(0)$ 时，有

$$f_1(b^*) = f_0(b^*) \tag{7.49}$$

式中，最佳判决门限值 $b^* = b_0^* \sigma_n$。将相应参数代入式(7.49)中，化简后可得

$$\frac{a^2}{2\sigma_n^2} = \ln I_0\left(\frac{ab^*}{\sigma_n}\right) \tag{7.50}$$

在大信噪比($r \gg 1$)的条件下，式(7.50)可近似为

$$\frac{a^2}{2\sigma_n^2} = \frac{ab^*}{\sigma_n^2} \tag{7.51}$$

此时，最佳判决门限值 b^* 为

$$b^* = \frac{a}{2} \tag{7.52}$$

最佳归一化判决门限值 b_0^* 为

$$b_0^* = \frac{b^*}{\sigma_n^2} = \sqrt{\frac{r}{2}} \tag{7.53}$$

在小信噪比($r \ll 1$)的条件下，式(7.50)可近似为

$$\frac{a^2}{2\sigma_n^2} = \frac{1}{4}\left(\frac{ab^*}{\sigma_n^2}\right)^2 \tag{7.54}$$

此时，最佳判决门限值 b^* 为

$$b^* = \sqrt{2\sigma_n^2} \tag{7.55}$$

最佳归一化判决门限值 b_0^* 为

$$b_0^* = \frac{b^*}{\sigma_n} = \sqrt{2} \tag{7.56}$$

在实际中，系统总是工作在大信噪比的情况下，因此最佳归一化判决门限值应取 $b_0^* = \sqrt{\dfrac{r}{2}}$。此时系统的总误码率 P_e 为

$$P_e = \frac{1}{2}\left[1 - Q(\sqrt{2r},\ b_0)\right] + \frac{1}{2}\exp\left(-\frac{b^2}{2}\right) = \frac{1}{2}\left\{1 - \left[1 - \frac{1}{2}\mathrm{erfc}\left(\frac{\sqrt{2r} - \sqrt{\dfrac{r}{2}}}{\sqrt{2}}\right)\right]\right\} + \frac{1}{2}e^{-\frac{r}{4}} \tag{7.57}$$

当 $r \to \infty$ 时，式(7.57)的下界为

$$P_e = \frac{1}{2}e^{-\frac{r}{4}} \tag{7.58}$$

式(7.58)表明，2ASK 系统的总误码率 P_e 随着信噪比 r 的增加而近似地按指数规律下降。

2. 相干解调法的系统性能

在相干器中将接收波与相干载波相乘，然后由低通滤波器滤除载频的二次谐波，此时抽样判决器的输入波形 $x(t)$ 为

$$x(t) = \begin{cases} a + n_c(t), & \text{发送"1"时} \\ n_c(t), & \text{发送"0"时} \end{cases} \tag{7.59}$$

式中，a 为信号成分；$n_c(t)$ 为低通型高斯噪声，其均值为零，方差为 σ_n^2。

设第 k 个符号的抽样时刻为 kT_s，则 $x(t)$ 在 kT_s 时刻的样值 x 为

$$x = \begin{cases} a + n_c(kT_s) \\ n_c(kT_s) \end{cases} = \begin{cases} a + n_c, & \text{发送"1"时} \\ n_c, & \text{发送"0"时} \end{cases} \tag{7.60}$$

式中，n_c是均值为零、方差为σ_n^2的高斯随机变量。由随机信号分析可得，发送"1"符号时，样值x的一维概率密度函数$f_1(x)$为

$$f_1(x) = \frac{1}{\sqrt{2\pi}\sigma_n}\exp\left[-\frac{(x-a)^2}{2\sigma_n^2}\right] \tag{7.61}$$

发送"0"符号时，样值x的一维概率密度函数$f_0(x)$为

$$f_0(x) = \frac{1}{\sqrt{2\pi}\sigma_n}\exp\left(-\frac{x^2}{2\sigma_n^2}\right) \tag{7.62}$$

样值x的一维概率密度函数如图7.22所示。

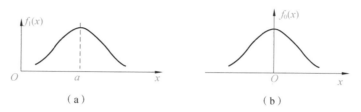

图 7.22　样值 x 的一维概率密度函数
(a)$f_1(x)$；(b)$f_0(x)$

　　假设抽样判决器的判决门限值为b，则当样值$x>b$时，判为"1"符号输出；当样值$x\leqslant b$时，判为"0"符号输出。当发送的符号为"1"时，若样值$x\leqslant b$而判为"0"符号输出，则产生将"1"符号判为"0"符号的错误；当发送的符号为"0"时，若样值$x>b$而判为"1"符号输出，则产生将"0"符号判为"1"符号的错误。

　　若发送的第k个符号为"1"，则其错误概率$P(0|1)$为

$$P(0|1) = P(x\leqslant b) = \int_{-\infty}^{b} f_1(x)\,\mathrm{d}x = \frac{1}{\sqrt{2\pi}\sigma_n}\int_{-\infty}^{b}\exp\left[-\frac{(x-a)^2}{2\sigma_n^2}\right]\mathrm{d}x = 1 - \frac{1}{2}\mathrm{erfc}\left(\frac{b-a}{\sqrt{2}\sigma_n}\right) \tag{7.63}$$

式中，$\mathrm{erfc}(x)$为

$$\mathrm{erfc}(x) = \frac{2}{\sqrt{\pi}}\int_{x}^{\infty}\exp(-y^2)\,\mathrm{d}y \tag{7.64}$$

同理，当发送的第k个符号为"0"时，其错误概率$P(1|0)$为

$$P(1|0) = P(x>b) = \int_{b}^{\infty} f_0(x)\,\mathrm{d}x = \frac{1}{\sqrt{2\pi}\sigma_n}\int_{b}^{\infty}\exp\left(-\frac{x^2}{2\sigma_n^2}\right)\mathrm{d}x = \frac{1}{2}\mathrm{erfc}\left(\frac{b}{\sqrt{2}\sigma_n}\right) \tag{7.65}$$

　　系统的总误码率为将"1"符号判为"0"符号的错误概率与将"0"符号判为"1"符号的错误概率的统计平均，即

$$P_e = P(1)P(0|1) + P(0)P(1|0) = P(1)\int_{-\infty}^{b} f_1(x)\,\mathrm{d}x + P(0)\int_{b}^{\infty} f_0(x)\,\mathrm{d}x \tag{7.66}$$

　　式(7.66)表明，当符号的发送概率$P(1)$、$P(0)$及概率密度函数$f_1(x)$、$f_0(x)$一定时，系统的总误码率P_e与判决门限值b的选择密切相关，其波形的几何表示如图7.23所示。总误码率P_e等于图中阴影的面积。若改变判决门限值b，阴影部分的面积将随之改变，即总误码率P_e的大小将随判决门限值b的变化而变化。进一步分析可得，当判决门限值b取$P(1)f_1(x)$

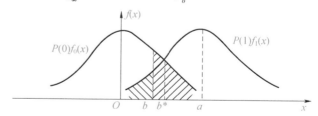

图 7.23　同步检测时总误码率波形的几何表示

与$P(0)f_0(x)$两条曲线的交点b^*时，阴影部分的面积最小，即判决门限值取b^*时，系统的总误码率P_e最

小，这个判决门限称为最佳判决门限。

最佳判决门限也可以通过求总误码率 P_e 关于判决门限 b 的最小值的方法得到，令

$$\frac{\partial P_e}{\partial b}=0 \tag{7.67}$$

可得

$$P(1)f_1(b^*)-P(0)f_0(b^*)=0 \tag{7.68}$$

即

$$P(1)f_1(b^*)=P(0)f_0(b^*) \tag{7.69}$$

将参数代入式(7.69)可得

$$\frac{P(1)}{\sqrt{2\pi}\sigma_n}\exp\left[-\frac{(b^*-a)^2}{2\sigma_n^2}\right]=\frac{P(0)}{\sqrt{2\pi}\sigma_n}\exp\left[-\frac{(b^*)^2}{2\sigma_n^2}\right] \tag{7.70}$$

化简式(7.70)可得

$$\exp\left[-\frac{(b^*-a)^2}{2\sigma_n^2}\right]=\frac{P(0)}{P(1)_n}\exp\left[-\frac{(b^*)^2}{2\sigma_n^2}\right] \tag{7.71}$$

$$b^*=\frac{a}{2}+\frac{\sigma_n^2}{a}\ln\frac{P(0)}{P(1)} \tag{7.72}$$

式(7.72)就是所求的最佳判决门限。

若发送"1"和"0"的概率相等，即 $P(1)=P(0)$，则最佳判决门限值 b^* 为

$$b^*=\frac{a}{2} \tag{7.73}$$

式(7.73)表明，当发送"1"和"0"的概率相等时，最佳判决门限值 b^* 为信号样值的二分之一。

当发送二进制符号"1"和"0"的概率相等，且判决门限值取 $b^*=\frac{a}{2}$ 时，对 2ASK 信号采用同步检测法进行解调，此时的误码率 P_e 为

$$P_e=\frac{1}{2}\text{erfc}\left(\sqrt{\frac{r}{4}}\right) \tag{7.74}$$

式中，$r=\frac{a^2}{2\sigma_n^2}$，表示信噪比。

若 $r\gg1$，即在大信噪比条件下，误码率 P_e 可近似表示为

$$P_e\approx\frac{1}{\sqrt{\pi r}}e^{-\frac{r}{4}} \tag{7.75}$$

7.3.2 2FSK 系统的抗噪声性能

2FSK 信号有多种解调方法，下面分别对包络检波法和同步检测法这两种方法的系统性能进行分析。

设 2FSK 系统的发送信号在一个码元时间 T_s 内的波形为

$$s_T(t)=\begin{cases}u_{1T}(t), & 发送"1"时\\u_{0T}(t), & 发送"0"时\end{cases} \tag{7.76}$$

其中，$u_{1T}(t)$ 和 $u_{0T}(t)$ 分别为

$$u_{1T}(t)=\begin{cases}A\cos\omega_1 t, & 0<t<T_s\\0, & 其他\end{cases} \tag{7.77}$$

$$u_{0T}(t)=\begin{cases}A\cos\omega_2 t, & 0<t<T_s\\0, & 其他\end{cases} \tag{7.78}$$

式(7.77)和式(7.78)中，ω_1 和 ω_2 分别为发送"1"符号和"0"符号时的载波角频率，T_s 为码元时间间隔。在 $(0, T_s)$ 时间间隔内，信道输出合成波形 $y_i(t)$ 为

$$y_i(t)=\begin{cases}Ku_{1T}(t)+n_i(t)\\Ku_{0T}(t)+n_i(t)\end{cases}=\begin{cases}a\cos\omega_1 t+n_i(t), & \text{发送"1"时}\\a\cos\omega_2 t+n_i(t), & \text{发送"0"时}\end{cases} \tag{7.79}$$

式中，$n_i(t)$ 为加性高斯白噪声，其均值为零，方差为 σ^2。

假设在 $(0, T_s)$ 时间间隔内所发送的码元为"1"（对应 ω_1），则这时送入抽样判决器的两路输入包络信号 $y_1(t)$ 和 $y_2(t)$ 分别为

$$y_1(t)=\begin{cases}a\cos\omega_1 t+n_1(t)\\n_1(t)\end{cases}=\begin{cases}[a+n_{1c}(t)]\cos\omega_1 t-n_{1s}(t)\sin\omega_1 t, & \text{发送"1"时}\\n_{1c}(t)\cos\omega_1 t-n_{1s}(t)\sin\omega_1 t, & \text{发送"0"时}\end{cases} \tag{7.80}$$

$$y_2(t)=\begin{cases}n_2(t)\\a\cos\omega_2 t+n_2(t)\end{cases}=\begin{cases}n_{2c}(t)\cos\omega_2 t-n_{2s}(t)\sin\omega_2 t, & \text{发送"1"时}\\[a+n_{2c}(t)]\cos\omega_2 t-n_{2s}(t)\sin\omega_2 t, & \text{发送"0"时}\end{cases} \tag{7.81}$$

1. 包络检波法的系统性能

若在 $(0, T_s)$ 时间间隔内发送"1"，则上下两条支路中带通滤波器的输出波形 $y_1(t)$ 和 $y_2(t)$ 分别为

$$y_1(t)=[a+n_{1c}(t)]\cos\omega_1 t-n_{1s}(t)\sin\omega_1 t=\sqrt{[a+n_{1c}(c)+n_{1s}^2(t)}\cos[\omega_1 t+\varphi_1(t)] \tag{7.82}$$

$$y_2(t)=n_{2c}(t)\cos\omega_2 t-n_{2s}(t)\sin\omega_2 t=\sqrt{n_{2c}^2(t)+n_{2s}^2(t)}\cos[\omega_2 t+\varphi_2(t)] \tag{7.83}$$

式(7.82)中，$V_1(t)=\sqrt{[a+n_{1c}(t)]^2+n_{1s}^2}$ 是 $y_1(t)$ 的包络；式(7.83)中，$V_2(t)=\sqrt{n_{2c}^2(t)+n_{2s}^2(t)}$ 是 $y_2(t)$ 的包络。在 kT_s 时刻，抽样判决器的样值分别为

$$V_1=\sqrt{[a+n_{1c}]^2+n_{1s}^2} \tag{7.84}$$

$$V_2=\sqrt{n_{2c}^2+n_{2s}^2} \tag{7.85}$$

由随机信号分析可知，V_1 服从广义瑞利分布，V_2 服从瑞利分布，则 V_1、V_2 的一维概率密度函数分别为

$$f(V_1)=\frac{V_1}{\sigma_n^2}I_0\left(\frac{aV_1}{\sigma_n^2}\right)e^{-\frac{V_1^2+a^2}{2\sigma_n^2}} \tag{7.86}$$

$$f(V_2)=\frac{V_2}{\sigma_n^2}e^{-\frac{V_2^2}{2\sigma_n^2}} \tag{7.87}$$

在判决时，若 $V_1(t)$ 的样值 V_1 大于 $V_2(t)$ 的样值 V_2，判决器输出为"1"，此时是正确判决；若 $V_1(t)$ 的样值 V_1 小于或等于 $V_2(t)$ 的样值 V_2，判决器输出为"0"，此时是错误判决。错误概率 $P(0\mid 1)$ 为

$$P(0\mid 1)=P(V_1\leq V_2)=\iint_c f(V_1)f(V_2)\mathrm{d}V_1\mathrm{d}V_2=\int_0^\infty f(V_1)\left[\int_{V_2=V_1}^\infty f(V_2)\mathrm{d}V_2\right]\mathrm{d}V_1$$

$$=\int_0^\infty\frac{V_1}{\sigma_n^2}I_0\left(\frac{aV_1}{\sigma_n^2}\right)e^{-\frac{V_1^2+a^2}{2\sigma_n^2}}\left(\int_{V_2=V_1}^\infty\frac{V_2}{\sigma_n^2}e^{-\frac{V_2^2}{2\sigma_n^2}}\mathrm{d}V_2\right)\mathrm{d}V_1=\int_0^\infty\frac{V_1}{\sigma_n^2}I_0\left(\frac{aV_1}{\sigma_n^2}\right)e^{-\frac{2V_1^2+a^2}{2\sigma_n^2}}\mathrm{d}V_1 \tag{7.88}$$

令 $t=\dfrac{\sqrt{2}V_1}{\sigma_n}$，$z=\dfrac{a}{\sqrt{2}\sigma_n}$，可得

$$P(0\mid 1)=\int_0^\infty\frac{1}{\sqrt{2}\sigma_n}\left(\frac{\sqrt{2}V_1}{\sigma_n}\right)I_0\left(\frac{a}{\sqrt{2}\sigma_n}\cdot\frac{\sqrt{2}V_1}{\sigma_n}\right)e^{-\frac{V_1^2}{\sigma_n^2}}e^{-\frac{a^2}{2\sigma_n^2}}\left(\frac{\sigma_n}{\sqrt{2}}\right)\mathrm{d}\left(\frac{\sqrt{2}V_1}{\sigma_n}\right)$$

$$=\frac{1}{2}\int_0^\infty I_0(zt)e^{-\frac{t^2}{2}}e^{-z^2}\mathrm{d}t=\frac{1}{2}e^{-\frac{z^2}{2}}\int_0^\infty tI_0(zt)e^{-\frac{t^2+z^2}{2}}\mathrm{d}t=\frac{1}{2}e^{-\frac{z^2}{2}}=\frac{1}{2}e^{-\frac{r}{2}} \tag{7.82}$$

式中，$r=\dfrac{a^2}{2\sigma_n^2}$。

同理，发送"0"符号时判为"1"的错误概率 $P(1\mid 0)$ 为

$$P(1 \mid 0) = P(V_1 > V_2) = \frac{1}{2}e^{-\frac{r}{2}} \tag{7.90}$$

2FSK 信号采用包络检波法解调时系统的总误码率 P_e 为

$$P_e = P(1)P(0 \mid 1) + P(0)P(1 \mid 0) = \frac{1}{2}e^{-\frac{r}{2}} \tag{7.91}$$

2. 同步检测法的系统性能

假设在 $(0, T_s)$ 时间间隔内发送"1"信号，则上下两条支路中带通滤波器的输出波形 $y_1(t)$ 和 $y_2(t)$ 分别为

$$y_1(t) = [a + n_{1c}(t)]\cos\omega_1 t - n_{1s}(t)\sin\omega_1 t \tag{7.92}$$

$$y_2(t) = n_{2c}(t)\cos\omega_2 t - n_{2s}(t)\sin\omega_2 t \tag{7.93}$$

$y_1(t)$ 与相干载波 $2\cos\omega_1 t$ 相乘后的波形 $z_1(t)$ 为

$$z_1(t) = 2y_1(t)\cos\omega_1 t = [a + n_{1c}(t)] + [a + n_{1c}(t)]\cos2\omega_1 t - n_{1s}(t)\sin2\omega_1 t \tag{7.94}$$

$y_2(t)$ 与相干载波 $2\cos\omega_2 t$ 相乘后的波形 $z_2(t)$ 为

$$z_2(t) = 2y_2(t)\cos\omega_2 t = n_{2c}(t) + n_{2c}(t)\cos2\omega_2 t - n_{2s}(t)\sin2\omega_2 t \tag{7.95}$$

$z_1(t)$ 和 $z_2(t)$ 分别通过上下两条支路中的低通滤波器后，输出 $x_1(t)$ 和 $x_2(t)$，其表达式分别为

$$x_1(t) = a + n_{1c}(t) \tag{7.96}$$

$$x_2(t) = n_{2c}(t) \tag{7.97}$$

式 (7.96) 和式 (7.97) 中，a 为信号成分；$n_{1c}(t)$ 和 $n_{2c}(t)$ 均为低通型高斯噪声，其均值为零，方差为 σ_n^2。因此，$x_1(t)$ 和 $x_2(t)$ 在 kT_s 时刻上样值的一维概率密度函数分别为

$$f(x_1) = \frac{1}{\sqrt{2\pi}\,\sigma_n}\exp\left[-\frac{(x_1 - a)^2}{2\sigma_n^2}\right] \tag{7.98}$$

$$f(x_2) = \frac{1}{\sqrt{2\pi}\,\sigma_n}\exp\left(-\frac{x_2^2}{2\sigma_n^2}\right) \tag{7.99}$$

当 $x_1(t)$ 的样值 x_1 小于 $x_2(t)$ 的样值 x_2 时，判决器输出"0"符号，产生将"1"符号判为"0"符号的错误，其错误概率 $P(0 \mid 1)$ 为

$$P(0 \mid 1) = P(x_1 < x_2) = P(x_1 - x_2 < 0) = P(z < 0) \tag{7.100}$$

式中，$z = x_1 - x_2$。由随机信号分析可知，z 是高斯随机变量，其均值为 a，方差为 $\sigma_z^2 = 2\sigma_n^2$，z 的一维概率密度函数 $f(z)$ 为

$$f(z) = \frac{1}{\sqrt{2\pi}\,\sigma_z}\exp\left[-\frac{(z - a)^2}{2\sigma_z^2}\right] = \frac{1}{2\sqrt{\pi}\,\sigma_n}\exp\left[-\frac{(z - a)^2}{4\sigma_n^2}\right] \tag{7.101}$$

因此，错误概率 $P(0 \mid 1)$ 为

$$P(0 \mid 1) = P(x_1 < x_2) = P(z < 0) = \int_{-\infty}^{0} f(z)\,\mathrm{d}z = \frac{1}{\sqrt{2\pi}\,\sigma_z}\int_{-\infty}^{0}\exp\left[-\frac{(x - a)^2}{2\sigma_z^2}\right]\mathrm{d}z = \frac{1}{2}\mathrm{erfc}\left(\sqrt{\frac{r}{2}}\right) \tag{7.102}$$

同理，发送"0"而错判为"1"的概率 $P(1 \mid 0)$ 为

$$P(1 \mid 0) = P(x_1 > x_2) = \frac{1}{2}\mathrm{erfc}\left(\sqrt{\frac{r}{2}}\right) = \frac{1}{2}\mathrm{erfc}\left(\sqrt{\frac{r}{2}}\right) \tag{7.103}$$

于是可得 2FSK 信号采用同步检测法解调时系统的总误码率 P_e 为

$$P_e = P(1)P(0 \mid 1) + P(0)P(1 \mid 0) = \frac{1}{2}\mathrm{erfc}\left(\sqrt{\frac{r}{2}}\right) \tag{7.104}$$

式中，$r = \dfrac{a^2}{2\sigma_n^2}$，表示信噪比。在大信噪比条件下，即 $r \gg 1$ 时，总误码率 P_e 可近似表示为

$$P_e = \frac{1}{\sqrt{2\pi r}} e^{-\frac{r}{2}} \tag{7.105}$$

7.3.3 2PSK 和 2DPSK 系统的抗噪声性能

二进制相位键控方式可分为绝对相位和相对相位两种，相应的解调方法也有极性比较法和相位比较法两种，下面介绍它们的抗噪声性能。

1. 2PSK 信号极性比较法解调系统的抗噪声性能

2PSK 信号的相干解调法又称极性比较法。参照 2ASK 系统相干解调法并假设判决门限电平为 0 电平，在码元时间宽度 T_s 区间内，发送端产生的 2PSK 信号可表示为

$$s_T(t) = \begin{cases} u_{1T}(t), & \text{发送 "1" 时} \\ u_{0T}(t) = -u_{1T}(t), & \text{发送 "0" 时} \end{cases} \tag{7.106}$$

其中，u_{1T} 为

$$u_{1T}(t) = \begin{cases} A\cos\omega_c t, & 0 < t < T_s \\ 0, & \text{其他} \end{cases} \tag{7.107}$$

当发送 "1" 符号和发送 "0" 符号的概率相等时，最佳判决门限值 $b^* = 0$。此时，2PSK 系统的总误码率 P_e 为

$$P_e = P(1)P(0 \mid 1) + P(0)P(1 \mid 0) = \frac{1}{2}\mathrm{erfc}(\sqrt{r}) \tag{7.108}$$

在大信噪比 $(r \gg 1)$ 条件下，总误码率 P_e 可近似表示为

$$P_e \approx \frac{1}{2\sqrt{\pi r}} e^{-r} \tag{7.109}$$

2. 2DPSK 信号极性比较—码反变换法解调系统的抗噪声性能

2DPSK 信号的相干解调法又称极性比较—码反变换法。相比于 2PSK 信号极性比较法，2DPSK 信号解调后需要添加一个码反变换器。因此，2DPSK 极性比较法的误码率不仅要考虑 2PSK 信号极性比较法的误码率，还要考虑码反变换器造成的误码率。

由前面所学知识可知，即使码反变换器输入的相对码信号序列中连续出现 n 个错码，输出的绝对码信号序列中也只有两个错码。

设 P_e 为码反变换器输入端相对码序列的误码率，并假设每个码出错概率相等且统计独立，P_e' 为码反变换器输出端绝对码序列的误码率，可得

$$P_e' = 2P_1 + 2P_2 + \cdots + 2P_n + \cdots \tag{7.110}$$

式中，P_n 为码反变换器输入端相对码序列连续出现 n 个错码的概率，分析可得

$$\begin{cases} P_1 = (1-P_e)P_e(1-P_e) = (1-P_e)^2 P_e \\ P_2 = (1-P_e)P_e^2(1-P_e) = (1-P_e)^2 P_e^2 \\ \cdots \\ P_n = (1-P_e)P_e^n(1-P_e) = (1-P_e)^2 P_e^n \end{cases} \tag{7.111}$$

所以

$$P_e' = 2(1-P_e)^2(P_e + P_e^2 + \cdots + P_e^n + \cdots) = 2(1-P_e)^2 P_e(1 + P_e + P_e^2 + \cdots + P_e^n + \cdots) \tag{7.112}$$

因为误码率 $P_e \ll 1$，所以

$$P_e' = 2(1-P_e)P_e \tag{7.113}$$

将 2PSK 信号采用相干解调法时的误码率表达式代入式(7.113)中，可得 2DPSK 信号采用极性比较—码反变换法时的系统误码率为

$$P'_e = \frac{1}{2}\left[1-\left(\text{erf}\sqrt{r}\right)^2\right] \tag{7.114}$$

3. 2DPSK 信号相位比较法解调系统的抗噪声性能

2DPSK 信号采用相位比较法解调时会受到加性噪声干扰，因为相位比较法的参考信号没有固定的载频和相位。假设当前发送的码元是"1"码，且令前一个码元也是"1"码(也可以是"0"码)，则带通滤波器的输出 $y_1(t)$ 和延迟器的输出 $y_2(t)$ 分别为

$$y_1(t) = a\cos\omega_c t + n_1(t) = \left[a+n_{1c}(t)\right]\cos\omega_c t - n_{1s}(t)\sin\omega_c t \tag{7.115}$$

$$y_2(t) = a\cos\omega_c t + n_2(t) = \left[a+n_{2c}(t)\right]\cos\omega_c t - n_{2s}(t)\sin\omega_c t \tag{7.116}$$

其中，$n_1(t)$ 和 $n_2(t)$ 分别为无延迟支路的窄带高斯噪声和有延迟支路的窄带高斯噪声，并且 $n_1(t)$ 和 $n_2(t)$ 相互独立。因此，低通滤波器的输出信号为

$$x = \frac{1}{2}\left[(a+n_{1c})(a+n_{2c})+n_{1s}n_{2s}\right] \tag{7.117}$$

若当 $x>0$ 时判决为"1"，当 $x\leqslant 0$ 时判决为"0"，则将"1"符号错判为"0"符号的概率为

$$P(0\mid 1) = P\{x\leqslant 0\} = P\left\{\frac{1}{2}(a+n_{1c})(a+n_{2c})+n_{1s}n_{2s}<0\right\} \tag{7.118}$$

利用恒等式

$$x_1 x_2 + y_1 y_2 = \frac{1}{4}\left\{\left[(x_1+x_2)^2+(y_1+y_2)^2\right]-\left[(x_1-x_2)^2+(y_1-y_2)^2\right]\right\} \tag{7.119}$$

令

$$R_1 = \sqrt{(2a+n_{1c}+n_{2c})^2+(n_{1s}+n_{2s})^2} \tag{7.120}$$

$$R_2 = \sqrt{(n_{1c}-n_{2c})^2+(n_{1s}-n_{2s})^2} \tag{7.121}$$

则有

$$P(0\mid 1) = P\{x\leqslant 0\} = P\{R_1\leqslant R_2\} \tag{7.122}$$

因为 n_{1c}、n_{2c}、n_{1s}、n_{2s} 是相互独立的高斯随机变量，且均值都为 0，方差都为 σ_n^2。由随机信号分析理论可知，R_1 服从广义瑞利分布，R_2 服从瑞利分布，其一维概率密度函数分别为

$$f(R_1) = \frac{R_1}{2\sigma_n^2}I_0\left(\frac{aR_1}{\sigma_n^2}\right)\exp\left[-\frac{(R_1^2+4a^2)}{4\sigma_n^2}\right] \tag{7.123}$$

$$f(R_2) = \frac{R_2}{2\sigma_n^2}\exp\left(-\frac{R_2^2}{4\sigma_n^2}\right) \tag{7.124}$$

可得

$$P(0\mid 1) = P\{x<0\} = P\{R_1<R_2\} = \int_0^\infty f(R_1)\left[\int_{R_2=R_1}^\infty f(R_2)\,dR_2\right]dR_1$$

$$= \int_0^\infty \frac{R_1}{2\sigma_n^2}I_0\left(\frac{aR_1}{\sigma_n^2}\right)e^{-\frac{R_1^2+4a^2}{4\sigma_n^2}}\left[\int_{R_2=R_1}^\infty \frac{R_2}{\sigma_n^2}e^{\frac{-R_2^2}{2\sigma_n^2}}dR_2\right]dR_1 \tag{7.125}$$

$$= \int_0^\infty \frac{R_1}{2\sigma_n^2}I_0\left(\frac{aR_1}{\sigma_n^2}\right)e^{-\frac{2R_1^2+4a^2}{4\sigma_n^2}}dR_1 = \frac{1}{2}e^{-r}$$

式中，$r=\dfrac{a^2}{2\sigma_n^2}$。同理，可以求得将"0"符号错判为"1"符号的概率为 $P(1\mid 0)=P(0\mid 1)$，即

$$P(1\mid 0) = \frac{1}{2}e^{-r} \tag{7.126}$$

因此，2DPSK 信号差分相干解调系统的总误码率 P_e 为

$$P_e = \frac{1}{2}e^{-r} \tag{7.127}$$

7.4 多进制数字调制系统

二进制键控调制系统中，每个码元只传输 1 bit 信息，因此频带利用率不高。为了提高频带利用率，最有效的办法是使一个码元传输多个比特的信息，这就是本节要学习的多进制数字调制系统。多进制键控可以看成是二进制键控的推广。若用多进制数字基带信号去调制载波的幅度、频率和相位，则将产生多进制数字幅度调制、多进制数字频率调制和多进制数字相位调制。和二进制数字调制系统相比，多进制数字调制系统有以下优点。

(1) 当码元传输速率相同时，其信息传输速率高于二进制数字调制系统。

(2) 当信息传输速率相同时，其码元传输速率低于二进制数字调制系统。如果增大码元宽度，将增加码元能量，同时将减少由信道特性引起的码间串扰。

(3) 当噪声相同时，其抗噪声性能低于二进制数字调制系统。

在信道频带受限的情况下，一般采用多进制数字调制系统，其优点是频带利用率更高，缺点是信号功率更大、实现起来更复杂。

7.4.1 多进制数字幅度调制系统

多进制数字幅度调制(multiple amplitude shift keying，MASK)系统中，M 进制数字幅度调制信号的载波幅度有 M 种取值，在每个符号时间间隔 T_s 内发送 M 种幅度中的一种幅度的载波信号。M 进制数字幅度调制信号可表示为 M 进制数字基带信号与正弦载波相乘的形式，其时域表达式为

$$e_{\text{MASK}}(t) = \sum_n a_n g(t - nT_s)\cos\omega_c t \tag{7.128}$$

式中，$g(t)$ 为基带信号波形；T_s 为符号时间间隔；a_n 为幅度值，通常情况下，$a_n \in \{0, 1, \cdots, M-1\}$，共有 M 种取值。

根据基带信号形式的不同，多进制数字幅度调制可采用不同的调制方式。假设输入的基带信号是四进制信号，该信号为单极性不归零信号，如图 7.24(a)所示；MASK 信号用不同的幅度值分别代表四种不同的电平信息，如图 7.24(b)所示，输入多电平双极性不归零信号如图 7.24(c)所示；抑制载波 MASK 信号如图 7.24(d)所示。

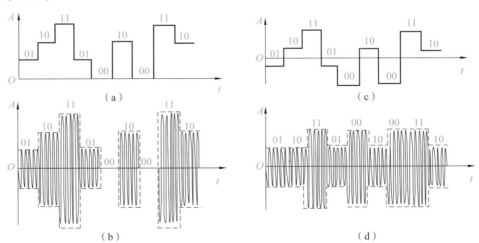

图 7.24 MASK 信号

(a)单极性不归零信号；(b)MASK 信号；(c)多电平双极性不归零信号；(d)抑制载波 MASK 信号

4ASK 信号拆分如图 7.25 所示。由图 7.25 可知，由时间上不重叠的多个 2ASK 信号可叠加成 4ASK 信号。同理，由时间上不重叠的 M 个不同振幅的 2ASK 信号相叠加可得到 M 进制数字幅度调制信号。M 进制数字幅度调制是指 M 进制数字基带信号对正弦载波进行双边带调幅，调幅后的信号带宽是基带信号带宽的 2 倍，而 M 个信号的功率谱密度之和与基带信号的功率谱密度相等。

除此之外，多进制数字幅度调制的方式还有多电平残留边带调制、多电平相关编码单边带调制和多电平正交调幅等。在多进制数字幅度调制中，基带信号不仅可以选择矩形波形，还可以选择其他波形，如升余弦滚降波形、部分响应波形等。

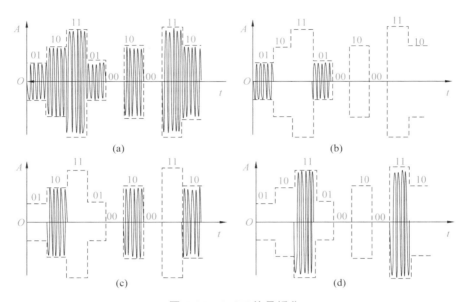

图 7.25　4ASK 信号拆分

(a)叠加而成的 4ASK 信号；(b)2ASK 信号一；(c)2ASK 信号二；(d)2ASK 信号三

与 2ASK 信号解调一样，多进制数字幅度调制信号的解调方法也有相干解调法和非相干解调法。假设发送端产生的多进制数字幅度调制信号的幅度分别为 $\pm d$、$\pm 3d$、$\cdots$、$\pm(M-1)d$，则发送波形可表示为

$$s_{\mathrm{T}}(t)=\begin{cases}\pm u_1(t), & \text{发送}\pm d\text{ 电平时}\\ \pm u_2(t), & \text{发送}\pm 3d\text{ 电平时}\\ \vdots & \vdots\\ \pm u_{\frac{M}{2}}(t), & \text{发送}\pm(M-1)d\text{ 电平时}\end{cases} \tag{7.129}$$

式中，$\pm u_1(t)$、$\pm u_2(t)$ 和 $\pm u_{\frac{M}{2}}(t)$ 分别为

$$\pm u_1(t)=\begin{cases}\pm d\cos\omega_c t, & 0\le t<T_s\\ 0, & \text{其他}\end{cases} \tag{7.130}$$

$$\pm u_2(t)=\begin{cases}\pm 3d\cos\omega_c t, & 0\le t<T_s\\ 0, & \text{其他}\end{cases} \tag{7.131}$$

$$\pm u_{\frac{M}{2}}(t)=\begin{cases}\pm(M-1)d\cos\omega_c t, & 0\le t<T_s\\ 0, & \text{其他}\end{cases} \tag{7.132}$$

对该 M 进制数字幅度调制信号进行相干解调，则系统的总误码率 P_e 为

$$P_e=\left(\frac{M-1}{M}\right)\mathrm{erfc}\left(\frac{3r}{M^2-1}\right) \tag{7.133}$$

式中，$r=\dfrac{s}{\sigma_n^2}$，表示信噪比。当 M 取不同值时，M 进制数字幅度调制系统的总误码率 P_e 与信噪比 r 的关系

曲线如图 7.26 所示。由图 7.26 可知，为了得到相同的误码率 P_e，所需的信噪比要随 M 增加而增大。例如，4ASK 系统和 2ASK 系统相比，其信噪比需要增加约 5 倍。

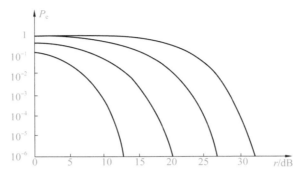

图 7.26　总误码率 P_e 与信噪比 r 的关系曲线

7.4.2　多进制数字频率调制系统

多进制数字频率调制（multiple frequency shift keying，MFSK）简称多频调制，是 2FSK 的简单推广。M 进制数字频率调制信号有 M 种载波频率，在每个符号时间间隔 T_s 内发送 M 种频率中的一种频率的载波信号。MFSK 信号可表示为

$$e_{\text{MFSK}}(t) = \sum_{i=1}^{M} s_i(t)\cos\omega_i t \tag{7.134}$$

式中，$i = 1, 2, \cdots, M$；ω_i 为载波角频率，共有 M 种取值；$s_i(t)$ 为

$$s_i(t) = \begin{cases} A, & \text{当在时间间隔 } 0 \leqslant t < T_s \text{ 内，发送符号为 } i \text{ 时} \\ 0, & \text{当在时间间隔 } 0 \leqslant t < T_s \text{ 内，发送符号不为 } i \text{ 时} \end{cases} \tag{7.135}$$

通常载波频率可选为 $f_i = \dfrac{n}{2T_s}$，其中 n 为正整数，此时 M 种发送信号相互正交。

MFSK 信号调制原理如图 7.27 所示。发送端采用键控选频的方式，在一个码元期间 T_s 内只有 M 种频率中的一种被选择输出。

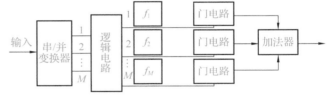

图 7.27　MFSK 信号调制原理

多进制数字频率调制信号的带宽近似为

$$B = |f_M - f_1| + \frac{2}{T_s} \tag{7.136}$$

可见，MFSK 信号具有较宽的频带，且频带利用率不高，通常应用于调制速率不高的场合。无线寻呼系统中的四电平调频频率配置方案如图 7.28 所示。

为了实现信号的恢复，MFSK 信号的接收端可以采用两种方法：非相干解调法和相干解调法。MFSK 信号非相干解调原理如图 7.29 所示，输入信号通过 M 个中心频率分别为 f_1、f_2、$\cdots$、f_M 的带通滤波器，分离出需发送的 M 个频率，再通过包络检波器、抽样判决器和逻辑电路，最终恢复二进制信息。

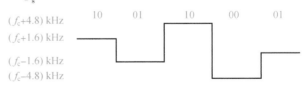

图 7.28　无线寻呼系统中的四电平调频频率配制方案

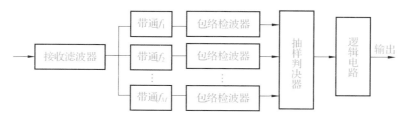

图 7.29　MFSK 信号非相干解调原理

MFSK 信号采用非相干解调时的误码率为

$$P_e = \int_0^\infty x\exp\left(-\frac{z^2 + a^2}{\frac{\sigma_n^2}{2}}\right)I_0\left(\frac{xa}{\sigma_n}\right)\left[1 - \left(1 - e^{-\frac{z^2}{2}}\right)^{M-1}\right]dz \approx \left(\frac{M-1}{2}\right)e^{-\frac{r}{2}} \qquad (7.137)$$

式中，r 为平均接收信号的信噪比。

MFSK 信号采用相干解调时的误码率为

$$P_e = \frac{1}{\sqrt{2\pi}}\int_{-\infty}^\infty \exp\left[-\frac{1}{2\left(x - \frac{a}{\sigma_n}\right)^2}\right]\left[1 - \left(\frac{1}{\sqrt{2\pi}}\right)\int_{-\infty}^x e^{-\frac{u^2}{2}}du\right]^{M-1}dx \approx \left(\frac{M-1}{2}\right)\mathrm{erfc}\left(\sqrt{\frac{r}{2}}\right) \qquad (7.138)$$

多进制数字频率调制系统误码率性能曲线如图 7.30 所示。其中，实线为相干解调，虚线为非相干解调。由图 7.30 可知，若 M 值固定，信噪比 r 越大，误码率 P_e 就越小；若 r 值固定，M 越大，P_e 就越大。另外，M 值越大，相干解调和非相干解调的性能差距就越小；若 M 值相同，信噪比 r 越大，非相干解调的性能和相干解调的性能就越接近。

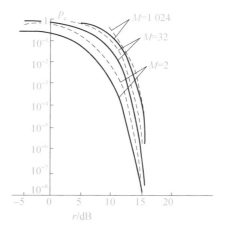

图 7.30　多进制数字频率调制
系统误码率性能曲线

7.4.3　多进制数字相位调制系统

多进制数字相位调制(multiple phase shift keying，MPSK)简称多相调制，它是利用载波的多种不同相位来表征数字信息的调制方式。多进制数字相位调制方式有两种：绝对相位调制和差分相位调制。

一般用信号矢量图来描述 MPSK 信号。图 7.31 所示为二进制数字相位调制信号矢量图，参考相位是 0 载波相位，载波相位只有 0 和 π 或 $\pm\frac{\pi}{2}$ 两种取值，它们分别代表"1"和"0"。图 7.32 所示为四进制数字相位调制信号矢量图，用做参考的载波相位有 0、$\frac{\pi}{2}$、π 和 $\frac{3\pi}{2}$(或 $\frac{\pi}{4}$、$\frac{3\pi}{4}$、$\frac{5\pi}{4}$ 和 $\frac{7\pi}{4}$)，它们分别代表信号"11""10""00""01"。

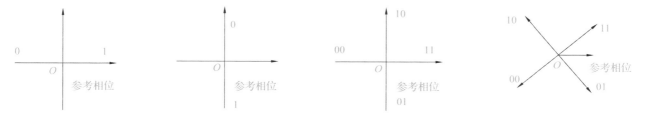

图 7.31　二进制数字相位调制信号矢量图　　　　图 7.32　四进制数字相位调制信号矢量图

图 7.33 是 8PSK 信号矢量图，8 种载波相位分别为 $\frac{\pi}{8}$、$\frac{3\pi}{8}$、$\frac{5\pi}{8}$、$\frac{7\pi}{8}$、$\frac{9\pi}{8}$、$\frac{11\pi}{8}$、$\frac{13\pi}{8}$ 和 $\frac{15\pi}{8}$，分别表

示信号"111""110""010""011""001""000""100""101"。

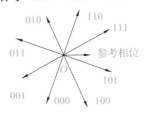

图 7.33　8PSK 信号矢量图

在 M 进制数字相位调制中，数字信号是用载波相位的 M 种不同取值来表示的，因此 M 进制数字相位调制信号可以表示为

$$e_{\text{MPSK}}(t) = \sum_n g(t - nT_s)\cos(\omega_c t + \varphi_n) \tag{7.139}$$

式中，$g(t)$ 为信号包络波形，通常为矩形波，幅度为 1；T_s 为码元时间宽度；ω_c 为载波角频率；φ_n 为第 n 个码元对应的相位，共有 M 种取值。

对于二相调制，φ_n 可取 0 和 π；对于四相调制，φ_n 可取 0、$\dfrac{\pi}{2}$、π 和 $\dfrac{3\pi}{2}$；对于八相调制，φ_n 可取 $\dfrac{\pi}{8}$、$\dfrac{3\pi}{8}$、$\dfrac{5\pi}{8}$、$\dfrac{7\pi}{8}$、$\dfrac{9\pi}{8}$、$\dfrac{11\pi}{8}$、$\dfrac{13\pi}{8}$ 和 $\dfrac{15\pi}{8}$。

M 进制数字相位调制信号也可以表示为正交形式，即

$$
\begin{aligned}
e_{\text{MPSK}}(t) &= \left[\sum_n g(t - nT_s)\cos\varphi_n\right]\cos\omega_c t - \left[\sum_n g(t - nT_s)\sin\varphi_n\right]\sin\omega_c t \\
&= \left[\sum_n a_n g(t - nT_s)\right]\cos\omega_c t - \left[\sum_n b_n g(t - nT_s)\right]\sin\omega_c t \\
&= I(t)\cos\omega_c t - Q(t)\sin\omega_c t
\end{aligned} \tag{7.140}
$$

式中，$I(t)$ 和 $Q(t)$ 分别为

$$I(t) = \sum_n a_n g(t - nT_s) \tag{7.141}$$

$$Q(t) = \sum_n b_n g(t - nT_s) \tag{7.142}$$

此时，对于四相调制，有

$$\begin{cases} a_n \text{ 取 } 0,\ 1 \\ b_n \text{ 取 } 0,\ 1 \end{cases}$$

或

$$\begin{cases} a_n \text{ 取 } \pm 1 \\ b_n \text{ 取 } \pm 1 \end{cases}$$

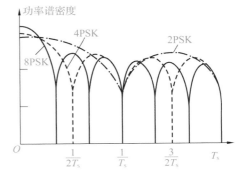

图 7.34　M 进制数字相位调制信号的功率谱

图 7.34 所示为 M 进制数字相位调制信号的功率谱。在信息速率相同时，对于 2PSK、4PSK 和 8PSK 信号的单边功率谱，M 值越大，功率谱主瓣就越窄，频带利用率就越高。

趣味小课堂：可见光通信系统的设计可利用多进制数字调制技术。可见光通信并非是出现不久的新兴概念，其历史可以追溯到电话刚刚诞生的年代。19 世纪 80 年代，贝尔与他的同事因发明了世界上第一台电话机而被世人所熟知，但其实他还有另一项伟大的发明——光线电话（photophone）。1880 年，贝尔发现了一个有趣的玩法：通过调节光束的变化来传递语音信号，可以进行双方无线对话。这就是人类第一次实现无线电话，利用的正是可见光通信。可惜当时电话尚未普及，光线电话也被认为实现难度大、实用价值不高，因而没能得到实际推广。进入 21 世纪后，随着 LED 等科技产品的逐步普及，可见光通信再度兴起，并且取得了新的突破。

7.5　MATLAB 实践

【例 7.1】用 MATLAB 产生相互独立且等概率出现的二进制信源。

（1）画出 2ASK 信号的波形及其功率谱；

（2）画出 2PSK 信号的波形及其功率谱；

（3）画出 2FSK 信号的波形及其功率谱（设 $|f_1-f_2| \gg \dfrac{1}{T_s}$）。

MATLAB 程序如下：

```
clear all;
close all;
A=1;
fc=2;
sample_number=8;
code_number=500;
Ts=1;
dt=Ts/fc/sample_number;
t=0:dt:code_number*Ts- dt;
Lt=length(t);
digital_signal=sign(randn(1,code_number));
bi_digital_signal=sigexpand((digital_signal+1)/2,fc*sample_number);
gt=ones(1,fc*sample_number);

figure(1)
subplot(221);
d_NRZ=conv(bi_digital_signal,gt);
plot(t,d_NRZ(1:length(t)))
axis([0 10 0 1.2]);title('输入信号');
subplot(222);
[f,d_NRZf]=T2F(t,d_NRZ(1:length(t)));
plot(f,10*log10(abs(d_NRZf).^2/Ts));
axis([-2 2 -50 40]);
title('输入信号功率谱（dB/Hz）');
ht=A*cos(2*pi*fc*t);
s_2ask=d_NRZ(1:Lt).*ht;
subplot(223)
plot(t,s_2ask);
axis([0 10 -1.2 1.2]);
title('2ASK');
[f,s_2askf]=T2F(t,s_2ask);
subplot(224)
plot(f,10*log10(abs(s_2askf).^2/Ts));
axis([-fc-4 fc+4 -50 40]);title('2ASK 功率谱（dB/Hz）');
figure(2)
d_2psk=2*d_NRZ-1;
s_2psk=d_2psk(1:Lt).*ht;
subplot(221)
plot(t,s_2psk);
axis([0 10 -1.2 1.2]);
title('2PSK');
subplot(222)
[f,s_2pskf]=T2F(t,s_2psk);
plot(f,10*log10(abs(s_2pskf).^2/Ts))
axis([-fc-4 fc+4 -50 40]);title('2PSK 功率谱（dB/Hz）');
sd_2fsk=2*d_NRZ-1;
s_2fsk=A*cos(2*pi*fc*t+2*pi*sd_2fsk(1:length(t)).*t);
subplot(223)
```

```
plot(t,s_2fsk)
axis([0 10 −1.2 1.2]);xlabel('t');title('2FSK')
subplot(224)
[f,s_2fskf]=T2F(t,s_2fsk)

plot(f,10*log10(abs(s_2fskf.^2/Ts))
axis([−fc−4 fc+4 −50 40]);xlabel('f');title('2FSK 功率谱(dB/Hz)')
```

运行结果如图 7.35 所示。

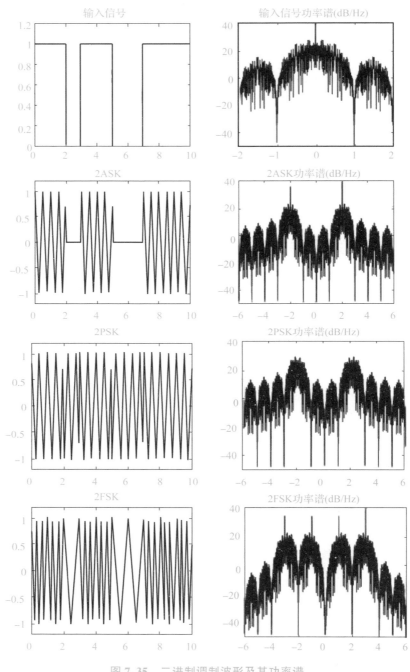

图 7.35　二进制调制波形及其功率谱

【例 7.2】设信道加性高斯白噪声的双边功率谱密度为 $\frac{N_0}{2}$，发送信号平均每符号包含的能量为 E_s，利用 MATLAB 仿真 MPSK 系统在 AWGN 信道下的误码率。

MATLAB 程序如下：

```
clear all;
close all;

M=4;

dB=3:0.5:10;
EsN0=10.^(dB/10);
Es=1;
N0=10.^(-dB/10);
sigma=sqrt(N0/2);

error=zeros(1,length(dB));
s_data=zeros(1,length(dB));

for i=1:length(dB)
    error(i)=0;
    s_data(i)=0;
    while error(i)<1000
        %%%产生信源1,2,3,4 均匀分布
        d=ceil(rand(1,10000)*M);
        %%%调制成 QPSK 信号(复基带形式)
        s=sqrt(Es)*exp(j*2*pi/M*(d-1));
        %%%加入信道噪声(复噪声)
        r=s+sigma(i)*(randn(1,length(d))+j*randn(1,length(d)));
        %%%判决
        for m=1:M %%%计算距离
            rd(m,:)=abs(r-sqrt(Es)*exp(j*2*pi/M*(m-1)));
        end
        for m=1:length(s) %%%判决距离最近的点
            dd(m)=find(rd(:,m)==min(rd(:,m)));
            if dd(m)~=d(m)
                error(i)=error(i)+1;
            end
        end
        s_data(i)=s_data(i)+10000;
    end
    %%% drawnow
    %%% semilogy(EsN0dB,error./(s_data+eps));hold on;
end

Pe=error./s_data;
```

```
%%%理论计算的误码率结果
Ps=erfc(sqrt(EsN0)*sin(pi/M));
semilogy(dB,Pe,' b*- ');hold on;
semilogy(dB,Ps,' rd- ');
xlabel(' Es/N0(dB)');ylabel('误码率');
legend('仿真结果','理论计算结果')
```

运行结果如图 7.36 所示。

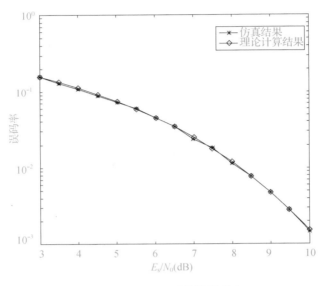

图 7.36   MPSK 系统的误码率

思考与练习

1. 什么是数字调制？它和模拟调制有哪些异同点？什么是幅度键控、频率键控、绝对相位键控和相对相位键控？

2. 2PSK 信号和 2DPSK 信号可以用哪些方法产生和解调？其对应功率谱密度有何特点？试比较它们与 2ASK 信号的功率谱密度。

3. 已知某 2ASK 系统的码元传输速率为 10^3 B，所用的载波信号为 $A\cos(4\pi\times10^6 t)$。

(1)设所传送的数字信息为 011001，试画出相应的 2ASK 信号波形示意图；

(2)求 2ASK 信号的第一零点带宽。

4. 设某 2PSK 调制系统的码元传输速率为 1 200 B，已调信号的载频为 2 400 Hz。

(1)若发送数字信息为 010110，试画出相应的 2PSK 信号波形；

(2)若采用相干解调法进行解调，试画出各点的时间波形；

(3)若发送"0"和"1"的概率分别为 0.6 和 0.4，试求出该 2PSK 信号的功率谱密度。

5. 假设在某 2DPSK 系统中，载波频率为 2 400 Hz，码元传输速率为 1 200 B，已知相对码序列为 1100010111。

(1)试画出 2DPSK 信号的波形(注：相位偏移 $\Delta\varphi$ 可自行假设)；

(2)若采用差分相干解调法接收该信号，试画出解调过程中各点的波形；

(3)若发送信息符号"0"和"1"的概率分别为 0.6 和 0.4，试求出 2DPSK 信号的功率谱密度。

6. 设载频为 1 800 Hz，码元传输速率为 1 200 B，发送数字信息为 011010。

（1）若相位偏移 $\Delta\varphi = 0°$ 代表"0"，$\Delta\varphi = 180°$ 代表"1"，试画出这时的 2DPSK 信号波形；

（2）若相位偏移 $\Delta\varphi = 270°$ 代表"0"，$\Delta\varphi = 90°$ 代表"1"，试画出这时的 2DPSK 信号波形。

注：在画以上波形时，幅度可自行假设。

7. 若采用 2ASK 方式传送二进制数字信息，已知码元传输速率为 $R_B = 2 \times 10^6$ B，接收端解调器输入信号的幅度为 $a = 40$ μV，信道加性噪声为高斯白噪声，且其单边功率谱密度为 $n_0 = 6 \times 10^{-18}$ W/Hz。试求：

（1）非相干解调时系统的误码率；

（2）相干解调时系统的误码率。

8. 若采用 2ASK 方式传送二进制数字信息，已知发送端发出的信号幅度为 5 V，解调器输入端的高斯噪声功率为 $\sigma_n^2 = 3 \times 10^{-12}$ W，现要求误码率为 $P_e = 10^{-4}$，试求：

（1）非相干解调时，由发送端到解调器输入端的衰减应为多少？

（2）相干解调时，由发送端到解调器输入端的衰减应为多少？

9. 对 2ASK 信号进行相干解调，已知发送"1"（有信号）的概率为 P，发送"0"（无信号）的概率为 $1-P$，发送信号的峰值幅度为 5 V，带通滤波器输出端的正态噪声功率为 3×10^{-12} W。

（1）若 $P = \dfrac{1}{2}$、$P_e = 10^{-4}$，则发送信号传输到解调器输入端时一共衰减多少分贝？这时的最佳判决门限值为多少？

（2）$P > \dfrac{1}{2}$ 时的最佳判决门限比 $P = \dfrac{1}{2}$ 时的最佳判决门限大还是小？

（3）若 $P = \dfrac{1}{2}$，$r = 10$ dB，求 P_e。

10. 若某 2FSK 系统的码元传输速率为 2×10^6 B，数字信息为"1"时的频率 f_1 为 10 MHz，数字信息为"0"时的频率 f_2 为 10.4 MHz，解调器输入端的信号峰值幅度为 $a = 40$ μV，信道加性噪声为高斯白噪声，且其单边功率谱密度为 $n_0 = 6 \times 10^{-18}$ W/Hz。试求：

（1）2FSK 信号的第一零点带宽；

（2）非相干解调时系统的误码率；

（3）相干解调时系统的误码率。

11. 已知码元传输速率为 $R_B = 10^3$ B，接收端输入噪声的双边功率谱密度为 $\dfrac{n_0}{2} = 10^{-10}$ W/Hz，现要求误码率为 $P_e = 10^{-5}$。试分别计算出 2ASK 相干解调系统、2FSK 非相干解调系统、2PSK 相干解调系统和 2DPSK 差分相干解调系统所要求的输入信号功率。

12. 已知数字信息为"1"时，发送信号的功率为 1 kW，信道衰减为 60 dB，接收端解调器输入的噪声功率为 10^{-4} W。试求 2ASK 非相干解调系统及 2PSK 相干解调系统的误码率。

13. 设发送数字信息序列为 +1 -1 -1 -1 -1 -1 +1 +1，试画出 MASK 信号的相位变化图。若码元传输速率为 1 000 B，载频为 3 000 Hz，试画出 MASK 信号的波形。

14. 设有一采用滚降基带信号的 MPSK 通信系统，若采用 4PSK 调制，并要求达到 4 800 bit/s 的信息速率，试做如下计算。

（1）求最小理论带宽。

（2）若取滚降系数为 0.5，求所需要的传输带宽。

（3）若保持传输带宽不变，而信息速率加倍，则调制方式应如何变？

（4）若保持调制方式不变，而信息速率加倍，为保持相同的误码率，发送信号功率应如何变？

（5）若给定传输带宽为 2.4 kHz，并改用 8PSK 调制，仍要求满足 4 800 bit/s 的信息速率，求滚降系数 α。

第 8 章

信源及信源编码

信源是产生消息或消息序列的源头。信源输出的是信号,信号是消息的载体,消息是信息的物理形式,信息是消息和信号的内涵,信号、消息、信息三者之间既有联系又有不同。本章仅讨论信源发出的电信号及电信号和信息之间的关系。

📖 学 习 目 标

知识与技能目标

❶ 了解信源的概念、分类及统计特性。

❷ 掌握信息量、信息熵的计算原理。

❸ 掌握常见的信源编码方法。

❹ 学会使用 MATLAB 编程实现编译码。

素质目标

❶ 培养通过理论思考解决实际工程问题的能力。

❷ 培养实践能力和创新能力。

❸ 激发在实践中探索新知的热情。

8.1 信源的分类及统计特性

8.1.1 信源的分类

1. 离散信源与连续信源

信源可分为两大类型:离散(或数字)信源和连续(或模拟)信源。文字信源、电报信源以及各类数据信源均是以数字信号为载体进行信息传递的,属于离散信源;未经数字化的语音信源、图像信源、温度信源等是以模拟信号为载体进行信息传递的，属于连续信源。离散信源和连续信源输出的消息分别称为离散消息和连续消息。

2. 单个消息信源与消息序列信源

若离散信源中仅含有一个消息（符号），而这个消息是一个不确定量，比如它可以是二进制数中的"0"或"1"，也可以是 26 个英文字母中的某一个，还可以是数万个汉字中的某一个，则称它为单个消息（符号）信源。如果离散信源中含有多个消息（符号），并且每个消息都是一个不确定量，可以有多种取值，则称它为消息序列信源。

消息序列信源可以认为是单个消息信源的组合。实际中，离散信源多为消息序列信源。

3. 无记忆信源和有记忆信源

消息序列信源的输出可以用符号序列 $X = \{X_1, X_2, \cdots, X_l, \cdots, X_L\}$ 表示，其中 X_l 是在第 l 时刻产生的符号，它是一个随机变量，其取值范围为有限字符集 $\{x_1, x_2, \cdots, x_n\}$。如果符号序列中各 X_l 相互统计独立，相应的信源就是无记忆信源；如果符号序列中各 X_l 相互统计关联，相应的信源就是有记忆信源。实际信源常常是有记忆信源。

4. 简单信源

如果无记忆信源中各 X_l 服从同一概率分布，即对于任意 X_l，其取值为 $x_i (i = 1, 2, \cdots, n)$ 时的概率 $P(x_i)$ 都相同，且 $\sum_{i=1}^{n} P(x_i) = 1$，则相应的信源就称为简单信源。

5. 平稳信源和各态历经信源

对于有记忆信源，需要用联合概率空间来描述，其概率分布为

$$P\{(X_1, X_2, \cdots, X_l, \cdots, X_L) = (x_{i_1}, x_{i_2}, \cdots, x_{i_l}, \cdots, x_{i_L})\}$$
$$= P\{X_{m+1} = x_{i_1}, X_{m+2} = x_{i_2}, \cdots, X_{m+l} = x_{i_l}, \cdots, X_{m+L} = x_{i_L}\} \tag{8.1}$$

式中，$i = 1, 2, \cdots, n$。

如果上述概率分布与随机变量 X_l 的下标无关，即对于任意整数 m 有

$$P\{X_1 = x_{i_1}, X_2 = x_{i_2}, \cdots, X_l = x_{i_l}, \cdots, X_L = x_{i_L}\} = P\{X_{m+1} = x_{i_1}, X_{m+2} = x_{i_2}, \cdots, X_{m+l} = x_{i_l}, \cdots, X_{m+L} = x_{i_L}\}$$
$$\tag{8.2}$$

那么相应的有记忆信源就称为平稳信源。平稳信源可以理解为随机序列中各消息统计特性与序列所处时间无关的信源。

简单无记忆信源的概率分布为

$$P\{X_1 = x_{i_1}, X_2 = x_{i_2}, \cdots, X_l = x_{i_l}, \cdots, X_L = x_{i_L}\} = \prod_{l=1}^{L} P\{X_l = x_{i_l}\} \tag{8.3}$$

如果各 X_l 取值为任一 x_i 的概率 $P(x_i)$ 都相同，即有

$$P(x_1) = P(x_2) = \cdots = P(x_i) = \cdots = P(x_n) = P \tag{8.4}$$

那么式（8.3）可化为

$$P\{X_1 = x_{i_1}, X_2 = x_{i_2}, \cdots, X_l = x_{i_l}, \cdots, X_L = x_{i_L}\} = \prod_{l=1}^{L} P\{X_l = x_{i_l}\} = P^L \tag{8.5}$$

此时该简单无记忆信源就是等概率无记忆信源。

若信源输出的随机序列具有各态历经性（遍历性），即可以从随机序列的一个样本序列中估计出它的数字特征（均值和相关函数），则相应的平稳信源就称为各态历经信源。

6. 有限记忆信源和马尔可夫信源

在有记忆信源中，若 X_l 的取值只与前面的有限个随机变量有关，则此时的有记忆信源称为有限记忆信源。可用条件概率分布 $P\{X_l | X_{l-1}, X_{l-2}, \cdots, X_{l-m}\}$ 来描述有限记忆信源的统计特性，其中 m 为正整

数，称为记忆阶数，相应的信源称为 m 阶记忆信源。例如，$m=1$ 为一阶记忆信源，$m=2$ 为二阶记忆信源，依次类推。实际应用时，常用有限记忆信源来仿真实际信源。

若随机序列中任意一个随机变量的取值只与前面的一个随机变量有关（$m=1$），或者随机序列中任意连续 K 个随机变量组成的一个状态只与前面的连续 K 个随机变量组成的前一个状态统计关联，其统计特性可用马尔可夫链来描述，则相应的信源称为马尔可夫信源。

7. 二进制信源和多进制信源

随机变量的取值为两种状态时称为二进制信源，为多种状态时称为多进制信源。

8.1.2 信源的统计特性模型

1. 单个消息信源

首先讨论最简单、最基本的单个消息信源。它一般可以采用单个消息取值范围 X 以及消息取值为 x_i 时的概率 $P(x_i)$ 来共同描述，表达式为 $[X, P(x_i)]$。

例如，对于离散、单个消息的二进制等概率信源，可表示为

$$\begin{bmatrix} X \\ P(x_i) \end{bmatrix} = \begin{bmatrix} X=0 & X=1 \\ P(0) & P(1) \end{bmatrix} = \begin{bmatrix} 0 & 1 \\ \dfrac{1}{2} & \dfrac{1}{2} \end{bmatrix} \tag{8.6}$$

同理，可给出单个连续变量信源的表达式为

$$\begin{bmatrix} X \\ P(x) \end{bmatrix} = \begin{bmatrix} x \in (a, b) \\ p(x) \end{bmatrix} \tag{8.7}$$

式中，$p(x)$ 表示取连续值 x 时的概率密度。

2. 消息序列信源

实际信源是由最基本的单个消息信源组合而成的。离散时，它是一个消息序列，在数学描述上可以写成一个随机序列 $X = \{X_1, X_2, \cdots, X_l, \cdots, X_L\}$，这说明离散实际信源的随机序列 X 具有两个重要特征：在横轴方向上它是由 $l(l=1, 2, \cdots, L)$ 个单个消息（符号）X_l 构成的；在纵轴方向上每个消息（符号）X_l 都是一个随机变量，当 $X_l = x_i (i=1, 2, \cdots, n)$ 时，它有 n 种取值可能。连续时，它是一个模拟消息，在数学描述上可以写成一个随机过程 $X(\omega, t)$，简记为 $X(t)$，其中 $\omega \in (-\infty, +\infty)$，$t \in (-T, +T)$。在某一时刻 $t=t_i$，$X(\omega, t_i)$ 是一个取值为 $\omega = k [k \in (-\infty, +\infty)]$ 的连续随机变量。实际上，文字信源、数据信源，以及数字化以后的语音信源和图像信源均可表达成离散消息序列信源；语音信源与图像信源等模拟信源均可表达成连续随机过程 $X(t)$ 信源。

实践证明，只要满足限时、限数这类物理上可实现的基本条件，模拟信源就可以离散化为离散消息序列信源来表达。因此对于实际信源的统计描述，这里仅讨论消息序列信源。

对离散消息序列信源进行描述时，也可以采用类似于对单个消息信源的描述方法。假设消息序列信源由 L 个消息（符号）构成，且消息序列中每个消息（符号）取值集合（范围）是相同的，用 X 表示，则消息序列信源的取值集合可以表示为

$$X^L = X \cdot X \cdot \cdots \cdot X \text{（共计 } L \text{ 个 } X\text{）} \tag{8.8}$$

这时，信源输出的是一个 L 维随机矢量 X，X 的取值集合可以表示为

$$X = \{X_1, X_2, \cdots, X_l, \cdots, X_L\} \tag{8.9}$$

随机矢量 X 的具体取样值 x 为

$$x = \{x_1, x_2, \cdots, x_l, \cdots, x_L\} \tag{8.10}$$

取样值 x 对应的概率 $P(x)$ 为

$$P(x) = P\{x_1, x_2, \cdots, x_l, \cdots, x_L\} = P(x_1)P\{x_2 \mid x_1\}P\{x_3 \mid x_1, x_2\} \cdots P\{x_L \mid x_1, \cdots, x_{L-1}\} \tag{8.11}$$

这是一个 L 维联合概率。

根据信源是否允许失真，又可以将信源划分为无失真信源与限失真信源两类。对于无失真消息序列信源，可以采用消息序列的取值集合 X^L 及其对应的概率 $P(x)$ 来共同描述，表达式为 $[X^L, P(x)]$，也可以写为

$$\begin{bmatrix} X^L \\ P(x) \end{bmatrix} = \begin{bmatrix} X=x_1 & X=x_2 & \cdots & X=x_n \\ P(x_1) & P(x_2) & \cdots & P(x_n) \end{bmatrix} \tag{8.12}$$

消息序列长度为 $l=\{1, 2, \cdots, L\}$，而每个消息 x_i 又有 n 种可能的取值，即 $x_i=\{x_1, x_2, \cdots, x_n\}$，因此整个消息序列总共有 n^L 种取值。

对于离散消息序列信源，还可以进一步划分为无记忆离散消息序列信源与有记忆离散消息序列信源两类，当序列中的前后消息相互统计独立时，称为无记忆离散消息序列信源，否则称为有记忆离散消息序列信源。对于简单的无记忆离散消息序列信源，由式(8.11)可导出

$$P(x_1, x_2, \cdots, x_l, \cdots, x_L) = \prod_{l=1}^{L} P(x_l) \tag{8.13}$$

式(8.13)在等概率条件下可变为

$$P(x_1, x_2, \cdots, x_l, \cdots, x_L) = \prod_{l=1}^{L} P(x_l) = P^L \tag{8.14}$$

实际通信中的脉冲编码调制(PCM)信源就属于这类信源。

有记忆信源是指消息序列中前后消息间不满足统计独立条件的信源，实际信源一般均属于此类。但是描述这类信源比较困难，特别是消息序列中记忆长度 L 很大时，需要掌握全部记忆区域内的 L 维概率统计特性。在实际处理时，特别是当消息序列中任意一个消息仅与前面一个消息有直接统计关联时，或者推而广之，当消息序列中由 K 个消息组成的一个消息状态仅与前面 K 个消息组成的前一个消息状态有直接统计关联时，称该信源为一阶马氏链信源。若这类一阶马氏链信源又满足齐次与遍历的条件(这里齐次是指消息的条件转移概率随时间推移不发生变化，即与所在时间位置无关；遍历则是指当转移步数足够大时，序列的联合概率特性基本上与起始状态概率无关)，则在这种特殊情况下对信源的描述与分析可以进一步简化，比如数字图像信源往往可以采用这一模型作为分析的近似模型。

8.2　信息熵及互信息量

信源就其信息实质来说，具有不确定性，那么信息与不确定性之间是什么关系呢？这种不确定性应如何利用客观概率来表达呢？这就是本节所要讨论的问题实质：信源输出的消息(或符号)所包含信息的定量度量问题。

在正式讨论信息定量度量之前，先简要地介绍一下信息的基本概念。在通信中，信息是指信源的内容与含义。信源所表达的内容与含义是信道待传送的内容与含义，它是一个抽象的哲学表达层次上的概念，在通信中至少可以从两个不同的层次来进一步描述与刻画它。

通信中描述信息的第一个层次是在工程领域中经常采用的最为具体的物理表达层次，该层次的代表是信号。信号是一个物理量，可描述、可测量、可显示。通信中待传送的信息以信号参量的形式载荷在信号上，这些参量可以是信号的振幅、频率、相位，还可以是参量的有与无。就物理表达层次来看，信息是信号所载荷的内容与含义。

通信中描述信息的第二个层次是在理论领域中常采用的较为抽象的数学表达层次，该层次的代表是消息(或符号)，它将抽象的待传送的信息从数学实质上加以分类：一类为离散信源，即数字信源，它可以用相应的随机变量 X、随机变量序列 $P(X_1, X_2, \cdots, X_l, \cdots, X_L)$ 来描述；另一类为连续信源，即模拟信源，可以用相应的随机过程 $X(t)$ 来描述。抽象的信息概念可以在数学层次上描述为随机序列和随机过

程，从而为信息定量度量打下坚实的基础。在这一层次中，信息是消息所描述和度量的对象。

信号、消息、信息三个表达层次是一个统一体，它们之间的关系可以看成是哲学上内涵与外延的关系。信息是信号与消息的内涵，即消息所要描述和度量的内容、信号所要载荷的内容；而信号是信息在物理层次上的外延，消息是信息在数学层次上的外延。也就是说，信号与消息是信息在物理与数学两个不同方面的表达形式。同一内涵的信息可以采用不同的消息形式来描述，也可以采用不同的信号形式来载荷；相反，不同内涵的信息可以采用同一种消息形式来描述、同一种信号形式来载荷。可见，信息、消息与信号三者之间是一个既统一又辩证的关系。

信源输出的是消息，消息的内涵是信息。信息最主要的特征是具有不确定性，而信息的定量化一直是人们长期追求的目标。早在1928年，信息论的先驱学者之一哈特莱（Hartley）首先研究并给出了一个具有 N^m 种可能取值的等概率信源的信息度量公式，采用信源输出的可能消息数的对数作为消息的信息度量单位，即

$$I = \log_2 N^m = m \log_2 N \tag{8.15}$$

由于包含信息的消息或符号最主要的特征是不确定性，而不确定性主要源于客观信源概率统计上的不确定性，而 Hartley 信息度量公式可以看成在等概率信源条件下信息度量的一个特例。这一观点被后来信息论的创始人香农（Shannon）所吸收。

1. 单个消息（符号）离散信源的信息度量

从人们容易接受的直观概念出发，可以推导出信源的信息度量公式——信息熵的基本公式。它与香农从严格的数学层次上给出的结论是完全一致的。

从直观概念出发推导信息熵的公式，可以分为两步：第一步是求出某一个具体的单个消息（符号）产生（出现）时（如 $x = x_i$ 时）的信息度量公式，记为 $I[P(x_i)]$；第二步是求出单个消息（符号）信源的信息熵（信息度量）。单个消息（符号）信源有 $i(i=1，2，\cdots，n)$ 种取值可能，因此求信息熵时要取统计平均，即

$$H(X) = E[I(P_i)] \tag{8.16}$$

1）单个消息（符号）离散信源的自信息量

通常情况下，对于单个消息信源，比如 $X = x_i$，它出现的概率 $P(x_i)$ 越小，由它所产生的信息量就越大，即 $P(x_i)$ 减小，$I[P(x_i)]$ 就增加，且当 $P(x_i) \to 0$ 时，$I[P(x_i)] \to 1$；反之，$P(x_i)$ 增加，$I[P(x_i)]$ 就减小，且当 $P(x_i) \to 1$ 时，$I[P(x_i)] \to 0$。

可见，对于单个消息信源，某个消息 $X = x_i$ 所产生的信息 $I[P(x_i)]$ 应是其对应概率 $P(x_i)$ 的递减函数。另外，由两个不同的消息（两者间统计独立）所提供的信息应等于它们分别提供的信息量之和，即信息应满足可加性条件（实际上若两者不满足统计独立，也应满足可加性条件）。显然，同时满足递减性与可加性要求的函数应是一个对数函数，即

$$I[P(x_i)] = \log_2 \frac{1}{P(x_i)} = -\log_2 P(x_i) \tag{8.17}$$

通常称 $I[P(x_i)]$ 为信源输出单个离散消息 $X = x_i$ 时的自信息量。

2）两个单个消息（符号）离散信源的联合自信息量

若有两个单消息离散信源，分别用两个离散随机变量 X 和 Y 来描述，当两个消息有统计关联时，其条件自信息量与联合自信息量分别为

$$I[P(y_j)] = \log_2 \frac{1}{P(y_j)} = -\log_2 P(y_j) \tag{8.18}$$

$$I[P(y_j \mid x_i)] = \log_2 \frac{1}{P(y_j \mid x_i)} = -\log_2 P(y_j \mid x_i) \tag{8.19}$$

$$I[P(x_i \mid y_j)] = \log_2 \frac{1}{P(x_i \mid y_j)} = -\log_2 P(x_i \mid y_j) \tag{8.20}$$

$$I[P(x_iy_j)] = \log_2 \frac{1}{P(x_iy_j)} = -\log_2 P(x_iy_j) \tag{8.21}$$

2. 单个消息(符号)离散信源的信息熵

一般离散信源，即使是单个消息信源，也具有有限种可能的取值，即 $i=1$，2，$\cdots$，n；$j=1$，2，$\cdots$，m。因此，这时信源输出的信息量就是具体单个消息产生的自信息量的概率统计平均值，显然它与信源本身的概率特性有关。因此，可以定义信源输出的平均信息量，即单个消息(符号)离散信源的信息熵为

$$H(X) = E\{I[P(x_i)]\} = E\{-\log_2 P(x_i)\} = -\sum_{i=1}^{n} P(x_i)\log_2 P(x_i) \tag{8.22}$$

式中，"$E(\cdot)$"表示求概率统计平均值，即求数学期望值。香农称信源输出的一个符号所含的平均信息量 $H(X)$ 为信源的信息熵，简称为熵。可见，从数学层次上看，熵是信源消息概率 $P(x_i)$ 的对数函数 $\log_2 P(x_i)$ 的统计平均值，所以 $H(x)$ 是 $P(x_i)$ 的泛函数。熵是定量描述信源的一个重要物理量：它是由香农于1948年首先给出的一个从概率统计角度来描述信源不确定性的一个客观物理量，是从信源整体角度上反映信源不确定性的量。熵这个名词是香农从统计热力学中借用过来的，不过在统计热力学中称为热熵，是用来表达分子运动混乱程度的一个物理量。香农将它引入通信中，用它来描述信源的平均不确定性，其含义是类似的。但是在统计热力学中，任何孤立系统的演化热熵只会增加不会减少，然而在通信中，信息熵只会减少不会增加，所以也有人称信息熵为负热熵。

信息熵的单位与自信息量的单位相同，都取决于所取对数的底。在通信中最常用的底是2，这时单位为比特；在理论分析和推导时，有时采用 e 为底会比较方便，这时单位为奈特；在工程运算中，有时采用10为底会比较方便，这时单位为笛特。

信息熵是表征信源本身统计特性的一个物理量，是信源平均不确定性程度的度量值，是从信源整体统计特性上刻画信源的一个客观物理量，是一个绝对量。而人们一般所说的信息量是针对接收端而言的，是一个相对量，它既可以看成是接收端从信源所获得的不确定性减少量，也可以看成是信源(发送端)给予信宿(接收端)的不确定性减少量。若发送端与接收端(信源与信宿)之间传送的信道无干扰，接收端(信宿)所获得的信息量在数量上就等于发送端(信源)所给出的信息量，即信源信息熵，但是两者在概念上是有区别的。若信道中存在噪声，则两者不仅在概念上有区别，而且在数量上也不相等。可见，信息熵 $H(X)$ 也可以理解为信源输出的信息量。然而，通常所说的信息量都是指信宿从信源所获得的信息量，它是一个相对量。

趣味小课堂： 从信息传播的角度来看，信息熵可以表示信息的价值，以此为标杆，人们就有了衡量信息价值高低的标准。在科学家计量过程中发现，在汉字中，不论是汉字的部首还是汉字的音节，其信息熵都远远超过了英文单词。2002年，哈佛大学的弗雷德里克(Frederic)等人通过3次不同算法和文本的对比试验，压缩不同版本的圣经，同样得出了汉字是压缩效率最低的文字，或者说是最接近信息熵界限的文字这一结论。

3. 联合熵及条件熵

考虑两个单个消息(符号)离散信源，用两个离散随机变量 X、Y 来描述它们，取值分别是 $x_i(i=1$，2，$\cdots$，$n)$ 和 $y_j(j=1$，2，$\cdots$，$m)$。

根据单个消息离散信源熵 $H(X)$ 的定义，可以进一步对单个消息信源熵 $H(Y)$ 及它们之间的条件熵 $H(X|Y)$、$H(Y|X)$、联合熵 $H(X,Y)$ 作类似定义，即

$$H(Y) = E\{I[P(y_j)]\} = E\{-\log_2 P(y_j)\} = -\sum_{j=1}^{n} P(y_j)\log_2 P(y_j) \tag{8.23}$$

$$H(X|Y) = E\{I[P(x_i|y_j)]\} = E\{-\log_2 P(x_i|y_j)\} = -\sum_{i=1}^{n}\sum_{j=1}^{n} P(x_iy_j)\log_2 P(x_i|y_j) \tag{8.24}$$

$$H(Y \mid X) = E\{I[P(y_j \mid x_i)]\} = E\{-\log_2 P(y_j \mid x_i)\} = -\sum_{i=1}^{n}\sum_{j=1}^{n} P(x_i y_j)\log_2 P(y_j \mid x_i) \qquad (8.25)$$

$$H(X,\ Y) = E\{I[P(x_i y_j)]\} = E\{-\log_2 P(x_i y_j)\} = -\sum_{i=1}^{n}\sum_{j=1}^{n} P(x_i y_j)\log_2 P(x_i y_j) \qquad (8.26)$$

条件熵代表的是已知一个消息(符号)的条件下,另一个消息(符号)的信息熵。

它们之间的主要性质有以下 2 条。

(1) $H(X,\ Y) = H(X) + H(Y \mid X) = H(Y) + H(X \mid Y)$;

(2) $H(X) \geqslant H(X \mid Y)$,$H(Y) \geqslant H(Y \mid X)$。

性质(2)又称为香农不等式。

趣味小课堂:当所有事件等概率分布时,信源的信息熵最大。我们在学习和工作中,可以引导和凝聚团队的力量,一人强不是强,整体强才是真正的强。在学习和工作中要注意培养团队合作意识,只有团队中每个人的能力都提高了,才能发挥出团队的最大力量。

8.3 无失真信源编码

8.3.1 无失真信源编码原理

通信的实质是信息的传输,其目的就是高速度、高质量地传送信息。将信息从信源通过信道传送到信宿时,怎样才能做到尽可能不失真而又快速呢?这就需要解决两个问题:

(1) 在不失真或允许一定失真的条件下,如何用尽可能少的符号来传送信源信息,以便提高信息传输率。

(2) 在信道受干扰的情况下,如何增加信号的抗干扰能力,同时又保证最大的信息传输率。

为了解决这两个问题,人们引入了信源编码和信道编码。

信源编码就是以提高信息传输的有效性为目的的编码,通常通过压缩信源的冗余度来实现。信源编码采用的方法一般是压缩每个信源符号的平均比特数或信源码率,用较少的码率来传输同样多的信息,从而使单位时间内传送的平均信息量增加。

一般来说,提高抗干扰能力(降低失真或出错概率)往往是以降低信息传输率为代价的;反之,要提高信息传输率,又常常会使抗干扰能力减弱。因此,提高抗干扰能力和提高信息传输率是相互矛盾的。然而,在信息论的编码定理中,已从理论上证明,至少存在某种最佳的编码或信息处理方法,能够解决上述矛盾,做到既可靠又有效地传输信息。本节将着重讨论对离散信源进行无失真信源编码的要求、方法及理论极限,并得出一个重要的极限定理——香农第一定理。

下面给出一些码的定义。

(1) 二元码。若一组码的符号集为 $X = \{0,\ 1\}$,即所有的码字都是二元序列,则这组码称为二元码。若将信源通过一个二元信道进行传输,为使信源适合信道传输,就必须把信源符号变换成由"0""1"符号组成的二元码。二元码是数字通信系统和计算机系统中最常用的一种码。

(2) 等长码(或称固定长度码)。若一组码中所有码字的码长都相同,则称这组码为等长码。

(3) 变长码。若一组码中所有码字的码长各不相同,即任意码字由不同码长的码符号序列组成,则称这组码为变长码。

(4) 非奇异码。若一组码中所有码字都不相同,即所有信源符号映射到不同的码符号序列,则称这组码为非奇异码。

(5) 奇异码。若一组码中有相同的码字,则称这组码为奇异码。

（6）同价码。若一组码的符号集 $X = \{x_1,\ x_2,\ \cdots,\ x_l,\ \cdots,\ x_r\}$ 中，每个码符号 x_l 所占的传输时间都相同，则称这组码为同价码。一般情况下，二元码就是同价码。对同价码来说，等长码中每个码字的传输时间都相同，而变长码中每个码字的传输时间不一定相同。电报中常用的莫尔斯码是非同价码，其码符号点（·）和划（—）所占的传输时间不相同。

（7）唯一可译码。若一组码中任意一串有限长的码符号序列只能被唯一地译成所对应的信源符号序列，则称这组码为唯一可译码或单义可译码；否则，就称为非唯一可译码或非单义可译码。

若要所编的码是唯一可译码，不但要求编码时将不同的信源符号变换成不同的码字，而且要求任意有限长的信源序列所对应的码符号序列各不相同，即要求码的任意有限长 N 次扩展码都是非奇异码。因为只有任意有限长的信源序列所对应的码符号序列各不相同，才能把该码符号序列唯一地分割成一个个对应的信源符号，从而实现唯一可译编码。

下面分别讨论等长码和变长码的最佳编码问题，即是否存在一种唯一可译编码方法，使平均每个信源符号所需的码符号序列最短（即寻找无失真信源压缩的极限值）。

1. 等长码与等长信源编码定理

一般说来，若要实现无失真的编码，不但要求信源符号 s_i 与码字 $W_i(i = 1,\ 2,\ \cdots,\ q)$ 是一一对应的，而且要求码符号序列的反变换也是唯一的。也就是说，所编的码必须是唯一可译码。如果所编的码不具有唯一可译性，就会引起译码错误与失真。

对于等长码来说，若等长码是非奇异码，则它的任意有限长 N 次扩展码一定也是非奇异码。因此，等长非奇异码一定是唯一可译码。在表 8.1 中，码 2 显然不是唯一可译码。因为信源符号 s_2 和 s_4 都对应于同一码字"11"，当接收到码符号"11"后，既可译成 s_2，也可译成 s_4，所以不能唯一地译码。而码 1 是等长非奇异码，所以它是一个唯一可译码。

表 8.1　编码

信源符号	码 1	码 2
s_1	00	00
s_2	01	11
s_3	10	10
s_4	11	11

若对信源 S 进行等长编码，则必须满足

$$q \leqslant r^l \tag{8.27}$$

式中，l 是等长码的码长；r 是码符号集中的码元数。

例如，表 8.1 中信源 S 共有 $q = 4$ 个信源符号，现进行二元等长编码，其中码符号个数为 $r = 2$。根据式（8.27）条件可知，信源 S 存在唯一可译等长码的条件是码长 l 必须不小于 2。

如果对信源 S 的 N 次扩展信源进行等长编码，设信源 $S = \{s_1,\ s_2,\ \cdots,\ s_q\}$，有 q 个符号，那么它的 N 次扩展信源 $S^N = \{a_1,\ a_2,\ \cdots,\ a_{q^r}\}$ 共有 q^N 个符号，其中 $a_i = \{s_{i_1},\ s_{i_2},\ \cdots,\ s_{i_N}\}$ 是长度为 N 的信源符号序列。在 a_i 中，$s_{i_k} \in S(k = 1,\ 2,\ \cdots,\ N)$。又设码符号集为 $X = \{x_1,\ x_2,\ \cdots,\ x_l,\ \cdots,\ x_r\}$，现在需要把这些长为 N 的信源符号序列 $a_i(i = 1,\ 2,\ \cdots,\ q^N)$ 变换成长度为 l 的码符号序列 $W_i = \{x_{i_1},\ x_{i_2},\ \cdots,\ x_{i_l}\}$，其中 $x_{i_k} \in X(k = 1,\ 2,\ \cdots,\ l)$。

根据前面的分析，若要求所编的等长码是唯一可译码，则必须满足

$$q^N \leqslant r^l \tag{8.28}$$

式（8.28）表明，只有当长度为 l 的码符号序列数（r^l）大于或等于 N 次扩展信源的符号数（q^N）时，才可能存在等长非奇异码。

对式(8.28)两边取对数，得

$$N\log_2 q \leqslant l\log_2 r \tag{8.29}$$

或

$$\frac{l}{N} \geqslant \frac{\log_2 q}{\log_2 r} \tag{8.30}$$

若 $N=1$，则有

$$l \geqslant \frac{\log_2 q}{\log_2 r} \tag{8.31}$$

可见，式(8.27)与式(8.31)是一致的。式(8.30)中的 $\frac{l}{N}$ 是平均每个信源符号所需的码符号个数。式

(8.31)表明，对于等长唯一可译码，每个信源符号至少需要用 $\frac{\log_2 q}{\log_2 r}$ 个码符号来变换。

当 $r=2$(二元码)时，$\log_2 r=1$，则式(8.31)变为

$$\frac{l}{N} \geqslant \log_2 q \tag{8.32}$$

式(8.32)表明，对于二元等长唯一可译码，每个信源符号至少需要用 $\log_2 q$ 个二元符号来变换。这也表明，对信源进行二元等长无失真编码时，每个信源符号所需码长的极限值为 $\log_2 q$。

例如，英文电报有 32 个符号(26 个英文字母加上 6 个字符)，即 $q=32$。若 $r=2$，$N=1$(即对信源 S 的逐个符号进行二元编码)，由式(8.31)得

$$l \geqslant \frac{\log_2 q}{\log_2 r} = \log_2 32 = 5$$

这就是说，每个英文电报符号至少要用 5 位二元符号编码。

在前面的讨论中没有考虑符号出现的概率和符号之间的依赖关系。当考虑了信源符号出现的概率和依赖关系后，在等长编码中平均每个信源符号所需的码长就可以减少，下面来举例说明。

设信源 S 为

$$\begin{bmatrix} S \\ P(S) \end{bmatrix} = \begin{bmatrix} s_1 & s_2 & s_3 & s_4 \\ P(s_1) & P(s_2) & P(s_3) & P(s_4) \end{bmatrix}, \quad \sum_{i=1}^{4} P(S_i) = 1 \tag{8.33}$$

其依赖关系为 $P(s_2|s_1)=P(s_1|s_2)=P(s_4|s_3)=P(s_3|s_4)=1$，其余 $P(s_j|s_i)=0$。其中，$i=1$，2，3，4；$j=1$，2，3，4。

若不考虑信源符号之间的依赖关系，信源符号 $q=4$，则进行等长二元编码时，有 $l=2$；若考虑信源符号之间的依赖关系，此特殊信源的二次扩展信源 S^2 为

$$\begin{bmatrix} S^2 \\ P(S_iS_j) \end{bmatrix} = \begin{bmatrix} s_1s_2 & s_2s_1 & s_3s_4 & s_4s_3 \\ P(s_1s_2) & P(s_2s_1) & P(s_3s_4) & P(s_4s_3) \end{bmatrix}, \quad \sum_{ij} P(s_is_j) = 1 \tag{8.34}$$

又有

$$P(s_is_j) = P(s_i) \cdot P(s_j|s_i) \tag{8.35}$$

由上述依赖关系可知，除 $P(s_1s_2)$、$P(s_2s_1)$、$P(s_3s_4)$ 和 $P(s_4s_3)$ 不等于零外，其余 s_is_j 出现的概率皆为零。因此，二次扩展信源 S^2 由 $4^2=16$ 个信源符号缩减到只有 4 个信源符号。此时，对二次扩展信源 S^2 进行等长编码，所需码长仍为 $l'=2$，但平均每个信源符号所需的码符号个数为 $\frac{l'}{N}=1<l$。

由此可见，在考虑了信源符号出现的概率和依赖关系后，有些信源符号序列不会出现，这样信源符号序列的个数会减少，进行编码时，平均每个信源符号所需的码符号个数就可以减少。

仍以英文电报为例，在考虑了英文字母出现的概率和依赖关系后，每个英文电报所需的二元码符号

个数可以少于5。因为英文字母之间有很强的关联性，当用字母组合成不同的英文字母序列时，并不是所有的字母组合都是有意义的单词；若再把单词组合成更长的字母序列，也不是任意的字母序列都是有意义的句子。因此，考虑了这种关联性后，在足够长的英文字母序列中，就有许多是无用和无意义的序列，也就是说，这些信源序列出现的概率等于零或近似于零。那么，当对长度为 N 的英文字母序列进行编码时，对于那些无用的字母组合、无意义的单词组合都可以不编码。这就相当于在 N 次扩展信源中去掉一些字母序列(这些字母序列出现的概率等于零或近似于零)，使扩展信源中的符号总数小于 q^N，这样编码所需的码字个数就可以大大减少，于是平均每个信源符号所需的码符号个数也可以大大减少，从而使信息传输率提高。当然，这会引入一定的误差。但是，当 N 足够大时，这种误差概率将近似于零，即可以做到几乎无失真的编码。

定理1 等长信源编码定理 一个熵为 $H(S)$ 的离散无记忆信源，若对长度为 N 的信源符号序列进行等长编码，设码字是从 r 个字母的码符号集中选取 l 个码元组成的，则对于任意 $\varepsilon>0$，若有

$$\frac{l}{N} \geq \frac{H(S)+\varepsilon}{\log_2 r} \tag{8.36}$$

则当 N 足够大时，可实现几乎无失真的编码，即译码错误概率近似于零。反之，若有

$$\frac{l}{N} \leq \frac{H(S)+\varepsilon}{\log_2 r} \tag{8.37}$$

则不可能实现无失真的编码，而当 N 足够大时，译码错误概率近似等于1。

等长信源编码定理给出了信源进行等长编码时所需码长的理论极限值。但是，等长信源编码要实现无失真的编码是非常困难的。因此，一般来说，当信源符号序列的长度有限时，高传输效率的等长码往往要引入一定的失真和错误，它不能像变长码那样可以实现无失真的编码。

2. 变长码与变长信源编码定理

变长码往往在 N 不是很大时就可以编出效率很高而且无失真的码。同样，变长码必须是唯一可译码，才能实现无失真的编码。对于变长码，要满足唯一可译性，不但要求码本身必须是非奇异的，而且要求其任意有限长的 N 次扩展码也必须是非奇异的。

对于变长码，引入码的平均长度这一概念作为衡量标准。

设信源为

$$\begin{bmatrix} S \\ P(S) \end{bmatrix} = \begin{bmatrix} s_1 & s_2 & \cdots & s_q \\ P(s_1) & P(s_2) & \cdots & P(s_q) \end{bmatrix} \tag{8.38}$$

编码后的码字为 W_1，W_2，$\cdots$，W_q；其码长分别为 l_1，l_2，$\cdots$，l_q。因为对唯一可译码来说，信源符号与码字是一一对应的，所以有

$$P(W_i) = P(s_i) \tag{8.39}$$

其中，$i=1$，2，$\cdots$，q。这个码字的平均长度为

$$\overline{L} = \sum_{i=1}^{q} P(s_i) l_i \tag{8.40}$$

$\overline{L}$ 是每个信源符号平均需用的码元数，它的单位是码符号每信源符号。从工程角度来看，总希望通信设备经济、简单，并且单位时间内传输的信息量越大越好。当信源给定时，信源的熵就确定了[$H(S)$，单位为比特每信源符号]，而编码后每个信源符号平均用 $\overline{L}$ 个码元来变换。平均每个码元携带的信息量，即编码后信道的信息传输率为

$$\eta = \frac{H(S)}{\overline{L}} \quad （比特每码符号） \tag{8.41}$$

若传输一个码符号平均需要 t 秒钟，则编码后信道每秒钟传输的信息量为

$$\eta_t = \frac{H(S)}{tL} \text{（比特每秒）} \tag{8.42}$$

由式(8.42)可见，$\overline{L}$ 越小，η_t 就越大，信息传输效率就越高。

对于某一信源和某一码符号集来说，若有唯一可译码，其平均长度 $\overline{L}$ 小于其他所有唯一可译码的平均长度，则称该码为紧致码或最佳码。无失真信源编码的基本问题就是如何找到紧致码。

定理2 若一个离散无记忆信源 S 的熵为 $H(S)$，则对它的 r 个码元的码符号集 $X = \{x_1, x_2, \cdots, x_r\}$ 总可以找到一种无失真编码的方法，构成唯一可译码，使其平均码长满足

$$\frac{H(S)}{\log_2 r} \leqslant \overline{L} \leqslant 1 + \frac{H(S)}{\log_2 r} \tag{8.43}$$

定理2表明，码字的平均长度 $\overline{L}$ 不能小于极限值 $\dfrac{H(S)}{\log_2 r}$，否则唯一可译码不存在。

定理2还给出了平均码长的上界，但并不是说大于这个上界就不能构成唯一可译码，而是要使 $\overline{L}$ 尽可能小。定理2说明了当平均码长小于上界时，S 存在唯一可译码。因此，定理2给出了紧致码的最短平均码长，并指出了这个最短的平均码长 $\overline{L}$ 与信源熵有关。另外，从式(8.43)还可以看出这个极限值与定理1中的极限值是一致的。

定理3 无失真变长信源编码定理(香农第一定理) 假设离散无记忆信源 S 的 N 次扩展信源 $S^N = (a_1, a_2, \cdots, a_{q^r})$，其熵为 $H(S^N)$，并有码符号集 $X = (x_1, x_2, \cdots, x_r)$。对 N 次扩展信源 S^N 进行编码，总可以找到一种编码方法，构成唯一可译码，使信源 S 中每个信源符号所需的平均码长满足

$$\frac{H(S)}{\log_2 r} + \frac{1}{N} > \frac{\overline{L}_N}{N} \geqslant \frac{H(S)}{\log_2 r} \tag{8.44}$$

或

$$H_r(S) + \frac{1}{N} > \frac{\overline{L}_N}{N} \geqslant H_r(S) \tag{8.45}$$

当 $N \to \infty$ 时，有

$$\lim_{N \to \infty} \frac{\overline{L}_N}{N} = H_r(S) \tag{8.46}$$

式中，$\overline{L}_N$ 为

$$\overline{L}_N = \sum_{i=1}^{q^N} P(a_i) \lambda_i \tag{8.47}$$

式中，λ_i 是 a_i 所对应的码字长度。因此，$\overline{L}_N$ 是 N 次扩展无记忆信源 S^N 中每个符号 a_i 的平均码长，可见 $\dfrac{\overline{L}_N}{N}$ 仍是信源 S 中每一单个信源符号所需的平均码长。这里要注意 $\dfrac{\overline{L}_N}{N}$ 和 $\overline{L}$ 的联系与区别：两者都是每个信源符号所需的码符号个数的平均数，但 $\dfrac{\overline{L}_N}{N}$ 的含义是为了得到这个平均值，不是对单个信源符号 s_i 进行编码，而是对 N 个信源符号序列 a_i 进行编码。

无失真变长信源编码定理也称香农第一定理，它说明离散无记忆无噪声平稳信源存在有效的无失真编码方法，人们可以通过采用这种编码方法来提高信息传输率。

8.3.2　几种无失真信源编码

1. 霍夫曼码

霍夫曼码是一种变长码，其编码方法是一种效率比较高的无失真信源编码方法。二进制霍夫曼码的编码步骤如下。

（1）将信源符号按出现概率从大到小的顺序排列，为方便起见，令

$$P(x_1) \geqslant P(x_2) \geqslant \cdots \geqslant P(x_n) \tag{8.48}$$

（2）给两个概率最小的信源符号 $P(x_{n-1})$ 和 $P(x_n)$ 各分配一个码元"0"和"1"，将这两个信源符号合并成一个新信源符号，并用这两个最小的概率之和作为新信源符号的概率，结果得到一个只包含 $(n-1)$ 个信源符号的新信源，称这个新信源为信源的第一次缩减信源，用 S_1 表示。

（3）将第一次缩减信源 S_1 的信源符号仍按出现概率从大到小的顺序排列，重复步骤 2，得到只含 $(n-2)$ 个信源符号的第二次缩减信源。

（4）重复上述步骤，直至缩减信源只剩两个信源符号为止，此时所剩的两个信源符号概率之和必为 1。然后从最后一级缩减信源开始，依编码路径向前返回，就可以得到各信源符号所对应的码字。

【例 8.1】设单符号离散无记忆信源为

$$\begin{bmatrix} X \\ P(x_i) \end{bmatrix} = \begin{bmatrix} x_1 & x_2 & x_3 & x_4 & x_5 & x_6 & x_7 & x_8 \\ 0.4 & 0.18 & 0.1 & 0.1 & 0.07 & 0.06 & 0.05 & 0.04 \end{bmatrix}$$

要求对该信源编二进制霍夫曼码，其编码过程如图 8.1 所示。将图 8.1 左右颠倒过来重画一遍，即可得到二进制霍夫曼码的码树，如图 8.2 所示。

需要特别强调的是，在图 8.1 中读取码字时，一定要从上往下读取，此时编出来的码字才是可分离的。若从下往上读取码字，则所编码字不可分离。以 x_8 为例，从下往上读取，其编码链出现概率的顺序为 $0.04 \to 0.09 \to 0.19 \to 0.37 \to 0.6$；从上往下读取，其编码链出现概率的顺序为 $0.6 \to 0.37 \to 0.19 \to 0.09 \to 0.04$，对应的编码链顺序为 $0 \to 0 \to 0 \to 1 \to 1$。对于 x_7，从上往下读取，其编码链出现概率的顺序为 $0.6 \to 0.37 \to 0.19 \to 0.09 \to 0.05$，对应的编码链顺序为 $0 \to 0 \to 0 \to 1 \to 0$。

在本例中，信源熵为

$$H(X) = -\sum_{i=1}^{8} P(x_i) \log_2 P(x_i) \approx 2.55 (比特每符号)$$

平均码长为

$$\overline{L} = \sum_{i=1}^{8} P(x_i) l_i = 0.4 \times 1 + (0.18 + 0.1) \times 3 + (0.10 + 0.07 + 0.06) \times 4 + (0.05 + 0.04) \times 5 = 2.61$$

编码效率为

$$\eta = \frac{H(X)}{\overline{L}} = \frac{2.55}{2.61} \approx 97.7\%$$

若采用定长编码，码长 $L = 3$，则编码效率为

$$\eta = \frac{2.55}{3} = 85\%$$

可见霍夫曼码的编码效率提高了 12.7%。

霍夫曼码的编码方法并不是唯一的。首先，每次对缩减信源两个出现概率最小的信源符号分配"0"和"1"码元是任意的，因此可以得到不同的码字。只要在各次缩减信源中保持码元分配的一致性，就能得到可分离的码字。使用不同的分配方法来分配码元，得到的具体码字就不同，但码长 K_i 不变，平均码长 $\overline{K}$

也不变,所以没有本质区别。其次,缩减信源时,若合并后的新信源符号出现的概率与其他信源符号出现的概率相等,从编码方法上来说,这几个信源符号的次序可以任意排列,得到的编码都是正确的,但得到的码字不相同。不同的编码方法得到的码字长度 K_i 也不尽相同。

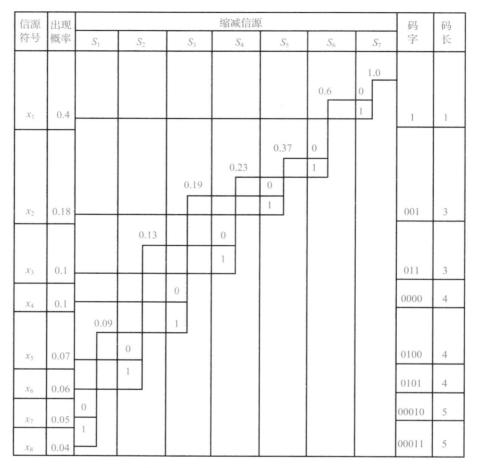

信源符号	出现概率	缩减信源							码字	码长
		S_1	S_2	S_3	S_4	S_5	S_6	S_7		
x_1	0.4						0.6	1.0	1	1
x_2	0.18				0.37	0.23			001	3
x_3	0.1			0.19	0.13				011	3
x_4	0.1								0000	4
x_5	0.07	0.09							0100	4
x_6	0.06								0101	4
x_7	0.05								00010	5
x_8	0.04								00011	5

图 8.1 二进制霍夫曼码的编码过程

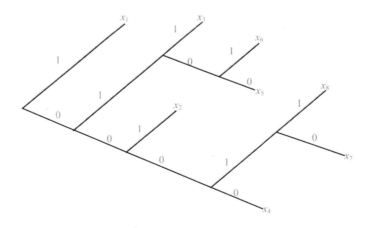

图 8.2 二进制霍夫曼码的码树

【例 8.2】设单符号离散无记忆信源为

$$\begin{bmatrix} X \\ P(X) \end{bmatrix} = \begin{bmatrix} x_1 & x_2 & x_3 & x_4 & x_5 \\ 0.4 & 0.2 & 0.2 & 0.1 & 0.1 \end{bmatrix}$$

用两种不同的方法对其编二进制霍夫曼码。

方法 1：将合并后的新信源符号排在其他与之出现概率相同的信源符号的后面，编码过程如图 8.3 所示，相应的码树如图 8.4 所示。

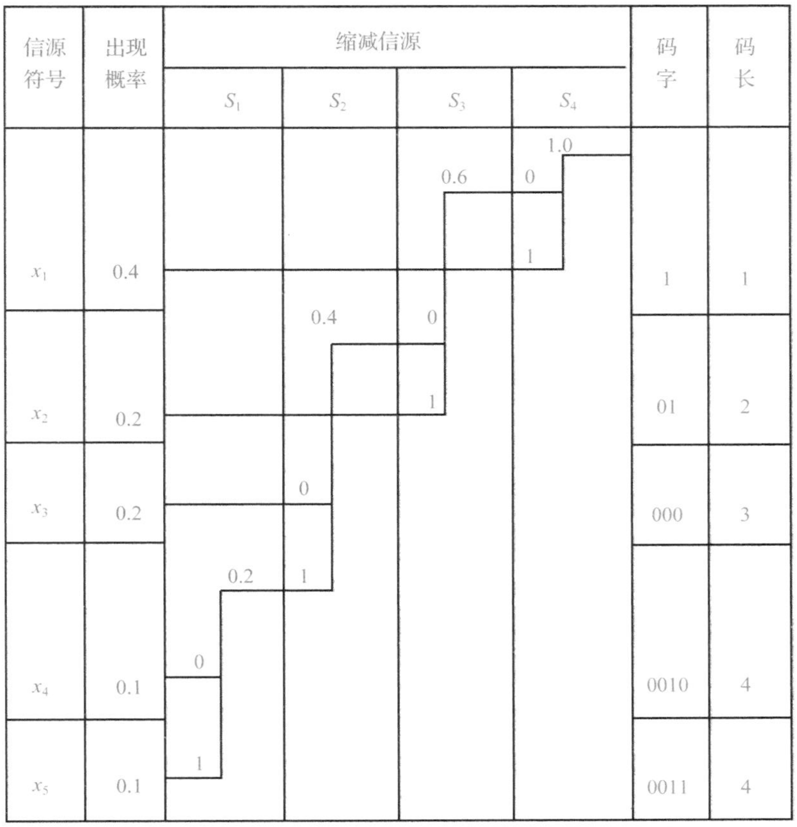

信源符号	出现概率	缩减信源				码字	码长
		S_1	S_2	S_3	S_4		
x_1	0.4			0.6 0	1.0 0	1	1
			0.4 0	1			
x_2	0.2		1			01	2
x_3	0.2	0				000	3
		0.2 1					
x_4	0.1	0				0010	4
x_5	0.1	1				0011	4

图 8.3　霍夫曼码的编码过程 1

对于单个符号信源编二进制霍夫曼码，编码效率主要取决于信源的熵和平均码长之比。对相同的信源编码，其熵是一样的。采用不同的编码方法，得到的平均码长可能不同。显然，平均码长越短，编码效率就越高。

方法 1 的平均码长是

$\overline{L_1} = 0.4 \times 1 + 0.2 \times 2 + 0.2 \times 3 + (0.1 + 0.1) \times 4 = 2.2$（比特每符号）

方法 2：将合并后的新信源符号排在其他与之出现概率相同的信源符号的前面，编码过程如图 8.5 所示，相应的码树如图 8.6 所示。

方法 2 的平均码长是

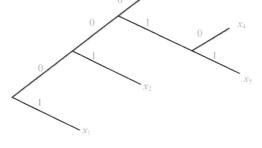

图 8.4　霍夫曼码的码树 1

$$\overline{L_2} = (0.4 + 0.2 + 0.2) \times 2 + (0.1 + 0.1) \times 3 = 2.2（比特每符号）$$

可见，本例中两种编码方法得到的平均码长相同，因此这两种编码方法有相同的编码效率。

信源符号	出现概率	缩减信源				码字	码长
		S_1	S_2	S_3	S_4		
x_1	0.4	0.2	0.4	0.6	1.0	00	2
x_2	0.2					10	2
x_3	0.2					11	2
x_4	0.1					010	3
x_5	0.1					011	3

图 8.5　霍夫曼码的编码过程 2

在实际应用中，选择哪一种编码方法更好呢？

定义码长的方差为 l_i 与平均码长 $\bar{L}$ 之差的平方的数学期望，记为 σ^2，即

$$\sigma^2 = E\left[(l_i - \bar{L})^2\right] = \sum_{i=1}^{n} P(x_i)(l_i - \bar{L})^2$$

计算例 8.2 中两种码长的方差分别得

$\sigma_1^2 = 0.4 \times (1-2.2)^2 + 0.2 \times (2-2.2)^2 + 0.2 \times (3-2.2)^2 + (0.1+0.1) \times (4-2.2)^2 = 1.36$

$\sigma_2^2 = (0.4 + 0.2 + 0.2) \times (2-2.2)^2 + (0.1 + 0.1) \times (3-2.2)^2 = 0.16$

可见第二种编码方法的码长方差要小许多，这意味着第二种编码方法的码长变化较小，比较接近于平均码

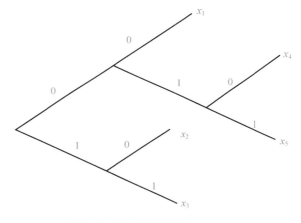

图 8.6　霍夫曼码的码树 2

长。图 8.3 中用第一种方法编出的 5 个码字有 4 种不同的码长，而图 8.5 中用第二种方法对同样的 5 个信源符号进行编码，结果只有 2 种不同的码长。显然，第二种编码方法更简单、更容易实现，所以选择第二种编码方法更好一些。

由此得出结论，在霍夫曼码编码过程中，对缩减信源符号按出现概率由大到小的顺序重新排列时，应使合并后的新信源符号尽可能排在靠前的位置，这样可以使合并后的新信源符号重复编码次数减少，使短码得到充分利用。

上面讨论的是二进制霍夫曼码，其编码方法可以推广到 M 进制霍夫曼码，所不同的只是每次把 M 个出现概率最小的信源符号分别用 0、1、…、$M-1$ 等码元来表示，然后将其合并成一个新的信源符号，其余步骤与二进制编码相同。

2. 算术编码

算术编码是一种非分组编码方法，它是从全序列出发，采用递推形式的连续编码方法。它不是将单个信源符号映射成一个码字，而是将整个输入序列的信源符号依据它们出现的概率映射为实数轴上[0，1)区间内的一个子区间，再在该子区间内选择一个具有代表性的二进制小数作为实际的编码输出。它比霍夫曼码编码方法要复杂，但它不需要传送像霍夫曼码表一类的编码表。

信源的每一个信源符号对应[0，1)区间内的一个子区间，该子区间的长度等于对应信源符号出现的概率。算术编码将信源 X 的任一给定序列和(0，1)区间内的一个子区间联系在一起，该子区间的长度等于这个序列出现的概率。

算术编码的过程是从第一个信源符号开始逐个处理的，随着处理信源符号数目的增加，同序列联系在一起的区间长度越来越短。随着区间长度的缩短，区间首尾的二进制代码相同位数越来越多，这些二进制代码唯一确定了输入的信源符号序列，并可唯一译码。出现概率大的信源符号对应的区间大，描述所需比特数少。随着输入信源符号序列长度的增加，编码平均所用比特数趋向信源熵。

在无失真信源的文本压缩中，除上述已知信源概率特性和部分已知信源概率特性的霍夫曼码、算术编码以外，实际还使用一种可以不考虑概率特性，或者仅需考虑信息序列间统计关联的 L-Z 码。它是 Lempe 和 Ziv 等人提出的仅考虑单一信息序列的编码方法，或者说从序列复杂度的意义上去探讨信源编码的方法，他们从序列分段匹配的角度提出了一种编码方法，这种方法可以用于信源概率特性不存在时，或存在但不要求具体概率特性形式时的编码。

8.4 限失真信源编码

8.4.1 信息率失真函数

以上讨论的无失真信源编码要求无失真或失真无限小，但在许多实际问题中，译码输出与信源输出之间存在一定失真是可以容忍的。

在这一节中，先讨论引入限失真的必要性。很多人从小就看电影，但是有没想过电影怎么会是连续活动的图像呢？为了实现连续活动的图像，电影发明者可谓是绞尽脑汁，反复试验，才获得成功的。因为电影拍摄的胶片是一张一张分立离散的，通过放映机后到底每秒钟播放多少张，才能通过人眼反映在大脑皮层上形成连续活动的图像呢？根据研究，人眼对视觉存在着一种视觉暂留效应，它实际上是人眼对视觉图像反映的灵敏度和分辨力，大约为 0.1 s。实验表明，分立离散的图片以每秒 25 张的速率进行传送时，在人的大脑中叠加就会自动形成连续活动的图像，这也就是实现活动图像的基本原理。将这一原理引用到通信中，在传送电视图像时就没有必要每秒超过 25 帧。同理在传送数字化语音时，人耳的灵敏度和分辨力也是有限的，而且特性是对数性的，一般对于超过 8 位非线性(对数)量化的信息，人耳就基本上分辨不出来了。由于信宿存在灵敏度和分辨力，就没有必要将超过灵敏度和分辨力的信源信息传送给信宿。

引入限失真的必要性主要体现在以下几个方面。

(1) 失真在传输中是不可避免的；

(2) 接收者(信宿)无论是人还是机器设备，都存在灵敏度和分辨力，超过灵敏度和分辨力的信息是毫无意义的；

(3) 只要信宿能分辨、能判别，且对通信质量的影响不大，就可以称它为允许范围内的失真；

(4) 目的是研究不同类型的客观信源与信宿在给定质量要求下的最大允许(容忍)失真 D，并求出相应信源给出的最小信息速率 $R(D)$；

(5) 对于限失真信源，应该传送的最小信息率是 $R(D)$，而不是无失真情况下的信源熵 $H(X)$，显然

$H(X) \geqslant R(D)$，当且仅当 $D = 0$ 时，等号成立；

（6）为了定量度量 D，必须建立信源的客观失真度量，并与 D 建立定量关系；

（7）$R(D)$ 函数是限失真信源信息处理的理论基础。

为了讨论 $R(D)$ 函数，下面需要在通信系统中信源与信宿的联合空间（取值集合、取值范围）上定义一个失真测度，即 $d(x_i, y_j)$：$X \times Y \rightarrow R^+$。其中，$x_i \in X$（单个消息空间），$y_i \in Y$（单个消息空间），且 $i = 1$，2，$\cdots$，n；$j = 1$，2，$\cdots$，m。x_i 和 y_i 分别为信源消息和信宿消息的取值种类数。$R^+ \in [0, \infty)$。整个信源与信宿的统计平均失真为

$$\bar{d} = \sum_{i=1}^{n} \sum_{j=1}^{m} P(x_i, y_j) d(x_i, y_j) \tag{8.49}$$

它可以看成是信源与信宿构成的信号空间上的一种"距离"，称为汉明距离。对于离散信源，有

$$d(x_i, y_j) = d_{ij} \begin{cases} = 0, & x_i = y_j（无失真） \\ > 0, & x_i \neq y_j（有失真） \end{cases} \tag{8.50}$$

对于连续信源，有

$$d(x, y) = (x - y)^2 \tag{8.51}$$

或

$$d(x, y) = |x - y|^2 \tag{8.52}$$

其中，$d(x, y)$ 为一个二元函数。

进一步定义允许失真 D 为上述信源客观失真函数 $\bar{d}$ 的上界。对离散信源，有

$$D \geqslant \bar{d} = \sum_{i=1}^{n} \sum_{j=1}^{m} P(x_i, y_j) d(x_i, y_j) = \sum_{i=1}^{n} \sum_{j=1}^{m} P(x_i) P(y_j \mid x_i) d_{ij} \tag{8.53}$$

同理，对连续信源，有

$$D \geqslant \bar{d} = E[d(x, y)] = \int_{-\infty}^{+\infty} \int_{-\infty}^{+\infty} P(x, y) d(x, y) dx dy = \int_{-\infty}^{+\infty} \int_{-\infty}^{+\infty} P(x) P(y \mid x) d(x, y) dx dy \tag{8.54}$$

在讨论信息率失真函数时，可以认为在信源与信宿之间是一个理想无失真信道，一般文献称它为试验信道 $P(y_j \mid x_i)$。对于离散信源，给定信源的概率分布 $P(x_i)$，并选定失真函数 d_{ij}，当平均失真 $\bar{d}$ 不大于给定的最大允许失真（限定失真）D 时，该试验信道集合可定义为

$$P_D = \left\{ P(y_j \mid x_i) : D \geqslant \bar{d} = \sum_{i=1}^{n} \sum_{j=1}^{m} P(x_i) P(y_j \mid x_i) d_{ij} \right\} \tag{8.55}$$

可见，这里 P_D 表示试验信道条件转移概率 $P(y_j \mid x_i)$ 的变化范围的集合，也可以看成是对 $P(y_j \mid x_i)$ 取值范围的限制。

互信息从物理性能上可以认为是在信源 X 和信宿 Y 之间传送的信息量，但是从数学实质上看，它可以表示为先验概率 $P(x_i)$[或 $P(y_j)$]与条件转移概率 $P(y_j \mid x_i)$[或 $P(x_i \mid y_j)$]的函数。由互信息定义有

$$I(X, Y) = H(Y) - H(Y \mid X) = -\sum_{j=1}^{m} P(y_j) \log_2 P(y_j) + \sum_{i=1}^{n} \sum_{j=1}^{m} P(x_i) P(y_j \mid x_i) \log_2 P(y_j \mid x_i)$$

$$= \sum_{i=1}^{n} \sum_{j=1}^{m} P(x_i) P(y_j \mid x_i) \log_2 \frac{P(y_j \mid x_i)}{\sum_{j=1}^{m} P(x_i) P(y_j \mid x_i)} = I[P(x_i), P(y_j \mid x_i)] \tag{8.56}$$

由互信息这一表达式可进一步证明互信息 $I[P(x_i), P(y_j \mid x_i)]$ 是先验概率 $P(x_i)$ 的上凸函数，是条件转移概率 $P(y_j \mid x_i)$ 的下凸函数。在研究信道容量 C 时，可以利用上凸性定义互信息的最大值为信道容量，即

$$C = \max_{P(x_i)} \{ I[P(x_i), P(y_j \mid x_i)] \} \tag{8.57}$$

还可以利用下凸性定义互信息的最小值为信息率失真 $R(D)$ 函数，即

$$R(D) = \min_{P(y_j|x_i) \in P_D} \{I[P(x_i), P(y_j|x_i)]\} \tag{8.58}$$

正是由于互信息对条件转移概率 $P(y_j|x_i)$ 具有下凸性，保证了这个最小值存在并唯一，即信息率失真 $R(D)$ 函数存在并唯一。

至此，已介绍并讨论了信息论中最基本的 4 个概念：信息熵 $H(X)$、互信息 $I(X, Y)$、信道容量 C 和信息率失真 $R(D)$ 函数。互信息可以用熵与条件熵的差值来表示，信道容量 C 和信息率失真 $R(D)$ 函数则分别表示为互信息的最大值[对 $P(x_i)$]和最小值[对 $P(y_j|x_i)$]。它们一环扣一环，一脉相承，其共同基础都是概率和概率密度。

同理，对于连续信源也可以建立类似的 $R(D)$ 函数。实际上，连续信源要比离散信源更加需要 $R(D)$ 函数。连续信源取值是无限的，其信源输出的信息量应为无限大，在信道中传送无限大的信息量既无必要，也无可能，所以连续模拟通信系统均属于限失真范畴。讨论连续信源、信宿的 $R(D)$ 函数比离散信源、信宿更有必要、更加迫切。

连续信源的 $R(D)$ 函数与离散信源的 $R(D)$ 函数类似，只需作下列对应变换即可：

(1) $P(x_i) \leftrightarrow p(x)$，概率变换成概率密度；

(2) $\sum_i \leftrightarrow \int dx$，求和变换成求积分；

(3) $d_{ij} \leftrightarrow d(x, y)$，离散失真函数变换成连续失真函数；

(4) $\min \leftrightarrow \inf$，求最小值变换成求下界。

若连续失真函数为 $d(x, y)$，信源平均失真为

$$\bar{d}(x, y) = \int_{-\infty}^{+\infty} \int_{-\infty}^{+\infty} P(x)P(y|x)d(x, y)dxdy \tag{8.59}$$

而

$$P_D = \left\{ P(y|x): D \geqslant \bar{d} = \int_{-\infty}^{+\infty} \int_{-\infty}^{+\infty} P(x)P(y|x)d(x, y)dxdy \right\} \tag{8.60}$$

则有类似定义

$$R(D) = \inf_{P(y|x) \in P_D} [I(X, Y)] = \inf_{P(y|x) \in P_D} \{I[P(x), P(y|x)]\} \tag{8.61}$$

由以上内容可以清楚看到，$R(D)$ 函数是在信源限定失真为 D 时，信源给出的最小信息速率，它是通过改变试验信道 $P(y_j|x_i)$ 值求得的极小值。它比无失真时的信源熵 $H(X)$ 小，理论上可以进一步证明 $R(D)$ 是一个连续、单调递增的下凸函数，且对离散信源有 $R(D=0) = H(X)$，而对连续信源有 $R(D=0) \to \infty$。离散信源 $R(D)$ 函数和连续信源 $R(D)$ 函数的图像均是连续、单调递增的下凸性曲线，其下降快慢取决于具体信源的性质。由 $R(D)$ 函数的定义可以看出，$R(D)$ 函数是在限定失真为最大允许值 D 时信源给出的理论上的最小信息率。它是限失真条件下信源编码应达到的理论极限，所以它是限失真信源编码的理论基础与依据。

对于不同的实际信源，存在着不同类型的信源编码方法，并可以求解出不同的信息率失真 $R'(D)$ 函数，它与理论上最佳的 $R(D)$ 之间存在差异。它反映了信源采用不同方式编码时性能的优劣，这也正是 $R(D)$ 函数的理论价值所在。特别是对于连续信源来说，无失真是毫无意义的，所以连续信源的 $R(D)$ 函数具有更大的价值。

【例 8.3】若有一个离散、等概率单个消息(或无记忆)二元信源，$P(x_0) = P(x_1) = \dfrac{1}{2}$，且采用汉明距离作为失真度量标准，即

$$d_{ij} = \begin{cases} 0, & x_i = x_j \\ 1, & x_i \neq x_j \end{cases}$$

若有一具体信源编码方案：N 个码元中允许错 1 个码元，实现时 N 个码元仅传送其中的 $(N-1)$ 个，剩下 1

个不传送，在接收端用随机方式决定。此时，速率 R' 及平均失真 D 相应为

$$R' = \frac{N-1}{N} = 1 - \frac{1}{N}（比特每符号）$$

$$D = \frac{1}{N} \cdot \frac{1}{2} = \frac{1}{2N}$$

$$R'(D) = 1 - \frac{1}{N} = 1 - 2 \cdot \frac{1}{2N} = 1 - 2D$$

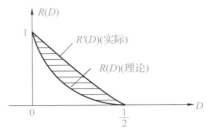

图 8.7　$R(D)$ 函数理论与实际比较结果

若已知这一类信源理论上的 $R(D) = H\left(\frac{1}{2}\right) - H(D)$（后面将进一步给出计算），则 $R(D)$ 函数理论与实际比较结果如图 8.7 所示。其中，阴影范围表示信源编码方案的实际值与理论值之间的差距。人们完全可以找到更好的信源编码方法，即更靠近理论值、阴影范围更小的信源编码方法。这就是工程界寻找信源编码方法的方向和任务。

> **趣味小课堂**：在实际信息传输系统中，失真是不可避免的，有时甚至是必须的。有损信源编码利用失真对信息进行压缩，以抵抗噪声避免失真。任何事物都有它存在的价值，也有其两面性，我们要辩证地看待事物，也要辩证地认识自己。

8.4.2　限失真信源编码定理

离散无记忆限失真信源编码定理：若有一个离散无记忆平稳信源，其信息率失真函数为 $R(D)$，则当通信系统中的实际传送信息率 $R > R(D)$ 时，只要信源序列 L 足够长（$L \to \infty$），就一定存在一种编码方式 C' 使其译码以后的失真小于或等于 $D + \varepsilon$，其中 ε 为任意小的正数。反之，若 $R < R(D)$，则无论采用什么编码方式，其译码以后的失真必大于 D。

这个定理虽然仅是一个存在性定理，但是它为构造限失真信源编码指出了方向，即：

（1）只要能保证信源编码的均方误差不超过最大允许的失真 D，无论采用哪种方法实现都可以；

（2）$R(D)$ 函数理论指出，不超过最大允许失真 D 的信源最小信息率的理论值是 $R(D)$。

由以上两点可见，限失真信源编码的方向是寻找使其最小信息率趋近于 $R(D)$ 的编码，这一点与无失真信源编码寻找使其最小信息率趋近于信息熵 $H(X)$ 的编码在实质上是完全一致的。

无失真信源编码定理可用于寻求与信源的信息熵相匹配的编码，即

$$R = \frac{K}{L} \to H(X) \tag{8.62}$$

式中，$\frac{K}{L}$ 为每个信源符号的码长；$H(X)$ 为信源的信息熵；R 为信源编码器输出的信息率。

限失真信源编码定理可用于寻求与信源单个消息的信息率失真 $R(D)$ 函数相匹配的编码，即 $R \to R(D)$，其中，R 为信源编码后输出的信息率，$R(D)$ 为单个消息（符号）的信息率失真函数。

限失真信源编码的方法可以分为两大类型：一类是适应信源方式，即首先承认信源的客观实际概率统计特性，再寻找适应这类概率统计特性的编码方法，比如充分考虑并利用信源消息序列的各个消息变量（或各样值）之间的统计关联，进行有记忆信源的矢量量化编码；另一类是改造信源方式，其着眼点首先是改造信源的客观统计特性，即解除实际信源消息序列的各个消息（或各样值）之间的统计关联，将有记忆信源改造为无记忆信源，甚至还可以进一步将无记忆信源化为理想最大熵等概率信源。对于连续信源的编码，主要是将连续信源的模拟信号数字化。因为连续信源输出的模拟信号用数字信号表示时必然会引起失真，所以对连续信源的数字化表示属于限失真编码范畴。关于这方面内容，本书第 4 章详细介绍

了脉冲编码调制的原理和过程，而本章将着重介绍有记忆相关信源的限失真编码知识。

8.5 相关信源的限失真编码

大部分实际信源都属于有记忆的相关信源，本节从改造信源角度，先解除信源的相关性，再进行信源编码。解除信源相关性的主要方式分为两类：一类是从时域上解除相关性，称为预测编码；另一类是从变换域上解除相关性，称为变换编码。

8.5.1 预测编码

预测编码是应用比较广泛的声码器技术之一。常见的 DPCM、ADPCM、ΔM 等都属于采用预测编码方式的声码器技术。所谓预测编码方式，就是根据过去的信号样值预测下一个样值，并仅把预测样值与现实样值之差（预测误差）加以量化、编码，再进行传输的方式，如图 8.8 所示，在接收端，经过和发送端预测完全相同的操作，可以得到量化后的信号，然后通过低通滤波器便可恢复与原信号近似的波形。在这种情况下，如果能进行适当的预测，便可期望预测误差的幅度变化范围比信号自身的振幅变化范围小。因此，若解调后的量化噪声相同，则采用传输预测误差的方式时所需的量化比特数将比采用传输信号瞬时振幅值的一般 PCM 方式时所需的量化比特数少。又或者说，在比特数与 PCM 方式相同的情况下，采用预测编码方式可以获得更高的传输质量。

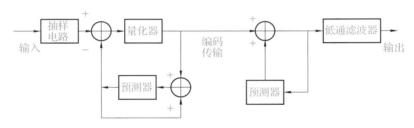

图 8.8 预测编码基本原理图

预测编码已成为语音压缩编码的主要基础，同时在图像编码中也发挥着必不可少的作用。在预测编码中，它不直接对信源的输出信号进行编码，而是对信源输出信号通过预测变换后的信号与信源输出信号的差值信号进行编码。

1. 实现预测编码时要考虑的问题

从上述预测编码的基本原理可以看出，实现预测编码时要进一步考虑三个方面的问题：预测误差准则的选取、预测函数的选取和预测器输入数据的选取。其中，第一个问题决定预测质量的标准，而后两个问题则决定预测质量的优劣。

（1）预测误差准则的选取。它大致可以划分为最小均方误差（MMSE）准则、预测系数不变性（PCIV）准则和最大误差（ME）准则 3 种类型。其中，最常用的准则是 MMSE 准则；PCIV 准则的最大特点是预测系数与输入信号统计特性无关，适用于多种类型信号同时预测，比如多媒体信号预测；ME 准则主要用于遥测数据。

（2）预测函数的选取。在工程上一般采用比较容易实现的线性预测函数。这时预测精度与预测阶次 K 有直接关系，K 越大，预测就越精确，但是相应设备也就越复杂，所以 K 值的大小最终是要根据设计要求和实际效果来决定的。

（3）预测器输入数据的选取。它是指从何处选取原始数据作为预测的依据，一般可以分为三类：第一类是直接从信源输出处选取第 l 位的前 K 位，即选取 x_{l-1}、x_{l-2}、$\cdots$、x_{l-K} 作为预测的原始数据；第二类则是将输出端的误差函数反馈至预测器中，即选取输出的第 l 位的前 K 位作为预测的原始数据反馈至预测器中；第三类是将前两类结合起来。采用第一类输入方式实现的称为 △PCM，采用第二类输入方式实现的称为 DPCM，而采用第三类输入方式实现的则称为噪声反馈型预测编码。

2. 最佳线性预测器分析

设输入信源序列 $x = (x_1, x_2, \cdots, x_l, \cdots, x_L)$，若采用第 l 位的前 K 位输入来预测第 l 位的值，即

$$\hat{x}_l = f(x_{l-1}, x_{l-2}, \cdots, x_{l-K})$$

若采用最常用的均方误差准则，则其最佳预测应使均方误差 $D = E[(x_l - \hat{x}_l)^2 \mid x_{l-1}, x_{l-2}, \cdots, x_{l-K}]$ 达到极小。引用变分法，可求得

$$\hat{x}_l = f(x_{l-1}, x_{l-2}, \cdots, x_{l-K}) = E(x_l \mid x_{l-1}, x_{l-2}, \cdots, x_{l-K}) \tag{8.63}$$

可见，在均方误差准则下，按照条件期望值进行预测是最佳预测，然而它必须已知 x_l 的联合概率密度函数，这一般是很难办到的。但是对于广义平稳的正态过程，只要已知二阶矩相关函数 $R(\tau)$ 就等效于已知 X_l 的联合概率密度函数（这时假设一阶矩阵的数学期望值为 0）。在这种情况下，线性最佳预测与一般意义上的最佳预测是等效的。因为对于广义平稳正态信源来说，线性统计无关与统计独立是等效的，所以能完全解除序列相关性的信源即为符合统计独立的无记忆信源。线性预测便于分析、易于实现，因此本节将重点介绍线性预测。

3. 线性预测的基本类型

1）差分脉冲编码调制（DPCM）

DPCM 的系统工作原理如图 8.9 所示。

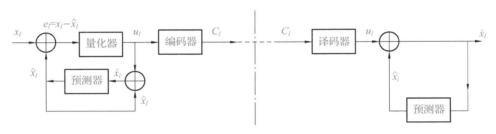

图 8.9 DPCM 的系统工作原理

图 8.9 中，信源输出信号 x_l 即为 DPCM 的输入信号，将 x_l 与预测值 $\hat{x}_l$ 相减得差值信号 e_l，再将 e_l 经量化器处理后变成量化的差值信号 u_l，再将 u_l 分两路传送：一路直接将 u_l 经编码后变成 C_l，并送入理想传输信道；另一路将 u_l 与预测后的信号 $\hat{x}_l$ 相加构成下一轮线性预测器的输入 $\overset{\circ}{x}_l$。在接收端，通过理想无失真信道传送来的码元 C_l 经译码后还原为 u_l，再将 u_l 与预测值 $\hat{x}_l$ 相加，最后恢复原来的 DPCM 输入信号 $\overset{\circ}{x}_l$。

DPCM 的线性预测器可分为极点预测器及零点预测器。现以极点预测器为例，简述线性预测器的工作原理。

从前面的分析可知，K 阶线性预测器的输出 $\hat{x}_l$ 是前 K 个 $x_{l-k}(k = 1, 2, \cdots, K)$ 值的线性组合，即

$$\hat{x}_l = \sum_{k=1}^{K} \alpha_k x_{l-k} \tag{8.64}$$

式中，α_k 是线性预测器的一组预测系数。

预测误差的均方值为

$$E(e_l^2) = E[(x_l - \hat{x}_l)^2] = E\left[\left(x_l - \sum_{k=1}^{K} \alpha_k x_{l-k}\right)^2\right] \tag{8.65}$$

最佳线性预测需满足

$$\frac{\partial E(e_l^2)}{\partial \alpha_k} = 0 \qquad (8.66)$$

由此得到一组线性方程, 其矩阵形式为

$$\begin{bmatrix} R(1) \\ R(2) \\ \vdots \\ R(k) \end{bmatrix} = \begin{bmatrix} R(0) & R(1) & \cdots & R(K-1) \\ R(1) & R(0) & \cdots & R(K-2) \\ \vdots & \vdots & \vdots & \vdots \\ R(K-1) & R(K-2) & \cdots & R(0) \end{bmatrix} \begin{bmatrix} \alpha_1 \\ \alpha_2 \\ \vdots \\ \alpha_k \end{bmatrix} \qquad (8.67)$$

式中, $R(k) = E(x_l x_{l-k})$, 为相关函数, 其中 $k = 1, 2, \cdots, K$。最佳线性预测系数 α_k 可根据式 (8.67) 求解。

从上述分析可以看出, 利用预测均方误差最小准则, 根据前 K 位样值之间的相关函数可以得出最佳线性预测系数, 从而预测出当前的样值 $\hat{x}_l$。利用这种方法可以较精确地预测相关性很强的信源, 使实际值与预测值之差的方差远小于原来的值, 于是在相同失真要求下, 可以明显减小差值量化的量化级数, 从而较显著地压缩码率。

另外需指出, 当信源输出过程是非平稳过程时, 如语音信号的输出过程, 它的方差及自相关函数随时间变化而发生缓慢变化, 为此 DPCM 的量化器及预测器可设计成自适应的, 以适应信源缓慢的时变统计特性。仍以语音信号为例, 虽然语音信号的统计特性随时间变化而变化, 但在短时间内可近似看成是平稳过程, 因而可按短时统计估计输入信号的方差来调整量化间隔值, 使量化间隔自适应于输入方差估值的变化。也可在固定的量化器前加上自适应增益控制, 使输入信号的幅度方差保持为固定的常数。以上两种方法是等效的, 称此量化器为自适应量化器。自适应量化器又可分为前馈自适应量化器和反馈自适应量化器。

若按短时统计估计输入信号的自相关特性, 则可求出短时预测系数, 自适应调整预测器的预测系数, 以达到最佳预测状态, 称此预测器为自适应预测器。自适应预测器亦可分为前馈自适应预测器和反馈自适应预测器。

2) 增量调制 (ΔM)

最简单的 DPCM 就是增量调制, 又称为 ΔM。这时差值的量化级最简单, 定为两级, 也就是当差值为正时, 输出 "1"; 当差值为负时, 输出 "0", 且每个差值只需 1 比特。显然, 要减少量化失真就必须增大抽样速率, 使它远大于奈奎斯特速率, 即远大于 $2f_H$, 其中 f_H 为信源信号的上限频率。译码时做相反变换, 即规定一个增量值 Δ, 当收到 "1" 时, 用前一瞬间的信号值加上一个 Δ 值; 收到 "0" 时, 用前一瞬间的信号值减去一个 Δ 值。ΔM 原理框图如图 8.10 所示。

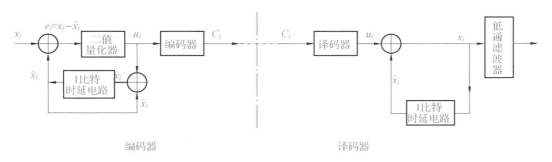

图 8.10　ΔM 原理框图

将 ΔM 与 DPCM 原理框图相比较, 在 ΔM 中线性预测器采用最简单的 1 比特时延电路, 而量化器则采用双向限幅的二值量化器, 即 1 比特量化器, 并省去发送端和接收端的编码器和译码器。

在发送端，输入的样值为 x_l，则有

$$e_l = x_l - \hat{x}_l \qquad (8.68)$$

经量化后，得

$$u_l = \Delta \cdot \text{sgn}(e_l) \qquad (8.69)$$

且有

$$e_{ql} = e_l - u_l \qquad (8.70)$$

其中，$sgn(\cdot)$ 是正、负号函数，它说明量化值序列是一系列双极性脉冲；而 e_{ql} 则表示 1 比特量化器的误差值。1 比特时延电路的输入为

$$\overset{\circ}{x_l} = u_l + \hat{x}_l \qquad (8.71)$$

这时它的输出为

$$\hat{x}_l = \overset{\circ}{x}_{l-1} \qquad (8.72)$$

式中，$\overset{\circ}{x}_{l-1}$ 表示 $\overset{\circ}{x}_l$ 延时 1 比特的值。

由式(8.71)有

$$\overset{\circ}{x_l} = u_l + \hat{x}_l = e_l + e_{ql} + x_l - e_l = e_{ql} + x_l \qquad (8.73)$$

可见，在 ΔM 中，恢复重建信号 $\overset{\circ}{x_l}$ 就等于原发送端样值信号 x_l 加上由于 ΔM 调制引入的量化误差 e_{ql}。

8.5.2 变换编码

信源一般都具有很强的相关性，要提高信源编码的效率首先就要解除信源的相关性。解除信源的相关性可以在时域内进行，这就是预测编码；也可以在变换域(可能是频域、广义频域或空域)内进行，这就是变换编码。

变换编码主要用于图像信源的压缩编码中。例如，在静止图像信源压缩编码中，首先将实际的二维图像分解为若干个 8 个像素乘 8 个像素的子块，并将它数字化，再分别对每个子块进行变换编码。在分析中，应用矩阵正交变换的数学工具，将图像信源中的每个子块的空间域 8×8 矩阵正交变换为频域的 8×8 矩阵，再对频域矩阵中的各元素(即变换系数)进行编码。因为具有高度相关性的图像子块经过正交变换后，频域中各变换系数之间的相关性很小，且从空间域转换至频域的能量保持不变，其能量集中于少数几个系数内，所以可丢弃一些能量较小的系数，只需对变换系数中能量较集中的几个系数加以编码，这样就能使数字图像传输时所需的码率得到压缩。

1. 正交变换

设信源矢量为列矢量 x，且 $x^T = (x_1, x_2, \cdots, x_l, \cdots, x_L)$，将它通过正交变换，其变换后的正交矩阵 A 为一个 $L \times L$ 的方阵，则变换后的输出为另一域(称为变换域)的矢量 s，即

$$s = Ax \qquad (8.74)$$

由于正交矩阵的正交性，即

$$A^T A = A^{-1} A = I \qquad (8.75)$$

于是有

$$x = A^{-1} s = A^T s \qquad (8.76)$$

信源矢量 x 的各分量 x_l 之间具有相关性，如果经正交变换后，在变换域内的各分量 s_k 之间的相关性很小，且其能量主要集中于前 K 个分量内，则只需传送前 K 个值而将余下的 $(L-K)$ 个能量较小的值丢弃，这样就能起到压缩信源码率的作用。这时有

$$\tilde{s}^T = (s_1, s_2, \cdots, s_K, 0, \cdots, 0) \qquad (8.77)$$

在接收端进行反变换，恢复的信号为

$$\widetilde{x} = A^T \widetilde{s} \tag{8.78}$$

显然，这时 $x \neq \widetilde{x}$，所以问题可归结为如何选择正交矩阵 A，在解除信源相关性的同时使 K 值尽可能的小，以得到最大的信源码率压缩率，同时又使丢弃 $(L-K)$ 个值以后产生的误差不超过允许的失真范围。因此，正交变换的主要问题可以归结为在一定的误差准则下，寻找最佳正交变换矩阵，以达到最大限度地解除信源相关性的目的。

2. 最佳正交变换矩阵

实际二维图像信源的子块可以用方阵 X 来描述，但是为了说明求取正交变换矩阵的基本原理，仍设信源矢量为列矢量 x，且 $x^T = (x_1, \ x_2, \ \cdots, \ x_l, \ \cdots, \ x_L)$。

下面根据图像信源 X 的相关性来确定最佳正交变换矩阵。

由于信源输出信号是随机的，图像信源的相关性可以用 L 行 L 列的协方差矩阵 Φ_x 来描述，即

$$\Phi_x = E\left[(x-\overline{x})(x-\overline{x})T \right] = \begin{bmatrix} \sigma_1^2 \rho_{11} & \sigma_1 \sigma_2 \rho_{12} & \cdots & \sigma_1 \sigma_j \rho_{1j} & \cdots & \sigma_1 \sigma_L \rho_{1L} \\ \sigma_2 \sigma_1 \rho_{21} & \sigma_2^2 \rho_{22} & \cdots & \sigma_2 \sigma_j \rho_{2j} & \cdots & \sigma_2 \sigma_L \rho_{2L} \\ \vdots & \vdots & & \vdots & & \vdots \\ \sigma_i \sigma_1 \rho_{i1} & \sigma_i \sigma_2 \rho_{i2} & \cdots & \sigma_i \sigma_j \rho_{ij} & \cdots & \sigma_i \sigma_L \rho_{iL} \\ \vdots & \vdots & & \vdots & & \vdots \\ \sigma_L \sigma_1 \rho_{L1} & \sigma_L \sigma_2 \rho_{L2} & \cdots & \sigma_L \sigma_j \rho_{Lj} & \cdots & \sigma_L^2 \rho_{LL} \end{bmatrix}_{L \times L} \tag{8.79}$$

式中，ρ_{ij} 表示信源矢量中的第 i 分量与第 j 分量之间的相关系数；$\sigma_i^2(\sigma_j^2)$ 表示第 i (j) 分量的方差。可见，协方差矩阵是定量描述随机分量之间相关性的一个二阶统计量。显然，协方差矩阵 Φ_x 对角线上的元素表示各分量的自相关，而非对角线上的元素表示各分量之间的互相关。

对于空间域图像信源给出的协方差矩阵 Φ_x，经过正交变换后得到变换域信号协方差矩阵 Φ_s，即

$$\Phi_s = E\left[(s-\overline{s})(s-\overline{s})T \right] = E\left[A(x-\overline{x})(x-\overline{x})TA^T \right] = AE\left[(x-\overline{x})(x-\overline{x})T \right]A^T = A\Phi_x A^T \tag{8.80}$$

式中，$\overline{x}$ 与 $\overline{s}$ 分别表示 x 与 s 的数学期望值。另外，有

$$\Phi_s = E\left[(s-\overline{s})(s-\overline{s})^T \right] = \left[\mathrm{cov}(s_k, \ s_l) \right]_{L \times L} \tag{8.81}$$

式中，$\mathrm{cov}(s_k, \ s_l)$ 为 s 中第 k 个分量与第 l 个分量之间的协方差值。

为了达到压缩信源的目的，希望正交变换后的 Φ_s 只保留主对角线上部分自相关函数值，而对角线以外的互相关分量均为零，且希望自相关值随着 k 值与 l 值的增大而迅速减小，当 $K<L$ 时，其主对角线上余下的 $(L-K)$ 个自相关值也可以忽略不计。这就最大限度地解除了信源的相关性，该矩阵也正是所要求寻找的最佳正交变换矩阵。

一般根据信源的协方差矩阵采用最小均方误差（MMSE）准则来计算最佳正交变换矩阵，所谓最佳是指在一定的条件下的最佳。

设误差值 Δx 为

$$\Delta x = x - \widetilde{x} \tag{8.82}$$

则均方误差值 ε 为

$$\varepsilon = E(\Delta x^2) \tag{8.83}$$

因此，问题归结为当要求 ε 最小时，正交变换矩阵 $A^T = [a_1, \ a_2, \ \cdots, \ a_l, \ \cdots, \ a_L]$ 应选取何种形式。

利用拉格朗日乘数法则，在满足 $a^T a = 1$ 正交条件下，要找出 a_l，使得均方误差 ε 最小，有

$$\Phi_x a_l = \lambda_l a_l \tag{8.84}$$

式中，λ_l 中 Φ_x 的特征值；a_l 是与特征值 λ_l 相对应的特征矢量，由各 a_l 构成正交矩阵 A。

由式（8.80）得

$$\lambda_l = a_l^T \Phi_x a_l \tag{8.85}$$

或写为

$$A^T \Phi_x A = \begin{bmatrix} \lambda_1 & 0 & \cdots & 0 \\ 0 & \lambda_2 & \cdots & 0 \\ \vdots & \vdots & & \vdots \\ 0 & 0 & \cdots & \lambda_l \end{bmatrix} \tag{8.86}$$

将式(8.86)代入式(8.80)得

$$\Phi_s = A^T \Phi_x A = \begin{bmatrix} \lambda_1 & 0 & \cdots & 0 \\ 0 & \lambda_2 & \cdots & 0 \\ \vdots & \vdots & & \vdots \\ 0 & 0 & \cdots & \lambda_l \end{bmatrix} = \text{diag}(\lambda_1, \lambda_2, \cdots, \lambda_l) \tag{8.87}$$

可见，这时 Φ_s 为理想对角线矩阵，即经过正交变换后完全消除了信源相关性。式(8.85)中 a_l 为矩阵 Φ_x 的特征矢量，由最佳 a_l 特征矢量构成的正交变换矩阵 A，即为最佳正交变换矩阵。再由求得的 A 对图像子块 X 进行正交变换，一般称此变换为 K(Karhunan)$-L$(Loeve)变换。这时的最小均方误差值为

$$\varepsilon_{\min} = \sum_{l=K+1}^{L} \lambda_l \tag{8.88}$$

通过改变 a_l 在 A^T 中的次序求得

$$\lambda_1 \geqslant \lambda_2 \geqslant \cdots \geqslant \lambda_K \geqslant \lambda_{K+1} \geqslant \cdots \geqslant \lambda_L \tag{8.89}$$

被丢弃的 $\lambda_{K+1} \sim \lambda_L$ 是一些最小的项，故可实现误差最小。

下面进一步举例说明如何计算 K-L 变换中的正交矩阵 A。

【例8.4】已知某信源的协方差矩阵为 Φ_x，求最佳正交变换矩阵。

$$\Phi_x = \begin{bmatrix} 1 & 1 & 0 \\ 1 & 1 & 0 \\ 0 & 0 & 1 \end{bmatrix}$$

解：写出方阵 Φ_x 的特征方程为

$$|\Phi_x - \lambda I| = 0$$

得

$$(1-\lambda)^3 - (1-\lambda) = 0$$

求得 Φ_x 的特征值为 $\lambda_1 = 2$，$\lambda_2 = 1$，$\lambda_3 = 0$。

当 $\lambda_1 = 2$ 时，有

$$(\Phi_x - \lambda_l I) a_1^T = 0$$

即

$$\begin{bmatrix} -1 & 1 & 0 \\ 1 & -1 & 0 \\ 0 & 0 & -1 \end{bmatrix} \begin{bmatrix} a_{11} \\ a_{12} \\ a_{13} \end{bmatrix} = 0$$

写成线性方程组的形式为

$$\begin{cases} -a_{11} + a_{12} = 0 \\ a_{11} - a_{12} = 0 \\ a_{13} = 0 \end{cases}$$

当 $\lambda_1 = 2$ 时，对应的特征矢量为 $a_1 = [a_{11}, a_{12}, a_{13}] = [1, 1, 0]$，归一化后为 $\left[\dfrac{1}{\sqrt{2}}, \dfrac{1}{\sqrt{2}}, 0\right]$；同理，

可求得与 $\lambda_2 = 1$ 对应的特征矢量为 $a_2 = [a_{21}, a_{22}, a_{23}] = [0, 0, 0]$；与 $\lambda_3 = 0$ 对应的特征矢量为 $a_3 = \left[a_{31}, a_{32}, a_{33}\right] = \left[\dfrac{1}{\sqrt{2}}, -\dfrac{1}{\sqrt{2}}, 0\right]$。

由上述特征矢量构成 $K-L$ 变换的最佳正交变换矩阵 A 为

$$A = \begin{bmatrix} a_{11} & a_{12} & a_{13} \\ a_{21} & a_{22} & a_{23} \\ a_{31} & a_{32} & a_{33} \end{bmatrix} = \begin{bmatrix} \dfrac{1}{\sqrt{2}} & \dfrac{1}{\sqrt{2}} & 0 \\ 0 & 0 & 1 \\ \dfrac{1}{\sqrt{2}} & -\dfrac{1}{\sqrt{2}} & 0 \end{bmatrix}$$

$K-L$ 变换虽然在均方误差准则下是最佳的正交变换，但是，由于以下两个原因在实际中很少采用。第一，在 $K-L$ 变换中，特征矢量与信源统计特性密切相关，即对不同的信源统计特性 Φ_x 要有不同的正交矩阵 A，才能实现最佳化。在实际中，每幅图像信源的 Φ_x 是在不断变化的，因而每传送一幅图像，都要重复进行上述计算，由 Φ_x 找出相应的正交矩阵 A，再对图像子块 X 进行正交变换操作。由此可见，$K-L$ 变换中的正交变换矩阵 A 不是一个固定的矩阵，它必须由信源统计特性来确定，而其运算相当繁琐。第二，$K-L$ 变换尚无快速算法，所以很少在实际问题中使用，通常仅将它作为一个理论上的参考标准。

正是由于理论上最佳的 $K-L$ 变换实用意义不大，人们将眼光逐步转向寻找理论上最佳且有实用价值的正交变换上。人们已寻找到不少类型的准最佳变换，它们大致可划分为两类：一类是变换矢量的元素都在单位圆上，比如傅里叶变换以及沃尔什-哈达玛（Walsh-Hadamard）变换；另一类则不一定在单位圆上，此类变换又可细分为正弦变换与非正弦变换两类，离散余弦变换（DCT）属于前者，而斜（Slant）变换、Haar 变换则属于后者。

3. 准最佳正交变换

所谓准最佳正交变换，是指经变换后的协方差矩阵是近似对角线矩阵。由线性代数的相似变换理论可知，任何矩阵都可以相似于约旦（Jordan）标准型矩阵。所谓约旦标准型矩阵就是准对角线矩阵，即在主对角线上均为信源协方差矩阵的特征值 $\lambda_l (l = 1, 2, \cdots, L)$，而在主对角线的上方或下方存在着若干个 1 值。相似变换是指总能找到一个非奇异正交矩阵 A，使得 $A^{-1}\Phi_x A = \Phi_s$（Φ_s 为约旦型矩阵），则称 Φ_x 与 Φ_s 相似。这时有

$$A^{-1}\Phi_x A = A^T \Phi_x A = \Phi_s \tag{8.90}$$

可见，通过矩阵的相似变换总能找到一些正交矩阵，实现准最佳变换。因为准最佳标准具有不确定性与不唯一性，所以找到的正交矩阵也不是唯一的，于是就产生了多种准最佳变换。尽管它们的性能比 $K-L$ 变换差，但是它们的变化矩阵 A 是固定的，这给工程实现带来了方便，所以实践中更重视准最佳正交变换。

选用不同类型的正交矩阵 A 可以产生不同类型的准最佳正交变换，下面简单介绍一下离散余弦变换（DCT）。设一维 DCT 的正交矩阵为

$$A_{\text{DCT}}(L = 2^m) = \sqrt{\dfrac{2}{L}} \begin{bmatrix} \dfrac{1}{\sqrt{2}} & \dfrac{1}{\sqrt{2}} & \cdots & \dfrac{1}{\sqrt{2}} \\ \cos\dfrac{\pi}{2L} & \cos\dfrac{3\pi}{2L} & \cdots & \cos\dfrac{(2L-1)\pi}{2L} \\ \vdots & \vdots & & \vdots \\ \cos\dfrac{(L-1)\pi}{2L} & \cos\dfrac{3(L-1)\pi}{2L} & \cdots & \cos\dfrac{(2L-1)(L-1)\pi}{2L} \end{bmatrix} \tag{8.91}$$

当信号统计特性符合一阶马尔科夫链模型，且其相关系数接近于 1（许多图像信号可以用此模型精确描述）时，DCT 的性能十分接近于 $K-L$ 变换的性能，且变换后的能量集中度高，即使信号统计特性偏离这

一模型，DCT 性能下降也不显著。由于 DCT 具有这一特性，再加上它的正交变换矩阵是固定的，并具有快速算法等优点，它在图像压缩编码中得到了广泛的应用。

8.6　MATLAB 实践

[例 8.5] 设一个信源包含 a、b、c、d、e、f、g 这 7 个信源符号，它们出现的概率分别为 0.05、0.06、0.09、0.1、0.15、0.15 和 0.4，利用 MATLAB 实现霍夫曼码编码。

MATLAB 程序如下：

```
clear;clc;
probabilities=[0.05 0.06 0.09 0.1 0.15 0.15 0.4]';
symbol={'a','b','c','d','e','f','g'};
symbols_index=linspace(1,length(symbol),length(symbol))';
table=[probabilities,symbols_index];
max=length(probabilities);

sym_freq_sorted=sortrows(table,'descend');
pro_com=0;
huffman_table=cell(max,1);

for j=1:1:size(huffman_table,1)
    huffman_table{j}=[];
end
list_psym=cell(max,1);
i=0;
while(pro_com<1)
    upper=sym_freq_sorted(end,1);upper_index=sym_freq_sorted(end,2);
    lower=sym_freq_sorted(end-1,1);lower_index=sym_freq_sorted(end-1,2);
    if (upper_index<max+2)&&(lower_index<max+2)
        huffman_table{upper_index}=[huffman_table{upper_index},'0'];
        huffman_table{lower_index}=[huffman_table{lower_index},'1'];
        i=i+1;
        list_psym{i}=[upper_index,lower_index];
    end

    if (upper_index>max+2)&&(lower_index<max+2)
        for index=list_psym{upper_index-500}
            huffman_table{index}=[huffman_table{index},'0'];
        end
        huffman_table{lower_index}=[huffman_table{lower_index},'1'];
        i=i+1;
        list_psym{i}=[list_psym{upper_index-500},lower_index];
    end
    if (upper_index<max+2)&&(lower_index>max+2)
        for index=list_psym{lower_index-500}
```

```
            huffman_table{index}=[huffman_table{index},'1'];
        end
        huffman_table{upper_index}=[huffman_table{upper_index},'0'];
        i=i+1;
        list_psym{i}=[list_psym{lower_index-500},upper_index];
    end


    if (upper_index>max+2)&&(lower_index>max+2)
        for index=list_psym{upper_index-500}
            huffman_table{index}=[huffman_table{index},'0'];
        end
        for index=list_psym{lower_index-500}
            huffman_table{index}=[huffman_table{index},'1'];
        end
        i=i+1;
        list_psym{i}=[list_psym{upper_index-500},list_psym{lower_index-500}];
    end


    pro_com=upper+lower;
    sym_freq_sorted=sym_freq_sorted(1:end-2,:);
    sym_freq_sorted=[[pro_com,500+i];sym_freq_sorted];
    sym_freq_sorted=sortrows(sym_freq_sorted,'descend');


end


for i=1:1:length(symbol)
    disp(['The Code of symbol: ',symbol{i},' is ',huffman_table{i}]);
end
```

运行结果如图 8.11 所示。

```
>> HuffmanCoding
The Code of symbol: a is 0001
The Code of symbol: b is 1001
The Code of symbol: c is 0111
The Code of symbol: d is 1111
The Code of symbol: e is 101
The Code of symbol: f is 011
The Code of symbol: g is 0
fx >>
```

图 8.11　运行结果

【例 8.6】设一个信源包含 a、b、c、d、e、f、g 这 7 个信源符号，它们出现的概率分别为 0.05、0.06、0.09、0.1、0.15、0.15 和 0.4，利用 MATLAB 绘制霍夫曼码的码树。

MATLAB 程序如下：

```
clear;clc;
table={'a',0.05;
    'b',0.06;
    'c',0.09;
    'd',0.1;
    'e',0.15;
    'f',0.15;
    'g',0.4};
nos=size(table,1);
weight_list=zeros(nos,1);
for i=1:1:nos
    weight_list(i)=table{i,2};
end

Huffman_Tree=zeros(2*nos-1,4);

for i=1:nos
    Huffman_Tree(i,1)=weight_list(i);
end

buffer2=weight_list;
for i=1:nos-1
        buffer1=buffer2(:,1);
        [probabilities,index]=sort(buffer1,'descend');
        sum=probabilities(nos-i+1)+probabilities(nos-i);
        buffer2(nos+i,1)=sum;
        buffer2(index(nos-i+1),1)=0;
        buffer2(index(nos-i),1)=0;
        Huffman_Tree(nos+i,1)=sum;
        Huffman_Tree(index(nos-i+1),2)=nos+i;
        Huffman_Tree(index(nos-i),2)=nos+i;
        Huffman_Tree(nos+i,3)=index(nos-i+1);
        Huffman_Tree(nos+i,4)=index(nos-i);
end

figure('name','Huffman Tree');
treeplot(Huffman_Tree(:,2)');title('Huffman Tree')

Huffman_table=cell(nos,2);
Huffman_table(:,1)=table(:,1);

for i=1:1:nos
    child=i;
    parent=Huffman_Tree(i,2);
```

```
    while(parent~=0)
        if Huffman_Tree(parent,3)==child
            Huffman_table{i,2}=[0,Huffman_table{i,2}];
        else
            Huffman_table{i,2}=[1,Huffman_table{i,2}];
        end
        child=parent;
        parent=Huffman_Tree(parent,2);
    end
end
```

运行结果如图 8.12 所示。

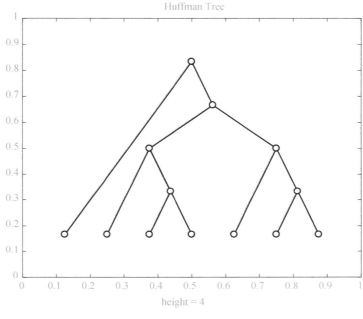

图 8.12　霍夫曼码的码树

【例 8.7】设一个信源包含 a、b、c、d、e、f、g 这 7 个信源符号, 它们出现的概率分别为 0.05、0.06、0.09、0.1、0.15、0.15 和 0.4, 利用 MATLAB 绘制哈夫曼码的码树并输入信息 110101 进行解码。

MATLAB 程序如下:

```
clear;clc;
table={'a',0.05;
    'b',0.06;
    'c',0.09;
    'd',0.1;
    'e',0.15;
    'f',0.15;
    'g',0.4};
nos=size(table,1);
    weight_list=zeros(nos,1);
for i=1:1:nos
```

```
weight_list(i)=table{i,2};
end

Huffman_Tree=zeros(2*nos-1,4);

for i=1:nos
    Huffman_Tree(i,1)=weight_list(i);
end

buffer2=weight_list;
for i=1:nos-1
        buffer1=buffer2(:,1);
        [probabilities,index]=sort(buffer1,'descend');
        sum=probabilities(nos-i+1)+probabilities(nos-i);
        buffer2(nos+i,1)=sum;
        buffer2(index(nos-i+1),1)=0;
        buffer2(index(nos-i),1)=0;

        Huffman_Tree(nos+i,1)=sum;
        Huffman_Tree(index(nos-i+1),2)=nos+i;
        Huffman_Tree(index(nos-i),2)=nos+i;
        Huffman_Tree(nos+i,3)=index(nos-i+1);
        Huffman_Tree(nos+i,4)=index(nos-i);
end

figure('name','Huffman Tree');
treeplot(Huffman_Tree(:,2)')
title('Huffman Tree');

Huffman_table=cell(nos,2);
Huffman_table(:,1)=table(:,1);

for i=1:1:nos
    child=i;
    parent=Huffman_Tree(i,2);
    while(parent~=0)
        if Huffman_Tree(parent,3)==child
            Huffman_table{i,2}=[0,Huffman_table{i,2}];
        else
            Huffman_table{i,2}=[1,Huffman_table{i,2}];
        end
        child=parent;
        parent=Huffman_Tree(parent,2);
    end
end

bit_stream=[1 1 0 1 0 1];
len_of_bit_stream=size(bit_stream,2);
```

```
flag=2*nos-1;
i=1;
message_index=[];

while(i<=len_of_bit_stream)
    if(bit_stream(i)==0)
        flag=Huffman_Tree(flag,3);
    else
        flag=Huffman_Tree(flag,4);
    end
    i=i+1;
    if Huffman_Tree(flag,3)==0
        message_index(end+1)=flag;
        flag=2*nos-1;
    end
end

message='';
len=length(message_index);
for i=1:1:len
    message=[message,table{message_index(i),1}];
end

disp(['The text is:',message]);
```

运行结果如图 8.13 和图 8.14 所示。

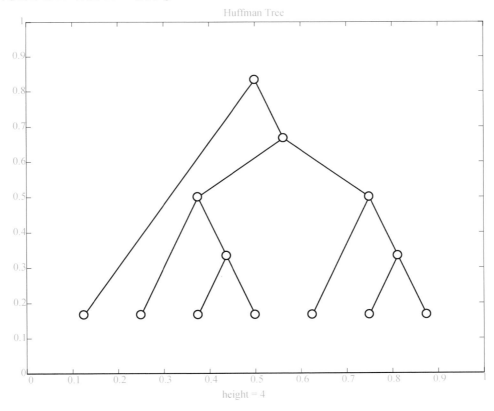

图 8.13 霍夫曼码的码树

```
The text is: ef
fx >>
```

图 8.14　解码运行结果

思考与练习

1. 设信源符号集为 $\begin{bmatrix} S \\ P(S) \end{bmatrix} = \begin{bmatrix} s_1 & s_2 \\ 0.1 & 0.9 \end{bmatrix}$。

（1）求 $H(S)$；

（2）设码符号为 $X = \{0, 1\}$，编出 S 的紧致码，并求该紧致码的平均码长 $\overline{L}$。

2. 设二进制霍夫曼码为 $\{00, 01, 10, 11\}$ 和 $\{0, 10, 110, 111\}$，求出可以编得这一霍夫曼码的信源的所有概率分布。

3. 设某一信源的概率分布为 $\left(\dfrac{1}{3}, \dfrac{1}{5}, \dfrac{1}{5}, \dfrac{2}{15}, \dfrac{2}{15} \right)$，对该信源编二进制霍夫曼码，并证明此码对于概率分布为 $\left(\dfrac{1}{5}, \dfrac{1}{5}, \dfrac{1}{5}, \dfrac{1}{5}, \dfrac{1}{5} \right)$ 的信源也是最佳二进制编码。

4. 设某一信源有 $K=6$ 个符号，其概率分别为 $P(S_1)=\dfrac{1}{2}$、$P(S_2)=\dfrac{1}{4}$、$P(S_3)=\dfrac{1}{8}$、$P(S_4)=P(S_5)=\dfrac{1}{20}$、$P(S_6)=\dfrac{1}{40}$，对该信源编二进制霍夫曼码，并求编码效率。

5. 设某一信源满足 $\begin{bmatrix} S \\ P(S) \end{bmatrix} = \begin{bmatrix} s_1 & s_2 & s_3 & s_4 & s_5 & s_6 & s_7 & s_8 \\ 0.4 & 0.2 & 0.1 & 0.1 & 0.05 & 0.05 & 0.05 & 0.05 \end{bmatrix}$，码符号为 $X = \{0, 1\}$，试构造一种二进制紧致码。

第 9 章

信道及其复用技术

📖 本章导读

　　通信的目的是传递消息中所包含的信息，抽象的信息必须经过具体的介质进行传播，这个介质可以是实体的电缆，也可以是电信和计算机网络中的无线电通道，这些传输信号的通道简称信道。在更一般的观点里，存储设备也是一种信道，它具有发送(写入)和接收(读取)功能，并允许随时间传递信息。

　　本章将主要讨论信道的数学模型，并基于数学模型的特点对信道的特性、容量以及复用技术等进行详细分析。

📖 学习目标

知识与技能目标

❶了解信道及其分类。

❷掌握信道数学模型的构建方法。

❸理解信道的传输特性。

❹能够利用香农公式分析信道容量特性。

❺学会利用 MATLAB 计算高斯信道的容量。

❻学会利用 MATLAB 分析信道容量与带宽和信噪比的关系。

❼学会利用 MATLAB 分析 m 序列及其自相关序列。

素质目标

❶培养科学思维。

❷培养探索求是的精神。

❸激发科技创新思维。

9.1 信道的定义及分类

通信系统的一般模型如图 9.1 所示，信道是信号在通信系统中传输的通道，由信号从发送端传输到接收端所经过的传输介质所构成。

根据信道的特征以及分析问题所需，可将信道大体分为狭义信道和广义信道。狭义信道仅涉及传输介质的特性和外界环境；广义信道还将与传输有关的设备包括在内，如变换装置、发送设备、接收设备、解调器等，有时还包括馈线、天线。在讨论通信系统的一般原理时，通常把广义信道称为信道。

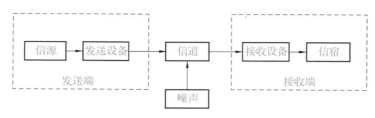

图 9.1　通信系统的一般模型

9.1.1　狭义信道

狭义信道是广义信道的重要组成部分。通信效果的好坏在很大程度上取决于狭义信道的特性，因此在研究信道的一般特性时，传输介质仍是讨论的重点。狭义信道按传输介质的特性不同通常可分为有线信道和无线信道。

1. 有线信道

有线信道以导线为传输介质，信号沿导线进行传输，其能量集中在导线附近，因此传输效率较高，但是部署不够灵活。这类信道使用的传输介质主要有明线、双绞线、同轴电缆、光纤等，其中明线由于易受天气和环境的影响，对噪声干扰较为敏感，已逐渐被代替。

双绞线是现实中使用广泛、价格低廉的一种有线传输介质，其结构如图 9.2 所示，它是将两条具有绝缘保护层的铜导线绞合而成的一种螺旋状电缆线。双绞线可以减少发送过程中信号的衰减，减少串扰及噪声，并抑制外部的电磁干扰。

同轴电缆是由内外两根同心圆柱形导体构成的，内导体是一根实心铜线，用于传输信号；外导体被编制为网状，主要用于屏蔽电磁干扰和辐射。在内外导体间可以填充实心介质材料，或者用空气作为介质，但需在一段间隔距离内使用绝缘支架连接和固定内外导体。同轴电缆的结构如图 9.3 所示。

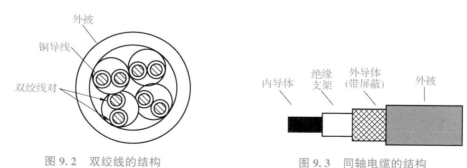

图 9.2　双绞线的结构　　　　　　图 9.3　同轴电缆的结构

光纤是光导纤维的简称，是由华裔科学家高锟首先提出的，他被认为是"光纤之父"，并因此获得了 2009 年诺贝尔物理学奖。光纤是由两层折射率不同的玻璃组成的，可作为光传导工具。光纤的结构如图 9.4 所示，微细的光纤封装在护套中，使得它能够弯曲而不至于断裂。通常光纤一端的发射设备使用发光二极管或一束激光将光脉冲发送至光纤中，光纤另一端的接收设备使用光敏组件检测脉冲。

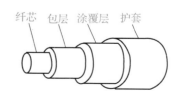

图 9.4　光纤的结构

趣味小课堂： 高锟，华裔物理学家、教育家，光纤通信、电机工程专家，香港中文大学前校长。他刻苦钻研，探索求真。1966年，高锟做了一次跨时代的实验，随后他在论文《光频率介质纤维表面波导》中指出，用石英基玻璃纤维进行长距离信息传递，将带来一场通信事业的革命。他提出当玻璃纤维衰减率下降到每千米20分贝时，光纤通信即可成功。他的研究为人类进入光导新纪元打开了大门。

2. 无线信道

无线信道主要有以辐射无线电波为传输方式的无线电信道和在水下传播声波的水声信道等。无线电信号由发射机的天线辐射到整个自由空间进行传播，根据通信距离、频率和位置的不同，主要有地波传输、天波传输和视线传输三种类别。由于电磁波在水体中传输的损耗很大，在水下通常采用声波的水声信道进行传输。

无线信道在自由空间中传播信号，其能量较为分散，传输效率较低，可靠性和安全性也较差，但其具有方便、灵活、通信者可移动等优点。

9.1.2 广义信道

广义信道的分类和组成如图9.5所示，按其功能的不同通常可分为调制信道和编码信道。

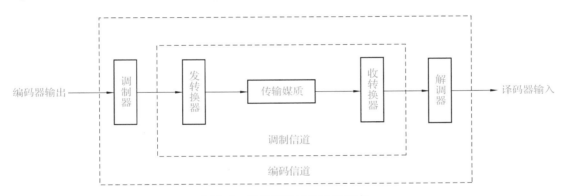

图9.5 广义信道的分类和组成

1. 调制信道

调制信道是为研究调制和解调问题所建立的一种广义信道，指的是从调制器输出端至解调器输入端之间的信道，其中可能包括放大器、变频器和天线等装置。调制信道所关心的是输入信号的形式和已调信号通过调制信道后的最终结果，而不考虑具体的变换过程，这在研究通信系统调制制度性能时是方便和恰当的。

2. 编码信道

编码信道主要用来研究数字通信系统的编码与译码问题，指的是由编码器输出端到译码器输入端之间的信道。它与调制信道模型有明显的不同，是一种数字信道或离散的时间信道。其输入的是离散的时间信号，输出的也是离散的时间信号。这在研究利用纠错编码对数字信号进行差错控制的效果时是有利的。

调制信道和编码信道是通信系统中常用的两种广义信道，如果研究的对象和关心的问题不同，还可以定义其他形式的广义信道。

9.2 信道的数学模型

信道的数学模型用来表征实际物理信道的特性，以此来反映信道输入信号和输出信号之间的关系，有利于通信系统的分析和设计。本节主要介绍调制信道和编码信道这两种广义信道的数学模型。

9.2.1 调制信道模型

调制信道模型描述的是调制信道输出信号和输入信号之间的数学关系。调制信道传送的是已调模拟信号，所以也称为模拟信道或连续信道。通过对调制信道进行大量的分析研究，发现它具有如下共性：

（1）信道具有一对（或多对）输入端和输出端；

（2）信道一般是线性的，即信号满足叠加性和齐次性；

（3）信号通过信道需要一定的延迟时间；

（4）信号通过信道会受到固定或时变的损耗；

（5）信道中存在噪声，即使无信号输入，仍会有一定功率的噪声输出。

根据上述性质，调制信道可以用一个二端口（或多端口）的线性时变网络来等效，这个网络便称为调制信道模型，如图9.6所示。

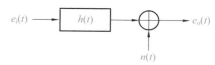

二端口调制信道模型的输出信号与输入信号之间的关系可以表示为

图9.6 二端口调制信道模型

$$e_o(t) = f[e_i(t)] + n(t) \tag{9.1}$$

式中，$e_o(t)$ 为信道输出信号；$e_i(t)$ 为信道输入信号；$n(t)$ 为加性噪声；$f[e_i(t)]$ 为信道对信号变换的函数关系，反映不同物理信道的特性。

一般情况下，$f[e_i(t)]$ 可以表示为信道中单位冲激响应 $h(t)$ 与输入信号 $e_i(t)$ 的卷积，即

$$f[e_i(t)] = h(t) * e_i(t) \tag{9.2}$$

$$e(\omega) = H(\omega)e_i(\omega) \tag{9.3}$$

其中，$h(t)$ 取决于信道特性。对于信号来说，$h(t)$ 使调制信道输出信号 $e_o(t)$ 的幅度随着时间 t 发生变化，即信道的作用相当于对输入信号乘一个系数 $h(t)$。而噪声 $n(t)$ 是叠加在信号上的，无论有无信号，它始终存在。如果我们了解了 $h(t)$ 与 $n(t)$ 的特性，就能知道信道对信号的具体影响。

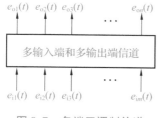

图9.7 多端口调制信道

根据信道传递函数 $h(t)$ 时变特性的不同可以将实际使用的物理信道分为两大类：一类是 $h(t)$ 基本不随时间变化，信道对信号的影响是固定的或是变化极为缓慢的，这类信道称为恒定参数信道，简称恒参信道；另一类是信道的迟延特性和损耗特性随时间做随机变化，故 $h(t)$ 是 t 的函数，此时只能用随机过程来描述其统计特性，这类信道称为随机参数信道，简称随参信道。

有一个输入端和一个输出端的二端口调制信道是最基本的信道。此外，还有如图9.7所示的具有多个输入端和多个输出端的多端口调制信道，如在电话会议系统中，每个人都可以同时接收到多人的语音信号，这便是采取了多端口调制信道。

9.2.2 编码信道模型

与调制信道不同的是，编码信道的输入信号和输出信号都是数字信号，所以也称为数字信道或离散信道。编码信道模型描述了输入数字序列与输出数字序列之间变换的数学关系，通常是一种概率关系，故可以用一组转移概率来描述其基本的统计特性。转移概率 $P(Y_j|X_i)$ 描述了输入信号 X_i 经过编码信道后

被检测为 Y_j 的概率。人们关心的是数字信号经信道传输后的差错情况，即误码率，因此编码信道的模型常用转移概率来描述。

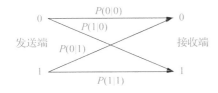

图 9.8　二进制数字传输系统的
编码信道模型

二进制数字传输系统的编码信道模型如图 9.8 所示，$P(0)$ 和 $P(1)$ 分别是发送"0"符号和"1"符号的先验概率；$P(0|0)$ 与 $P(1|1)$ 是正确转移概率；$P(1|0)$ 与 $P(0|1)$ 是错误转移概率。若因受信道噪声或其他因素影响而导致输出数字序列发生的错误是统计独立的，即转移概率与前后码元的取值无关，也就是一个码元的错误和其前后码元是否发生错误是无关的，那么这种信道就称为无记忆编码信道。

根据概率性质可得

$$P(0|0) = 1 - P(1|0) \tag{9.4}$$

$$P(1|1) = 1 - P(0|1) \tag{9.5}$$

则信道输出信号的总错误概率为

$$P_e = P(0)P(1|0) + P(1)P(0|1) \tag{9.6}$$

由此可推广到多进制无记忆编码信道模型，如图 9.9 所示。设编码信道输入的 M 元符号为

$$X = \{x_0, \ x_1, \ \cdots, \ x_{M-1}\} \tag{9.7}$$

编码信道输出的 N 元符号为

$$Y = \{y_0, \ y_1, \ \cdots, \ y_{N-1}\} \tag{9.8}$$

则表征信道输入、输出特性的转移概率为

$$P(y_j|x_i) = P(Y=y_j|X=x_i) \tag{9.9}$$

式（9.9）表示发送 x_i 条件下接收 y_j 的概率，即将 x_i 转移为 y_j 的概率。如果因受信道噪声或其他因素影响而导致输出数字序列发生的错误是不独立的，即码元的转移概率与前后码元的取值有关，那么这种信道就称为有记忆编码信道，其编码信道模型和信道转移概率表达式要复杂得多。编码信道中产生错码的原因主要是调制信道不理想。

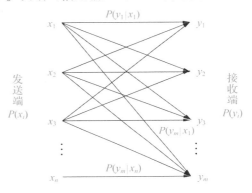

图 9.9　多进制无记忆编码信道模型

9.3　信道的特性

在调制信道模型中，按照信道的特性是否随时间发生变化，可分为恒参信道和随参信道两类。本节主要介绍信道的特性及其对信号传输的影响。

9.3.1　恒参信道传输特性

恒参信道对信号传输的影响是固定的或是变化极为缓慢的，如各类有线信道、卫星中继、超短波及微波视距传播等。因此，其传输特性可以等效为线性时不变网络，只要知道网络的传输特性，就可以采用信号分析方法研究信号及其网络特性。传输特性用单位冲激响应 $h(t)$ 及频率特性 $H(\omega)$ 表示。设信道的输入信号和输出信号分别为 $x(t)$ 和 $y(t)$，其傅里叶变换分别为 $X(\omega)$ 和 $Y(\omega)$，则有

$$y(t) = x(t) * h(t) \tag{9.10}$$

$$Y(\omega) = X(\omega)H(\omega) \tag{9.11}$$

$H(\omega)$ 可以表示为

$$H(\omega) = |H(\omega)|e^{j\varphi(\omega)} \tag{9.12}$$

式中，$|H(\omega)|$ 为信道的幅频特性；$e^{j\varphi(\omega)}$ 为信道的相频特性。因此，恒参信道的主要传输特性便可以采用振幅—频率特性和相位—频率特性来描述。

1. 理想恒参信道特性

理想恒参信道是指能使信号无失真传输（即信号波形不变而只有幅度和时间前后的改变）的信道，其传输特性必须满足以下两个条件。

（1）幅频特性为 $|H(\omega)| = K_0$；

（2）相频特性为 $\varphi(\omega) = \omega t_d$。

信道的相频特性通常还可以采用群迟延—频率特性来衡量，其定义为相频特性的导数。理想信道的群迟延—频率特性必须满足的条件为

$$\varphi(\omega) = \omega * t_d \tag{9.13}$$

若信道的传输特性是理想的，则其幅频特性、相频特性和群迟延—频率特性如图 9.10 所示。在整个频率范围或信号频带范围内，其幅频特性为常数，相频特性为 ω 的线性函数，这种情况也称为信号的无失真传输。理想恒参信道对信号传输的影响有以下两点。

（1）对信号在幅度上产生固定的衰减；

（2）对信号在时间上产生固定的迟延。

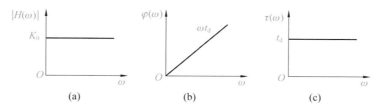

图 9.10　理想信道的传输特性

（a）幅频特性；（b）相频特性；（c）群迟延—频率特性

2. 实际恒参信道特性

实际中，信道传输特性偏离了理想信道的特性，产生失真。如果信道的幅频特性在信号频带范围之内不是常数，就会使信号产生振幅—频率失真；如果信道的相频特性在信号频带范围之内不是 ω 的线性函数，就会使信号产生相位—频率失真。

1）振幅—频率失真

振幅—频率失真是由实际信道的幅度频率特性不理想引起的，信号中不同频率的分量分别受到不同的衰减。图 9.11 所示为典型音频电话信道的幅度衰减特性，这里采用的是便于测量的插入损耗和频率的关系来表示振幅—频率关系。其衰减特性在 300~3 000 Hz 频率范围内比较平坦；在 300 Hz 以下和3 000 Hz 以上衰减增加很快。信号的振幅—频率失真会使信号的波形产生畸变。对模拟信号，会导致信号波形失真，造成信噪比下降；对数字信号，会导致相邻码元波形发生部分重叠，造成码间串扰。因为这种失真是一种线性失真，所以可以用一个线性网络来进行补偿。

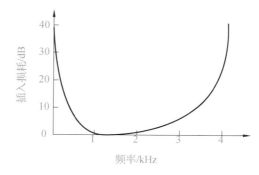

图 9.11　典型音频电话信道的幅度衰减特性

2）相位—频率失真

当信道的相位—频率特性偏离线性关系时，将会使通过信道的信号产生相位—频率失真，也被称为群迟延—频率失真。典型音频电话信道的群迟延—频率特性如图 9.12 所示。在模拟语音传输中，相位—频率失真对通话的影响不明显，因为人耳对声音波形的相位失真不敏感，但相位—频率失真对视频信号

的影响很大。相位—频率失真对于数字信号的传输会造成影响，因为它也会引起码间串扰，导致误码率增大。相位失真也是一种线性失真，所以也可以用一个线性网络来进行补偿。

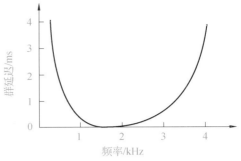

除了振幅特性和相位特性外，恒参信道中还可能存在一些其他的使信号产生失真的因素，可以把这些因素列入非线性失真、频率偏移和相位抖动等类别。非线性失真是指信道输入信号和输出信号的振幅关系并不是线性关系，导致信号产生新的谐波分量，造成谐波失真，这主要是由于信道中元器件的特性不理想。频率偏移是指信道输入信号的频谱经过信道传输后产生了平移，这主要是由发送端和接收端用于调制、解调或频率变换的振荡器的频率误差

图 9.12　典型音频电话信道的群延迟—频率特性

引起的。相位抖动也是由于这些振荡器的频率不稳定而产生的。这些因素产生的信号失真一旦出现，就很难消除。

9.3.2　随参信道传输特性

随参信道是指信道传输特性随时间发生随机变化的信道，如天波传输中，电离层的高度和离子浓度随时间发生变化导致信道特性也发生变化；移动通信中由于移动台的运动，造成收发两端之间传输路径发生变化，使得信道参量也发生变化。一般来说，各种随参信道具有以下 3 点共同特性。

（1）信号的传输衰减随时间改变；

（2）信号的传输时延随时间改变；

（3）信号可以经过多条路径达到接收端，且每条路径的长度和衰减都随时间改变，即存在多径效应。

随参信道可以用时变线性网络来进行等效，其传输特性比恒参信道复杂得多。其中多径传播对信号的影响称为多径效应，它对信号传输质量的影响很大。假设发送信号为单一频率正弦波，即

$$s(t) = A\cos\omega_c t \tag{9.14}$$

多径信道一共有 n 条路径，各条路径具有时变衰减和时变传输时延，且从各条路径到达接收端的信号相互独立，则接收端接收到的合成波为

$$R(t) = \sum_{i=1}^{n} a_i(t)\cos\omega_c\left[t - t_{di}(t)\right] = \sum_{i=1}^{n} a_i(t)\cos\left[\omega_c t - \varphi_i(t)\right] \tag{9.15}$$

式中，$a_i(t)$ 为第 i 条路径到达接收端的信号幅度；$t_{di}(t)$ 为第 i 条路径信号的传输时延；$\varphi_i(t)$ 为第 i 条路径信号的随机相位，即

$$\varphi_i(t) = \omega_c t_{di}(t) \tag{9.16}$$

大量观察表明，$a_i(t)$ 和 $\varphi_i(t)$ 随时间变化的速度比发射信号载波频率的变化速度慢得多，可以认为 $a_i(t)$ 和 $\varphi_i(t)$ 是慢变化的随机过程，于是 $R(t)$ 可以看成是一个窄带随机过程。因此，式（9.15）又可写为

$$R(t) = \left[\sum_{i=1}^{n} a_i(t)\cos\varphi_i(t)\right]\cos\omega_c t - \left[\sum_{i=1}^{n} a_i(t)\sin\varphi_i(t)\right]\sin\omega_c t \tag{9.17}$$

令

$$a_1(t) = \sum_{i=1}^{n} a_i(t)\cos\varphi_i(t) \tag{9.18}$$

$$a_Q(t) = \sum_{i=1}^{n} a_i(t)\sin\varphi_i(t) \tag{9.19}$$

代入式（9.17）后得

$$R(t) = a_1(t)\cos\omega_c t - a_Q(t)\sin\omega_c t = a(t)\cos\left[\omega_c t + \varphi(t)\right] \tag{9.20}$$

式中，$a(t)$ 是多径信号合成后的包络，即

$$a(t) = \sqrt{a_I^2(t) + a_Q^2(t)} \tag{9.21}$$

而 $\varphi(t)$ 是多径信号合成后的相位，即

$$\varphi(t) = \arctan\left[\frac{a_Q(t)}{a_I(t)}\right] \tag{9.22}$$

由随机信号的理论可知，包络 $a(t)$ 的一维概率密度函数服从瑞利分布，相位 $\varphi(t)$ 的一维概率密度函数服从均匀分布。由此可知，随参信道对信号传输的影响有以下 3 点。

（1）从波形上看，多径传播使振幅恒定的单一频率信号 $A\cos\omega_c t$ 变成了包络和相位都随机变化（实际上受到调制）的窄带信号，这种信号称为衰落信号，即多径传播使信号振幅产生了瑞利型衰落；

（2）从频谱上看，多径传播使单个频率变成了一个窄带频谱，这种频谱的扩展称为频率弥散，即多径传播引起了频率弥散；

（3）多径传播引起了选择性衰落。

需要说明的是，如果多径传输信号中含有功率比较大的直流信号，那么接收信号的振幅分布为莱斯分布，相位分布也将偏离均匀分布。另外，振幅起伏变化的平均周期虽然比信号载波周期长得多，但在某一次信息传输过程中，人们仍可以感觉到这种衰落所造成的影响，故这种瑞利型衰落为快衰落。除快衰落外，在随参信道中还存在因气象条件造成的慢衰落现象。慢衰落的变化速度比较缓慢，通常可以通过调整设备参量（如发射功率）来弥补。

9.3.3 频率选择性衰落与相关带宽

当发送信号具有一定频带宽度时，多径传播除了会使信号产生瑞利型衰落之外，还会产生频率选择性衰落。频率选择性衰落是多径传播的又一重要特征。为了分析方便，假设多径传播的路径只有两条，信道模型如图 9.13 所示。其中，k 为两条路径的衰减系数；$\Delta\tau(t)$ 为两条路径信号传输的相对时延差。

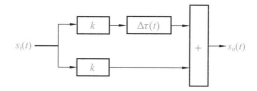

图 9.13　两径传播信道模型

当信道输入信号为 $s_i(t)$ 时，输出信号 $s_o(t)$ 为

$$s_o(t) = ks_i(t) + ks_i[t - \Delta\tau(t)] \tag{9.23}$$

其频域表示式为

$$s_o(\omega) = ks_i(\omega) + ks_i(\omega)e^{-j\omega\Delta\tau(t)} = ks_i(\omega)[1 + e^{-j\omega\Delta\tau(t)}] \tag{9.24}$$

信道传递函数为

$$H(\omega) = \frac{s_i(\omega)}{s_o(\omega)} = k[1 + e^{-j\omega\Delta\tau(t)}] \tag{9.25}$$

可以看出，信道传输特性主要由 $1 + e^{-j\omega\Delta\tau(t)}$ 决定。

信道幅频特性为

$$|H(\omega)| = |k[1 + e^{-j\omega\Delta\tau(t)}]| = k|1 + \cos\Delta\tau(t) - j\sin\omega\Delta\tau(t)| = k\left|2\cos^2\frac{\omega\Delta\tau(t)}{2} - j2\sin\frac{\omega\Delta\tau(t)}{2}\cos\frac{\omega\Delta\tau(t)}{2}\right|$$

$$= 2k\left|\cos\frac{\omega\Delta\tau(t)}{2}\cos\frac{\omega\Delta\tau(t)}{2} - j\sin\frac{\omega\Delta\tau(t)}{2}\right| = 2k\left|\cos\frac{\omega\Delta\tau(t)}{2}\right| \tag{9.26}$$

由式（9.26）可以画出如图 9.14 所示的信道幅频特性曲线，它表示多径信道的传输衰减和信号频率及时延差 $\Delta\tau_i$ 有关。显然，信号通过这种传输特性的信道时，信号的频谱将产生失真。当 $\omega = \dfrac{2n\pi}{\Delta\tau}$（$n$ 为整数）时，频率分量最大，出现传输极点；当 $\omega = \dfrac{2(n+1)\pi}{\Delta\tau}$（$n$ 为整数）时，频率分量为零，出现传输零点。

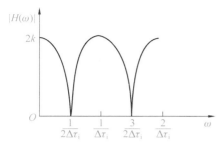

图 9.14　信道幅频特性曲线

极点和零点的位置取决于两条路径的相对时延差 $\Delta\tau_i$。另外，相对时延差 $\Delta\tau(t)$ 通常是时变参量，故在传输特性曲线中，极点、零点在频率轴上的位置也随时间发生随机变化。对于给定频率的信号，其强度会随时间发生改变，这种现象称为衰落现象。这种衰落和频率有关，故常称为频率选择性衰落。

对于一般的多径传播，信道的传输特性将比两条路径传播的信道传输特性复杂得多，但同样存在频率选择性衰落现象。多径传播时的相对时延差通常用最大多径时延差来表征。设信道最大多径时延差为 $\Delta\tau_m$，则定义多径传播信道的相关带宽为

$$B_C = \frac{1}{\Delta\tau_m} \tag{9.27}$$

式中，B_C 表示信道传输特性相邻两个零点之间的频率间隔。如果信号的频谱比相关带宽宽，那么将产生严重的频率选择性衰落。要减小频率选择性衰落，就应使信号的频谱小于相关带宽。在工程设计中，为了保证接收信号的质量，通常选择信号带宽为相关带宽的 $\frac{1}{5} \sim \frac{1}{3}$。当在多径信道中传输数字信号时，特别是传输高速数字信号时，频率选择性衰落将会引起严重的码间串扰。为了减小码间串扰的影响，通常要降低码元传输速率。随着码元速率降低，信号带宽会减小，多径效应的影响也会减轻。

9.4　信道容量

在信息论中，有噪信道编码定理指出，尽管噪声会干扰通信信道，但还是有可能在信息传输速率小于信道容量的前提下，以任意低的错误概率传送数据信息。

1. 信道容量的定义

在信息论中，信道容量是信道能够无差错传输信息的最大速率，记为 C。在信道模型中定义了两种广义信道，即调制信道和编码信道。调制信道是一种连续信道，可以用连续信道的信道容量进行表征；编码信道是一种离散信道，可以用离散信道的信道容量进行表征。本节仅介绍工程中常用的连续信道的信道容量计算方法，并加以讨论。

2. 香农公式

香农在他的著名论文《通信的数学理论》中给出了信道容量的定义和计算。根据信息论，假设连续信道的加性高斯白噪声平增功率为 N（单位：W），信号功率为 S（单位：W），信道带宽为 B（单位：Hz），则该信道的信道容量为

$$C = B \log_2\left(1 + \frac{S}{N}\right) \tag{9.28}$$

这就是信息论中具有重要意义的香农公式，它可以用来计算当信号功率与作用在信道上的加性高斯白噪声的平均功率给定时，在具有一定频带宽度 B 的信道上，理论上单位时间内可能传输的信息量的极限数值。

加性高斯白噪声的平均功率 N 与信道带宽 B 有关，若加性高斯白噪声的单边功率谱密度为 n_0（单位：W/Hz），则信道带宽 B 内的加性高斯白噪声的平均功率为 $N = n_0 B$。因此，香农公式的另一种形式为

$$C = B \log_2\left(1 + \frac{S}{n_0 B}\right) \tag{9.29}$$

由此可以得出以下重要结论：

（1）在给定 B、$\dfrac{S}{N}$ 的情况下，信道在单位时间内的极限传输能力为 C，而且此时能够做到无差错传输（即差错率为零）。如果实际的传输速率 R_b 小于或等于信道容量 C，那么在理论上存在一种方法，使信源的输出信号能以任意小的差错概率通过信道传输；如果 R_b 大于 C，则无差错传输在理论上是不可能的。因此，实际传输速率 R_b 一般不能大于信道容量 C，除非允许存在一定的差错率。

（2）信道容量随信噪比 $\dfrac{S}{N}$ 增大而增大。若要提高信道容量，可以通过抑制噪声（减小 n_0）或者增加信号功率（增大 S）来实现。当信噪比为无穷大时，信道容量为无穷大，不过因为信道中总存在噪声，而且发射机的功率不可能没有限制，所以这种情况不会出现。

（3）增加信道带宽 B 也可以增大信道容量 C，但做不到无限制地增加。这是因为如果 S、n_0 一定，随着信道带宽 B 的增加，噪声功率 $N=n_0 B$ 也会增加。当带宽为无穷大时，信道容量的极限为

$$\lim_{B \to \infty} C = \frac{S}{n_0} \log_2 \mathrm{e} \approx 1.44 \frac{S}{n_0} \tag{9.30}$$

可见，增加带宽并不是提高信道容量的好方法。

（4）对于给定的信道容量 C，可以通过不同带宽和信噪比的组合来实现信息的传输，且带宽和信噪比可以互换。若信噪比较大，则可以采用较小带宽的信道传输信息，此为用信噪比换取带宽，多进制基带通信系统以及多进制线性调制系统就是这一原则的具体体现。反之，当信噪比较小而不能保证通信质量时，则可以通过增大信道带宽来提高信道容量，以改善通信质量。这说明宽带系统具有较好的抗干扰性。可见，为达到某个实际的传输速率，在系统设计时可以利用香农公式中的互换原理，确定合适的系统带宽和信噪比。实际中调制和编码的过程就是带宽与信噪比之间互换的过程。

香农只证明了理想通信系统的"存在性"，却没有指出具体的实现方法，但这并不影响香农定理在通信系统理论分析和工程实践中所起的重要指导作用。通常将实现极限传输速率且无差错传输的通信系统称为理想通信系统。实际中，各种通信技术都是使无差错传输的信息速率尽可能地接近信道容量，但不可能等于或大于信道容量。

> **趣味小课堂：** 1948 年，克劳德·香农发表了著名的《通信的数学理论》，为现代信息理论奠定了基础。科学的发展不是一蹴而就的，在学术道路上，只有坚定科学信念，认准方向勇往直前，才能到达成功的彼岸。

9.5 信道复用技术

信道复用技术是在一个信道上传输多路信号或数据流的技术，被广泛应用于通信领域和各类通信线路中。多路复用能够将多个低速信道中的信号或数据流集成到一个高速信道进行传输，从而有效地提高高速信道的利用率。信道复用是一种充分利用信道频带资源、提高通信效率、降低通信成本的有效手段。根据合并与区分各信号方法的不同，典型的复用方式可分为频分多路复用、时分多路复用和码分多路复用。

9.5.1 频分多路复用

频分多路复用（frequency division multiplexing，FDM）是指按照频率的不同来复用多路信号的方法。频分多路复用原理如图 9.15 所示，在频分多路复用中，信道的带宽被分成若干个相互不重叠的频段，各路基带信号被调制在不同的频谱，它们在频谱上不会重叠，即在频率上正交，但在时间上是重叠的，可以

同时在一个信道内传输。在接收端可以采用适当的带通滤波器将多路信号分开，分别进行解调接收，恢复各路基带信号。复用路数的多少主要取决于允许的带宽和费用。

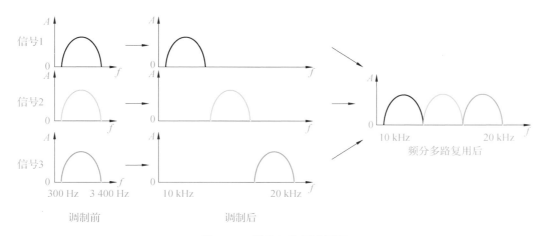

信号1 调制前 调制后 频分多路复用后

图 9.15 频分多路复用原理

频分多路复用是利用各路信号在频域相互不重叠来区分的。若相邻信号之间产生相互干扰，将会使输出信号产生失真。为了防止相邻信号之间产生相互干扰，应合理选择载波频率(f_{c1}, f_{c2}, …, f_{cn})，并使各路已调信号的频谱之间留有一定的保护间隔。若基带信号是模拟信号，则调制方式可以是 DSB-SC、AM、SSB、VSB 或 FM 等，其中 SSB 方式的频带利用率最高。若基带信号是数字信号，则调制方式可以是 ASK、FSK、PSK 等。

频分多路复用的主要优点是复用路数多、分路方便，因此频分多路复用是模拟通信中一种主要的复用方式，广泛应用于有线通信系统和微波通信系统中，如无线电广播信号和广电 HFC 网络电视信号的传输。但是在系统的复用和传输过程中，调制、频谱搬移和分路、解调等操作都会引入非线性失真，传输和转接也会引入噪声，这些因素都会使数据信号的传输质量下降，增大误码率。

9.5.2 时分多路复用

时分多路复用(time division multiplexing，TDM)将提供给整个信道传输信息的时间划分成若干时间片，再将这些时间片划分成若干时隙，并将这些时隙分配给每一个信源使用，每一个信源发送的每一路信号在自己的时隙内独占信道进行数据传输。时分复用技术的特点是时隙事先规划分配好且固定不变，所以有时也叫同步时分复用。

在 FDM 系统中，各信号在频域上是分开的，而在时域上是混叠在一起的；在 TDM 系统中，各信号在时域上是分开的，而在频域上是混叠在一起的。时分多路复用原理如图 9.16 所示，复用器首先将整个数据传输过程划分成多个时间片，又将每个时间片划分成若干个时隙，这些时隙分别用于传输输入信号。

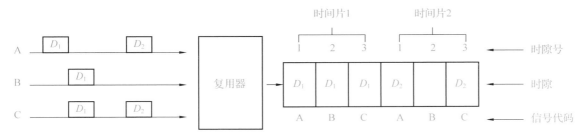

图 9.16 时分多路复用原理

时分复用的典型例子就是脉码调制(pulse code modulation, PCM)信号的传输,其将多个话路的PCM数据用TDM的方法制作成帧,每帧在一个时间片内发送。首先,抽样开关以适当的速率交替对输入的三路基带信号分别进行自然抽样,得到TDM-PAM脉冲波形。TDM-PAM脉冲波形的宽度为

$$T_a = \frac{T}{3} = \frac{1}{3f_s} \tag{9.31}$$

式中,f_s为每路信号的抽样时间间隔,满足奈奎斯特间隔。然后对TDM-PAM波形进行编码,得到TDM-PCM信号。TDM-PCM信号的宽度为

$$T_b = \frac{T_a}{n} = \frac{T_s}{3n} \tag{9.32}$$

在接收端,输入的TDM-PCM信号经过译码器输出TDM-PAM波形,与发送端抽样开关同步的接收端抽样开关对输入的TDM-PAM波形抽样并正确分路。于是,三路信号得到分离,各分离后的PAM信号通过低通滤波器恢复发送的三路基带信号。在时分复用系统中,除了采用PCM方式编码外,还可以采用增量调制方式编码,从而构成TDM-ΔM系统。

数字通信的一个重要特点就是通过时间分割来实现多路复用,即时分多路复用。在通信过程中,信号的处理和传输都是在规定的时隙内进行的。为了使整个通信系统有序、准确、可靠地工作,收发两端必须有一个统一的时间标准。这个时间标准需要靠定时系统去保证收发两端时间的一致性,即同步。同步系统性能的好坏将直接影响通信质量的好坏,甚至会影响通信能否正常进行。与FDM方式相比,TDM方式主要有以下突出优点。

(1)时隙分配固定,便于调节控制,适于数字信息的传输。

(2)多路信号的复接和分路都是采用数字处理方式实现的,通用性和一致性好,比FDM的模拟滤波器分路简单、可靠。

(3)在FDM系统中,信道的非线性会引入非线性失真,信号的传输和转接也会引入噪声。因此,FDM系统要求信道的线性特性要好,而TDM系统对信道的非线性失真要求可降低。

TDM系统的缺点是当某信源没有数据传输时,它所对应的信道会出现空闲,而其他繁忙的信道无法占用这个空闲的信道,因此会降低信道的利用率。时分复用技术有着非常广泛的应用,电话就是其中最经典的例子。此外,时分复用技术在广播电视中也同样取得了广泛的应用,如SDH、ATM、IP和HFC网络中CM与CMTS的通信等。

9.5.3 码分多路复用

码分多路复用(code division multiplexing, CDM)是靠不同的编码来区分各路原始信号的一种复用方式,它和各种多址技术结合产生了各种接入技术,包括无线接入和有线接入。例如,在多址蜂窝系统中是以信道来区分通信对象的,一个信道只容纳一个用户进行通话,许多同时通话的用户以信道来互相区分,这就是多址。移动通信系统是一个多信道同时工作的系统,具有广播和大面积覆盖的特点。在移动通信环境的电波覆盖区内建立用户之间的无线信道连接是无线多址接入方式,属于多址接入技术。

CDMA是采用数字技术的分支——扩频通信技术发展起来的一种崭新而成熟的无线通信技术,它是在FDM和TDM的基础上发展起来的。FDM的特点是信道不独占,而时间资源共享,每一个子信道使用的频带相互不重叠;TDM的特点是独占时隙,而信道资源共享,每一个子信道使用的时隙相互不重叠;CDMA的特点是所有子信道在同一时间可以使用整个信道进行数据传输,它在信道与时间资源上均共享,因此信道的利用效率高,系统的容量大。CDMA的技术原理是将需传送的具有一定信号带宽的信息数据用一个带宽远大于信号带宽的高速伪随机码(PN)进行调制,使原数据信号的带宽被扩展,再经载波调制并发送出去,接收端使用完全相同的伪随机码,对接收的带宽信号做相关处理,把宽带信号恢复成原信息数据的窄带信号(即解调),以实现信息通信。CDMA码分多址技术完全适合现代移动通信网所要求的大容量、

高质量、综合业务、软切换等，受到越来越多的运营商和用户的青睐。

9.6 伪随机序列

9.6.1 伪随机序列的定义

随机噪声是造成通信质量下降的重要因素，人们在设法消除和减小随机噪声的同时，也希望将其充分利用，以实现更有效的通信。香农理论指出，在某些情况下可采用有白噪声统计特性的信号来进行编码。

可以预先确定又不能重复实现的序列称为随机序列，其特性和噪声性能类似，因此随机序列又称为噪声序列。具有随机序列基本特性的确定序列称为伪随机序列，也称为伪随机码或伪噪声序列(PN 码)。

工程上常用二进制码元"0""1"来产生伪随机码，它具有以下特性：

（1）在随机序列的一个周期内，"1"和"0"出现的概率近似相等。

（2）序列中出现的连"0"或连"1"称为游程，连"0"或连"1"的个数称为游程的长度。长度为 n 的游程出现的次数比长度为 $n+1$ 的游程出现的次数多一倍。若序列中长度为 2 的游程数占游程总数的 $\frac{1}{2}$，则长度为 3 的游程数占游程总数的 $\frac{1}{4}$，此性质称为随机的游程特性。

（3）若在给定的随机序列中位移任何一个元素，则所得序列和原序列对应的元素有一半相同，一半不同。

如果确定序列近似满足以上三个特性，则称该确定序列为伪随机序列。伪随机序列在误码率测量、时延测量、扩频通信、密码及分离多径等方面都有着十分广泛的应用。扩展频谱技术的理论基础是香农公式。对于加性白高斯噪声的连续信道，其信道容量 C 与信道传输带宽 B 及信噪比 $\frac{S}{N}$ 之间的关系可以表示为

$$C = B \log_2 \left(1 + \frac{S}{N}\right) \tag{9.33}$$

这个公式表明，在保持信道容量不变的条件下，信噪比和带宽之间具有互换关系。也就是说，可以用扩展信号的频谱作为代价，换取用很低的信噪比来传送信号，同样可以得到很低的差错率。

扩频系统具有以下特点：

（1）具有选择地址能力。

（2）信号的功率谱密度很低，有利于信号的隐蔽。

（3）有利于加密，防止窃听。

（4）抗干扰性强。

（5）抗衰落能力强。

（6）可以进行高分辨率的测距。

9.6.2 m 序列的产生

在扩频通信中，常采用伪随机序列作为扩频码，其中最为常用的伪随机序列为 m 序列。

m 序列是最长线性反馈移存器序列的简称，它是由带线性反馈的移存器产生的周期最长的一种序列。一般的线性反馈移存器原理如图 9.17 所示，各级移存器的状态用 a_i 表示，$a_i = 0$ 或 1（i 为整数）。反馈线的连接状态用 c_i 表示，$c_i = 1$ 表示此线接通（参加反馈）；$c_i = 0$ 表示此线断开。改变反馈线的连接状态，就

可能改变此移存器输出序列的周期。

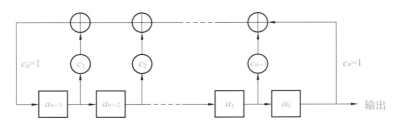

图 9.17　一般的线性反馈移存器原理

设一个 n 级移存器的初始状态为 $a_{-1}a_{-2}\ldots a_{-n}$，经过 1 次移位后，状态变为 $a_0 a_{-1}\ldots a_{-n+1}$。经过 n 次移位后，状态变为 $a_{n-1}a_{n-2}\ldots a_0$，图 9.17 所示就是这一状态。再移位 1 次时，移存器左端的新状态 a_n 按照线路连接关系可以写为

$$a_n = c_1 a_{n-1} \oplus c_2 a_{n-2} \oplus \cdots \oplus c_{n-1} a_1 \oplus c_n a_0 = \sum_{i=1}^{n} c_i a_{n-i} \tag{9.34}$$

因此，一般说来，对于任意一个状态 a_k，有

$$a_k = \sum_{i=1}^{n} c_i a_{k-i} \tag{9.35}$$

式(9.35)称为递推方程，它给出了移位状态 a_k 与移位前各级状态的关系。按照递推方程计算，可以用软件产生 m 序列，而不再必须使用硬件电路来实现。c_i 的取值决定了移存器的反馈连接和序列的结构，故 c_i 是一个很重要的参量。现在将 c_i 用方程表示为

$$f(x) = c_0 + c_1 x + c_2 x^2 + \cdots + c_n x^n = \sum_{i=0}^{n} c_i x^i \tag{9.36}$$

式(9.36)为特征方程，其中 x^i 仅指明其系数 c_i 代表的值(1 或 0)，x 本身的取值并无实际意义，也不需要去计算 x 的值。例如，若特征方程为

$$f(x) = 1 + x + x^4 \tag{9.37}$$

则它仅表示 x_0、x_1 和 x_4 的系数 $c_0 = c_1 = c_4 = 1$，其余的 c_i 为 0，即 $c_2 = c_3 = 0$。按照这一特征方程构成的反馈移存器就是图 9.17 所示的线性反馈移存器。

反馈移存器的输出序列可以用代数方程表示为

$$G(x) = a_0 + a_1 x + a_2 x^2 + \cdots + a_k x^k = \sum_{k=0}^{\infty} a_k x^k \tag{9.38}$$

式(9.38)称为母函数。递推方程、特征方程和母函数就是我们要建立的 3 个基本关系式。式(9.38)的周期能达到 $2^n - 1$，称这个序列为 n 级最大周期移位线性移存器序列。如果 $2^n - 1$ 是一个素数，那么所有 n 次不可约多项式产生的线性移存器序列都是 m 序列。定义仅能除尽 $1 + x^p$ 所产生的不可约多项式为本原多项式或生成多项式。产生 m 序列的充分必要条件是特征多项式 $f(x)$ 为本原多项式，而且特征多项式的系数不是随意取的，必须满足一定的理论关系，否则将不能生成 m 序列。可以证明，产生 m 序列的特征多项式是不可约多项式，并且是本原多项式。

9.7　MATLAB 实践

【例 9.1】设信道带宽为 $B = 2\ 000$ Hz，画出 AWGN 信道容量 C 与 $\dfrac{S}{n_0}$ 的函数关系图，其中 $\dfrac{S}{n_0}$ 在 -20 dB 至 30 dB 之间变化。

MATLAB 程序如下：

```
clear all;
close all;
Sn0_dB = [-20:0.1:30];
Sn0 = 10.^(Sn0_dB/10);
C = 2000.*log2(1+Sn0/2000);
semilogx(Sn0,C);
xlabel(' $ S/n_0(dB) $ ',' Interpreter ',' latex ');
ylabel(' $ C(bit/s) $ ',' Interpreter ',' latex ');
title('\fontname{宋体}信道带宽\fontname{Times New Roman}B=2000 Hz\fontname{宋体}时的\fontname{Times New Roman}AWGN\fontname{宋体}信道容量\fontname{Times New Roman}C\fontname{宋体}与信噪比\fontname{Times New Roman}S/n_0\fontname{宋体}的函数关系');
grid on;
```

运行结果如图 9.18 所示。

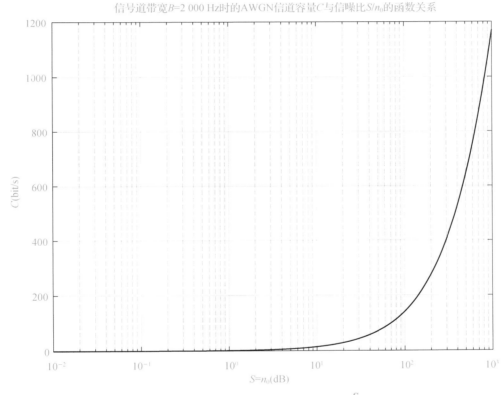

图 9.18　$B=2\ 000$ Hz 时的 AWGN 信道容量 C 与 $\dfrac{S}{n_0}$ 的函数关系

【例 9.2】设 $\dfrac{S}{n_0}=15$ dB，画出 AWGN 信道容量 C 与信道带宽 B 的函数关系图，并观察当信道带宽 B 趋向于无限时，信道容量 C 的大小。

MATLAB 程序如下：

```
clear all;
close all;
B = [1:10,12:2:100,105:5:500,510:10:5000,5025:25:20000,20050:50:100000];
Sn0_dB = 15;
```

```
Sn0 = 10^(Sn0_dB/10);
C = B.*log2(1 + Sn0./B);
semilogx(B,C);
xlabel(' $ B(Hz) $ ',' Interpreter ',' latex ');
ylabel(' $ C(bit/s) $ ',' Interpreter ',' latex ');
title('\fontname{宋体}信噪比 \fontname {Times New Roman} S/n_0 = 15dB \fontname {宋体}时 \fontname {Times New Roman}AWGN\fontname{宋体}信道容量\fontname{Times New Roman}C\fontname{宋体}与信道带宽\fontname{Times New Roman}B\fontname{宋体}的函数关系');
grid on;
```

运行结果如图 9.19 所示。

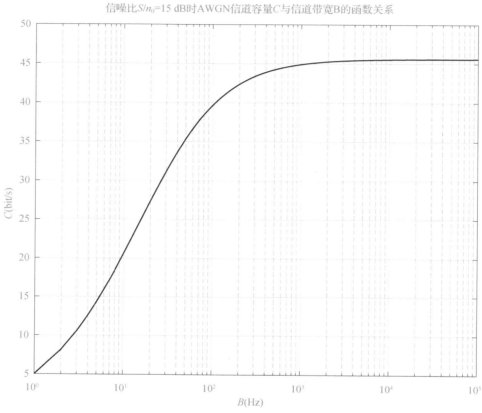

图 9.19 $\dfrac{S}{n_0}$ = 15 dB 时的 AWGN 信道容量 C 与信道带宽 B 的函数关系

【例 9.3】根据香农公式，设某一信号功率为 $S(W)$、信道带宽为 $B(Hz)$ 的带限加性高斯白噪声信道容量为

$$C = B \log_2 \left(1 + \frac{S}{n_0 B} \right)$$

画出 $C(\text{bit/s})$ 与 B 和 $\dfrac{S}{n_0}$ 的函数关系图。

MATLAB 程序如下：

```
clear all;
close all;
B = [1:5:20,25:20:100,130:50:300,400:100:1000,1250:250:5000,5500:500:10000,1100:1000];
Sn0_db = [- 20:1:30];
Sn0 = 10.^(Sn0_db/10);
for i = 1:45
    for j = 1:51
        c(i,j) = B(i)*log2(1+Sn0(j)/B(i));
    end
end
k = [0.9,0.8,0.5,0.6];
s = [- 70,35];
surfl(Sn0_db,B,c,s,k);
xlabel(' $ S/n_0(dB) $ ',' Interpreter ',' latex ');
ylabel(' $ B(Hz) $ ',' Interpreter ',' latex ');
zlabel(' $ C(bit/s) $ ',' Interpreter ',' latex ');
title('\fontname{Times New Roman}AWGN\fontname{宋体}信道容量\fontname{Times New Roman}C\fontname{宋体}与
信道带宽\fontname{Times New Roman}B\fontname{宋体}和信噪比\fontname{Times New Roman}S/n_0\fontname{宋体}的
函数关系');
```

运行结果如图 9.20 所示。

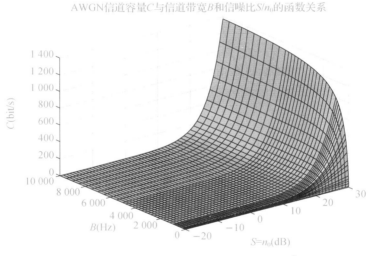

图 9. 20　AWGN 信道容量 C 与信道带宽 B 和信噪比 $\dfrac{S}{n_0}$ 的函数关系

【例 9.4】设 m 序列的生成多项式为 $g(x) = 1+x^3+x^4$。

(1)画出 m 序列的输出信号及其自相关序列;

(2)设脉冲波形为 $p(t) = \begin{cases} 1, & 0 \leqslant t < T_c \\ 0, & 其他 \end{cases}$ ，画出 m 序列信号的自相关函数;

(3)设脉冲波形为升余弦波形($\alpha = 0$)，画出 m 序列信号的自相关函数。

MATLAB 程序如下:

```
clear all;
close all;
g=19;   % m 序列生成多项式,二进制 10011
state=8; % 寄存器初始状态,二进制 1000
L=1000; % 输出 m 序列的长度

% 生成 m 序列
mq=mgen(g,state,L);

% m 序列的输出信号
N_sample=8;
Tc=1;
dt=Tc/N_sample;
t=0:dt:Tc*L- dt;
gt=ones(1,N_sample);
mt=sigexpand(1- 2*mq,N_sample);
mt=conv(mt,gt);
subplot(221);
plot(t,mt(1:length(t)));
grid on;
axis([0 63 - 1.2 1.2]);
title('m 序列的输出信号','Fontname','宋体');

% m 序列输出信号的自相关序列
N=15;
ms=conv(1- 2*mq,1- 2*mq(15:- 1:1))/N;
subplot(222)
stem(ms(15:end));
grid on;
axis([0 63 - 0.3 1.2]);
title('m 序列输出信号的自相关序列','Fontname','宋体');

% m 序列矩形脉冲波形信号的自相关函数
st=sigexpand(1- 2*mq(1:15),N_sample);
s=conv(st,gt);
st=s(1:length(st));
rt1=conv(mt,st(end:- 1:1))/(N*N_sample);
subplot(223)
plot(t,rt1(length(st):length(st)+length(t)- 1));
grid on;
axis([0 63 - 0.2 1.2]);
title('m 序列矩形脉冲信号的自相关函数','Fontname','宋体');
xlabel('t','Interpreter','latex');

% m 序列 sinc 脉冲波形信号的自相关函数
```

```
Tc=1;
dt=Tc/N_sample;
t=-20:dt:20;
gt=sinc(t/Tc);
mt=sigexpand(1-2*mq,N_sample);
mt=conv(mt,gt);
st2=sigexpand(1-2*mq(1:15),N_sample);
s2=conv(st2,gt);
st2=s2;
rt2=conv(mt,st2(end:-1:1))/(N*N_sample);
subplot(224)
t1=-55+dt:dt:Tc*L-dt;
plot(t1,rt2(1:length(t1)));
grid on;
axis([0 63 -0.5 1.2]);
title('m 序列 sinc 脉冲波形信号的自相关函数','Fontname','宋体');
xlabel('t','Interpreter','latex');
================================================================
function[out]=mgen(g,state,N)
% 输入 g:m 序列生成多项式(10 进制输入)
% state: 寄存器初始状态(10 进制输入)
% N:输出序列长度
gen=dec2bin(g)-48;
M=length(gen);
curState=dec2bin(state,M-1)-48;

for k=1:N
    out(k)=curState(M-1);
    a=rem(sum(gen(2:end).*curState),2);
    curState=[a curState(1:M-2)];
end
================================================================
function[out]=sigexpand(d,M)
% 将输入的序列扩展成间隔 M-1 个 0 的序列
N=length(d);
out=zeros(1,M*N);
for i=0:N-1
    out(i*M+1)=d(i+1);
end;
```

运行结果如图 9.21 所示。

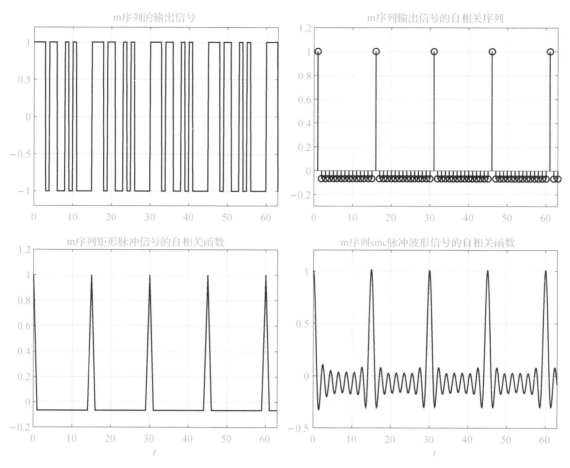

图 9.21　伪随机序列的输出信号和自相关函数关系

思考与练习

1. 调制信道与编码信道的区别是什么？

2. 什么是恒参信道？什么是随参信道？

3. 随参信道的传输特性有哪些？为什么信号在随参信道中传输时会发生衰落现象？

4. 信道容量是如何定义的？调制信道的容量如何计算？

5. 设有 4 个信源符号，其出现的概率分别是 $\frac{1}{8}$、$\frac{1}{8}$、$\frac{1}{4}$ 和 $\frac{1}{2}$，各信源符号的出现是相对独立的，求该信源符号集的平均信息量。

6. 设一副黑白图片有 400 万个像素，每个像素有 16 个亮度等级，若用带宽为 3 kHz 的信道传输该图片，且信噪比为 10 dB，试问需要传输多少时间？

7. 设信道的带宽为 4 kHz，信噪比为 63 dB，试确定利用这种信道的理想通信系统的信息率和差错率。

第 10 章

信道编码

本 章 导 读

　　由于通信信道固有的噪声和衰落特性，信号在经过信道传输到达接收端的过程中不可避免地会受到干扰而出现失真。可以通过信道编码来检测和纠正由失真引起的信息传输错误，从而实现差错控制。信道编码是提高数字信号传输可靠性的有效方法之一，但是系统的可靠性是以牺牲系统的有效性换取的。本章将介绍通过信道编码实现差错控制的原理和方法。

学 习 目 标

知识与技能目标

❶ 了解差错分类及其控制方式。

❷ 了解纠错码和检错码的分类。

❸ 掌握信道编码中检错和纠错的实现方法，以及常用的检错码和纠错码。

❹ 熟练应用 MATLAB 软件，对信道编码进行仿真分析设计。

素质目标

❶ 培养分析问题、解决问题的能力。

❷ 培养创新思维。

❸ 激发探索通信科学的兴趣。

10.1　纠错编码概述

　　在发送端传输的信息序列上附加一些码元(称为监督码元)，这些监督码元与信息码元之间以某种确定的规则相互关联着，接收端根据既定的规则检验信息码元与监督码元之间的这种关联关系，从而实现检错和纠错，这就是实现差错控制最基本的思想。而采用不同的关联关系，就构成不同的检错编码和纠错编码，检错能力和纠错能力也将各有不同。一般说来，冗余度越大，系统传输信息的有效性就越低，检错能力和纠错能力就越强。

10.1.1 差错分类

数据信号在信道中传输，所受到的噪声大体可以分为两类：随机噪声和脉冲噪声。

1. 随机差错

随机噪声包括热噪声、散弹噪声和传输介质引起的噪声等。随机噪声将导致传输过程中出现随机差错。随机差错又称独立差错，它是指那些独立的、稀疏的差错。存在随机差错的信道称为无记忆信道或随机信道。

2. 突发差错

脉冲噪声是指突然发生的噪声，包括雷电、开关引起的瞬态电信号变化等，其使传输出现突发差错。突发差错是指一串串出现甚至是成片出现的差错。突发差错之间有相关性，差错出现密集。

3. 混合差错

若信道为混合信道，在传输过程中，既有随机差错，又有突发差错，则称这些差错为混合差错。

10.1.2 差错控制方式

1. 无反馈信道控制方式

无反馈信道控制方式如图10.1(a)所示，它只有一条前向信道传输信息。前向纠错(forward error correction，FEC)技术是一种在通信系统中得到广泛应用的无反馈信道控制技术。其原理是在原有的数据流中添加冗余信息，即第 N 个包中不仅包括码流信息，还包括第 $(N-1)$ 个包的冗余信息，即使第 $(N-1)$ 个包丢失，也可以根据第 N 个包中的冗余信息恢复丢失的数据。当错误率保持在一定限度内时，接收端能够利用冗余信息重新构造出丢失的数据。这种方式的特点是单向传输，实时性好，但译码设备较复杂。

2. 反馈信道控制方式

反馈信道编码的典型技术就是检错重发(automatic repeat request，ARQ)技术。它在信道中设计一种反馈回路，如图10.1(b)所示。当解码器发现带误码的数据包后，通过反馈回路通知信源重发，不断重复此过程，直到收到正确的码字为止。ARQ技术由于需要重新发送分组，将给信道带来大量冗余数据。网络丢包率太高时，重传不仅不能解决丢包问题，还会因循环重传而导致网络性能的急剧下降，从而带来更大的传输延迟。

3. 混合差错控制方式

任何信道编码的检错能力和纠错能力都是有限的，当信道中的干扰较严重、在传输信号中造成的误码超出纠错能力时，单一信道编码将无法发现和纠正错误，针对这种情况，可以增加一条反馈信道，如图10.1(c)所示。混合纠错方式记为HEC(hybrid error correction)，是FEC和ARQ方式的结合。发送端发送具有检错能力同时又具有自动纠错能力的码。接收端收

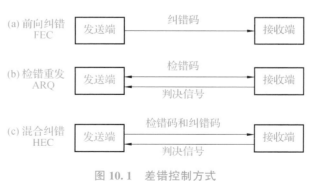

图10.1 差错控制方式

到码后，检查差错情况，如果错误在码的纠错能力范围以内，则自动纠错；如果错误超过了码的纠错能力，但能检测出来，则经过反馈信道请求发送端重发。对于某些通信质量要求非常严格的系统，可以采用两级纠错的方法以进一步提高纠错能力。通常做法是把信道编码分成内外两层，处于内层的纠错编码一般称为内层纠错编码，而处于外层的纠错编码则称为外层纠错编码。内层纠错编码先纠正传输误码，其检测不到的误码再由外层纠错编码做进一步纠正。两层纠错编码大大提高了信道编码的纠错能力。

10.1.3　纠错码的分类

纠错码的分类方法如下。

（1）根据纠错码各码组信息码元和监督码元的函数关系，可分为线性码和非线性码。如果函数关系是线性的，即满足一组线性方程式，则称为线性码，否则称为非线性码。

（2）根据上述关系涉及的范围，可分为分组码和卷积码。分组码中的码元仅与本组的信息码元有关；卷积码中的码元不仅与本组的信息码元有关，还与前面若干组的信息码元有关。

（3）根据码的用途，可分为检错码和纠错码。检错码以检错为目的，不一定能纠错；而纠错码以纠错为目的，一定能检错。

（4）按照信息码元在编码后是否保持原来的形式，可分为系统码和非系统码。

（5）按照纠正错误类型的不同，可分为纠正随机错误码和纠正突发错误码。

10.2　纠错编码的基本原理

10.2.1　基本概念

1. 重复码

将同一数据重复多次发送的码，就是重复码。接收端根据少数服从多数的原则进行译码。例如，发送端将"0"编码为"000"发送，如果接收到的是"001""010""100"，就判为"0"；发送端将"1"编码为"111"发送，如果接收到的是"110""101""011"，就判为"1"。重复码有一个很大的问题：传输效率很低，只有 $\frac{1}{3}$。

2. 分组码

分组码一般可用 (n, k) 表示。其中，k 是每组二进制信息码元的数目，n 是编码码组的码元总位数，又称为码组长度，简称码长。$n-k=r$ 为每个码组中的监督码元数目。简单地说，分组码是对每段 k 位长的信息码组以一定的规则增加 r 位监督码元，组成长度为 n 的码组。在二进制情况下，共有 2^k 个不同的信息组，相应可得到 2^k 个不同的码组，称为许用码组；其余 (2^n-2^k) 个码组未被选用，称为禁用码组。

3. 码重

非零码元的数目称为码组的汉明重量，简称码重。例如，码组 10110 的码重为 $\omega=3$。

4. 码距

两个等长码组之间相应位取值不同的数目称为这两个码组的汉明（Hamming）距离，简称码距。例如，码组 11000 与 10011 之间的码距为 $d=3$。码组集合中任意两个码组之间距离的最小值称为最小码距，用 d_0 表示。最小码距是码的一个重要参数，它是衡量码检错能力、纠错能力的依据。

10.2.2　检错和纠错的基本原理

1. 检错和纠错的实现

【例 10.1】设 3 位二进制码组为 $(a_3a_2a_1)$，其中 $a_i(i=1, 2, 3)$ 取值为 0 或 1。此码组有 8 种不同的组合：000、001、010、011、100、101、110、111。每种组合分别代表不同的信息含义。将这 8 种码组都作为有用码组来使用，比如代表 8 种天气情况：000（晴）、001（雷）、010（雹）、011（阴）、100（风）、101（云）、110（雨）、111（雪）。若此时进行传输，在传输过程中，如果任何一个码组出现了一位或多位错误，就变成了另外的一个码组，这样就无法辨别是否发生了错误。因此，这种编码方法不具有任何抗干扰的能力。但如果在这 8 种码组中，规定只准使用其中 4 种来传输信息，比如 000（晴）、011（阴）、101（云）、110（雨），这 4 种信息完全可以由 2 位二进制数字来表示，即 00（晴）、01（阴）、10（云）、11（雨）。可见，第 3 位码元是多余的，这第 3 位码元就可以作为附加的监督码元。利用这样的码组来传输信息，若接收端接收到的是 001，则可以断定传输过程中出现了错误。由此接收端就有可能发现码组中出现的一位或三位错码，但不能发现两位错码的情况。

这种方法只能识别错误，但不能纠正错误。要想纠正错误，就需要增加冗余度。比如，只准使用两个码组 [000（晴）和 111（阴）]，其他码组均为禁用码组，这样就可以检测两位错码，还能纠正一位错码。

2. 纠检错能力与最小码距的关系

从【例 10.1】可以看出，最小码距 d_0 直接关系着码的检错能力和纠错能力。对于任一 (n, k) 分组码，若要在码字内：

（1）检测 e 个随机错误，则要求最小码距满足条件

$$d_0 \geqslant e+1 \tag{10.1}$$

（2）纠正 t 个随机错误，则要求最小码距满足条件

$$d_0 \geqslant 2t+1 \tag{10.2}$$

（3）在检测 $e(e \geqslant t)$ 个随机错误的同时纠正 t 个随机错误，则要求最小码距满足条件

$$d_0 \geqslant t+e+1 \tag{10.3}$$

3. 对差错控制编码的基本要求

定义编码效率 R 为

$$R = \frac{k}{n} \tag{10.4}$$

式中，k 是信息码元的位数；n 为码长。

编码效率是衡量编码性能的一个重要参量。编码效率越高，传输信息的效率就越高，但检错能力和纠错能力会越低。可见，编码效率与检错能力、纠错能力之间是相互矛盾的。

对纠错码的基本要求是检错能力和纠错能力要尽量强、编码效率要尽量高、编码规律要尽量简单。实际中要根据具体指标要求，保证既有一定的检错能力、纠错能力和编码效率，又易于实现。

10.3　检错码

检错码一般具有较少的监督位，冗余度较小，只能检出错误，而不能纠正错误。

10.3.1　奇偶校验码

奇偶校验码也称为一致监督检错码，是一种检错分组码。

1. 检错原理

当信息码元为二元序列、码组长度为 k 时，共有 2^k 个码组，可以在信息码元后面加上 1 位监督码元，构成长度为 $n=k+1$ 的检错码。设码字 $A = \{a_{n-1}, a_{n-2}, \cdots, a_1, a_0\}$，对偶校验码有

$$a_{n-1} \oplus a_{n-2} \oplus \cdots \oplus a_1 \oplus a_0 = 0 \tag{10.5}$$

式中，$a_{n-1}, a_{n-2}, \cdots, a_1$ 为信息码元；a_0 为监督码元。该码的每一个码字均按同一规则构成，故又称该码为一致监督码。接收端译码时，将码组中的码元模二相加，若结果为"0"，就认为无错；若结果为"1"，就可断定该码组经传输后有奇数个错误。

奇校验码的情况与偶校验码的情况相似，只是码组中"1"的数目为奇数，即满足条件

$$a_{n-1} \oplus a_{n-2} \oplus \cdots \oplus a_1 \oplus a_0 = 1 \tag{10.6}$$

2. 漏检概率

检错码不能发现错误码字的概率称为漏检概率。

奇偶校验码不能发现偶数个码元错误。根据最小码距分析可知，奇偶校验码至少可以检出一位错码，实际上，它可以检出所有奇数位错码。

假设信道误码率为 P_e，码字漏检概率为 P_u，有

$$P_u = \sum_{i=1}^{\frac{n}{2}} C_n^{2i} P_e^{2i} (1 - P_e)^{n-2i}，n \text{ 为偶数} \tag{10.7}$$

$$P_u = \sum_{i=1}^{\frac{n-1}{2}} C_n^{2i} P_e^{2i} (1 - P_e)^{n-2i}，n \text{ 为奇数} \tag{10.8}$$

其中，n 为码组长度，有

$$C_n^{2i} = \frac{n!}{(2i)!\ (n-2i)!} \tag{10.9}$$

3. 编码效率

奇偶校验码的编码效率为

$$\eta = \frac{k}{n} = \frac{n-1}{n} \tag{10.10}$$

4. 编码电路和解码电路

奇偶校验码的编码可以用软件实现，也可以用硬件电路实现。图 10.2 所示是码组长度为 5 的偶校验编码器，将 4 位长的信息组串行送入四级移位寄存器，一旦存满，立即输送给输出定时缓冲器的前四级，同时经模二运算得到监督码元，存入输出缓冲器末级，编码完成即可输出码组。

接收端的检错电路如图 10.3 所示。当一个接收码组 B 完全进入五级移位寄存器时，开关 S 立即开通，从而取得检错信号 $M = b_4 + b_3 + b_2 + b_1 + b_0$。若接收码组 B 中无错，即 $B = A$，则 $M = 0$；若接收码组 B 中有奇数位错码，则 $M = 1$。

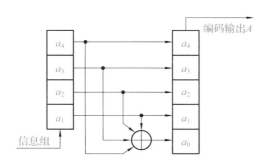

图 10.2 码字长度为 5 的偶校验码编码器

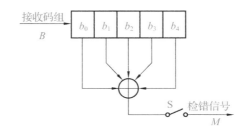

图 10.3 接收端的检错电路

10.3.2 行列监督码

奇偶校验码不能发现偶数位错码。为了改善这种情况，引入行列监督码。行列监督码不仅可以对水平(行)方向的码元实施奇偶校验，还可以对垂直(列)方向的码元实施奇偶校验。行列监督码既可以逐行传输，也可以逐列传输。一般来说，$(L \times M)$ 个信息码元附加 $(L+M+1)$ 个监督码元，组成 $(LM+L+M+1$，$LM)$ 行列监督码的一个码字 $[(L+1)$ 行，$(M+1)$ 列]。$(66, 50)$ 行列监督码(其中一种)如图 10.4 所示。这种码具有较强的检测能力，适用于检测突发错误，还可用于纠错。

1	1	0	0	1	0	1	0	1	0	0	0	0
0	1	0	0	0	0	1	1	1	0	1		0
0	1	1	1	1	0	0	0	0	1	1		1
1	0	0	1	1	1	0	0	0	0	0		0
1	0	1	0	1	0	1	0	1	0	1		1
1	1	0	0	0	1	1	1	1	0			0

图 10.4　(66，50)行列监督码(其中一种)

10.3.3　定比码

定比码是一种简单检错码。下面以五三定比码和七三定比码为例进行分析。

五三定比码(五单位码)用于国内电报系统。五三定比码的码长为 5，其中"1"的个数为 3。这种码的许用码组个数为

$$C_5^3 = \frac{5!}{3!\ (5-3)!} = 10$$

这时可能编成的不同码组数目等于从 5 中取 3 的组合数 10，这 10 个许用码组恰好可以表示为 0~9 这 10 个阿拉伯数字。

七三定比码(七单位码)用于国际电报系统。七三定比码的码长为 7，其中"1"的个数为 3。这种码的许用码组个数为

$$C_7^3 = \frac{7!}{3!\ (7-3)!} = 35$$

五三定比码和七三定比码的编码效率分别为

$$\eta_{53} = \frac{R}{C} = \frac{H(X)}{H_{\max}(X)} = \frac{\log_2 10}{\log_2 2^5} = \frac{\log_2 10}{5} \approx 66\%$$

$$\eta_{73} = \frac{R}{C} = \frac{H(X)}{H_{\max}(X)} = \frac{\log_2 35}{7} \approx 72\%$$

10.4　线性分组码

分组码是一种代数编码，一个码字包括独立的信息码元和监督码元，其监督码元与信息码元之间是一种代数关系，如果这种代数关系为线性关系，就称该分组码为线性分组码。若 C 为码字矢量，由 n 位码元组成，其中有 k 位信息码元，$r(r=n-k)$ 位监督码元。对于二元编码来说，k 位信息码元共有 2^k 个不同组合，根据编码器一一对应的关系，输出的码字矢量也应当有 2^k 种。对于长度为 n 的二元序列来说，共有 2^n 个可能的码字矢量，编码器只是在这 2^n 个可能码字矢量中选择 2^k 个码字，被选中的 2^k 个码字称为许用码字，其余的 (2^n-2^k) 个码字称为禁用码字，称这 2^k 个码字矢量的集合为 (n, k) 分组码。

汉明码是一种高码率的纠单位错码的线性分组码，其特点是 $d_0=3$，码长 n 与监督码元 r 满足关系式 $n=2^k-1$。现以 $(7, 4)$ 汉明码为例来说明 (n, k) 线性分组码编码和译码的理论依据。

设码字为 $A=[a_6 a_5 a_4 a_3 a_2 a_1 a_0]$，其中前 4 位是信息码元，后 3 位是监督码元。从中可以知道，共有许用码字 2^4 个，禁用码字 (2^7-2^4) 个。设监督码元与信息码元之间可以用下式中的线性方程组来描述。

$$\begin{cases} a_2 = a_6 + a_5 + a_4 \\ a_1 = a_6 + a_5 + a_3 \\ a_0 = a_6 + a_4 + a_3 \end{cases} \tag{10.11}$$

显然，这 3 个方程是线性无关的。经计算可得(7，4)码的全部码字，如表 10.1 所示。

表 10.1　(7，4)码的码字表

序号	码字		序号	码字	
	信息码元	监督码元		信息码元	监督码元
0	0　0　0　0	0　0　0	8	1　0　0　0	1　1　1
1	0　0　0　1	0　1　1	9	1　0　0　1	1　0　0
2	0　0　1　0	1　0　1	10	1　0　1　0	0　1　0
3	0　0　1　1	1　1　0	11	1　0　1　1	0　0　1
4	0　1　0　0	1　1　0	12	1　1　0　0	0　0　1
5	0　1　0　1	1　0　1	13	1　1　0　1	0　1　0
6	0　1　1　0	0　1　1	14	1　1　1　0	1　0　0
7	0　1　1　1	0　0　0	15	1　1　1　1	1　1　1

1. 监督矩阵 H 和生成矩阵 G

对信息码元和监督码元线性方程组[式(10.11)]进行移相，使等式右边归零，则 3 个监督方程式可以改写为

$$\begin{cases} 1 \cdot a_6 + 1 \cdot a_5 + 1 \cdot a_4 + 0 \cdot a_3 + 1 \cdot a_2 + 0 \cdot a_1 + 0 \cdot a_0 = 0 \\ 1 \cdot a_6 + 1 \cdot a_5 + 0 \cdot a_4 + 1 \cdot a_3 + 0 \cdot a_2 + 1 \cdot a_1 + 0 \cdot a_0 = 0 \\ 1 \cdot a_6 + 0 \cdot a_5 + 1 \cdot a_4 + 1 \cdot a_3 + 0 \cdot a_2 + 0 \cdot a_1 + 1 \cdot a_0 = 0 \end{cases} \tag{10.12}$$

这组线性方程可用矩阵形式表示为

$$\begin{bmatrix} 1 & 1 & 1 & 0 & 1 & 0 & 0 \\ 1 & 1 & 0 & 1 & 0 & 1 & 0 \\ 1 & 0 & 1 & 1 & 0 & 0 & 1 \end{bmatrix} \begin{bmatrix} a_6 & a_5 & a_4 & a_3 & a_2 & a_1 & a_0 \end{bmatrix}^T = \begin{bmatrix} 0 \\ 0 \\ 0 \end{bmatrix} \tag{10.13}$$

并简记为

$$HA^T = I^T \tag{10.14}$$

或

$$AH^T = I \tag{10.15}$$

其中，A^T 是 A 的转置矩阵；I^T 是 $I = \begin{bmatrix} 0 & 0 & 0 \end{bmatrix}$ 的转置矩阵；H^T 是 H 的转置矩阵。H 的矩阵形式为

$$H = \begin{bmatrix} 1 & 1 & 1 & 0 & 1 & 0 & 0 \\ 1 & 1 & 0 & 1 & 0 & 1 & 0 \\ 1 & 0 & 1 & 1 & 0 & 0 & 1 \end{bmatrix} \tag{10.16}$$

H 称为监督矩阵，一旦 H 给定，信息位和监督位之间的关系也就确定了。H 为 $r \times n$ 阶矩阵，H 矩阵每行之间是彼此线性无关的。式(10.16)所示的 H 矩阵可分成两部分，即

$$H = \begin{bmatrix} 1 & 1 & 1 & 0 & \vdots & 1 & 0 & 0 \\ 1 & 1 & 0 & 1 & \vdots & 0 & 1 & 0 \\ 1 & 0 & 1 & 1 & \vdots & 0 & 0 & 1 \end{bmatrix} = \begin{bmatrix} P & I_r \end{bmatrix} \tag{10.17}$$

式中，P 为 $r \times k$ 阶矩阵；I_r 为 $r \times r$ 阶单位矩阵。可以写成 $H = \begin{bmatrix} P & I_r \end{bmatrix}$ 形式的矩阵称为一致监督矩阵。

$HA^T = I^T$，说明 H 矩阵与码字的转置乘积必为零，可以用作判断接收码字 A 是否出错的依据。

若把监督方程补充为下列方程组

$$\begin{cases} a_6 = a_6 \\ a_5 = a_5 \\ a_4 = a_4 \\ a_3 = a_3 \\ a_2 = a_6 + a_5 + a_4 \\ a_1 = a_6 + a_5 + a_3 \\ a_0 = a_6 + a_4 + a_3 \end{cases} \tag{10.18}$$

将(10.18)中的方程组改写为矩阵形式，即

$$\begin{bmatrix} a_6 \\ a_5 \\ a_4 \\ a_3 \\ a_2 \\ a_1 \\ a_0 \end{bmatrix} = \begin{bmatrix} 1 & 0 & 0 & 0 \\ 0 & 1 & 0 & 0 \\ 0 & 0 & 1 & 0 \\ 0 & 0 & 0 & 1 \\ 1 & 1 & 1 & 0 \\ 1 & 1 & 0 & 1 \\ 1 & 0 & 1 & 1 \end{bmatrix} \begin{bmatrix} a_6 \\ a_5 \\ a_4 \\ a_3 \end{bmatrix} \tag{10.19}$$

令

$$A^T = G^T \begin{bmatrix} a_6 \\ a_5 \\ a_4 \\ a_3 \end{bmatrix} \tag{10.20}$$

则式(10.20)可变换为

$$A = \begin{bmatrix} a_6 & a_5 & a_4 & a_3 \end{bmatrix} G \tag{10.21}$$

其中，G 为

$$G = \begin{bmatrix} 1 & 0 & 0 & 0 & 1 & 1 & 1 \\ 0 & 1 & 0 & 0 & 1 & 1 & 0 \\ 0 & 0 & 1 & 0 & 1 & 0 & 1 \\ 0 & 0 & 0 & 1 & 0 & 1 & 1 \end{bmatrix} \tag{10.22}$$

由 G 和信息组就可以产生全部码字。G 为 $k \times n$ 阶矩阵，各行也是线性无关的。生成矩阵也可以分为两部分，即

$$G = \begin{bmatrix} I_k & Q \end{bmatrix} \tag{10.23}$$

式中，Q 为

$$Q = \begin{bmatrix} 1 & 1 & 1 \\ 1 & 1 & 0 \\ 1 & 0 & 1 \\ 0 & 1 & 1 \end{bmatrix} = P^T \tag{10.24}$$

式(10.23)中，Q 为 $k \times r$ 阶矩阵，I_k 为 k 阶单位阵。式(10.22)中的 G 矩阵称为系统的生成矩阵。非系统形式的矩阵经过运算一定可以化为系统矩阵形式。

2. 一致监督矩阵与系统生成矩阵的关系

从生成矩阵与码字矢量的关系可以看出，G 矩阵的每一行都是一个码字矢量，都应当满足监督矩阵所规定的监督关系，即应当有

$$HG^T = I^T \tag{10.25}$$

或

$$GH^T = I \tag{10.26}$$

即

$$[P \ I_r][I_k \ Q]^T = I \tag{10.27}$$

由式(10.27)可得

$$P + Q^T = I \tag{10.28}$$

或

$$P = Q^T \tag{10.29}$$

或

$$Q = P^T \tag{10.30}$$

P 矩阵与 Q 矩阵互为转置矩阵。对于系统码，已知监督矩阵 H 就可以确定典型生成矩阵 G；反之，已知典型生成矩阵 G 也就可以确定监督矩阵 H。

3. 伴随式(校验子 S)

设发送码组为 $A = [a_{n-1}, a_{n-2}, \cdots, a_1, a_0]$，接收码组为 $B = [b_{n-1}, b_{n-2}, \cdots, b_1, b_0]$，在传输过程中可能发生误码。将收发码组之差定义为错误图样 E(也称为误差矢量)，则有

$$E = [e_{n-1} \quad e_{n-2} \quad \cdots \quad e_1 \quad e_0] \tag{10.31}$$

$$E = B - A = B + A \tag{10.32}$$

$$e_i = \begin{cases} 0, & b_i = a_i \\ 1, & b_i \neq a_i \end{cases} \tag{10.33}$$

E 矩阵中，如果哪位出现了"1"，就表示接收码组 B 中相应位上的码元出错了。令伴随式(也称为校验子)$S = BH^T$，则有

$$S = BH^T = (A + E)H^T = EH^T \tag{10.34}$$

由式(10.34)可知，伴随式 S 与错误图样 E 之间有确定的线性变换关系。接收端译码器的任务就是利用伴随式确定错误图样，然后从接收到的码字中减去错误图样。

一种(7，4)码 S 与 E 的对应关系如表 10.2 所示。从表 10.2 中可以看出，伴随式 S 的 2^r 种形式分别代表 A 码无错和 $(2^r - 1)$ 种有错的图样。

表 10.2　一种(7，4)码 S 与 E 的对应关系

序号	错误码位	E							S		
		e_6	e_5	e_4	e_3	e_2	e_1	e_0	s_2	s_1	s_0
0	—	0	0	0	0	0	0	0	0	0	0
1	b_0	0	0	0	0	0	0	1	0	0	1
2	b_1	0	0	0	0	0	1	0	0	1	0
3	b_2	0	0	0	0	1	0	0	1	0	0
4	b_3	0	0	0	1	0	0	0	0	1	1

续表

序号	错误码位	E							S		
		e_6	e_5	e_4	e_3	e_2	e_1	e_0	s_2	s_1	s_0
5	b_4	0	0	1	0	0	0	0	1	0	1
6	b_5	0	1	0	0	0	0	0	1	1	0
7	b_6	1	0	0	0	0	0	0	1	1	1

4. 分组码的检错能力和纠错能力

已知(n, k)分组码的最小码距,就可以知道其检错能力和纠错能力。例如,当最小码距为 4 时,可以纠正一位错码,同时检出两位错码,也可以检出三位错码。

对于任意一个(n, k)线性分组码,若要纠正 t 位错码,其充要条件是一致监督矩阵 H 中的任何 $2t$ 个列向量线性无关。或者说,若使一个(n, k)线性分组码的最小码距为 d,则其一致监督矩阵 H 中的任何$(d-1)$个列向量线性无关。另外,线性分组码的最小码距等于非 0 码字的最小码重。

1)分组码的检错能力

最小码距为 d_{min} 的分组码,能检出所有的$(d_{min}-1)$位或更少位错码,但不能检出所有的 d_{min} 位错码。事实上,(n, k)码能检出长度为 n 的(2^n-2^k)个错误图样,因为(2^n-2^k)为禁用码字的个数,收到禁用码字就等效于检出错码。

2)分组码的纠错能力

当(n, k)分组码的最小码距为 $d_{min}=2t+1$ 时,它可以纠正 t 位或更少位错码。但实际上,纠错能力为 t 的分组码还可以纠正一些$(t+1)$位或更多位错码。

10.5 循环码

循环码是一类重要的线性分组码,它除了具有线性码的一般性质外,还具有循环性,即循环码组中任一码字循环移位所得的码字仍为该码组中的一个码字,它的结构完全建立在有限域多项式的基础上。表 10.3 中给出了一种$(7, 3)$循环码的全部码字。

表 10.3 一种$(7, 3)$循环码的全部码字

序号	码 字
0	0 0 0 0 0 0 0
1	0 0 1 1 1 0 1
2	0 1 0 0 1 1 1
3	0 1 1 1 0 1 0
4	1 0 0 1 1 1 0
5	1 0 1 0 0 1 1
6	1 1 0 1 0 0 1
7	1 1 1 0 1 0 0

循环码具有两个基本特点:一是编码电路与译码电路非常简单,易于实现;二是其代数性质好,编码、译码分析方便,有一些好的译码方法。

10.5.1 循环码的描述

循环码可以用监督矩阵和生成矩阵来描述,但更多时候是用码字多项式来描述的。(n, k)循环码的

码字多项式(以降幂顺序排列)为

$$A(x) = a_{n-1}x^{n-1} + a_{n-2}x^{n-2} + \cdots + a_1 x + a_0 \tag{10.35}$$

这个多项式称为码字多项式。(7,4)系统循环码如表10.4所示,其中$A_4(x)$码字多项式为

$$A_4(x) = x^6 + x^3 + x^2 + x \tag{10.36}$$

码字矢量的循环移位可以用x乘$A(x)$来表示。

1. 生成多项式和生成矩阵

在一个(n, k)循环码中,有且仅有一个次数为$n-k=r$的码字多项式,记为

$$g(x) = x^r + g_{r-1}x^{r-1} + \cdots + g_1 x + 1 \tag{10.37}$$

显然,每个码字多项式都是$g(x)$的倍式,每个次数小于等于$n-1$的$g(x)$的倍式必为一个码字多项式。这时称$g(x)$为(n, k)码的生成多项式。

表 10.4　(7,4)系统循环码

信息码字	循环码字	码字多项式	$g(x)$的倍式	倍式编码
0000	0000 000	0	0	0000
0001	0001 011	$x^3 + x + 1$	1	0001
0010	0010 110	$x^4 + x^2 + x$	x	0010
0011	0011 101	$x^4 + x^3 + x^2 + 1$	$x + 1$	0011
0100	0100 111	$x^5 + x^2 + x + 1$	$x^2 + 1$	0101
0101	0101 100	$x^5 + x^3 + x^2$	x^2	0100
0110	0110 001	$x^5 + x^4 + 1$	$x^2 + x + 1$	0111
0111	0111 010	$x^5 + x^4 + x^3 + x$	$x^2 + x$	0110
1000	1000 101	$x^6 + x^2 + 1$	$x^3 + x + 1$	1011
1001	1001 110	$x^6 + x^3 + x^2 + x$	$x^3 + x$	1010
1010	1010 011	$x^6 + x^4 + x + 1$	$x^3 + 1$	1001
1011	1011 000	$x^6 + x^4 + x^3$	x^3	1000
1100	1100 010	$x^6 + x^5 + x$	$x^3 + x^2 + x$	1110
1101	1101 001	$x^6 + x^5 + x^3 + 1$	$x^3 + x^2 + x + 1$	1111
1110	1110 100	$x^6 + x^5 + x^4 + x^2$	$x^3 + x^2$	1100
1111	1111 111	$x^6 + x^5 + x^4 + x^3 + x^2 + x + 1$	$x^3 + x^2 + 1$	1101

由表10.4可知,$g(x) = x^3 + x + 1$为(7,4)循环码的生成多项式。循环码中次数最低的非零码字多项式是唯一的,其次数为$r = n-k$。令$g(x) = x^r + g_{r-1}x^{r-1} + \cdots + g_1 x + g_0$为一个$(n, k)$循环码$C$中次数最低的码字多项式,则其常数项必为$g_0 = 1$。

已知$g(x)$为一个$(n-k)$次多项式,则$x^k g(x)$为一个n次多项式,于是必有

$$\frac{x^k g(x)}{x^n + 1} = 1 + \frac{g^{(k)}(x)}{x^n + 1} \tag{10.38}$$

因为$x^k g(x)$是$g(x)$的循环移位,它也是一个码字多项式,所以$x^k g(x)$一定为$g(x)$的倍式,即

$g^{(k)}(x)$ 为 $g(x)$ 的循环移位在模 x^n+1 下的结果，因此有

$$g^{(k)}(x) = q(x)g(x) \tag{10.39}$$

将式(10.39)代入式(10.38)，化简后得

$$x^k g(x) = x^n + 1 + g^{(k)}(x) \tag{10.40}$$

移位得

$$x^n + 1 = x^k g(x) - g^{(k)}(x) = \left[x^k - q(x) \right] g(x) \tag{10.41}$$

所以，生成多项式 $g(x)$ 为 x^n+1 的因式。

循环码可以用码字多项式描述，也可以用生成矩阵描述。已知 $g(x)$ 为循环码中的一个码字多项式，由循环码的循环特性可以证明：在 (n,k) 循环码的码字多项式中，$g(x)$、$xg(x)$、…、$x^{k-1}g(x)$ 这 k 个码字多项式必是线性无关(相互独立)的。根据线性空间的特性，可知它们是一个 k 维子空间的基底，即由它们的线性组合可以生成这个 k 维子空间中的 2^k 个码字。再根据线性分组码生成矩阵的定义，可以用多项式的形式来表示。生成矩阵的行向量是由 k 个线性无关的码字构成的，可以得到 (n,k) 循环码的一个多项式矩阵为

$$G(x) = \begin{bmatrix} x^{k-1}g(x) \\ x^{k-2}g(x) \\ \vdots \\ xg(x) \\ g(x) \end{bmatrix} \tag{10.42}$$

以 $(7,4)$ 循环码为例，若生成多项式为 $g(x)=x^3+x+1$，则其生成矩阵为

$$G(x) = \begin{bmatrix} x^3 g(x) \\ x^2 g(x) \\ xg(x) \\ g(x) \end{bmatrix} = \begin{bmatrix} x^6+x^4+x^3 \\ x^5+x^3+x^2 \\ x^4+x^2+x \\ x^3+x+1 \end{bmatrix} = \begin{bmatrix} 1 & 0 & 1 & 1 & 0 & 0 & 0 \\ 0 & 1 & 0 & 1 & 1 & 0 & 0 \\ 0 & 0 & 1 & 0 & 1 & 1 & 0 \\ 0 & 0 & 0 & 1 & 0 & 1 & 1 \end{bmatrix}$$

2. 监督多项式及监督矩阵

为了便于对循环码编码和译码，通常定义监督多项式 $h(x)$ 为

$$h(x) = \frac{x^n+1}{g(x)} = x^k + h_{k-1}x^{k-1} + \cdots + h_1 x + 1 \tag{10.43}$$

式中，$g(x)$ 是常数项为 1 的 r 次多项式，是生成多项式。同理，可得监督矩阵 $H(x)$ 为

$$H(x) = \begin{bmatrix} x^{n-k-1}h^*(x) \\ \vdots \\ xh^*(x) \\ h^*(x) \end{bmatrix} \tag{10.44}$$

式中，$h^*(x)$ 是 $h(x)$ 的逆多项式，其表达式为

$$h^*(x) = x^k + h_1(x)x^{k-1} + h_2(x)x^{k-2} + \cdots + h_{k-1}x + 1 \tag{10.45}$$

以 $(7,3)$ 循环码为例，若生成多项式为

$$g(x) = x^4 + x^3 + x^2 + 1$$

则有

$$h(x) = \frac{x^7+1}{g(x)} = x^3 + x^2 + 1$$

$$h^*(x) = x^3 + x^2 + 1$$

$$H(x) = \begin{bmatrix} x^6+x^4+x^3 \\ x^5+x^3+x^2 \\ x^4+x^2+x \\ x^3+x+1 \end{bmatrix}$$

于是有

$$H = \begin{bmatrix} 1 & 0 & 1 & 1 & 0 & 0 & 0 \\ 0 & 1 & 0 & 1 & 1 & 0 & 0 \\ 0 & 0 & 1 & 0 & 1 & 1 & 0 \\ 0 & 0 & 0 & 1 & 0 & 1 & 1 \end{bmatrix}$$

10.5.2 校验子与循环码的编码、译码原理

1. 循环码的编码电路

根据循环码的编码方法，可知编码电路应当是一个多项式的除法电路。在编码时，首先要根据给定的 (n, k) 值选定生成多项式 $g(x)$，即应在 x^n+1 的因式中选一个 $r(r=n-k)$ 次多项式作为 $g(x)$。设编码前的信息多项式 $m(x)$ 为

$$m(x) = a_1 + a_2x + a_3x^2 + \cdots + a_kx^{k-1} \tag{10.46}$$

$m(x)$ 的最高幂次为 $k-1$。循环码中的所有码字多项式都可被 $g(x)$ 整除，根据这条原则，就可以对给定的信息进行编码。用 x^r 乘 $m(x)$，得到 $x^r \cdot m(x)$，其次数小于 n。用 $g(x)$ 去除 $x^r \cdot m(x)$，得到余式 $R(x)$，$R(x)$ 的次数必小于 $g(x)$ 的次数，即小于 $n-k$。将此余式加于信息位之后作为监督位，即将 $R(x)$ 与 $x^r \cdot m(x)$ 相加，得到的多项式必为码字多项式，因为它必能被 $g(x)$ 整除，且商的次数不大于 $k-1$。循环码的码字多项式可表示为

$$A(x) = x^r \cdot m(x) + R(x) \tag{10.51}$$

式中，$x^r \cdot m(x)$ 代表信息位；$R(x)$ 是 $x^r \cdot m(x)$ 与 $g(x)$ 相除得到的余式，代表监督位。

编码电路的主体是由生成多项式构成的除法电路和适当的控制电路组成的。当 $g(x) = x^4+x^3+x^2+1$ 时，$(7, 3)$ 循环码的编码电路如图 10.5 所示。

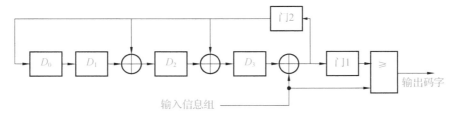

图 10.5 $(7, 3)$ 循环码的编码电路

$m(x)$ 的次数等于移位寄存器的级数；$g(x)$ 中各项的非零系数对应移位寄存器的反馈抽头数。首先，将移位寄存器清零，当 3 位信息码元输入时，门 1 断开，门 2 接通，直接输出信息码元。在第 3 次移位脉冲到来时，将除法电路运算所得的余式存入移位寄存器。在第 4~7 次移位时，门 2 断开，门 1 接通，输出监督码元。$(7, 3)$ 循环码的编码过程如表 10.5 所示，此时输入信息码元为"110"。

表 10.5　(7，3)循环码的编码过程

移位次序	输入	门 1	门 2	移位寄存器 D_0 D_1 D_2 D_3				输出
0	—			0	0	0	0	—
1	1	断开	接通	1	0	1	1	1
2	1			0	1	0	1	1
3	0			1	0	0	1	0
4	0			0	1	0	0	1
5	0	接通	断开	0	0	1	0	0
6	0			0	0	0	1	0
7	0			0	0	0	0	1

2. 校验子

设发送的码字多项式为 $A(x)$，错误图样多项式为 $E(x)$，则接收的码字多项式为

$$R(x) = A(x) + E(x) \tag{10.47}$$

发送的码字多项式为

$$A(x) = a_{n-1}x^{n-1} + a_{n-2}x^{r-2} + \cdots + a_1x + a_0 \tag{10.48}$$

接收的码字多项式为

$$R(x) = r_{n-1}x^{n-1} + r_{n-2}x^{r-2} + \cdots + r_1x + r_0 \tag{10.49}$$

校验子多项式为

$$E(x) = e_{n-1}x^{n-1} + e_{n-2}x^{r-2} + \cdots + e_1x + e_0 \tag{10.50}$$

由式(10.47)可知

$$r_i = c_i + e_i \tag{10.51}$$

式中，$i = 0$，1，$\cdots$，$n-1$。这时定义校验子多项式为

$$S(x) = \frac{R(x)}{g(x)} = \frac{C(x) + E(x)}{g(x)} = \frac{C(x)}{g(x)} + \frac{E(x)}{g(x)} \equiv \frac{E(x)}{g(x)} \left[\operatorname{mod} g(x) \right] \tag{10.52}$$

于是有

$$S(x) = E(x) = R(x) \left[\operatorname{mod} g(x) \right] \tag{10.53}$$

也就是说，接收的码字多项式除以 $g(x)$ 的余式多项式为校验子多项式。如果 $S(x) = 0$ 表示接收码字无错，$S(x) \neq 0$ 表示接收码字有错，则 (n, k) 循环码的校验子多项式的一般表达式为

$$S(x) = s_{n-1}x^{n-1} + s_{n-2}x^{r-2} + \cdots + s_1x + s_0 \tag{10.54}$$

即校验子多项式 $S(x)$ 为一个 $(r-1)$ 次多项式，其校验子矢量为

$$[S] = [s_{r-1} \quad s_{r-2} \quad \cdots \quad s_1 \quad s_0] \tag{10.55}$$

$[S]$ 共有 2^r 个状态，当 $2^r \geqslant n+1$ 时，它可以纠一位错码。

10.5.3　译码方法和电路

循环码的编码电路由 $(n-k)$ 级移位寄存器构成，比较简单，但是循环码的译码电路相对比较复杂。因此，循环码的译码方法是研究编码理论和编码技术的重要内容。接收端译码的目的是检错和纠错。

译码器的工作过程如下。

(1)由接收码字多项式 $R(x)$ 计算校验子多项式 $S(x)$；

(2)根据校验子多项式 $S(x)$ 计算错误图样多项式 $E(x)$；

(3)利用 $R(x) + E(x) = A(x)$ 计算译码器输出的估计值。

　　因为任一码字多项式 $A(x)$ 都应能被生成多项式 $g(x)$ 整除，所以在接收端可以将接收码组 $R(x)$ 用生成多项式去除。当传输中未发生错误时，接收码组和发送码组相同，即 $A(x)=R(x)$，故 $R(x)$ 必定能被 $g(x)$ 整除；若码组在传输过程中发生错误，即 $A(x)\neq R(x)$，则用 $R(x)$ 除以 $g(x)$ 时除不尽而有余项，此时可以用余项是否为 0 来判别码组中有无误码。在接收端采用译码方法来纠错自然比检错更复杂。同样，为了能够纠错，要求每个可纠正的错误图样必须与一个特定余式有一一对应的关系，循环码译码器的复杂性主要取决于由校验子确定错误图样的组合逻辑电路的复杂性，下面以 (7，4) 循环码译码过程为例进行说明。

　　若 (7，4) 循环码的生成矩阵为 $g(x)=x^3+x+1$，通过前面的分析可知，只要接收码字矢量错码不超过一位，译码器就可以正确译码。在构造此译码器的错误图样识别电路时，只要识别出一个错误图样，例如 $E_6=[1000000]$，就可以正确译码。这个错误图样对应的校验子矢量为 $S=[101]$，由此可以得到一种 (7，4) 循环码译码器，其结构如图 10.6 所示。

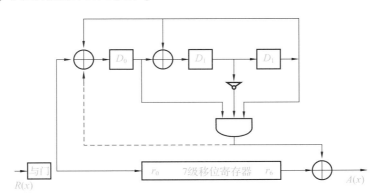

图 10.6　(7，4) 循环码译码器结构

　　这个译码器上面是一个 $g(x)$ 除法电路，下面是一个作为缓存器的 7 级移位寄存器，中间的反相器和一个与门组成了 [101] 校验子识别电路。译码过程如下。

　　(1) 开始译码时，与门打开，移位寄存器内的容位全为 0。收到的码字多项式为

$$R(x)=r_6x^6+r_5x^5+\cdots+r_1x+r_0 \tag{10.56}$$

将 $R(x)$ 由高次到低次分别输入 7 级缓存器和除法电路中，7 次移位后，缓存器存入整个码字，由除法电路 $S(x)=\dfrac{R(x)}{g(x)}$ 和 $E(x)=x^6$ 得到校验子 $S(x)=[s_2\ s_1\ s_0]$，这时与门关闭，进行译码。

　　(2) 若 [101] 识别电路输出为"1"，则表明 r_6 为有错。

　　(3) 这时译码器继续移位，通过 [101] 识别电路可以纠正 r_6 位的错码。

　　(4) 在纠错的同时，[101] 识别电路的输出又反馈到除法电路的输入端，以消除错误码元对除法电路下一个校验子计算的影响。校验子生成电路开始在无输入的情况下移位，相当于开始生成 $x^iS(x)$。

　　本电路中，第 7 次移位后生成了校验子 S_0，第 8 次移位时对 r_6 进行纠正，同时将 [101] 识别电路输出的"1"输入除法电路的输入端，使除法电路的寄存器状态为 [000]，消除了 e_6 的影响。

　　(5) 如果 $E(x)=x^5$，表明 $e_5=1$ 或 $E=[0100000]$，经过前 7 次移位后得到的校验子多项式为

$$S_0(x)=x^5=x^2+x+1\left[\bmod g(x)\right]$$

这时除法电路的移位寄存器状态为 [111]，[101] 识别电路的输出为"0"，说明 r_6 正确，不必纠正。

　　(6) 第 8 次移位后，r_5 移位到缓存器的最右端。同时校验子除法电路的结果为

$$S_1(x)=xS_0(x)=xE(x)=x^6=x^2+1\left[\bmod g(x)\right]$$

通过电路分析可知，此时除法电路的寄存器状态为 [101]，[101] 识别电路输出"1"，对 r_5 进行纠正。因此可以得出结论：利用循环码的循环特性，可以简化译码器的复杂性。

10.6 卷积码

卷积码是 1955 年由 Elias 提出的。在卷积码的编码过程中，当前码字的监督码元不仅与本码字的信息码元有关，还与前 m 个码字的信息码元有关。同样，在卷积码译码过程中，不仅要从此时刻收到的码组中提取译码信息，还要从以前或以后各时刻收到的码组中提取有关信息。因此卷积码的编码器是一个有记忆的时序电路。

卷积码能够更充分地利用码字之间的相关性，可以减少码字长度，简化编码、译码电路，并得到较好的差错控制性能。因此，卷积码在通信领域中，特别是在卫星通信领域和空间通信领域中得到了广泛的应用。

10.6.1 卷积码的基本原理

1. 基本概念

以 $(2，1，2)$ 卷积码编码器为例，其原理如图 10.7 所示。卷积码编码器由移位寄存器、模二加法器和开关电路组成。

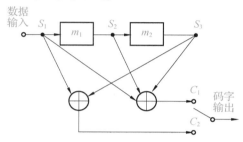

图 10.7　$(2，1，2)$ 卷积码编码器的原理

开始时，各级移位寄存器清零，即 $S_1 S_2 S_3 = 000$。开始输入信息码字时，S_1 等于当前输入的数据，而移位寄存器状态 $S_2 S_3$ 存储以前的数据，输出码字 C 为

$$\begin{cases} C_1 = S_1 \oplus S_2 \oplus S_3 \\ C_2 = S_1 \oplus S_3 \end{cases} \quad (10.57)$$

当输入数据 $D = [\, 1 \quad 1 \quad 0 \quad 1 \quad 0 \,]$ 时，可以计算出输出码字，具体计算过程如表 10.6 所示。可见，卷积码当前输出码字的监督码元不仅与当前输入的信息码元有关，还与前 2 个信息码元有关。这时编码器由 2 级移位寄存器构成。

表 10.6　$(2，1，2)$ 卷积码编码器的计算过程

S_1	1	1	0	1	0	0	0	0
$S_3 S_2$	00	01	11	10	01	10	00	00
$C_1 C_2$	11	01	01	00	10	11	00	00
状态	a	b	d	c	b	c	a	a

定义 1：设码字长度为 n_0，信息码元个数为 k_0，由 m 级移位寄存器构成的编码器产生的一种有记忆数字流的编码，记为 $(n_0，k_0，m)$ 卷积码。另外，将 $(m+1)n_0$ 称为码元约束长度。

定义 2：$R = \dfrac{k}{n}$ 为码率（code rate），表示卷积码的编码效率。码率 R 越小，冗余越大，纠错能力越强。对于实时通信系统来说，要提高传输速率，就需要更宽的带宽，而这样译码的复杂性也会增大。对误码率要求很高的系统可以选用较小的编码效率，但也不是越小越好。研究表明，对于固定的码元约束长度，当编码效率从 $\dfrac{1}{2}$ 降低到 $\dfrac{1}{3}$ 时，编码增益增大约 0.4 dB，同时译码器的复杂性增加约 17%；当编码效率进一步降低时，与译码器复杂性相联系的性能改善迅速消失，最后到达一个临界点；如果再降低编码效率，编码增益就会减小。

卷积码编码器的一般形式如图 10.8 所示。

卷积码有系统卷积码和非系统卷积码之分。系统卷积码的码字中明显包含着 k_0 位信息码元，而非系统卷积码的信息码元是隐含在码字中的。

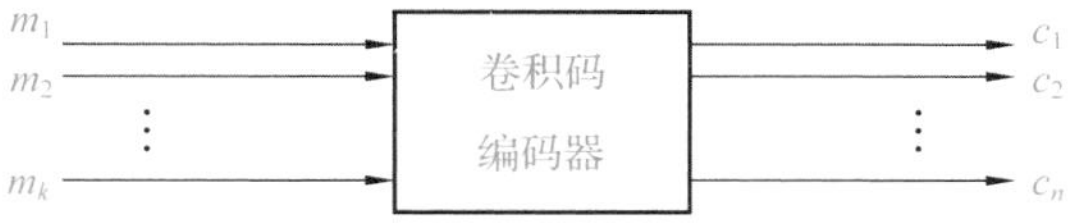

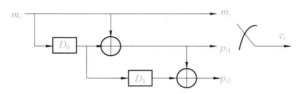

图 10.8 卷积码编码器的一般形式

2. 卷积码的描述

卷积码同样也可以用生成矩阵的多项式来描述，但比较抽象。为了更加直观地描述卷积码的编码过程，也可以采用图解法，常用的图解法有树图、状态图和格图。

1）生成矩阵的多项式描述

以 $(3，1，2)$ 卷积码为例，其编码电路如图 10.9 所示。

图 10.9 $(3，1，2)$ 卷积码编码电路

编码电路中 3 条支路的输出可以写成 3 个生成多项式，即

$$g^{(1)}(x) = 1$$
$$g^{(2)}(x) = 1+x$$
$$g^{(3)}(x) = 1+x^2$$

根据 $(n_0，k_0，m)$ 卷积码，支路的输出可以写出生成多项式的一般形式，即

$$g^{(1)}(x) = g_0(1) + g_1(1)x + \cdots + g_m(1)x^m$$
$$g^{(2)}(x) = g_0(2) + g_1(2)x + \cdots + g_m(2)x^m$$
$$\vdots$$
$$g^{(n_0)}(x) = g_0(n_0) + g_1(n_0)x + \cdots + g_m(n_0)x^m$$

用向量表示支路输出的生成多项式为

$$g(i) = [\, g_0(i) \ g_1(i) \ g_2(i) \ \cdots \ g_m(i) \,]$$

这时，卷积码的基本生成矩阵为

$$[g] = [g_0 \ g_1 \cdots \ g_m] = [\, g_0(1) \ g_0(2) \ \cdots \ g_0(n_0) \ g_1(1) \ g_1(2) \cdots g_1(n_0) \ \cdots \ g_m(1) \ g_m(2) \ \cdots \ g_m(n_0) \,]$$

式中

$$g_0 = [\, g_0(1) \ g_0(2) \ \cdots \ g_0(n_0) \,]$$
$$g_1 = [\, g_1(1) \ g_1(2) \ \cdots \ g_1(n_0) \,]$$
$$\vdots$$
$$g_m = [\, g_m(1) \ g_m(2) \ \cdots \ g_m(n_0) \,]$$

由这个基本生成矩阵可以得到卷积码的生成矩阵。

例如，$(3，1，2)$ 系统卷积码的生成矩阵为

$$g(1) = [\, g_0(1) \ g_1(1) \ g_2(1) \,] = [100]$$
$$g(2) = [\, g_0(2) \ g_1(2) \ g_2(2) \,] = [110]$$
$$g(3) = [\, g_0(3) \ g_1(3) \ g_2(3) \,] = [101]$$
$$g_0 = [111]$$
$$g_1 = [010]$$
$$g_2 = [001]$$

$$G=\begin{bmatrix} 111 & 010 & 001 & & & \\ & 111 & 010 & 001 & & \\ & & & \cdots & & \\ & & 111 & 010 & 001 & \\ & & & 111 & 010 & 001 \\ & & & & & \cdots \end{bmatrix}$$

2）树图描述

树图描述的是在任何数据序列输入时，码字所有可能的输出。以（2，1，2）卷积码为例，其树图如图 10.10 所示。

以 $S_1S_2S_3=000$ 作为起点，用 a、b、c 和 d 分别表示出 S_3S_2 的 4 种可能状态（00，01，10 和 11）。若第 1 位数据 $S_1=0$，则输出 $C_1C_2=00$，从起点通过上支路到达状态 a，即 $S_3S_2=00$；若 $S_1=1$，则输出 $C_1C_2=11$，从起点通过下支路到达状态 b，即 $S_3S_2=01$。以此类推，可得到整个树图。输入不同的信息序列，编码器就走不同的路径，输出不同的码字序列。例如，当输入数据为"11010"时，其路径如图 10.10 中的虚线所示，并得到输出码字序列"11010100"，这与表 10.6 的结果一致。

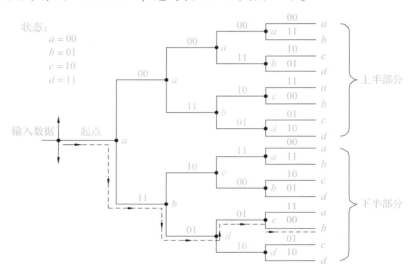

图 10.10 （2，1，2）卷积码的树图

3）状态图描述

卷积码的编码器是一个时序网络，其工作过程可以用一个状态图来描述。编码器的状态由它的移位寄存器的内容来确定。

例如，（2，1，3）非系统卷积码有 k_0 个信息位，m 级移位寄存器，共有 $2^m=2^3=8$ 种不同状态。其状态可以表示为 $S_n=D_3D_2D_1$，分别为 $S_0=000$，$S_1=001$，$S_2=010$，…，$S_7=111$。根据（2，1，3）卷积码的生成多项式或生成矩阵，可以确定它唯一的状态图，如图 10.11 所示。其中状态转移线上的数字表示某一时刻编码器输入某一信息后，编码器输出的码元序列。

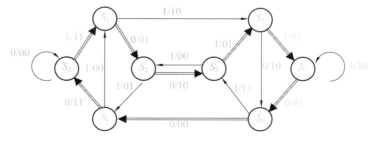

图 10.11 （2，1，3）非系统卷积码唯一的状态图

例如，1/10 表示编码器输入为"1"时，输出为"10"。若编码器输入为 $M=10111$，则输出为 $C=1101000101010011$，M 序列后面补三个"0"，这时编码器状态变化路径为 $S_0 \rightarrow S_1 \rightarrow S_2 \rightarrow S_5 \rightarrow S_3 \rightarrow S_7 \rightarrow S_6 \rightarrow$

$S_4 \rightarrow S_0$。

4）格图描述

格图也称网络图或篱笆图，它由状态图在时间上展开而得到，(3，1，2)非系统卷积码的格图如图10.12所示，这里只画出了长度为 $L=5$ 的信息序列。图10.12中画出了输入所有可能的数据时，状态转移的全部可能轨迹，实线表示数据为"0"，虚线表示数据为"1"，线旁的数字为输出码字，节点表示状态。卷积码的格图是将编码器的状态图按时间展开的形式。

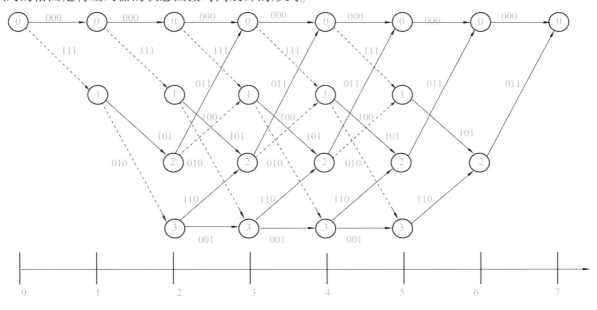

图 10.12　(3，1，2)非系统卷积码的格图

说明：

（1）对于信息序列长度为 L 的格图，含有 $(L+m+1)$ 级格子，即 0 级格子到 $(L+m)$ 级格子。本例中 $L=5$，$m=2$，$L+m=7$，为 0~7 级。

（2）除了初始状态，以上 4 种卷积码的描述方法不但有助于求解输出码字，了解编码工作过程，而且对研究解码方法也很有用。

10.6.2　卷积码的解码

卷积码有两种解码方法，即代数解码和概率解码。其中，代数解码指利用编码本身的代数结构进行解码，不考虑信道的统计特性。大数逻辑解码又称门限解码，是最主要的一种卷积码代数解码方法，它也可以应用于循环码的解码。大数逻辑解码对于码元约束长度较短的卷积码最为有效，而且设备比较简单。概率解码又称最大似然解码，它基于信道的统计特性和卷积码的特点进行计算。针对无记忆信道提出的序贯解码就是概率解码的方法之一。另一种概率解码方法是维特比算法，当码元约束长度较短时，它比序贯解码的效率更高、速度更快。因此，维特比算法得到了广泛的应用。

趣味小课堂：在 5G 通信中候选的信道编码技术主要有 LDPC 码、Turbo 码、Polar 码。其中，LDPC 码代表的阵营有高通、NOKIA、Intel 和三星；Turbo 码代表的阵营有 Orange 和爱立信；Polar 码代表的阵营有华为。2016 年 10 月 10 日至当月 14 日，在葡萄牙里斯本会议中举行了 5G 编码的第一次编码投票，这其实就是一场美、欧、中三方的通信标准之争。经过世界各大公司(如高通、英特尔、三星、苹果、阿里巴巴、中兴、联想等)不断地切磋和讨论，最终决定使用 LDPC 作为数据信道编码(即长码编码)、使用 Polar 码作为控制信道编码(即短码编码)。

MATLAB 实践

【例 10.2】n 重复码是一种将输入码元重复 n 遍的编码。假设信道的错误率为 p，接收端收到 n 个比特后进行译码，如果 n 个接收比特的"1"的个数多于"0"的个数，则译码为"1"，反之为"0"。假设编码输入是等概率的，用 MATLAB 仿真得到 $n=8$ 时信道错误率与译码错误率的关系曲线。

MATLAB 程序如下：

```
%n 信道错误率与译码错误率的关系程序代码
clear all;
close all;
n=8;
m=0:-0.5:-2;
pe=10.^m;
------------------------------------------------------------
d=(sign(randn(1,100000))+1)/2;
s=[d;d;d;d;d;d;d;d];
s=reshape(s,1,8*length(d));          % 重复码设置
------------------------------------------------------------
for k=1:length(pe)
    err=rand(1,length(d)*8);
    err=err<pe(k);
    r=rem(s+err,2);
    r=reshape(r,8,length(d));
    dd=sum(r)>2;
    error(k)=sum(abs(dd-d))/length(d);
end
loglog(pe,error);
title('n=8 的重复码');
xlabel('信道错误率');ylabel('译码错误率');
```

运行结果如图 10.13 所示。

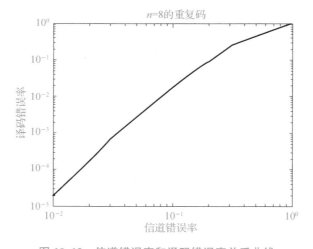

图 10.13　信道错误率和译码错误率关系曲线

【例 10.3】已知 (7，4) 码的监督矩阵为

$$H = \begin{bmatrix} 1 & 1 & 1 & 0 & 1 & 0 & 0 \\ 0 & 1 & 1 & 1 & 0 & 1 & 0 \\ 1 & 1 & 0 & 1 & 0 & 0 & 1 \end{bmatrix}$$

用 MATLAB 求出(7，4)汉明码的所有码字。

MATLAB 程序如下：

```
%(7,4)分组码程序代码
clear all;
close all;
H=[1 1 1 0 1 0 0;...
   0 1 1 1 0 1 0;...
   1 1 0 1 0 0 1];
G=gen2par(H);
Msg=[0 0 0 0;0 0 0 1;0 0 1 0;0 0 1 1;0 1 0 0;0 1 0 1;0 1 1 0;0 1 1 1;...
   1 0 0 0;1 0 0 1;1 0 1 0;1 0 1 1;1 1 0 0;1 1 0 1;1 1 1 0;1 1 1 1];
C=rem(Msg*G,2);
```

运行结果如下：

C =

0	0	0	0	0	0	0
0	0	0	1	0	1	1
0	0	1	0	1	1	0
0	0	1	1	1	0	1
0	1	0	0	1	1	1
0	1	0	1	1	0	0
0	1	1	0	0	0	1
0	1	1	1	0	1	0
1	0	0	0	1	0	1
1	0	0	1	1	1	0
1	0	1	0	0	1	1
1	0	1	1	0	0	0
1	1	0	0	0	1	0
1	1	0	1	0	0	1
1	1	1	0	1	0	0
1	1	1	1	1	1	1

【例 10.4】求出 $x^{15}+1$ 的所有因子，从中选择一个因式作为构造(15，4)循环码的生成多项式，用 MATLAB 编码得到所有有用码组。

MATLAB 程序如下：

```
clear all;
close all;
n=15;
k=4;
--------------------------------------------------------------------
p=cyclpoly(n,k,'all');
[H,G]=cyclgen(n,p(1,:))
Msg=[0 0 0 0;0 0 0 1;0 0 1 0;0 0 1 1;0 1 0 0;0 1 0 1;0 1 1 0;0 1 1 1;1 0 0 0;1 0 0 1;1 0 1 0;1 0 1 1;1 1 0 0;1 1 0 1;1 1 1 0;1 1 1 1]
C=rem(Msg*G,2)
```

运行结果如下：

H =

1	0	0	0	0	0	0	0	0	0	0	1	1	1	1
0	1	0	0	0	0	0	0	0	0	0	1	0	0	0
0	0	1	0	0	0	0	0	0	0	0	0	1	0	0
0	0	0	1	0	0	0	0	0	0	0	0	0	1	0
0	0	0	0	1	0	0	0	0	0	0	0	0	0	1
0	0	0	0	0	1	0	0	0	0	0	1	1	1	1
0	0	0	0	0	0	1	0	0	0	0	1	0	0	0
0	0	0	0	0	0	0	1	0	0	0	0	1	0	0
0	0	0	0	0	0	0	0	1	0	0	0	0	1	0
0	0	0	0	0	0	0	0	0	1	0	0	0	0	1
0	0	0	0	0	0	0	0	0	0	1	1	1	1	1

G =

1	1	0	0	0	1	1	0	0	0	1	1	0	0	0
1	0	1	0	0	1	0	1	0	0	1	0	1	0	0
1	0	0	1	0	1	0	0	1	0	1	0	0	1	0
1	0	0	0	1	1	0	0	0	1	1	0	0	0	1

Msg =

0	0	0	0
0	0	0	1
0	0	1	0
0	0	1	1
0	1	0	0
0	1	0	1
0	1	1	0
0	1	1	1
1	0	0	0
1	0	0	1
1	0	1	0
1	0	1	1
1	1	0	0
1	1	0	1
1	1	1	0
1	1	1	1

C =

0	0	0	0	0	0	0	0	0	0	0	0	0	0	0
1	0	0	0	1	1	0	0	0	1	1	0	0	0	1
1	0	0	1	0	1	0	0	1	0	1	0	0	1	0
0	0	0	1	1	0	0	0	1	1	0	0	0	1	1
1	0	1	0	0	1	0	1	0	0	1	0	1	0	0
0	0	1	0	1	0	0	1	0	1	0	0	1	0	1
0	0	1	1	0	0	0	1	1	0	0	0	1	1	0
1	0	1	1	1	1	0	1	1	1	1	0	1	1	1
1	1	0	0	0	1	1	0	0	0	1	1	0	0	0
0	1	0	0	1	0	1	0	0	1	0	1	0	0	1
0	1	0	1	0	0	1	0	1	0	0	1	0	1	0
1	1	0	1	1	1	1	0	1	1	1	1	0	1	1
0	1	1	0	0	0	1	1	0	0	0	1	1	0	0
1	1	1	0	1	1	1	1	0	1	1	1	1	0	1
1	1	1	1	0	1	1	1	1	0	1	1	1	1	0
0	1	1	1	1	0	1	1	1	1	0	1	1	1	1

思考与练习

1. 在通信系统中，采用差错控制的目的是什么？

2. 什么是随机信道？什么是突发信道？什么是混合信道？

3. 常用的差错控制方法有哪些？

4. 什么是分组码？其结构特点有哪些？

5. 码的最小码距与其检错能力、纠错能力有何关系？

6. 什么叫奇偶校验码？其检错能力如何？

7. 什么是线性码？它具有哪些重要性质？

8. 什么是循环码？循环码的生成多项式如何确定？

9. 什么是系统分组码？试举例说明。

10. 什么是卷积码？卷积码的树图、状态图和格图分别是什么？

11. 已知码组集合中有 8 个码组，分别为 000000、001110、010101、011011、100011、101101、110110、111000，求该码组集合的最小码距。给出的码组若用于检错，能检出几位错码？若用于纠错，能纠正几位错码？若同时用于检错与纠错，检错、纠错的性能如何？

12. 已知两个码组分别为 0000、1111。给出的码组若用于检错，能检出几位错码？若用于纠错，能纠正几位错码？若同时用于检错与纠错，各能检出、纠正几位错码？

13. 已知 $(7，3)$ 码的生成矩阵为 $G=\begin{bmatrix} 1 & 0 & 0 & 1 & 1 & 1 & 0 \\ 0 & 1 & 0 & 0 & 1 & 1 & 1 \\ 0 & 0 & 1 & 1 & 1 & 0 & 1 \end{bmatrix}$，列出所有许用码组并求监督矩阵。

14. 写出 $n=7$ 时偶监督码的一致校验矩阵 H 和生成矩阵 G，并讨论其检错能力和纠错能力。

15. 一个线性分组码的监督矩阵 H 为

$$\begin{bmatrix} 1 & 0 & 0 & 1 & 0 & 0 & 1 & 1 & 0 \\ 1 & 0 & 1 & 0 & 1 & 0 & 0 & 1 & 0 \\ 0 & 1 & 1 & 1 & 0 & 0 & 0 & 0 & 1 \\ 0 & 0 & 1 & 0 & 1 & 1 & 1 & 0 & 1 \end{bmatrix}$$

试求该码的生成矩阵与最小码距。

16. 令 $g(x)=1+x+x^2+x^4+x^5+x^8+x^{10}$ 为 $(15，5)$ 循环码的生成多项式。

(1) 画出编码电路；

(2) 写出该码的生成矩阵 G；

(3) 当信息多项式 $m(x)=1+x+x^4$ 时，求码字多项式及码字；

(4) 求该码的监督多项式 $h(x)$。

17. 一个 $(15，4)$ 循环码的生成多项式为 $g(x)=x^{11}+x^{10}+x^6+x^5+x+1$。

(1) 求此码的一致校验多项式 $h(x)$；

(2) 求此码的生成矩阵(系统码与非系统码形式) G；

(3) 求此码的校验矩阵 H。

18. 一个码长为 $n=15$ 的汉明码，监督位 r 应为多少？编码速率为多少？

19. 已知(2，1，3)卷积码编码器如图 10.16 所示。

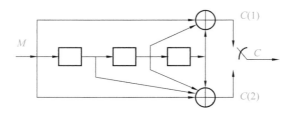

图 10.16　(2，1，3)卷积码编码器

其两条支路的生成多项式分别为

$g^{(1)}(x) = 1+x^2+x^3$

$g^{(2)}(x) = 1+x+x^2+x^3$

$g(1) = [g_0(1)\ g_1(1)\ g_2(1)\ g_3(1)] = [1011]$

$g(2) = [g_0(2)\ g_1(2)\ g_2(2)\ g_3(2)] = [1111]$

当输入的码字序列为 $M = 10111$ 时，求输出的卷积码。

第 11 章

同步原理

本章导读

本章导读

通信系统的正常运行离不开同步系统，同步系统保证了通信双方步调的一致。现实通信中的信号频率是无法保持稳定不变的，其受到环境因素、系统误差、噪声干扰等各方因素的影响。若同步系统不能正常工作，将影响通信系统的运行，甚至无法在发送端和接收端之间建立通信。

本章将讨论不同的同步方法及其原理。在实际中，需要根据具体的使用需求和同步方法的特性选择正确的同步系统。

学习目标

知识与技能目标

❶了解同步方法的类别。

❷掌握不同同步方法的原理。

❸理解不同同步方法的性能。

❹学会利用 MATLAB 计算一阶锁相环的响应函数。

❺学会利用 MATLAB 绘制科斯塔斯环提取载波、调制信号和解调信号的波形。

❻学会利用 MATLAB 绘制巴克码及其自相关函数的图像。

素质目标

❶培养科学思维。

❷培养探索求是精神。

❸激发科技创新思维。

11.1 同步及其分类

11.1.1 同步的基本概念

同步是通信系统中，尤其是数字通信系统中不可或缺的关键技术。例如，在接收 2DPSK 相干解调信号时，首先，需要进行载波同步，以便解调原基带信号；其次，还需要位同步脉冲序列，以便在准确的抽样时刻对恢复的基带信号进行判决再生；再次，在位同步的基础上，还需要群同步，用来对接收的信号进行分组，构成有意义的信息。

因此，通信系统能否有效地、可靠地工作，很大程度上取决于有无良好的同步系统。在通信系统中，如果同步系统性能降低（同步误差或失去同步），会直接导致通信系统性能的降低或通信失效。通信系统的同步包括载波同步、位（码元）同步、群（帧）同步和网同步。实现同步的方法有外同步法和自同步法。

11.1.2 同步的分类

按不同的方法进行划分，可以将同步分为不同的种类。

1. 按同步的功能分类

按同步的功能分类，可以将同步分为载波同步、位同步、群同步和网同步。

（1）载波同步又称为载波恢复，即在接收设备中产生一个和接收信号的载波同频同相的本地振荡（也称为相干载波），用于解调器作相干解调。

（2）位同步又称为时钟同步。在数字通信中，消息是通过一串相继的信号码元序列传送的，接收端需要产生一个用来抽样判决的定时脉冲序列，以便确定每个码元的抽样判决时刻，该序列的重复频率与码元速率相同，相位与最佳抽样判决时刻一致。在二进制中，码元同步也被称为位同步。

（3）群同步包括字同步、句同步和分路同步。数字通信中的消息流用若干码元组成一个"字"，又用若干"字"组成"句"。在接收这些消息流时，必须知道这些"字""句"的起止时刻。因此，在接收端需要产生与"字""句"起止时刻一致的定时脉冲序列，以便对接收码元正确分组。

（4）网同步。随着数字通信的发展，特别是计算机通信的发展，因多个用户之间需相互通信而组成了通信网。为了保证通信网内各用户之间能可靠地进行数据交换，就必须实现网同步，使整个通信网内有一个统一的时间节拍标准。

2. 按传输同步信息的方式分类

按照传输同步信息方式的不同，可以将同步分为外同步和自同步两种。

（1）外同步是指发送端发送专门的同步信息（称为导频），接收端把这个专门的同步信息检测出来作为同步信号。外同步的优点在于设备简单，但需要占用一定的信道资源和发送功率。

（2）自同步是指发送端无须发送专门的同步信息，而在接收端设法从收到的信号中提取同步信息。自同步可以将全部的带宽和功率分配给信号传输，得到了广泛的使用。

不论采用哪种同步方式，对正常的信息传输来说，都是非常必要的。同步本身并不包含要传送的信息，但只有收发两端之间建立了同步，才能开始传输信息。因此，在通信系统中，通常都要求同步信息传输的可靠性高于信号传输的可靠性。

趣味小课堂：2016 年 8 月 16 日，由中国科学技术大学主导研制的世界首颗量子科学实验卫星"墨子号"在酒泉卫星发射中心用长征二号丁运载火箭成功发射升空。"墨子号"科学实验卫星是中科院空间科学战略性先导科技专项于 2011 年首批确定的五颗科学实验卫星之一，旨在建立卫星与地面远距离量子科学实验平台,并在此平台上完成空间大尺度量子科学实验,以期取得量子力学基础物理研究重大突破和一系列具有国际显示度的科学成果,并使量子通信技术的应用突破距离的限制,向更深的层次发展,促进广域乃至全球范围量子通信的最终实现。同时,该项目将为广域量子通信各种关键技术和器件的持续创新以及工程化问题提供一流的测试和应用平台,促进空间光跟瞄、空间微弱光探测、空地高精度时间同步、小卫星平台高精度姿态机动、高速单光子探测等技术的发展,形成自主的核心知识产权。

11.2　载波同步的方法与性能

11.2.1　载波同步的方法

载波同步技术是接收机中最为关键的技术之一,载波同步性能的好坏直接影响系统的性能。如果载波同步性能不好,信号的后续处理将无法正常进行。一般要求载波同步系统具有高效率与高精度,即同步建立时间快并保持时间长。

提取载波的方法一般可以分为两类:一类是不专门发送导频,而在接收端直接从发送信号中提取载波,这类方法称为直接法,也称为自同步法;另一类是在发送有用信号的同时,在适当的频率位置上插入一个(或多个)叫作导频的正弦波,接收端利用导频提取载波,这类方法称为插入导频法,也称为外同步法。

1. 直接法(自同步法)

有些信号(如抑制载波的双边带信号等)虽然本身不包含载波分量,但对该信号进行某些非线性变换后,就可以直接从中提取出载波分量,这就是利用直接法提取同步载波的基本原理。通常使用的直接法有平方变换法(平方环法)和同相正交环法(Costas 法)。

1)平方变换法和平方环法

平方变换法是将已调信号经过一个平方律部件后由一个中心频率为 $2f_c$ 的窄带滤波器提取出 $2f_c$ 频率分量,再经过二分频器就可以提取出载波。

设调制信号为 $m(t)$,且 $m(t)$ 中无直流分量,则抑制载波的双边带信号为

$$s(t) = m(t)\cos\omega_c t \tag{11.1}$$

接收端将该信号进行平方变换,即经过一个平方律部件后就得到

$$e(t) = m^2(t)\cos^2\omega_c t = \frac{m^2(t)}{2} + \frac{1}{2}m^2(t)\cos2\omega_c t \tag{11.2}$$

由式(11.2)可以看出,虽然 $m(t)$ 中无直流分量,但 $m^2(t)$ 中却一定有直流分量,这是因为 $m^2(t)$ 必定为大于或等于 0 的数。因此, $m^2(t)$ 的均值必定大于 0,而这个均值就是 $m^2(t)$ 的直流分量,这样 $e(t)$ 的第 2 项中就包含 $2f_c$ 频率的分量。例如,对于 2PSK 信号, $m(t)$ 为双极性矩形脉冲序列,设 $m(t)$ 为 ±1,则 $m^2(t) = 1$,这样经过平方律部件后就可以得到

$$e(t) = \frac{1}{2} + \frac{1}{2}\cos2\omega_c t \tag{11.3}$$

由式(11.3)可知,通过 $2f_c$ 窄带滤波器从 $e(t)$ 中很容易就可以提取出 $2f_c$ 频率分量,再经过一个二分频器就可以得到 f_c 的频率分量,这就是所需要的同步载波。平方变换法原理框图如图 11.1 所示。

图 11.1　平方变换法原理框图

为了改善平方变换法的性能，可以在其基础上，把 $2f_c$ 窄带滤波器用锁相环替代，构成平方环，这样就变为了用平方环法提取载波，平方环法原理框图如图 11.2 所示。由于锁相环具有良好的跟踪性能、窄带滤波性能和记忆性能，平方环法比一般的平方变换法具有更好的性能，因而得到了广泛的应用。

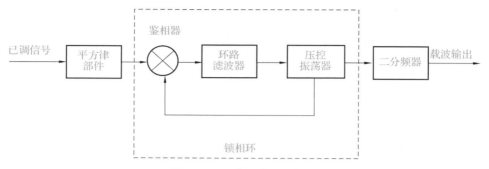

图 11.2　平方环法原理框图

在图 11.1 和图 11.2 中都用了一个二分频器，其输出电压有相差 180° 的两种可能相位，提取出的载波存在 π 相位模糊问题。对移相信号而言，解决这个问题的常用方法就是相对移相法。

2）同相正交环法（科斯塔斯环）

利用锁相环提取载波的另一种常用方法是同相正交环法，也称为科斯塔斯（Costas）环法，其原理框图如图 11.3 所示。加于两个乘法器的本地信号分别为压控振荡器的输出信号 $\cos(\omega_c t+\varphi)$ 和它的正交信号 $\sin(\omega_c t+\varphi)$，通常称这种环路为同相正交环或科斯塔斯环。

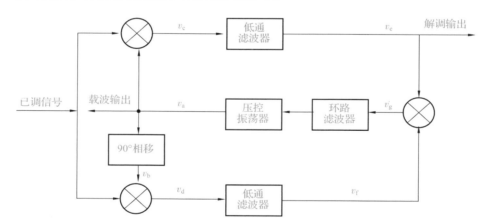

图 11.3　科斯塔斯环法原理框图

设输入的抑制载波双边带信号为 $m(t)\cos\omega_c t$，则左边两个乘法器的输出信号分别为

$$v_c = m(t)\cos(\omega_c t+\theta)\cos(\omega_c t+\varphi) = \frac{1}{2}m(t)\left[\cos(\varphi-\theta)+\cos(2\omega_c t+\varphi+\theta)\right] \tag{11.4}$$

$$v_d = m(t)\cos(\omega_c t+\theta)\sin(\omega_c t+\varphi) = \frac{1}{2}m(t)\left[\sin(\varphi-\theta)+\sin(2\omega_c t+\varphi+\theta)\right] \tag{11.5}$$

经过低通滤波器后的输出信号分别为

$$v_e = \frac{1}{2}m(t)\cos(\varphi-\theta) \tag{11.6}$$

$$v_f = \frac{1}{2}m(t)\sin(\varphi-\theta) \tag{11.7}$$

右边乘法器的输出信号为

$$v_{g} = v_{e}v_{f} = \frac{1}{8}m^{2}(t)\sin 2(\varphi - \theta) \tag{11.8}$$

其中，$\varphi - \theta$ 是压控振荡器输出信号与输入已调信号载波之间的相位误差。当相位误差较小时，式(11.8)可以近似表示为

$$v_{g} \approx \frac{1}{4}m^{2}(t)(\varphi - \theta) \tag{11.9}$$

由式(11.9)可以看出，v_{g} 的大小与相位误差 $\varphi - \theta$ 成正比，因此，v_{g} 就相当于一个鉴相器的输出信号。用 v_{g} 去调整压控振荡器输出信号的相位，最后就可以使稳态相位误差 $\varphi - \theta$ 减小到很小的数值。这样压控振荡器的输出信号就是所要提取的载波。不仅如此，当 $\varphi - \theta$ 减小到很小的数值时，式(11.6)中的 v_{e} 就接近于调制信号 $m(t)$。因此，科斯塔斯环法同时还具有解调功能，在许多接收机中得到了应用。

锁相环在相位误差接近零时有两个稳定点，即 $\varphi - \theta = 0$ 处和 $\varphi - \theta = \pi$ 处，因此，由科斯塔斯环法提取载波依然存在相位模糊问题。科斯塔斯环法和平方环法都是利用锁相环提取载波的常用方法，两者的异同点如下。

(1)科斯塔斯环法工作在载频上，而平方环的工作频率是载频的两倍，所以当载频较高时，科斯塔斯环法更易于实现。

(2)科斯塔斯环法本身兼有提取相干载波和相干解调的功能，而平方环法本身没有解调功能。

(3)两者具有相同的鉴相特性，即 $v_{d} = k_{d}\sin 2\varphi$，如图 11.4 所示。

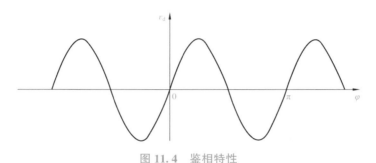

图 11.4 鉴相特性

2. 插入导频法

在模拟通信系统中，抑制载波的双边带信号本身不含有载波分量；残留边带信号虽然一般都含有载波分量，但很难从已调信号的频谱中将它分离出来；单边带信号中不存在载波分量。在数字通信系统中，2PSK 信号中的载波分量为零。在提取这些信号的载波时，都可以用插入导频法，特别是对于单边带调制信号，只能用插入导频法提取载波。

1)在抑制载波的双边带信号中插入导频

对于抑制载波的双边带调制而言，在载频处，已调信号的频谱分量为零，这时对调制信号 $m(t)$ 进行适当的处理，就可以使已调信号在载频附近的频谱分量很小，这样就可以插入导频，这时插入的导频对信号的影响最小。但插入的导频并不是加到调制器的那个载波，而是将该载波移相 90° 后的正交载波。根据上述原理，就可以构成插入导频法的发送端原理图，如图 11.5(a)所示。

根据图 11.5(a)的结构，其输出信号可以表示为

$$u_{o}(t) = a_{c}[m(t)\sin\omega_{c}t - \cos\omega_{c}t] \tag{11.10}$$

设接收端收到的信号与发送端输出的信号相同，则接收端用一个中心频率为 f_{c} 的窄带滤波器就可以得到导频 $-a_{c}\cos\omega_{c}t$，再将它移相 90°，就可以得到与调制载波同频同相的信号 $-a_{c}\sin\omega_{c}t$。接收端的原理图如图 11.5(b)所示，由图 11.5 可以看出，$v(t)$ 为

$$v(t) = \{a_c[m(t)\sin\omega_c t - \cos\omega_c t]\} \cdot a_c\sin\omega_c t = \frac{a_c^2 m(t)}{2} \cdot (1-\cos2\omega_c t) - \frac{a_c^2}{2}\sin2\omega_c t \qquad (11.11)$$

经过低通滤波器后，就可以恢复调制信号 $m(t)$。如果发送端加入的导频不是正交载波，而是调制载波，这时发送端的输出信号可表示为

$$u_o(t) = [m(t)+1] \cdot a_c\sin\omega_c t \qquad (11.12)$$

将接收端用窄带滤波器取出的 $a_c\sin\omega_c t$ 直接作为同步载波，但此时经过乘法器和低通滤波器解调后的输出信号为 $\frac{a_c^2[m(t)+1]}{2}$，多了一个不需要的直流成分 $\frac{a_c^2}{2}$，这就是发送端采用正交载波作为导频的原因。

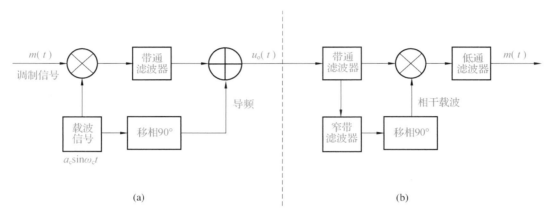

图 11.5　插入导频法原理图
（a）发送端；（b）接收端

2）在残留边带信号中插入导频

为了在残留边带信号中插入导频，有必要先了解一下残留边带信号的频谱特点。以取下边带为例，边带滤波器应具有如图 11.6 所示的传输特性。利用这样的传输特性，可以使下边带信号的绝大部分通过，而使上边带信号有小部分残留。由于 f_c 附近有信号分量，如果直接在 f_c 处插入导频，那么该导频必然会干扰 f_c 附近的信号，同时也会被附近的信号干扰。为此可以在信号频谱之外插入两个导频 f_1 和 f_2，使它们在接收端经过某些变换后产生所需要的 f_c。设两导频与信号频谱两端的间隔分别为 Δf_1 和 Δf_2，则 f_1 和 f_2 分别为

$$f_1 = f_c - f_m - \Delta f_1 \qquad (11.13)$$
$$f_2 = f_c + f_r - \Delta f_2 \qquad (11.14)$$

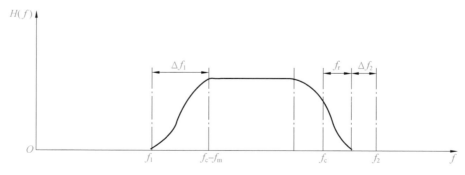

图 11.6　边带滤波器的传输特性

对于式（11.13）和式（11.14）定义的各个频率值，可以利用图 11.7 所示的原理图来实现载波提取。

设两导频分别为 $\cos(\omega_1 t + \theta_1)$ 和 $\cos(\omega_2 t + \theta_2)$，其中 θ_1 和 θ_2 是两导频信号的初始相位。如果经信道传

输后，两导频和已调信号中的载波都产生了频偏 $\Delta\omega(t)$ 和相偏 $\theta(t)$，那么提取出的载波也应该有相同的频偏和相偏，才能达到真正的相干解调。由图 11.7 可见，两导频信号经过乘法器后的输出信号应为

$$v_1=\cos\left[\omega_1 t+\Delta\omega(t)t+\theta_1+\theta(t)\right]\cos\left[\omega_2 t+\Delta\omega(t)t+\theta_2+\theta(t)\right] \tag{11.15}$$

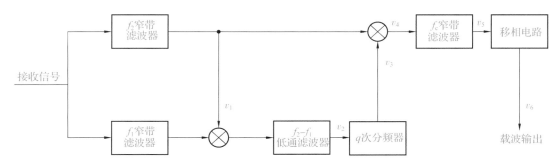

图 11.7　插入导频法接收端原理图

低通滤波器输出的差频信号为

$$v_2=\frac{1}{2}\cos\left[(\omega_1-\omega_2)t+\theta_1-\theta_2\right]=\frac{1}{2}\cos\left[2\pi(f_r+\Delta f_2+f_m+\Delta f_1)t+\theta_1-\theta_2\right]$$

$$=\frac{1}{2}\cos\left[2\pi(f_r+\Delta f_2)(1+\frac{f_m+\Delta f_1}{f_r+\Delta f_2})t+\theta_1-\theta_2\right]=\frac{1}{2}\cos\left[2\pi(f_r+\Delta f_2)qt+\theta_1-\theta_2\right] \tag{11.16}$$

式中，$1+\dfrac{f_m+\Delta f_1}{f_r+\Delta f_2}=q$。对 v_2 进行 q 次分频后可得

$$v_3=\frac{1}{2}\cos\left[2\pi(f_r+\Delta f_2)t+\theta_q\right] \tag{11.17}$$

式中，θ_q 为分频输出的初始相位，它是一个常数。将 v_3 与 $\cos(\omega_2 t+\theta_2)$ 相乘取差频，再通过中心频率为 f_c 的窄带滤波器，可得

$$v_5=\frac{1}{2}\cos\left[(\omega_c+\Delta\omega)t+\theta(t)+\theta_2+\theta_q\right] \tag{11.18}$$

经移相电路处理后，就可以得到包含反映信道特性的频偏和相偏的载波 v_6。由分频次数 q 的表达式可以看出，通过调整 Δf_1 和 Δf_2 可以得到整数 q，增大 Δf_1 或 Δf_2 有利于减小信号频谱对导频的干扰，而这就需要加宽信道的带宽。因此，应根据实际情况正确选择 Δf_1 和 Δf_2。

用插入导频法提取载波时要使用窄带滤波器，这个窄带滤波器也可以用锁相环来代替，这是因为锁相环本身就是一个性能良好的窄带滤波器。使用锁相环后，所提取的载波性能将有改善。

3）时域插入导频法

除了在频域插入导频的方法以外，还可以在时域插入导频以传送和提取同步载波。时域插入导频法中对被传输的数据信号和导频信号在时间上加以区别，具体分配情况如图 11.8 所示。每一帧中，在 $t_0\sim t_1$ 的时隙内传送位同步信号，在 $t_1\sim t_2$ 的时隙内传送帧同步信号，在 $t_2\sim t_3$ 的时隙内传送载波同步信号，而在 $t_3\sim t_4$ 时间内才传送数字信息。可以发现在时域插入导频法的分配方式中，只在每一帧的一小段时间内才有载频标准，其余时间是没有载频标准的。

在接收端用相应的控制信号将载频标准取出，以形成用来解调的同步载波。但是由于发送端发送的载波标准是不连续的，在一帧内只有很少一部分时间存在，用窄带滤波器取出的载波是间断的，不能使用。对于这种时域插入导频方式的载波提取往往采用锁相环路，其原理如图 11.9 所示。在锁相环中，压控振荡器的自由振荡

图 11.8　时域插入导频法分配情况示意图

频率不仅要尽量和载波标准频率相等，而且要有足够的频率稳定度。鉴相器每隔一帧时间与由门控信号取出的载波标准比较一次，并通过它去控制压控振荡器。当载频标准消失后，压控振荡器具有足够的同步保持时间，直到下一帧载波标准出现时再进行比较和调整。适当地设计锁相环路，就可以使恢复的同步载波频率和相位的变化控制在允许的范围以内。

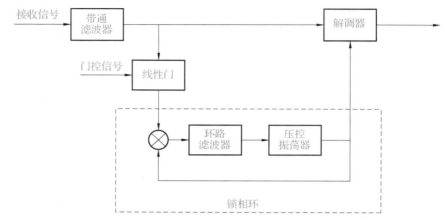

图 11.9 时域插入导频法加锁相环原理图

11.2.2 载波同步的性能

载波同步系统的性能主要包括效率、精度、同步建立时间和同步保持时间。在以上四个性能指标中，对于效率的指标没有必要讨论，因为载波提取的方法本身就确定了效率的高低。因此，下面主要对其他三个指标做必要的讨论。

1. 精度

精度是指提取的同步载波与载波标准相比，它们之间的相位误差大小，通常将这种误差分为稳态相位误差和随机相位误差。

1）稳态相位误差

当利用窄带滤波器提取载波时，假设所用的窄带滤波器为一个简单的单调谐回路，其 Q 值一定。那么当回路的中心频率 ω_0 与载波频率 ω_c 不相等时，就会使输出的载波同步信号引起一稳态相位误差 $\Delta\varphi$。若 ω_0 与 ω_c 之差为 $\Delta\omega$，当 $\Delta\omega$ 较小时，可得

$$\Delta\varphi \approx 2Q\frac{\Delta\omega}{\omega_0} \tag{11.19}$$

在利用锁相环构成的同步系统中，若锁相环压控振荡器输出与输入载波信号之间存在频率差 $\Delta\omega$，也会引起稳态相位误差。该稳态相位误差可以表示为

$$\Delta\varphi \approx \frac{\Delta\omega}{K_v} \tag{11.20}$$

式中，K_v 为环路直流增益。只要使 K_v 足够大，就可以使 $\Delta\varphi$ 足够小。

2）随机相位误差

从物理概念上讲，正弦波加上随机噪声以后，其相位变化是随机的，它与噪声的性质和信噪比有关。当噪声为窄带高斯白噪声时，随机相位 θ_n 与信噪比 r 之间的关系式为

$$\overline{\theta_n^2} = \frac{1}{2r} \tag{11.21}$$

如果用窄带滤波器提取载波，设噪声为窄带高斯白噪声，其单边功率谱密度为 n_0，窄带滤波器的等

效噪声带宽为 B_n，若窄带滤波器用的是简单谐振电路，则有

$$B_n = \frac{\pi f_0}{Q} \tag{11.22}$$

式中，f_0 为谐振电路的谐振频率，由此可得信噪比为

$$r = \frac{A^2}{2n_0 B_n} = \frac{A^2 Q}{\pi n_0 B_n} \tag{11.23}$$

将式（11.23）代入式（11.21）可得

$$\overline{\theta_n^2} = \frac{\pi n_0 B_n}{2A^2 Q} \tag{11.24}$$

在用这种窄带滤波器提取载波时，稳态相位误差和随机相位误差对 Q 值的要求是相互矛盾的。

2. 同步建立时间和同步保持时间

当窄带滤波器采用简单谐振电路时，假设信号在 $t=0$ 时刻加到简单谐振电路上，则回路两端的输出电压为

$$u(t) = U \left[1 - \exp\left(\frac{\omega_0 t}{2Q}\right) \right] \cos \omega_0 t \tag{11.25}$$

在实际应用中，$u(t)$ 的幅度达到 kU 即可，其中 k 为系数，且 $k<1$。这样，$u(t)$ 达到 kU 的时间被定义为同步建立时间 t_s，可以求得

$$t_s = \frac{2Q}{\omega_0} \ln \frac{1}{1-k} \tag{11.26}$$

当同步建立以后，如果信号突然消失（例如信号出现短时间的衰落），同步载波应能保持一定时间，同步保持时间 t_c 可以按振幅下降到 kU 来计算。信号消失时，回路两端电压为

$$u(t) = U \exp\left(-\frac{\omega_0 t}{2Q}\right) \cos \omega_0 t \tag{11.27}$$

利用式（11.27），可以求得

$$t_c = \frac{2Q}{\omega_0} \ln\left(\frac{1}{k}\right) \tag{11.28}$$

通常令 $k = \frac{1}{e}$，此时可求得

$$t_s \approx \frac{0.92Q}{\omega_0} \tag{11.29}$$

$$t_c = \frac{2Q}{\omega_0} \tag{11.30}$$

从式（11.29）可以看出，要使同步建立时间变短，就要减小 Q 值；从式（11.30）可以看出，要延长同步保持时间，就要增大 Q 值。因此，这两个参数对 Q 值的要求是相互矛盾的。

3. 两种载波同步方法的比较

直接法的优缺点主要表现在以下几个方面。

（1）不占用导频功率，因此信噪比可以大一些；

（2）可以防止插入导频法中导频和信号之间由于滤波不好而引起的互相干扰，也可以防止信道不理想引起导频出现相位误差；

（3）有的调制系统不能使用直接法（如 SSB 系统）。

插入导频法的优缺点主要表现在以下几个方面。

（1）有单独的导频信号，一方面可以提取同步载波，另一方面可以利用它作为自动增益控制；

（2）有些不能用直接法提取同步载波的调制系统只能用插入导频法；

（3）插入导频法要多消耗一部分不带信息的功率，与直接法比较，在总功率相同的条件下插入导频法的实际信噪比要小一些。

11.2.3 载波同步性能对解调的影响

1. 精度对解调的影响

1）稳态相位误差的影响

由式（11.19）可见 Q 值越高，所引起的稳态相位误差就越大。

同时观察式（11.19）和式（11.20）可以看出，无论采用何种方法提取同步载波，$\Delta\omega$ 都是产生稳态相位误差的重要因素。

2）随机相位误差的影响

由式（11.21）可见，信噪比越大，随机相位误差就越小。

由式（11.24）可见，滤波器的 Q 值越高，随机相位误差就越小。但从式（11.19）又可看出，Q 值越高，稳态相位误差就越大。可见，在用这种窄带滤波器提取载波时，稳态相位误差和随机相位误差对 Q 值的要求是相互矛盾的。

2. 同步建立时间和同步保持时间

从式（11.29）可以看出，要使同步建立时间变短，就要减小 Q 值；从式（11.30）可以看出，要延长同步保持时间，就要增大 Q 值。因此，这两个参数对 Q 值的要求是相互矛盾的。

11.3 位同步的方法与性能

在数字同步通信系统中，同步的要求之一就是收发两端要严格按照发送端码时钟频率对码元序列中的码元进行逐个接收判决，从而做到逐数据帧地进行接收。位同步是最基本的同步形式，同步通信系统如果不能实现位同步，就不可能实现其他形式的同步，如帧同步等。

位同步（比特同步）的目的是将发送端发送的每一个比特的数据都正确地接收过来。这就要在正确的时刻对收到的电平根据事先已约定好的规则进行判决。例如，电平若超过一定数值则判决为"1"，否则为"0"。

位同步提取的发送端码时钟频率信号基本用于对基带信号进行抽样的抽样脉冲，还可以作为数据流的位移时钟信号，甚至可以经过分频作为帧频率信号。

位同步过程就是通过位同步电路从接收信号序列中提取发送端码时钟频率的过程。

11.3.1 位同步的方法

位同步是指在接收端的基带信号中提取码元定时的过程。只有在数字通信中才需要用到位同步，并且无论是基带传输还是频带传输都需要用到位同步。与载波同步类似，实现位同步的方法也有插入导频法（外同步法）和直接法（自同步法）两种，而在直接法中也分为滤波法和锁相环法。

1. 外同步法

为了得到码元同步的位定时信号，首先要确定接收到的信息数据流中是否包含位定时的频率分量。如果存在此分量，就可以利用滤波器从信息数据流中把位定时的频率分量提取出来。

若基带信号为随机的二进制不归零码序列，这种信号本身不包含位同步信号，为了获得位同步信号，就需要在基带信号中插入位同步的导频信号，或者对该基带信号进行某种码型变换以得到位同步信号。

与载波同步时的插入导频法类似，位同步时的插入导频法也是在基带信号频谱的零点处插入所需的导频信号，如图 11.10(a)所示。若基带信号经某种相关编码处理后，其频谱的第 1 个零点在 $f=\dfrac{1}{2T_b}$ 处，则应在 $f=\dfrac{1}{2T_b}$ 处插入导频信号，如图 11.10(b)所示。

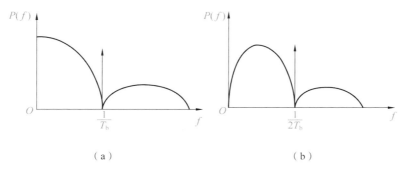

图 11.10　频域插入位同步导频示意图

(a)零点在 $\dfrac{1}{T_b}$ 处；(b)零点在 $\dfrac{1}{2T_b}$ 处

在接收端，对图 11.10(a)所示的情况，经过中心频率为 $f=\dfrac{1}{T_b}$ 的窄带滤波器，就可以从解调后的基带信号中提取出位同步所需的信号。这时，位同步脉冲的周期与插入导频的周期是一致的。对图 11.10(b)所示的情况，窄带滤波器的中心频率应为 $f=\dfrac{1}{2T_b}$，因为这时位同步脉冲的周期为插入导频周期的 $\dfrac{1}{2}$，所以需要插入导频的二倍频，才能获得所需的位同步脉冲。

在数字通信系统中，外同步方法用得不多。

2. 自同步法

自同步法的发送端并不专门发送导频信号，而是直接从接收的数字信号中提取位同步信号。自同步法在数字通信中得到了广泛的应用。

1）非线性变换法

在非线性变换法中，解调后的基带信号码元先进行某种非线性变换，使其频谱中含有离散的码元速率频谱，再将变换后的信号码元送入一个窄带滤波电路，从而过滤出码元速率的离散频率分量。非线性变换法的两种方案如图 11.11 所示。其中，图 11.11(a)中给出的是延迟相乘法，采用这种方法可以使接收的码元序列得到变换，变换后的码元序列频谱中存在一个码元速率的分量。选择延迟时间，使其等于码元持续时间的一半，就可以得到最大的码元速率分量。图 11.11(b)中使用的是微分整流法。微分电路输出的正负窄脉冲经过整流后得到正脉冲序列，这个序列的频谱中包含码元速率的分量。因为微分电路对于宽带噪声很敏感，所以要在输入端加用一个低通滤波器。低通滤波器会使码元波形边沿变缓，导致微分后的波形上升和下降也变慢，故应当对低通滤波器的截止频率作折中选取。

2）锁相环法

位同步锁相环法的基本原理与载波同步类似，即在接收端利用鉴相器比较接收码元后产生的输出信号的相位和本地产生的位同步信号的相位，若两者相位不一致(存在超前或滞后)，鉴相器就会产生误差信号去调整位同步信号的相位，直至获取准确的位同步信号为止。

采用锁相环法提取位同步信号的原理方框图如图 11.12 所示，它由高稳定度振荡器(晶振)、N 次分频器、相位比较器和控制电路组成。其中，控制电路包括扣除门、附加门以及或门。高稳定度振荡器产生的信号经整形电路整形后变成周期性脉冲，然后经控制电路送入 N 次分频器，输出位同步脉冲序列。将输入相位基准与由高稳定振荡器产生的经过整形的 N 次分频后的相位脉冲进行比较，由两者相位的超前或滞后来确定扣除或附加一个脉冲，以调整位同步脉冲的相位，直至两者的频率相等且相位同步，即实现锁定。

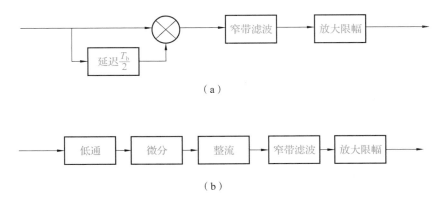

（a）

（b）

图 11.11　非线性变换法的两种方案
(a)延迟相乘法；(b)微分整流法

在这种锁相环电路中，噪声的干扰会使得接收到的码元转换时间产生随机抖动，甚至会产生虚假的转换，相应在相位比较器输出端就会有随机的超前或滞后脉冲，这将导致锁相环进行不必要的来回调整，引起位同步信号的相位抖动。为此，可以在相位比较器后加入一个数字滤波器，用来滤除这些随机的超前、滞后脉冲，提高锁相环路的抗干扰能力。

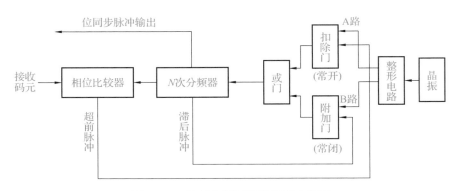

图 11.12　位同步锁相环法原理方框图

趣味小课堂： 锁相环技术广泛应用于通信系统之中，其应用程度体现着科研能力与工业化水平。20 世纪 70 年代，中科院物理所与南京大学均有锁相放大器的研究与生产。改革开放以来，我国对通信技术发展高度重视，不断加大投入，锁相环技术取得了快速的发展。如今，中山大学的国产锁相放大器性能跟进口主流品种相比也毫不逊色，在市场上用户的认可度也越来越高。

11.3.2　位同步的性能

位同步系统的性能指标除了效率以外，主要还有相位误差(精度)、同步建立时间、同步保持时间和同步带宽。下面对数字锁相环法位同步系统的性能指标进行分析。

1. 相位误差 θ_e

利用数字锁相环法提取位同步信号时，相位比较器比较出误差以后，立即加以调整，在一个码元周期 T_b 内(相当于 360°相位内)附加一个或扣除一个脉冲。在一个码元周期内，若由晶振及整形电路输出的脉冲数为 n，则最大调整相位为

$$\theta_e = \frac{360°}{n} \tag{11.31}$$

2. 同步建立时间 t_s

同步建立时间是指失去同步后重建同步所需的最长时间。为了求得这个可能出现的最长时间，令位同步脉冲的相位与输入信号码元的相位相差 $\frac{T_b}{2}$ 秒，而锁相环每调整一次仅能调整 $\frac{T_b}{n}$ 秒，故所需的调整次数最大为

$$t_s = 2T_b \cdot N \tag{11.32}$$

由于数字信息是一个随机的脉冲序列，可近似认为两相邻码元中出现"01""10""11""00"的概率相等，其中有过零点的情况占一半。而数字锁相环法是从数据过零点中提取标准脉冲的，平均每 $2T_b$ 秒可以调整一次相位，故同步建立时间为

$$t_s = 2T_b \cdot N = n \tag{11.33}$$

3. 同步保持时间 t_c

同步建立后，一旦输入信号中断，或者遇到长连"0"码、长连"1"码时，由于接收的码元没有过零脉冲，锁相环系统就没有输入相位基准，无法起到作用。另外，收发两端的固有位定时重复频率之间总存在频差 ΔF，接收端位同步信号的相位会逐渐发生漂移，时间越长，相位漂移量越大，直至漂移量达到某一准许的最大值，就代表失步了。

设收发两端固有的码元周期分别为 $T_1 = \frac{1}{F_1}$ 和 $T_2 = \frac{1}{F_2}$，则有

$$|T_1 - T_2| = \left| \frac{1}{F_1} - \frac{1}{F_2} \right| = \frac{|F_2 - F_1|}{F_1 F_2} = \frac{\Delta F}{F_0^2} \tag{11.34}$$

式中，F_0 为收发两端固有码元重复频率的几何平均值，且有 $T_0 = \frac{1}{F_0}$。由式（11.33）可得

$$F_0 \cdot |T_2 - T_1| = \frac{\Delta F}{F_0} = \frac{|T_1 - T_2|}{T_0} \tag{11.35}$$

式（11.34）说明，当收发两端存在频差 ΔF 时，每经过 T_0 时间，收发两端就会产生 $|T_1 - T_2|$ 的时间漂移。反过来，若规定收发两端容许的最大时间漂移为 $\frac{T_0}{K}$ 秒（K 为一常数），这样求出的时间就是同步保持时间 t_c，有

$$\frac{\frac{T_0}{K}}{t_c} = \frac{\Delta F}{F_0} \tag{11.36}$$

由式（11.36）得

$$t_c = \frac{1}{\Delta F \cdot K} \tag{11.37}$$

$$\Delta F = \frac{1}{t_c \cdot K} \tag{11.38}$$

设收发两端的频率稳定度相同，每个振荡器的频率误差均为 $\frac{\Delta F}{2}$，则每个振荡器频率稳定度为

$$\frac{\frac{\Delta F}{2}}{F_0} = \frac{\Delta F}{2F_0} = \frac{1}{2F_0 \cdot K \cdot t_c} \tag{11.39}$$

或

$$t_c = \frac{1}{2F_0 \cdot K \dfrac{\dfrac{\Delta F}{2}}{F_0}} \qquad (11.40)$$

4. 同步带宽 $|\Delta f|$

如果输入信号码元的重复频率和接收端固有位定时脉冲的重复频率不相等，每经过 T_0 时间（近似于一个码元周期），该频差就会引起 $|T_1-T_2|$ 的时间漂移。而根据数字锁相环的工作原理，锁相环每次所能调整的时间为 $\dfrac{T_b}{n}$，$\dfrac{T_b}{n} \approx \dfrac{T_0}{n}$。如果对随机数字信号码元来说，平均每两个码元周期才能调整一次，那么平均在一个码元周期内，锁相环能调整的时间只有 $\dfrac{T_0}{2n}$。显然，如果输入信号码元的周期与接收端固有位定时脉冲的周期之差相比，有

$$|T_1-T_2| > \frac{T_0}{2n} \qquad (11.41)$$

那么锁相环将无法使接收端位同步脉冲的相位与输入信号的相位同步，这时由频差所造成的相位差就会逐渐积累，于是可以得到 $|T_1-T_2|$ 的最大值，即

$$|T_1-T_2| = \frac{T_0}{2n} = \frac{1}{2nF_0} \qquad (11.42)$$

结合式（11.34）和式（11.42），可得

$$|T_1-T_2| = \frac{|\Delta f|}{F_0^2} = \frac{1}{2nF_0} \qquad (11.43)$$

$$|\Delta f| = \frac{F_0}{2n} \qquad (11.44)$$

11.3.3 位同步的性能对解调的影响

1. 相位误差 θ_e 的影响

由式（11.31）可见，随着 n 的增加，相位误差 θ_e 将减小。

2. 同步建立时间 t_s 的影响

由式（11.33）可见，要使同步建立时间 t_s 减小，就要选用较小的 n，这就和相位误差对 n 的要求相互矛盾。

3. 同步保持时间 t_c 的影响

由式（11.40）可见，要想延长同步保持时间 t_c，就要提高收发两端振荡器的频率稳定度。

4. 同步带宽 $|\Delta f|$ 的影响

如果输入信号码元的重复频率和接收端固有位定时脉冲的重复频率不相等，每经过 T_0 时间（近似于一个码元周期），该频差就会引起 $|T_1-T_2|$ 的时间漂移。式（11.44）就是求得的同步带宽表达式，若要增加同步带宽 $|\Delta f|$，就要减小 n。

11.4 群同步的方法与性能

在数字通信系统中，一般以若干个码元组成一个"字"，以若干个"字"组成一个"句"，即组成一个个

"群"进行传输。群同步的任务就是在位同步的基础上识别出数字信息群"开头"和"结尾"的时刻,使接收设备中的群定时与接收到的信号中的群定时处于同步状态。

11.4.1 群同步的方法

实现群同步的常用方法有起止式同步法、集中插入法和分散插入法。

1. 起止式群同步法

在数字电传机中广泛使用了起止式群同步法,下面就以电传机为例,简要地说明这种群同步方法的工作原理。

在电传机中,常用的是五单位码。为了标记每个字的"开头"和"结尾",会在五单位码的前后分别加上 1 个码元的起脉冲(低电平)和 1.5 个码元的止脉冲(高电平),即电传报文的 1 个字由 7.5 个码元组成。假设电传报文传送的数字序列为"10100",则其码元结构如图 11.13 所示。从图 11.13 中可以看出,在每个字的"开头"是 1 个码元的低电平起脉冲,中间 5 个码元是信息,字的"结尾"是 1.5 个码元的高电平止脉冲。接收端根据正电平第 1 次转到负电平这一特殊规律,确定第 1 个字的起始位置,于是就实现了群同步。在这种同步方式中,止脉冲宽度与码元宽度不一致,给同步数字传输带来了不便。另外,在这种同步方式中,7.5 个码元中只有 5 个码元用于传递信息,因此编码效率较低。起止式群同步法的优点是结构简单,易于实现,适用于异步低速数字传输系统中。

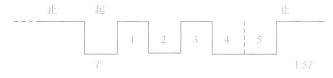

图 11.13 起止式群同步法码元结构

2. 集中插入法

集中插入法又称连贯式插入法,这种方法采用特殊的群同步码组,集中插入在信息码组的前头,如图 11.14 所示。接收端一旦检测到这种特定的群同步码组就可以得到这组信息码元的"开头"。

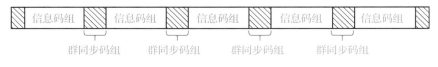

图 11.14 集中插入法原理示意图

对于用做群同步码组的特殊码组,首先,它应该具有尖锐单峰特性的局部自相关特性;其次,这个特殊码组在信息码元序列中不易出现,以便识别;最后,群同步识别器需要尽量简单。最常用的群同步码组是巴克码。

1) 巴克码

巴克码是一种具有特殊规律的二进制码组,其特殊规律是,若在一个 n 位的巴克码 $\{x_1, x_2, \cdots, x_n\}$ 中,每个码元 x_i 只可能取值为 +1 或 -1,则它必然满足条件

$$R(j) = \sum_{i=1}^{n-j} x_i x_{i+j} = \begin{cases} n, & j=0 \\ 0, +1, -1, & 0<j<n \end{cases} \tag{11.45}$$

式中,$R(j)$ 为局部自相关函数。从巴克码计算的局部自相关函数可以看出,它满足作为群同步码组的第一条特性,也就是说巴克码的局部自相关函数具有尖锐单峰特性。实际中,人们已经找到多个巴克码组,具体情况如表 11.1 所示,其中"+"表示 +1,"−"表示 −1。

表 11.1 巴克码组

位数 n	巴克码组
2	++；+-
3	++-
4	+++-；++-+
5	+++-+
7	+++--+-
11	+++---+--+-
13	+++++--++-+-+

以 $n=7$ 的巴克码为例，它的局部自相关函数计算结果如下。

当 $j=0$ 时，$R(0) = \sum\limits_{i=1}^{7} x_i^2 = 1+1+1+1+1+1+1 = 7$；

当 $j=1$ 时，$R(1) = \sum\limits_{i=1}^{6} x_i x_{i+1} = 1+1-1+1-1-1 = 0$；

当 $j=2$ 时，$R(2) = \sum\limits_{i=1}^{5} x_i x_{i+2} = 1-1-1-1+1 = -1$。

同样可以求出当 $j=3$、4、5、6、7 时，以及当 $j=-1$、-2、-3、-4、-5、-6、-7 时 $R(j)$ 的值，即

$$\begin{cases} R(j)=7, & j=0 \\ R(j)=0, & j=\pm1,\ \pm3,\ \pm5,\ \pm7 \\ R(j)=-1, & j=\pm2,\ \pm4,\ \pm6 \end{cases}$$

根据求出的 $R(j)$ 的值，可以画出 7 位巴克码关于 $R(j)$ 与 j 的关系曲线，如图 11.15 所示。可见，局部自相关函数在 $j=0$ 时具有尖锐的单峰特性，而这正是集中插入法群同步码组的主要要求之一。

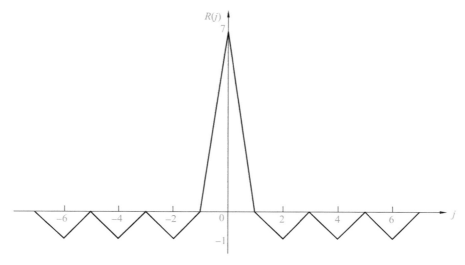

图 11.15 7 位巴克码自相关曲线

2）巴克码识别器

巴克码识别器是比较容易实现的，这里以 7 位巴克码为例，用 7 级移位寄存器、加法器和判决器就可以组成一个巴克码识别器，具体结构如图 11.16 所示。各级移位寄存器输出端的接法应与巴克码的规律一致，这样巴克码识别器实际上是对输入的巴克码进行相关运算。当巴克码全部进入寄存器时，7 级移位寄

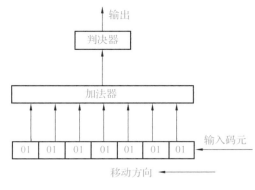

图 11.16　7 位巴克码识别器的结构

存器的输出端都输出 +1（无误码的情况下），相加值则为 +7。若假设判决门限电平为 +6，则识别器输出一个同步脉冲就表示一个群的"开头"。

巴克码是群同步码组中的常见码组，但并不是其中唯一的码组，有学者利用计算机穷举搜寻的方法，又找到了一些适用于群同步的码组，例如威拉德（Willard）码、毛瑞型（Maury-Styles）码和林德（Linder）码等，其中一些群同步码组的长度超过了 13 位，这些更长的群同步码组正是提高群同步性能所需要的码组。

3. 分散插入法

在某些情况下，群同步码组不再集中插入信息码流中，而是将它分散插入，即每隔一定数量的信息码元，插入一个群同步码组。这种插入群同步码组的方法被称为分散插入法或间隔式插入法，如图 11.17 所示。分散插入法的群同步码组都很短，如数字电话系统中常采用"1/0"交替码作为群同步码组，即在同步码元的位置上轮流发送二进制码元"1"和"0"。这种周期性出现的"1/0"交替码，在信息码元序列中极少出现。在接收端按照其出现周期进行搜索，只有在规定数目的搜索周期内，在同步码元位置上出现的码元都满足"1/0"交替出现的规律时，才确认同步。实际中多利用软件来进行搜索，具体的方法有移位搜索法和存储检测法。

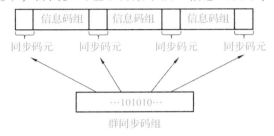

图 11.17　分散插入法原理示意图

1）移位搜索法

在移位搜索法中，系统开始时处于捕捉态，对接收码元进行逐个验证，若验证第 1 个接收码元就发现其符合群同步码元的要求，就暂时假定其为群同步码元。在等待一个周期后，再验证下一个预期位置上的码元是否符合要求。若连续 n 个周期预期位置上的码元都符合要求，就认为捕捉到了群同步码元，这里的 n 是预先设定的阈值。若第 1 个接收码元不符合要求或在 n 个周期内出现 1 次被验证的码元不符合要求，则验证下一个接收码元，直至找到符合要求的码元并保持 n 个周期都符合要求为止，这时捕捉态转为保持态。在保持态，同步电路仍然需要不断验证同步是否正确。为了防止噪声干扰产生偶然错误而失去同步，一般可以规定在连续 n 个周期内发生 m 次（$m<n$）错误才认为是失去同步，这种措施成为同步保护。

2）存储检测法

在存储检测法中，先将接收的码元序列存储至计算机的随机存取存储器中，再进行检验。按照先进先出的规则，每当进入"1"码元时，立即检验其特定位置是否符合同步序列的规律（如"1/0"交替）。若都符合同步序列的规律，则判定新进入的码是同步码元；若不完全符合，则在下一个码元进入时继续检验。这种方法也需要采取同步保护措施，其原理与移位搜索法相似。

11.4.2　群同步的性能

对于群同步系统而言，希望同步建立时间要短、同步建立以后应该具有较强的抗干扰能力。通常情况下，可以用 3 个性能指标来表示群同步性能的好坏，即漏同步概率 P_1、假同步概率 P_2 和群同步平均建立时间 t_s。

1. 漏同步概率 P_1

噪声干扰会引起群同步码组中一些码元出现错误，从而使识别器漏识别已发出的群同步码组，出现这种情况的概率称为漏同步概率，用符号 P_1 来表示。以 7 位巴克码识别器为例，设判决门限为 6，此时 7 位巴克码中只要有 1 位码发生错误，当 7 位巴克码全部进入识别器时，加法器的输出就由 7 变为 5，小于判决门限 6，这时就出现了漏同步情况。因此，只有无错码才不会发生漏同步。若在这种情况下，将判决门限降为 4，识别器就不会漏识别，这时判决器容许 7 位同步码组中有 1 个错误码元。

假设系统的误码率为 P，7 位群同步码中无错码的概率为 $(1-P)^7$，则判决门限为 6 时，漏同步概率为 $P_1 = 1 - (1-P)^7$。如果为了减少漏同步，将判决门限改为 4，此时容许有 1 个错码，则出现 1 个错码的概率为 $C_7^1 P (1-P)^6$。漏同步概率为 $P_1 = 1 - (1-P)^7 - C_7^1 P (1-P)^6$。设群同步码组的码元数目为 n，判决器容许群同步码组中的最大错码数为 m，这时漏同步概率的通式可以写为

$$P_1 = 1 - \sum_{r=1}^{m} C_n^r P^r (1-P)^{n-r} \tag{11.46}$$

2. 假同步概率 P_2

在信息码元中可能出现与所要识别的群同步码组相同的码组，这时识别器会把它识别为群同步码组而出现假同步。出现这种情况的概率称为假同步概率，用符号 P_2 表示。

计算假同步概率 P_2 就是计算信息码元中能被判为同步码组的总数与所有可能的码组总数之比。设二进制信息码中"1"和"0"等概率出现，也就是 $P(1) = P(0) = 0.5$，则由该二进制码元组成的 n 位码组中，所有可能的码组数为 $2n$。其中，能被判为同步码组的总数也与 m 有关，这里 m 表示判决器容许群同步码组中的最大错码数。当 $m = 0$ 时，只有 C_n^0 个码组能被识别；当 $m = 1$ 时，有 $(C_n^0 + C_n^1)$ 个码组能被识别。以此类推，就可以求出信息码元中可以被判为同步码组的总数，这个数可以表示为 $\sum_{r=0}^{m} C_n^r$，由此可得假同步概率的表达式为

$$P_2 = 2^{-n} \cdot \sum_{r=0}^{m} C_n^r \tag{11.47}$$

由式(11.46)和式(11.47)可以看出，随着 m 的增大，也就是随着判决门限的降低，P_1 将减小，但 P_2 将增大，所以这两项指标是相互矛盾的。因此，判决门限的选取要兼顾漏同步概率和假同步概率。

3. 群同步平均建立时间 t_s

对于采用集中插入法的群同步而言，设漏同步和假同步都不发生，也就是 $P_1 = 0$ 和 $P_2 = 0$，在最不利的情况下，实现群同步最多需要一群的时间。设每群的码元总数为 N（其中有 m 位为群同步码），传输每个码元的时间为 T_b，则传输一群码的时间为 NT_b。考虑到出现一次漏同步或一次假同步大致要多花费 NT_b 的时间才能建立起群同步，故群同步的平均建立时间大致为

$$t_s \approx (1 + P_1 + P_2) \cdot N \cdot T_b \tag{11.48}$$

与分散插入法平均建立时间 $t_s \approx N^2 T_b$ 相比，集中插入法的 t_s 小得多，这就是集中插入法得到广泛应用的原因之一。

11.5 网同步

网同步指的是通信网中各站之间时钟的同步，其目的是使全网各站能够互联互通，并正确接收信息码元。网同步关系着通信网中各站的载波同步、位同步和群同步。按照原理分类，通信网可以分为同步网和异步网（也称为准同步网）两大类。

11.5.1 同步网

在同步网中，单向通信系统一般由接收器调整自己的时钟，使之和发送设备的时钟同步，如广播网；对于双向通信系统，则在全网各站采用统一的时间标准。在这种情况下，全网的同步可能由接收设备负

责解决，也可能需要收发两端共同解决，这就意味着发射机的时钟也可能需要调整。

发射机的同步方法有开环法和闭环法两种。开环法不需依靠接收端的反馈信息，而需根据链路参量数据进行预先计算从而矫正发送时间。这些数据是确定的，但也可以利用从接收端送回的信号加以修正。当链路的路径已确定且链路建立后将持续工作较长时间时，使用开环法的效果明显，且实时运算量也很小。但是当链路的路径不确定时，使用开环法就难以达到预期效果。

与开环法相反，闭环法不需要预先知道链路参量的数据。在闭环法中，会有一条进行信息反馈的反向信道，接收端需要测量来自发射机的信号的同步准确度，并将测量结果通过反向通道传送给发射机，发射机根据反馈信息适当地调整时钟。闭环法虽然不需要预先知道链路参量的数据，并且可以很容易地适应路径和链路情况的变化，但是需要发射机有较高的实时处理能力，并且每个发射机与接收端都需要有双向链路。此外，闭环法捕捉同步也需要较长的时间。

11.5.2　异步网

在异步网（准同步网）中，主要采用码速调整法来解决网同步的问题，例如在准同步数字体系（plesiochronous digital hierarchy，PDH）中采用的就是码速调整法。码速调整法包括正码速调整法、负码速调整法、正/负码速调整法和正/零/负码速调整法四大类。其中，正码速调整法因其设备简单、技术比较完善而得到了广泛的应用。

正码速调整就是把复接的各支路速率都调高，使其同步到某一规定的较高速率上。其主要方法是在各个待复接的支路信号中插入一些脉冲而使各支路的速率完全一致。对码元速率高于 2 048 kb/s 的支路，要插入较少的填充脉冲；而对于码元速率低于 2 048 kb/s 的支路，则要插入较多的填充脉冲，使其调整到 2 112 kb/s。因此，尽管各条支路的时钟都有误差，但在复接设备中合路时，将各条支路输入信号的平均码元速率都提高到了 2 112 kb/s，而不需去管各条支路输入信号码元速率存在的误差。由于不同时钟产生的多个信号标准码元速率相同，实际码元速率略有差别，但又都在规定的容差范围内，就把这些支路称为准同步网。

正码调速原理如图 11.18 所示。写入时钟频率为 f_L，读出时钟频率为 f_m，且 $f_m > f_L$。对缓冲器进行慢写快读，当两个时钟相位误差小于某一值时，将读出时钟扣除 1 个脉冲，停读 1 次，在这个被扣除的时钟脉冲对应的码元内不传输信息，从而完成码元速率调整，使支路复接信号的码元速率等于 f_m。

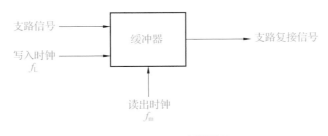

图 11.18　正码速调原理

11.6　MATLAB 实践

【例 11.1】假设一阶锁相环的响应函数为 $G(s) = \dfrac{1+0.01s}{1+s}$，比例常数为 $K=1$，试画出该一阶锁相环对输入信号相位单位阶跃变化的响应。

MATLAB 程序如下：

```
clear all;
close all;

numerator = [0.01 1];
denominator = [1 1.01 1];
% 计算该系统的状态空间参数
[a,b,c,d] = tf2ss(numerator,denominator);
% 计算 PLL 环路的输出
dt=0.01;
u=ones(1,2000);
x=zeros(2,2001);
for i=1:2000
    x(:,i+1)=x(:,i)+dt.*a*x(:,i)+dt.*b*u(i);
    y(i)=c*x(:,i);
end
t=[0:dt:20];
plot(t(1:2000),y);
grid on;
title('一阶锁相环对输入信号相位单位阶跃变化的响应','Fontname','宋体');
```

运行结果如图 11.19 所示。

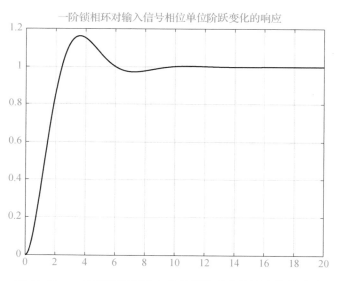

图 11.19 一阶锁相环对输入信号相位单位阶跃变化的响应

【例 11.2】画出利用科斯塔斯环对 2PSK 信号提取的载波波形、调制信号波形和解调信号波形。
MATLAB 程序如下：

```
clear all;
close all;

L=2000;
%构造数字基带信号
I_Data=(randi(2,L,1)-2)*2+1;
```

```
Q_Data=zeros(L,1,1);
Signal_Source=I_Data+1i*Q_Data;

% 产生载波信号
Freq _Sample=2400;
Delta_Freq=60;
Time_Sample=1/Freq _Sample;
Delta_Phase=rand(1)*2*pi;
Carrier=exp(1i*(Delta_Freq*Time_Sample*(1:L)+Delta_Phase));

% 调制产生 2PSK 信号
Signal_Channel=Signal_Source. *Carrier';

% 锁相环参数清零及初始化
Signal_PLL=zeros(L,1);
NCO_Phase=zeros(L,1);
Discriminator_Out=zeros(L,1);
Freq _Control=zeros(L,1);
PLL_Phase_Part=zeros(L,1);
PLL_Freq _Part=zeros(L,1);
I_PLL=zeros(L,1);
Q_PLL=zeros(L,1);

% 环路处理
C1=0. 022013;
C2=0. 00024722;

% 科斯塔斯环的正式处理过程
for i=2:L
Signal_PLL(i)=Signal_Channel(i)*exp(-1i*mod(NCO_Phase(i-1),2*pi));
I_PLL(i)=real(Signal_PLL(i));
Q_PLL(i)=imag(Signal_PLL(i));
Discriminator_Out(i)=sign(I_PLL(i))*Q_PLL(i)/abs(Signal_PLL(i));
PLL_Phase_Part(i)=Discriminator_Out(i)*C1;
Freq _Control(i)=PLL_Phase_Part(i)+PLL_Freq _Part(i-1);
PLL_Freq _Part(i)=Discriminator_Out(i)*C2+PLL_Freq _Part(i-1);
NCO_Phase(i)=NCO_Phase(i-1)+Freq _Control(i);
end

plot(cos(NCO_Phase),'r')
grid on
hold on
title('Costas 环提取载波');
plot(real(Carrier))
legend('锁相环提取的载波','发射载波')
```

```
Show_D=1;
Show_U=50;
Show_Length=50;

subplot(2,2,1)
plot(I_Data(Show_D:Show_U))
grid on
title('I 路信息数据(调制信号)');
axis([1 Show_Length -2 2]);
subplot(2,2,2)
plot(Q_Data(Show_D:Show_U))
grid on
title('Q 路信息数据');
axis([1 Show_Length -2 2]);
subplot(2,2,3)
plot(I_PLL(Show_D:Show_U))
grid on
title('锁相环输出 I 路信息数据(解调信号)');
axis([1 Show_Length -2 2]);
subplot(2,2,4)
plot(Q_PLL(Show_D:Show_U));
grid on
title('锁相环输出 Q 路信息数据');
axis([1 Show_Length -2 2]);
```

运行结果如图 11.20 所示。

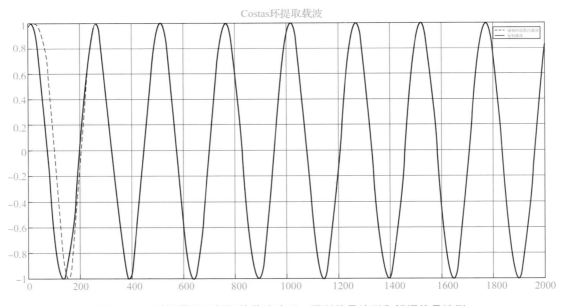

图 11.20　科斯塔斯环提取的载波波形、调制信号波形和解调信号波形

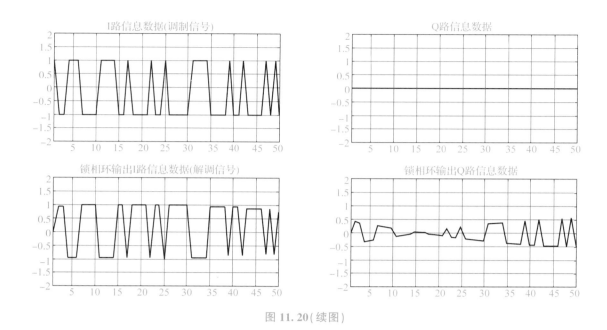

图 11.20(续图)

【例 11.3】画出 10 位巴克码及其自相关函数的图像。

MATLAB 程序如下：

```matlab
clear all;
close all;

%生成巴克码
length=10;
barker=comm. BarkerCode('SamplesPerFrame',length);
    for ii=1:length
        seq=step(barker);
end
% 计算自相关函数
seq _xcorr=xcorr(seq);

subplot(2,1,1)
stem(seq);
grid on;
axis([0 11 -1.5 1.5]);
title('十位巴克码','Fontname','宋体');
% 计算自相关函数
seq_xcorr = xcorr(seq);
subplot(2,1,2)
plot(seq_xcorr);
grid on;
ylim([-5 12]);
title('十位巴克码的自相关函数','Fontname','宋体');
```

运行结果如图 11.21 所示。

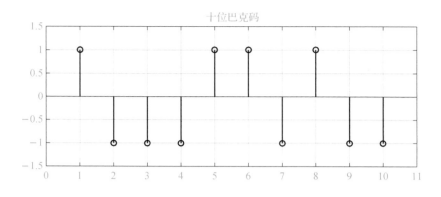

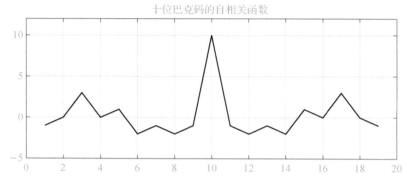

图 11.21　十位巴克码及其自相关函数

思考与练习

1. 按同步的功能划分，同步可以分为哪几类？

2. 对于抑制载波的双边带信号，试简述采用插入导频法和直接法实现载波同步时各有何优缺点？

3. 什么是位同步？实现位同步有哪些具体方法？位同步的性能指标有哪些？

4. 位同步的作用有哪些？

5. 什么是群同步？实现群同步有哪些具体方法？群同步的性能指标有哪些？

6. 为使群同步能可靠建立且具有一定的抗干扰能力，应采取什么措施？

7. 已知双边带信号为 $x_{\mathrm{DSB}}(t) = x(t)\cos\omega_c t$，接收端采用相干解调法，载波为 $\cos(\omega_c t + \Delta\varphi)$，试求解调器的输出表达式。

第 12 章

现代通信网

本章导读

现代通信网是将一定数量的节点(包括终端节点、交换节点等)和连接这些节点的传输系统有机地组织在一起,按约定的信令或协议完成任意用户之间信息交换的通信体系。用户使用通信网可以克服空间、时间等障碍来进行有效的信息交换。本章将介绍现代通信网的组成及其发展趋势,并对下一代网络进行分析和展望。

学习目标

知识与技能目标

❶ 了解现代通信网的构成、特点和分类。

❷ 了解现代通信网的发展趋势和下一代通信网的关键技术。

❸ 掌握各类通信网的组成、分类、特点和关键技术。

素质目标

❶ 培养工程伦理意识。

❷ 培养求真务实、开拓创新的科学精神。

❸ 激发民族自豪感和专业自信心。

12.1 现代通信网概述

12.1.1 现代通信网的构成

现代通信网一般由传送网、业务网和支撑网三部分组成,如图 12.1 所示。

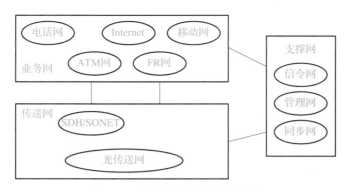

图 12.1　现代通信网的功能结构

1. 传送网

传送网是由线路设施、传输设施等组成的，主要负责按需为交换节点/业务节点之间分配互连电路并为这些节点提供信息的透明传输通道，同时包括电路调度、网络性能监测、故障切换等管理功能。传送网独立于具体的业务网，它可为所有的业务网提供公共的传送服务。构成传送网的主要技术有传输介质、复用技术、传送网节点技术等。

1）传输介质

传输介质是信号传输的物理通道，也是通信系统的重要组成部分之一。一般来说，信息能否成功传输取决于两个因素：传输信号本身的质量和传输介质的特性。传输介质分为有线介质和无线介质两大类，常用的有线介质包括双绞线、同轴电缆和光纤等；常见的无线介质有无线电、微波和红外线等。

2）复用技术

准同步数字体系（plesiochronous digital hierarchy，PDH）是在数字通信发展初期广泛使用的数字多路复用技术。所谓"准同步"是指各级的信息速率相对于标准值有一个规定范围内的偏差，而且可以是不同的信源。这种数字多路复用技术使数字复用设备可以在数字交换设备之前得以开发，因而曾被广泛应用。

同步数字体系（synchronous digital hierarchy，SDH）是一种全新的传输网体制，是由相关的同步方法组成的一种技术体制，也是为传输不同速率的数字信号提供相应等级的复用和映射的方法。

2. 业务网

业务网负责向用户提供各种通信服务，如基本语音、数据、多媒体、租用线和 VPN 等，不同交换技术的交换节点设备通过传送网互相连接在一起，形成了不同类型的业务网。

业务网按其业务种类，可分为电话网、电报网、数据网等。电话网是各种业务的基础；电报网是通过在电话电路中加装电报复用设备而形成的；数据网可由传输数据信号的电话电路或专用电路构成。业务网具有等级结构，即在业务中设立不同层次的交换中心，并根据业务流量、流向、技术及经济分析，在交换机之间以一定的方式相互连接。

3. 支撑网

支撑网负责提供业务网正常运行时所必需的信令、同步、网络管理、业务管理和运营管理等功能，还可提供能使用户满意的高质量服务，其主要包含以下 3 个部分。

（1）同步网处于数字通信网的最底层，为通信网内所有通信设备的时钟（或载波）提供同步控制信号，使它们工作在同一速率（或频率）上，保证在地理位置上分散的物理设备之间数字信号的正确发送和接收。

（2）信令网由信令点、信令转接点和信令链路等组成，主要功能是为公共信道信令系统的使用者传送信令。

（3）管理网的主要目标是通过实时和近实时监视业务网的运行情况，并采取各种相应的控制和管理手段，使网络资源在各种情况下都能被充分利用，以保证通信的服务质量。

12.1.2 现代通信网的特征

20世纪90年代以来，Internet和移动通信得到了迅猛发展。进入21世纪后，通信业务和网络应用持续高速发展，呈现出多样化、宽带化、移动化、广泛化和可信化的趋势。

(1)多样化。通信网存在并发展了100多年，已经演变为多种网络技术体制并存的混合式结构，在接入、承载、交换和业务等各个层面都体现出多样化的特征。

(2)宽带化。宽带化表示业务的宽带化，表现为网络的高宽带增长。通信网络从语音扩展到数据、多媒体与流媒体，接入链路带宽从十多年前的万比特级别发展到现在的千兆比特级别，用户接入能力涨幅巨大。

(3)移动化。移动通信具有极强的灵活性，截至2003年底我国移动用户数量就已多于固定用户，且移动用户增长率远高于固定用户增长率。

(4)广泛化。广泛化是指网络无处不在，它融入了人们的日常生活和工作中，主动地感知用户的需求并提供服务，这主要依赖于各种无线网络技术和传感器技术的发展。

(5)可信化。可信化是指网络和用户的行为及其结果总是可预期与可管理的，能做到行为状态可检测、行为结果可评估及异常行为可管理。

12.1.3 现代通信网的交换技术

现代通信网采用的交换技术主要包含以下几类。

1. 电路交换

电路交换(circuit switching)是指在同一电信网用户群中任意两个或多个用户终端之间建立电路暂时连接的交换方式。电路交换是一种电路之间的实时交换，任一用户呼叫其他用户时，应立即在两个用户之间建立通信电路的连接，且该电路和相关设备均被占用，不能再同时为其他用户服务。

基于电路交换的通信包括呼叫建立、数据传输和连接释放3个阶段。呼叫建立阶段：通过呼叫信令完成逐个交换机的接续过程，建立起一条从主叫到被叫的直通电路。数据传输阶段：在从主叫到被叫的直通电路上传输数据。连接释放阶段：完成一次数据传输后，拆除该电路的连接，释放交换机和电路资源。

电路交换的主要特点：数据传输的时延小且无抖动；在通路中为"透明"传输，不需要存储、分析和处理，传输效率较高；电路的接续时间较长；电路资源只能被通信双方独占，利用率较低。

2. 分组交换

相比于电路交换，分组交换(packet switching)更为高效、灵活，同时可靠性更高。分组交换是指在通信过程中，通信双方以分组为单位，使用"存储—转发"机制实现数据交换。

分组交换也称为包交换，它将用户通信的数据划分成多个更小的等长数据段，在每个数据段的前面加上必要的控制信息作为数据段的首部，每个带有首部的数据段就构成了一个分组。首部指明了该分组发送的地址，交换机在收到分组之后，根据首部中的地址信息将分组转发到目的地，这个过程就是分组交换。

分组交换的本质就是存储转发，它将通信数据以更短的、格式化的"分组"为单位进行交换和传输。通过分组交换可以实现通信资源的共享，但也会造成很大的时延，无法满足实时通信的需要。

3. 快速分组交换

快速分组交换是指在接收一个帧的同时就能将此帧转发，这种方式被统称为快速分组交换(fast packet switching, FPS)。FPS简化了通信协议，提供了并行处理能力，使分组交换的处理能力可以提高到每秒几百万个分组。例如，异步传递方式(asynchronous transfer mode, ATM)以固定长度的信元作为信息传输单位，以统计复用的方式占用信道资源，支持宽带信息交换，支持不同速率的各种业务，以面向连接的方式保持电路交换实时性的优点，以分组的方式保持分组交换网络资源利用率高的优点，是一种适用于语音、数据与图像业务的综合交换技术。

4. IP 交换

IP 交换是一种高效的 ATM 技术，它只对数据流的第 1 个数据包进行路由地址处理，按路由转发，随后按已计算的路由在 ATM 网上建立虚电路 VC。后面的数据包沿着 VC 以直通方式进行传输，不再经过路由器，从而将数据包的转发速度提高到第 2 层交换机的速度。IP 交换的核心思想就是对用户业务流进行分类。对持续时间长、业务量大或实时性要求较高的用户业务数据流，使用 ATM 虚电路来传输；对持续时间短、业务量小或突发性强的用户业务数据流，使用传统的分组存储转发方式进行传输。

12.1.4 现代通信网的分类

现代通信网在不同的应用范围和应用目标下，具有不同的含义。根据信号的传输方式和载体形式分类，一般可将其分为电话通信网、移动通信网、数据通信网、计算机通信网和综合宽带业务数字网等。

电话通信网是针对电信号传输语音信息而设计的通信网，也是世界上最早的通信网。它包括公用交换电话网 PSTN、专用电话通信网和移动电话通信网。

移动通信网是指在移动用户与移动用户之间或移动用户与固定用户之间的无线电通信网，通信依靠的是无线电波的传播，其传播环境比固定通信中有线介质的传播环境更为复杂。

数据通信网是为提供数据通信业务组成的电信网。它将分布在各节点的用户通信线路连接成计算机网络，再配以数据终端、数据传输和数字交换设备，进行数据信息的收发、传输、交换和处理。

计算机通信网是计算机技术和通信技术结合而成的通信方式，主要是用来满足数据传输的需要。它将不同地理位置、具有独立功能的多台计算机终端及其附属硬件设备(路由器、交换机)用通信链路连接起来，并配备相应的网络软件，以实现通信过程中的资源共享。

宽带综合业务数字网(broadband intergrated services digital network，B-ISDN)，是宽带通信网络。B-ISDN 是在窄带综合业务数字网(narrowband intergrated services digital network，N-ISDN)的基础上发展起来的，它代表着很高的信息传输速率，其信息传输的最低速率为 155.520 Mb/s。

12.2 电话通信网

12.2.1 电话通信网简介

电话通信网是针对电信号传输语音信息而设计的通信网，也是世界上最早的通信网络。它包括公用交换电话网 PSTN(public switch telephone network，PSTN)、专用电话通信网和移动电话通信网。

1. PSTN 的基本概念

公用交换电话网是人们日常生活中常用的电话通信网，它是以电路交换为信息交换方式、以电话业务为主要业务的电信网。在日常生活中，当人们使用座机打电话或者在家使用电话线拨号上互联网时，都使用到了 PSTN。在众多的广域网互连技术中，通过 PSTN 进行互连所要求的通信费用最低，但其数据传输质量及传输速度最差，同时 PSTN 的网络资源利用率也比较低。

PSTN 提供的是一个模拟的专有通道，这个通道是由若干个电话交换机连接而成的。当两个主机或路由器设备需要通过 PSTN 连接时，在两端的网络接入侧(即用户回路侧)必须使用调制解调器(modem)实现信号的模/数、数/模转换。从 OS/RM 七层模型的角度来看，PSTN 可以看成是物理层次上一个简单的延伸，没有向用户提供流量控制、差错控制等服务。因为 PSTN 是一种电路交换方式，所以在一条通路自建立直至释放的过程中，其全部带宽仅能被通路两端的设备使用，即使它们之间并没有任何数据需要传送。

因此，这种电路交换方式不能实现对网络带宽的充分利用。

2. PSTN 的组成

根据电话通信的需要，PSTN 通常由传输系统、交换系统、用户系统和信令系统这几部分组成。PSTN 的组成如图 12.2 所示。

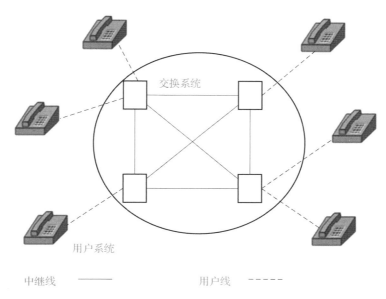

图 12.2　PSTN 的组成

（1）传输系统：传输系统负责在各交换点之间传递信息。传输系统以有线（电缆、光纤）传输为主，有线传输和无线（卫星、地面和无线电）传输交错使用，由 PDH 过渡到了 SDH、密集型光波复用（dense wavelength division multiplexing，DWDM）。

（2）交换系统：PSTN 中的交换设备称为电话交换机，主要负责用户信息的交换。它可以在两个用户之间建立用于交换信息的通道，具有连接功能，此外还具有控制和监视功能。交换系统已逐步实现程控化、数字化，由计算机控制接续过程。

（3）用户系统：PSTN 中的用户终端系统是用户直接使用的工具，包括电话机、传真机等终端设备以及用于连接它们与电话交换机的一对导线（称为用户环路）。

（4）信令系统：为实现用户之间的通信，在交换节点之间提供以呼叫建立、释放为主的各种控制信号。

3. PSTN 的分类

从不同角度出发，PSTN 有多种分类方法，常见的几种分类方法如下。

（1）按照所覆盖的地理范围划分，PSTN 可以分为本地电话网、国内长途电话网和国际长途电话网。

（2）按照通信传输手段划分，PSTN 可以分为有线电话通信、无线电话通信网和卫星电话通信网等。

（3）按照通信对象划分，PSTN 可以分为公用电话通信网、保密电话通信网和专用电话通信网等。

（4）按照通信传输和处理信号的形式划分，PSTN 可以分为模拟电话通信网和数字电话通信网。

（5）按照通信活动方式划分，PSTN 可以分为固定电话通信网和移动电话通信网。

12.2.2　PSTN 的网络结构

PSTN 的基本结构形式分为等级网和无级网两类。在等级网中，每个交换中心都被赋予一定的等级，并采用不同的连接方式，通常由低等级的交换中心连接到高等级的交换中心，本地交换中心通常位于较低的等级，而转接交换中心和长途交换中心往往位于较高的等级；在无级网中，所有的交换中心都是相同的等级，各交换中心采用网状网或不完全网状网相连。

对于国内电话网来说，在很多情况下都采用等级网。在等级网中，首先为每个交换中心分配一个等级，每个交换中心均连接到更高等级的交换中心(最高等级的交换中心除外)，通过这种连接方式形成星状网；最高等级的交换中心直接相连，形成网状网。由此可见，等级结构的电话网一般是复合网络结构。

我国电话等级网结构分为国际长途电话网、国内长途电话网和本地电话网三大部分，在过去长期采用五级网结构，其中长途电话网采用四级网结构。随着通信技术的发展，我国长途电话网的等级结构由四级变为二级，整个电话网结构由五级变为三级，即两级长途电话网机构和一级本地电话网结构，如图12.3所示。

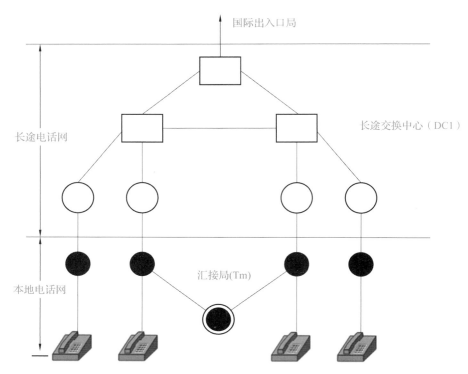

图 12.3 三级等级结构图

12.2.3 长途电话网

1. 国内长途电话网

国内长途电话网主要由各个城市的长途交换中心、长途中继器和局间长途电路组成，用来完成各个本地网之间的长途话务。各长途交换局构成了长途电话网中的节点，局与局之间的电路即为长途电路。

如图12.4所示，长途电话网为二级等级结构，由DC1、DC2两级长途交换中心组成，是一个复合网络。其中，一级长途中心(DC1)为省级交换中心，设立在省会城市，主要负责所在省的省际长途来话与去话业务，以及所在地电话网的长途终端业务；二级长途中心(DC2)为市级交换中心，设立在各地区城市，主要负责汇接所在地电话网的长途终端业务。由此可见，较高等级的交换中心可同时具备较低等级交换中心的功能。DC1之间形成的电话网是网状网，DC1与本省内各城市的DC2以星状网形式相连，同一城市的DC2之间则以网状网形式相连。

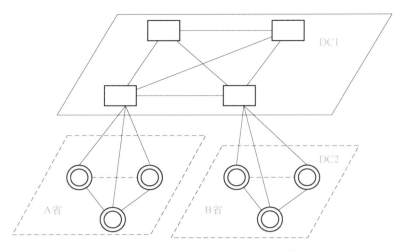

图 12.4 长途电话网的二级等级结构

2. 国际长途电话网

国际长途电话网由国际交换中心和局间长途电路组成，主要负责不同国家之间的国际长途话务。每个国家都设立了国际电话局，简称国际局，每一个国际局都是国际长途电话网中的节点，各国际局之间的电路即为国际电路。

如图 12.5 所示，国际交换中心分为三级，分别是 CT1、CT2 和 CT3。CT1 之间均有直达电路，形成了网状网结构，CT1 和 CT2、CT2 和 CT3 之间为星状网结构，CT1、CT2、CT3 一起构成了复合型基干网络结构。其中，CT1 和 CT2 只连接国际电路；CT1 主要负责比较大的地理区域的汇集电话业务，每个 CT1 区域内一些较大的国家可设置 CT2；CT3 连接国际与国内电路，各国的国内长途电话网通过 CT3 进入国际长途电话网，因此 CT3 通常称为国际接口局，每个国家均可设置一个或多个 CT3。

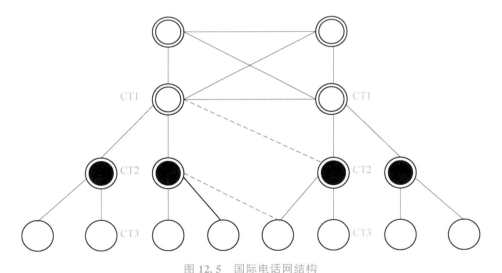

图 12.5 国际电话网结构

12.2.4 本地电话网

本地电话网简称本地网，是在同一个长途编号区范围内的电话通信网，由该地区内所有的交换设备、传输系统和用户终端设备组成，主要负责该地区任意两个用户之间的电话呼叫和长途来话、去话业务。

本地网交换局包括端局和汇接局。端局直接与用户连接，负责局内交换和来话、去话业务，汇接局用于汇接本地区内的本地业务和长途业务。本地网属于同一个长途编号区，因此，本地网内部的电话呼叫并不需要加上长途区号。

本地网结构一般可分为两种：网状网结构和二级网结构。

1. 网状网结构

网状网结构(图 12.6)中仅包含端局，各个端局之间以网状的形式相互连接，根据业务需要，端局以下还可以设置远端模块、用户集线器和程控交换机等用户设施。该结构主要适用于交换局数量少、容量大的本地网，在实际中已经很少使用了。

2. 二级网结构

如图 12.7 所示，本地网中包含端局(DL)和汇接局(Tm)两个等级的交换中心，组成二级网结构。汇接局之间以网状网形式相连，汇接局与端局之间以星状网形式相连。同样，根据业务需要，端局以下还可以设置远端模块、用户集线器和程控交换机等用户设施，这些用户设施只与所属的端局建立直达中继电路群。我国本地网多使用二级网结构。

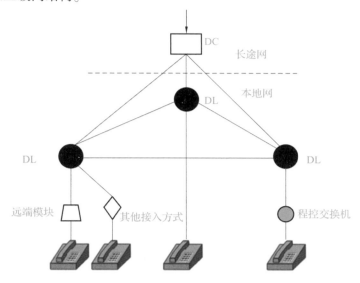

图 12.6 本地网的网状网结构

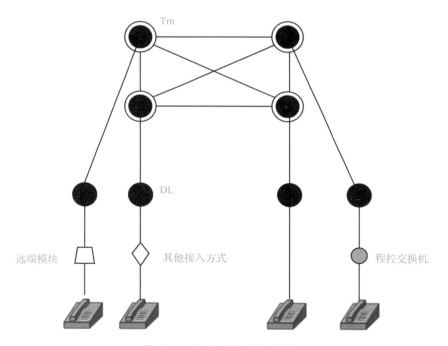

图 12.7 本地网的二级网结构

12.2.5 路由基础

1. 路由的概念

电话网中的路由是指在两个交换局之间建立的一个呼叫连接或传递信息的通路。它可由单条链路构成，也可由多条链路经交换局串接而成，这里的链路指的是两个交换中心间的一条直通电路或电路群。如图 12.8 所示，AB、BC均为链路，交换局 A、B 和 B、C 之间的路由均由单链路组成，而交换局 A 和 C 之间的路由则由链路 AB、BC 经交换局 B 串接而成。

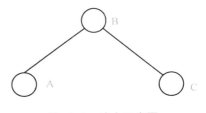

图 12.8　路由示意图

2. 路由的分类

电路一般是根据呼损指标进行分类的。呼损指的是用户发起呼叫时，由于网络或中继的原因导致呼叫失败的情况，通常用损失的呼叫数与总呼叫数的比例来描述。按照呼损指标的不同，可以将电路分为低呼损电路群和高效电路群。

路由也可以按照呼损进行分类，分为低呼损路由和高效直达路由，其中低呼损路由包括基干路由和低呼损直达路由。低呼损路由电路群上的呼损指标应该小于 1%，该电路群上的话务量不允许溢出至其他路由；高效直达路由不含呼损指标，当话务量过多时，可溢出至其他路由，由其他路由进行接续。

若按照选择顺序分，路由可分为首选路由和迂回路由。

（1）基干路由。基干路由由同一交换区内相邻等级的交换中心之间的低呼损电路群和一级交换中心之间的低呼损电路群组成。

（2）低呼损直达路由。低呼损直达路由由任意两个等级的交换中心之间的低呼损电路群组成，不经过其他交换中心转接，该路由上的话务量不允许溢出至其他路由。

（3）高效直达路由。高效直达路由由任意两个等级的交换中心之间的高效电路群组成，该路由的话务量可以溢出至其他路由。

（4）首选路由和迂回路由。当某一交换中心呼叫另一交换中心时，路由的选择方式往往有多种，首选路由是第一次选择的路由，当首选路由遇忙时，迂回到第二路由或第三路由，这就称为首选路由的迂回路由。

（5）最终路由。由无溢出的低呼损电路组成的路由，称为最终路由。最终路由可能是基干路由，也可能是低呼损直达路由，或者是由两者结合而成的路由。

3. 路由的设置

1）长途电话网路由设置原则

基干路由的设置：一级交换中心之间均由低呼损电路群连接，一级交换中心与该区域内所有二级交换中心之间由低呼损电路群连接。

直达路由的设置：不同等级或相同等级的各长途交换中心之间根据业务量的需要，在经济合理的前提下，可建立直达电路群。

2）本地电话网路由设置原则

基干路由的设置：汇接局之间设置低呼损电路群，端局与从属的汇接局之间也设置低呼损电路群。

直达路由的设置：在业务量较大且经济合理的情况下，任一汇接局与非本汇接区的端局之间可以设置直达电路群，同时端局与端局之间也可以设置直达电路群。

4. 路由选择

路由选择也称为选路，指某一交换中心呼叫另一交换中心时，在多个可传递信息的通道中选择一个通道。

路由选择首先应该确保信息的传输质量和可靠性，其次要确保有明确的规律性，不会出现死循环，同时一个呼叫所连接的串接段数要尽可能少，能在低等级网络中疏通的话务应尽量在低等级中疏通。

1）长途电话网路由选择

我国长途电话网采用等级结构，选路也采用固定等级制选路方式，即在从源节点到宿节点的一组路由中按顺序进行选择。长途电话网路由选择主要有以下规则。

（1）先选直达路由，再选迁回路由。迁回路由的选择是自远而近，即首选最靠近终端长途局的路由，最后选择最终路由。

（2）选择迁回路由时，先选直达受话区的迁回路由，后选发话区的迁回路由。一般发话区的路由选择顺序是从低级局到高级局，受话区的路由选择顺序是从高级局到低级局。

（3）每个交换中心呼叫某目的局的路由数最大为 3，允许串接的电路数一般不超过 7，且不允许同级迁回。

如图 12.9 所示，按照以上规则，端局 B 到 C、D 两端局的路由选择如下。

端局 B 到端局 D：①先选高效直达路由端局 B→端局 D；②若高效直达路由全忙，再选迁回路由端局 B→端局 C→端局 D；③最后选迁回路由端局 B→端局 A→端局 C→端局 D，路由选择结束。

端局 B 到端局 C：①先选高效直达路由端局 B→端局 C；②若高效直达路由全忙，再选迁回路由端局 B→端局 A→端局 C，路由选择结束。

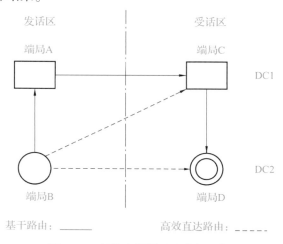

图 12.9　长途电话网路由选择示例

根据以上路由选择，可得出端局 B 的路由表，如表 12.1 所示。

表 12.1　端局 B 的路由表

终端局	高效直达路由	第一迁回路由	第二迁回路由
D	B→D	B→C→D	B→A→C→D
C	B→C	B→A→C	—

2）本地电话网路由选择

本地电话网路由选择有如下规则：

（1）先选高效直达路由，后选迁回路由，最后选最终路由。当遇到低呼损路由时，不允许再溢出至其他路由上，路由选择结束。

（2）每次连接最多可选择三个路由。

（3）端到端呼叫最多经过两次汇接，中继电路最多不超过 3 段，汇接局不允许同级迁回，当汇接局不能个个相连时，端到端的串接电路最多可放宽到 4 段。

如图 12.10 所示，当端局 A 呼叫端局 B 时，路由选择如下：①先选高效直达路由端局 A→端局 B；②若高效直达路由全忙，再选迁回路由端局 A→汇接局 Tm2→端局 B；③最后选迁回路由

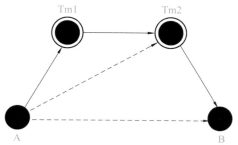

图 12.10　本地电话网路由选择示例

端局 A→汇接局 Tm1→汇接局 Tm2→端局 B，选路结束。

最终得到端局 A 的路由表，如表 12.2 所示。

表 12.2　端局 A 的路由表

终端局	高效直达路由	第一迂回路由	第二迂回路由
B	A→B	A→Tm2→B	A→Tm1→Tm2→B

12.3　移动通信网

12.3.1　移动通信网简介

移动通信是指通信的一方或双方在移动时进行的通信，即至少有一方具有可移动性。在移动通信网中，通信依靠无线电波来传播，其传播环境比固定通信中有线介质的传播环境更为复杂。

移动通信系统经历了第一代到第四代的发展，已经进入第五代系统(即 5G)。

1. 1G 时代

1986 年，第一代移动通信系统(1G)在美国芝加哥诞生，采用模拟信号传输。1G 通信过程为对电磁波进行频率调制后，将语音信号转换到载波电磁波上，再将载有信息的电磁波发布到空间中，由接收设备接收，并从载波电磁波中还原语音信息，完成一次通话。但由于各个国家的 1G 通信标准并不一致，第一代移动通信并不能"全球漫游"，这大大阻碍了 1G 的发展。由于 1G 系统采用的是模拟技术，其容量十分有限。同时，1G 系统的安全性和抗干扰能力也存在较大的问题，使得它无法真正大规模普及和应用。1G 系统的价格更是非常昂贵，成为当时的一种奢侈品和财富的象征。最能代表 1G 时代特征的是在 20 世纪 90 年代推出并风靡全球的"大哥大"，即移动手提式电话。

2. 2G 时代

和 1G 不同的是，2G 采用的是数字调制技术。因此，第二代移动通信系统的容量也在增加。随着系统容量的增加，2G 时代的手机具有了上网功能。虽然 2G 系统数据传输的速度很慢(9.6 kb/s~14.4 kb/s)，但是文字信息的传输是由此开始的，这为当今移动互联网的发展打下了坚实的基础。

2G 时代也是移动通信标准争夺的开始，主要通信标准有以摩托罗拉为代表的 CDMA 美国标准和以诺基亚为代表的 GSM 欧洲标准。随着 GSM 标准在全球范围更加广泛的使用，诺基亚击败摩托罗拉成为当时全球移动手机行业的"霸主"。

3. 过渡的 2.5G

从 2G 到 3G 的发展并不像 1G 到 2G 那样平滑顺畅，这是因为 3G 是个相当浩大的工程，要从 2G 直接迈向 3G 不可能一下就衔接得上，于是出现了介于 2G 和 3G 之间的衔接技术——2.5G。人们所熟知的高速电路交换数据、无线应用协议、增强型数据速率 GSM(全球移动通信系统)演进技术、蓝牙、EPOC(一种操作系统，专门用于移动计算设备)等技术都是 2.5G 技术。

2.5G 的功能通常与通用分组无线服务技术(general packet radio service，GPRS)有关，GPRS 技术是在 GSM 基础上的一种过渡技术。GPRS 的推出标志着人们在 GSM 的发展史上迈出了意义重大的一步，GPRS 在移动用户和数据网络之间建立一种连接，给移动用户提供高速无线 IP 和 X.25 分组数据接入服务。相比于 2G 服务，2.5G 无线技术可以提供更高的速率和更多的功能。

4. 3G 时代

随着移动网络的发展，人们对于数据传输速度的要求日趋高涨，而 2G 网络的传输速度显然不能满足人们的要求。于是，高速数据传输技术(蜂窝移动通信技术)——3G 应运而生。

相比于 2G，3G 依然采用数字数据传输，但通过开辟新的电磁波频谱、制定新的通信标准，3G 的传输速度可达 384 kb/s，在室内稳定环境下甚至有 2 Mb/s 的水准，是 2G 数据传输速度的 100 多倍。由于 3G 采用了更宽的频带，其数据传输的稳定性也大大提高。传输速度的大幅提升和传输稳定性的提高，使得大数据的传送更为普遍，移动通信也有了更多形式的应用。因此，3G 被视为是开启移动通信新纪元的关键。通过 3G 网络，人们可以在手机上直接浏览电脑网页、收发邮件、进行视频通话和收看直播等。3G 的诞生标志着人类正式步入移动多媒体时代。

5. 4G 时代

4G 是在 3G 的基础上发展起来的，它采用了更加先进的通信协议，是第四代移动通信网络。对于用户而言，2G、3G、4G 网络最大的区别在于传输速度不同，4G 网络作为其中最新的一代通信技术，在传输速度上有着非常大的提升，理论传输速度是 3G 的 50 倍，实际体验也都在 3G 传输速度的 10 倍左右，上网速度可以媲美 20M 家庭宽带。因此，4G 网络可以具备非常流畅的速度。4G 使人类进入了移动互联网时代。

6. 5G 时代

随着移动通信系统带宽的增大和能力的增强，移动网络的传输速度也飞速提升，从 2G 时代的 10 kb/s，发展到 4G 时代的 1 Gb/s，足足增长了约 10 万倍。历代移动通信的发展都以典型的技术特征为代表，同时诞生出新的业务和应用场景。而 5G 不同于早期的几代移动通信，它不再由某项业务能力或者某种典型技术特征所定义，它不仅是拥有更高速率、更大带宽、更强能力的技术，而且是一个多业务、多技术融合的网络，更是一个面向业务应用和用户体验的智能网络。5G 的最终目标是打造以用户为中心的信息生态系统。

12.3.2 移动通信网的组成

移动通信系统主要由移动台、基站子系统、网络交换子系统和操作维护子系统四大部分组成。

1. 移动台

移动台(mobile station，MS)是移动用户设备，它由移动终端和客户识别卡(SIM 卡)组成。移动终端就是"机"，它可完成语音编码、信道编码、信息加密、信号调制和解调、信息发射和接收。SIM 卡就是"人"，存有认证客户身份所需的所有信息，并能执行一些与安全保密有关的重要指令，以防止非法客户进入网路。SIM 卡还存储着与网路和客户有关的管理数据，移动终端只有在插入 SIM 卡后才能接入网络。

2. 基站子系统

基站子系统(base station system，BSS)负责在一定区域内与 MS 之间的无线通信，它包括一个基站控制器和一个或多个基站收发信台，其中基站控制器(base station controller，BSC)负责控制与管理，基站收发信台(base transceiver station，BTS)负责无线传输。

(1)BSC 是 BSS 的控制部分，在 BSS 中起交换作用。BSC 一端可与多个 BTS 相连，另一端与移动交换中心和操作维护中心相连。BSC 面向无线网络，主要负责无线网络管理、无线资源管理及无线基站的监视管理，不仅控制移动台和基站收发信台之间无线连接的建立、接续和拆除，还控制移动台的定位、切换和寻呼，提供语音编码、码型变换和速率适配等功能，完成对基站子系统的操作与维护。

(2)BTS 是 BSS 的无线部分，BTS 在系统中的位置处于 MS 与 BSC 之间。BTS 是由 BSC 控制的，它是服务于某个小区的无线收发信设备，负责完成基站控制器 BSC 与无线信道之间的转换，实现 BTS 与 MS 之间通过空中接口的无线传输以及相关的控制功能。

3. 网络交换子系统

网络交换子系统(network switching subsystem，NSS)主要提供交换功能和客户数据管理、移动性管理与安全性管理所需的数据库功能。

NSS 由一系列功能实体构成，各功能实体介绍如下。

（1）移动业务交换中心（mobile service switching center，MSC）是 GSM 的核心，是对位于它所覆盖区域中的移动台进行控制和完成电路交换的功能实体，也是移动通信系统与其他公用通信网之间的接口。它可以实现网路接口、公共信道信令和计费等功能，还可以实现 BSS、MSC 之间的切换和辅助性无线资源管理、移动性管理等。

（2）访问位置寄存器（visitor location register，VLR）是一个用于存储进入其覆盖区的用户位置信息的数据库。当 MS 进入一个新的控制区时，需要向该控制区的 VLR 申请登记，VLR 将存储其相关参数，并修改该 MS 的位置信息。一般来说，一个 MSC 对应一个 VLR，并处于同一物理设备中。

（3）归属位置寄存器（home location register，HLR）是一个用来存储本地用户位置信息的数据库。每个 MS 都应在其归属的 HLR 注册登记，它主要存储两类信息：一类是有关客户的参数；另一类是有关客户目前所处位置的信息，以便建立客户端至移动台的呼叫路由，例如 MSC、VLR 地址等。

（4）设备标识寄存器（equipment identity register，EIR）是一个存储有关移动台设备参数的数据库。主要提供对移动设备的识别、监视、闭锁等功能，以防止非法使用移动台。

（5）鉴权中心（authentication center，AUC）负责存储移动用户合法性检验的专用数据和算法，用于鉴别和监视移动设备，并拒绝非法 MS 入网。

4. 操作维护子系统

操作维护子系统主要包括网路管理中心、安全管理中心、集中计费管理的数据后处理系统、用户识别卡个人化管理中心等。

操作维护子系统负责对整个网路进行管理和监控，可以通过它来实现对网内各种部件功能的监视、状态报告、故障诊断等功能。

12.3.3　移动通信的特点

1. 移动通信必须利用无线电波进行信息传输

无线电波这种传播介质允许通信中的用户可以在一定范围内自由活动，其位置不受束缚，不过无线电波的传播特性一般都比较差。首先，移动通信的运行环境十分复杂，无线电波不仅会随着传播距离的增加而发生弥散损耗，还会受到地形、地物的遮蔽而发生"阴影效应"，而且信号经过多点反射后，会从多条路径到达接收地点，这种多径信号的幅度、相位和到达时间都不一样，它们相互叠加会产生电平衰落和时延扩展。其次，移动通信常常在快速移动中进行，这不仅会引起多普勒（Doppler）频移，产生随机调频，还会使得无线电波传播特性发生快速的随机起伏，严重影响通信质量。因此，移动通信系统必须根据移动信道的特征进行合理的设计。

2. 移动通信是在复杂的干扰环境中运行的

在进行移动通信时，往往伴随着各种干扰，如城市噪声、车辆发动机点火噪声、微波炉干扰噪声等，还有风、雨、雪等自然噪声，这些一般可以忽略。最主要的干扰源是移动通信网络中其他电台的干扰，如互调干扰、邻道干扰、同频干扰、多址干扰、ISI、ICI、内部干扰、外部干扰等。

邻道干扰是指相邻或邻近频道的信号相互干扰。实际中，移动通信系统广泛使用的甚高频、超高频电台，其频道间隔是 25 kHz。然而，调频信号的频谱是很宽的，理论上调频信号含有无穷多个边频分量，若其中某些边频分量落入邻道接收机的通带内，就会造成邻道干扰。

同频干扰也称同道干扰，指相同载频电台之间的干扰，是移动通信在组网中出现的一种干扰。在移动台密集之处，若频率管理或系统设计不当，就会造成同频干扰。在移动通信中，为了提高频率利用率，在相隔一定距离以外，可以使用相同的频率，称为同信道复用。显然，同信道小区相距越远，同频道干扰就越小，但频率利用率就越低。因此，两者要兼顾考虑。

互调干扰是指两个或两个以上信号作用在通信设备的非线性器件上，产生与有用信号频率相近的组合频率，从而对通信系统构成干扰的现象。

3. 移动通信可以利用的频谱资源非常有限，而移动通信业务量的需求却与日俱增

电磁波频率资源是极其有限的，各种不同制式的移动通信系统能使用的频率资源不过几十兆赫兹，必须充分提高其利用率，以确保用户端大信息流的需求。为了解决这一矛盾，一方面要开辟和启用新的频段；另一方面要研究新技术和新措施，以压缩信号所占的频带宽度和提高频谱利用率。

4. 移动通信系统的网络结构多种多样，网络管理和控制必须有效

根据通信地区的不同需要，移动通信网络可以组成带状（如铁路公路沿线）、面状（如覆盖一城市或地区）或立体状（如地面通信设施与中、低轨道卫星通信网络的综合系统）等。移动通信系统既可以单网运行，也可以多网并行，从而实现互联互通。为此，移动通信网络必须具备很强的管理和控制功能，如用户的登记和定位、通信(呼叫)链路的建立和拆除、信道的分配、通信的管理(如计费、鉴权、安全和保密管理)，以及用户过境切换和漫游的控制等。

趣味小课堂： 通信人将我国移动通信产业成长史精辟地总结为从"2G跟随""3G突破"，到"4G同步""5G引领"的历史性跨越。2019年我国进入5G元年，我国通信的龙头企业华为、中兴等取得了全球数量最多的5G核心必要标准专利，引领中国乃至全世界进入数字工业4.0时代。中国移动通信的发展史是一部波澜壮阔、风起云涌的奋斗史，也是无数中国通信人智慧、汗水、魄力和前瞻思想综合作用下的胜利史。

12.4 数据通信网

12.4.1 数据通信网概述

数据通信是依照一定的规约或通信协议，利用数据传输技术在两个终端之间传递数据信息的一种通信方式和通信业务。其中，数据一般是指数字、字母和符号等，传输时必须转换成"0"或"1"的二进制编码形式。而规约是为了有效和可靠地进行通信而制定的一组规则，如数据格式、同步方式和收发两端答应约定等。数据通信可以实现计算机与计算机、计算机与终端以及终端与终端之间的数据信息传递，是继电报、电话业务之后的第三种通信业务。

数据通信网是为提供数据通信业务而组成的电信网。它将分布在各点的用户用通信线路连接成计算机网络，再配以数据终端、数据传输和数字交换设备，进行数据信息收发、传输、交换和处理。数据处理的基本工作包括所有对数据进行的收集、分类、计算、存储和变换等。数据通信可以达到远距离使用电子计算机和资源共享的目的，同时也扩大了通信的功能。

12.4.2 数据通信网的分类

我国的数据通信网主要包括以下几种网络。

1. 数字数据网

数字数据网(Digital Data Network，DDN)是利用数字信道提供半永久性连接电路传输数据信号的数字传输网，它由用户环路、DDN节点、数字信道和网络控制管理中心组成。

DDN具有传输质量高、误码率低、传输时延小、支持多种业务(数据、语音、传真、图像和帧中继业务等)和提供高速数据专线等优点。它不仅能够提供高质量的数字专线，而且具有数据信道带宽管理功能，其骨干网能提供国际专线电路，对于要求较高的电路具有自动倒换功能。

2. 分组交换网

分组交换网是以 CCITT X.25 建议为基础的，所以又称为 X.25 网，是一种集电路交换低时延特性与报文交换路由选择功能为一体的数据传输可靠性较高的数据通信方式。

分组交换网能够向用户提供不同速率、不同代码及不同通信规程的接入。因为分组交换网的线路采用的是动态统计时分复用方式，所以线路利用率较高，但通信协议开销较大，网络性能也较差。

分组交换网适合为接入速率较低、只传送数据而不传送语音及图像、业务量少且具有一定突发性的终端用户提供业务。例如，各个商业网点的商业收款机、银行的自动取款机、宾馆饭店的低速终端设备和农村信用社的计算机等设备间的网络互联都采用了分组交换网。这些用户的接入速率较低，而且大多不是长时间地占用线路，业务量具有一定突发性。分组交换网按信息量收费，对他们来说是一种十分经济的通信手段。另外，分组交换网能保证用户信息的可靠传送，非常适合金融、财会和贸易等部门的用户使用。在一些边远地区，线路传输质量不高，而分组交换网协议的检错与纠错、反馈重发机制可以有效地保证信息的传送质量，因此，分组网业务在这些地区也受到了用户的欢迎。

3. 帧中继网

帧中继网通常由帧中继存取设备、帧中继交换设备和公共帧中继服务网这三部分组成。帧中继网是在分组交换技术的基础上发展起来的。帧中继技术是把不同长度的用户数据组包封在较大的帧中继帧内，加上寻址和控制信息后在网上传输的一种数据传输技术。

帧中继网具有如下功能特点：

（1）采用统计复用技术，按需分配带宽，向用户提供共享的网络资源，每一条线路和网络端口都可由多个终端按信息流共享，提高了网络资源的利用率。

（2）采用虚电路技术。只有当用户准备好数据时，才把所需的带宽分配给指定的虚电路，而且带宽在网络上是按照分组动态分配的，适合突发性业务使用。

（3）只使用物理层和链路层的一部分来执行其交换功能，利用用户信息和控制信息分离的 D 信道（控制通路）来实施以帧为单位的信息传送，简化了中间节点的处理过程。同时帧中继网采用了信道的 LAPD 协议，流量控制和纠错等功能都由智能终端完成，简化了处理过程。

（4）一般来说，帧长度比分组交换长，因此其吞吐量非常高，其所提供的速率为 2 048 Mb/s。

（5）没有采用存储转发功能，具有与快速分组交换相同的一些优点，其时延小于 15 ms。

帧中继网适合为接入速率为 64 kb/s~2 Mb/s、业务量大且具有突发性特点的用户提供业务。它可以支持局域网互联、虚拟专用网、大型文件传送、静态图像传送和 Internet 等用户业务及应用。例如，总部和分支机构分散在各地的公司、企业或事业单位可以通过帧中继拆装设备和路由器经专线接入网络，通过帧中继的永久虚电路实现局域网之间的互联。另外，通过 ISDN 拨号接入帧中继网的用户也会成为帧中继网的主要服务对象。

4. ATM 网

异步传送模式（asynchronous transfer mode，ATM）是一种用于宽带网内传输、复用和交换信元的技术，是宽带综合业务数字网的基础和核心，也是多媒体宽带网的基础。

ATM 网主要为窄带和宽带信息提供综合统一的传送平台，为分组网、IP 网、多媒体信息网提供高速中继传输电路，为大集团用户组建专网提供传输通道，满足日益增长的各类高速、宽带和多媒体数据业务的需求，如局域网互联、远程教学、远程医疗和桌面会议电视等。

ATM 网主要适合为接入速率为 2 Mb/s~622 Mb/s、业务量大且具有突发性、进行多媒体信息传送的用户提供服务。ATM 网可以支持永久虚电路和交换虚电路基本业务，同时还可以支持局域网互联、交互式多媒体信息检索、会议电视、可视电话、远程教学、远程医疗和 Internet 等业务及应用。

12.4.3　数据通信系统的组成

数据通信网的硬件主要包括数据终端设备、数据交换设备和传输链路，如图 12.11 所示。

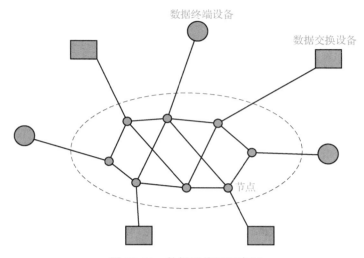

图 12.11　数据通信网示意图

1. 数据终端设备

数据终端设备是数据通信网中信息传输的源点和终点，它的主要功能是向网络(传输链路)中输出数据和从网络中接收数据。除此之外，它还具有一定的数据处理和数据传输控制功能。计算机就是一种典型的数据终端设备。

2. 数据交换设备

数据交换设备是数据通信网的核心。它的基本功能是完成对接入交换节点的数据传输链路的汇集、接续和分配工作。

在数字数据网中是没有交换设备的，它采用数字交叉连接设备作为数据传输链路的转接设备。

3. 数据传输链路

数据传输链路是数据信号的传输通道，包括用户终端的入网路段(即数据终端到交换机之间的链路)和交换机之间的传输链路。

在数据传输链路上，数据信号的传输方式有基带传输、频带传输和数字数据传输等。未经调制变换的数字基带信号直接在电缆信道上传输称为基带传输；将数字基带信号的频带搬移到无线信道上再传输称为频带传输；在数字信道中传输数据信号称为数据信号的数字传输，简称数字数据传输。

12.4.4　传统数据通信网

从数据通信网络的发展历程来看，传统数据通信网络是在 20 世纪 60 年代末出现的，其业务相对单一、技术相对简单，它是在当时的传输技术、交换技术和计算机通信技术的条件下建设而成的。传统数据通信网主要提供低速(2 Mb/s 以下)、单一的数据通信业务，可满足用户最基本的数据通信需求。

数据通信实现的是计算机和计算机之间以及人与计算机之间的通信，电话通信实现的是人和人之间的通信。

数据通信中的数据通常以二进制码元"0"和"1"的组合编码来表示，要求数据传输的可靠性非常高，一般误码率不高于10^{-8}，这与电话通信中模拟信号可靠性要求较低的情况大不相同。另外，数据通信的信息传输效率很高，这是电话通信难以比拟的。

虽然数据通信与电话通信有着很大的差异，但是由于传输、交换、计算机和通信技术等各方面条件的限制，最初的数据通信业务基本上都通过已有的电话通信网络来实现。电话通信网络凭借其完善的国际标准、广阔的网络覆盖面，为数据通信业务的开展提供了良好的前提条件，为数据通信技术的发展成熟和数据通信网络的建设打下了坚实的基础。

分组交换网和数字数据网均属于传统数据通信网。分组交换网是建立在原有的速率较低、误码率较高的电缆传输介质之上的通信网。为了保证数据传输的可靠性，所有的差错控制、流量控制和拥塞控制等功能均由网络端完成。因此，网络端的处理操作负荷太大，这样既制约了网络端交换机的吞吐量和通信效率，也增加了网络传输的迟延时间，不能适应高速数据传输和交换的需要。而数字数据网 DDN 所采用的 TDM 技术不能适应数据业务的突发性要求，并且要求严格的时钟同步，易出现滑码等故障，同时 DDN 网络中继带宽普遍不足，且带宽时隙始终被占用，中继电路利用率不高。此外，DDN 网络管理功能差，故障排查时间长，难以适应后来多业务的发展需求。

窄带综合业务数字网是建立在原有电话通信网、分组交换网基础上的，它可以利用现有网络终端、用户环路等网络资源，但在网络运行中增加了诊断、纠错、重发等许多环节，网络的传输速率低。窄带综合业务数字网以时隙为交换单元，为传输、交换带来了不便，也做不到按需分配网络资源，尤其是信道分配不灵活。

综上所述，传统数据通信网络的发展已进入逐渐萎缩的时期。但是，这并不意味着传统数据通信网马上就会退出历史舞台，它在支持 2 Mb/s 以下数据业务方面仍有不可替代的作用，它会在低速数据传输和交换方面与现代数据通信网络长期共存。但是，多业务、高速率、高效率的现代数据通信网络已在数据通信网络的建设和业务经营中占据主流地位。

12.4.5　现代数据通信网

现代数据通信网络从 20 世纪 80 年代起开始发展，到 20 世纪 90 年代步入了规模建设时期。现代数据通信网在 21 世纪初得到了快速发展，成为现代电信网络的主流，并为现代电信网络向着下一代通信网（next generation network，NGN）的演进从技术和网络能力方面打下了基础。

现代数据通信网特点的主要体现：网络层次化；网络传输、交换的一体化；支持 100 Mb/s 及以上数据传输速率的数据通信业务，业务呈现多样化；网络管理标准化、集成化。

随着各种技术的不断发展和人们生活水平的不断提高，人们对数据通信的要求已大大超出传统数据通信网络所能提供的能力。现代数据通信网络的出现和规模发展，将传统数据通信网络推向边缘，使其只提供部分业务的接入能力。与此同时，现代数据通信网络也在向着整个数据通信网的边缘延伸，下一代通信网已初见端倪。

12.4.6　数据通信网的运行维护管理

1. 网元管理

网元是电信管理网体系结构中的基本管理元素，在数据通信网络中一般指路由器、交换机等设备。网元网管是最"简单"的网管，提供远程设备管理的基本功能。维护人员通过它可以查看设备面板、端口状态以及一些协议数据，并可以进行 VLAN 配置、接口 shutdown、undo shutdown 等基本操作。部分网元网管软件还提供短周期的性能监视功能，可以对设备、接口等进行监控，监控结果采用直方图和折线图等形式输出，使维护人员可以了解 IP、TCP、UDP 和 ICMP 等报文的情况，掌握接口带宽利用率和接收包错误率等信息。

2. 拓扑管理

随着网络规模的发展，网络结构日益复杂，维护人员需要一个拓扑管理系统，用以准确掌握网络拓扑情况。拓扑管理用于构造并管理整个网络的拓扑结构，维护人员可以通过浏览网络拓扑视图，实时了解整个网络的运行情况。

在小型的网络中构建一个拓扑视图就可以浏览网络的全貌，但在网络设备大量增加之后，网络结构变得异常复杂，这时使用一张拓扑图查看网络运行情况就不再具有现实意义。此时，人们可以通过划分多个区域来进行拓扑管理，比如按照不同地区将设备划分到不同的子图中。

3. 故障管理

处理网络紧急故障是网络运维人员的一项重要工作，而及时发现故障是保证该工作有效开展的前提。应用数据库管理系统(database management system，DMS)可以有效感知故障，并协助进行故障定位。

DMS 故障管理包括告警管理和 SysLog 管理两部分。

1)告警管理

普通的告警管理是指网管接收到设备发来的 Trap 报文而产生告警，但是在网络有丢包或者设备上行接口 down 的情况下，网管服务器有可能接收不到 Trap 报文。如果出现这种情况就会导致维护人员因不能及时收到告警而延误恢复故障的最佳时间。

DMS 针对此情况，将拓扑功能与告警功能结合，提供了 snmp 轮巡和 ping 轮巡两种工作方式，在收不到 Trap 报文时也能保证及时发现故障源。

告警管理的主要功能包括对告警信息和运行信息进行实时监控、查询设备的历史告警信息和运行信息、查询和配置设备的告警信息等。

2)SysLog 管理

SysLog 管理提供了通过网管来查看 SysLog 信息的途径，它的优点是简单、便捷。SysLog 管理可以长时间保存设备日志信息，能避免因为设备缓冲区不够大而导致重要日志信息遗失。

4. 资源管理

在大规模 IP 网络中，组网结构复杂、设备数量繁多。网络运维人员需要掌握网络中设备(如单板、子卡、端口、接口和链路等)资源的基本情况，以及网络中的异常资源信息。

5. 网络性能管理

若要更好地管理和改善网络的运行，网络运维人员还需要掌握网络的流量以及其他一些性能指标，并能对这些指标进行长时间监控分析，做到防患未然。专业的网络性能管理工具可以协助网络运维人员做到这点。

6. 网络流量采集、分析工具

在网络运维中，有时候需要了解哪些用户访问外部网络比较频繁、哪些网段之间互访频繁、哪些网站向外部提供了大量的数据服务和哪种类型的流量异常等信息，这时可以使用网流采集、分析工具来实现该功能。通过对网络流量的采集和分析，可以为运维中的流量工程分析、网络设计优化、网络安全监控等方面提供支撑。

7. 网络业务管理

IP 网络技术发展日新月异，MPLS VPN(多协议标签交换虚拟专用网络)技术日益成为时代的新宠，这也对运维工作提出了更高的要求。MPLS VPN 的网络维护涉及客户管理、VPN 业务管理、网络管理等工作。传统人工管理容易造成配置出错，一旦出现配置错误将很难检出，并且难于进行业务监控和故障定位。传统人工管理不能有效地管理 VPN 客户，不能满足日益增长的业务需求。

12.5 计算机通信网

计算机通信网是计算机技术和通信技术结合而成的通信网络，主要用于满足数据传输的需要。它将不同地理位置、具有独立功能的多台计算机终端及其附属硬件设备(路由器、交换机等)用通信链路连接起来，并配备相应的网络软件，以实现通信过程中的资源共享。

12.5.1　计算机通信网的基本概念

网络主要包含连接对象(即元件)、连接介质、连接控制机制(如约定、协议、软件)和连接方式与结构四个方面。

计算机通信网的连接对象是各种类型的计算机(如大型计算机、微型计算机等)或其他数据终端设备(如各种计算机外部设备、终端服务器等)；它的连接介质是通信线路(如光纤、同轴电缆、双绞线、地面微波、卫星等)和通信设备(网关、网桥、路由器、调制解调器等)；它的连接控制机制是各层网络协议和各类网络软件。因此，计算机通信网是利用通信线路和通信设备，把地理上分散的、具有独立功能的多个计算机系统相互连接起来，按照网络协议进行数据通信，用功能完善的网络软件实现资源共享的计算机系统的集合。简单来说，它是指以实现远程通信和资源共享为目的、大量分散但又互联的计算机的集合，其中互联的含义是两台计算机能相互通信。

全世界成千上万台计算机相互之间通过双绞线、电缆、光纤和无线电等连接起来构成了世界上最大的 Internet 网络。网络中的计算机可能在一间办公室内，也可能分布在地球上的不同区域。这些计算机相互独立，即所谓自治的计算机系统，它们即使脱离了网络也能作为单机正常工作。在网络中，需要有相应的软件或网络协议对自治的计算机系统进行管理。

12.5.2　计算机通信网的基本功能

计算机通信网最主要的功能是资源共享和通信，除此之外，还有负荷均衡、分步处理和提高系统安全与可靠性等功能。

1. 硬件共享

计算机网络允许网络上的用户共享网络上各种不同类型的硬件资源，可共享的硬件资源有高性能计算机、大容量存储器、打印机、图形设备、通信线路、通信设备等。

2. 信息共享

每一个接入 Internet 的用户都可以共享信息资源。可共享的信息资源有搜索与查询的信息、Web 服务器上的主页及各种链接、FTP 服务器中的软件、各种各样的电子出版物、网上消息、网上大学和网上图书馆等。

3. 通信

通信是计算机通信网的基本功能之一，它可以为网络用户提供强有力的通信手段。其主要目的就是让分布在不同地理位置的计算机用户能够相互通信。通过计算机通信网可以传输数据以及声音、图像和视频等多媒体信息。

4. 负荷均衡与分步处理

负荷均衡是指将网络中的工作负荷均匀地分配给各计算机系统。分步处理将一个作业的处理分为三个阶段：提供作业文件；对作业进行加工处理；输出处理结果。根据分步处理的需求，可以将作业分配给其他计算机系统进行处理，以提高系统的处理能力，高效地完成一些大型应用系统的程序计算以及大型数据库的访问等任务。

5. 系统的安全性与可靠性

计算机通信网可以通过检错、重发和多重链路等手段来提高网络的安全性与可靠性。

12. 5. 3　计算机通信网的组成

各类网络都包括硬件和软件两大部分。网络硬件提供的是数据处理、数据传输和建立通信通道的物质基础，而网络软件对数据通信起控制作用。软件的各种网络功能需依靠硬件去完成，二者缺一不可。计算机通信网的基本组成主要包括如下四部分，通常称之为四大要素。

1. 计算机系统

建立两台以上具有独立功能的计算机系统是计算机通信网的第一个要素，也是其重要组成部分和不可缺少的硬件元素。计算机通信网连接的计算机可以是巨型机、大型机、小型机、工作站或微机，还可以是笔记本电脑或其他数据终端设备(如终端服务器)。

2. 通信线路和通信设备

计算机通信网的硬件部分除了计算机本身以外，还有用于连接这些计算机的通信线路和通信设备，即数据通信系统。通信线路分为有线通信线路和无线通信线路。有线通信线路指的是传输介质及其介质连接部件，包括光纤、同轴电缆、双绞线等；无线通信线路是指以无线电、微波、红外线和激光等作为传输介质的通信线路。通信设备指网络连接设备和网络互联设备，包括网卡、集线器(Hub)、中继器(Repeater)、交换机(Switch)、网桥(Bridge)、路由器(Router)和调制解调器(Modem)等。通信线路和通信设备负责控制数据的发出、传送、接收和转发，包括信号转换、路径选择、编码与解码、差错校验和通信控制管理等，以完成信息交换。通信线路和通信设备是连接计算机系统的桥梁，是数据传输的通道。

3. 网络协议

网络协议是指通信双方必须共同遵守的约定和通信规则，是通信双方关于通信如何进行所达成的协议，如 TCP/IP 协议、NetBEUI 协议、IPX/SPX 协议等。现代网络都是层次结构，网络协议规定了分层原则、层次间的关系、执行信息传递过程的方向、分解与重组等约定。在网络上通信的双方必须遵守相同的网络协议，才能正确地交流信息。一般说来，网络协议的实现是由软件和硬件分别或配合完成的，其中有的部分由联网设备来承担。

4. 网络软件

网络软件是一种在网络环境下使用和运行或者控制和管理网络工作的计算机软件。根据功能的不同，可将计算机网络软件分为网络系统软件和网络应用软件两大类型。

1)网络系统软件

网络系统软件是控制和管理网络运行、提供网络通信、分配和管理共享资源的网络软件，它包括网络操作系统、网络协议软件、通信控制软件和管理软件等。

网络操作系统是指能够对局域网范围内的资源进行统一调度和管理的程序，它是计算机网络软件的核心程序，是网络软件系统的基础。

网络协议软件是实现各种网络协议的软件，它是网络软件中最重要的核心部分，任何网络软件都要通过网络协议软件才能发挥作用。

2)网络应用软件

网络应用软件是指为某一个应用目的而开发的网络软件(如信息管理系统、远程诊断系统等)。网络应用软件可以为用户提供网络访问、网络服务、资源共享和信息传输等功能。

12. 5. 4　计算机通信网的分类

一般来说，计算机通信网可以按照网络覆盖的地理范围或传输技术来进行分类。

1. 按照网络覆盖的地理范围分类

按照网络覆盖的地理范围的大小，可以将网络分为局域网、城域网和广域网三种类型。这也是网络最常用的分类方法。

1) 局域网

局域网(local area network，LAN)是将较小地理区域内的计算机或数据终端设备连接在一起的通信网络。局域网覆盖的地理范围比较小，它常用于组建一个办公室、一栋楼、一个楼群、一个校园或一个企业的计算机通信网。局域网可以大到由一个建筑物内或相邻建筑物内的几百台甚至上千台计算机组成，也可以小到连接一个房间内的几台计算机、打印机或其他设备。局域网主要用于实现短距离的资源共享。

2) 城域网

城域网(metropolitan area network，MAN)是一种大型的 LAN，它的覆盖范围介于局域网和广域网之间，将位于一个城市内不同地点的多个计算机局域网连接起来实现资源共享。城域网所使用的通信设备和网络设备的功能要求比局域网高，以便有效地覆盖整个城市的地理范围。一般在一个大型城市中，城域网可以将多个学校、企事业单位和医院等的局域网连接起来共享资源。

3) 广域网

广域网(wide area network，WAN)是在一个广阔的地理区域内进行数据、语音和图像等信息传输的计算机网络。因为远距离数据传输的带宽有限，所以广域网的数据传输速率比局域网要慢得多。广域网可以覆盖一个城市、一个国家甚至于全球。因特网(Internet)是广域网的一种，但它不是一种具有独立性的网络。广域网通过 IP 将各个具体的数据通信子网连在一起，形成一个逻辑上的 Internet 网络，子网之间的互联设备称为路由器，路由器能实现 IP 分组的选路和转发。

2. 按传输技术分类

根据所使用的传输技术，可以将网络分为广播式网络和点对点网络。

1) 广播式网络

在广播式网络中仅使用一条信道，该信道由网络上的所有节点共享。在传输信息时，任何一个节点都可以发送数据分组，传到每台计算机上，被其他所有节点接收。这些计算机根据数据包中的目的地址进行判断，如果是发给自己的则接收，否则便丢弃。总线型以太网就是典型的广播式网络。

2) 点对点网络

与广播式网络相反，点对点网络由许多互相连接的节点构成，在每两台计算机之间都有一条专用的信道，因此在点对点的网络中，不存在信道共享与复用的情况。当一台计算机发送数据分组后，它会根据目的地址，经过一系列中间设备的转发，最终到达目的节点，这种传输技术称为点对点传输技术，采用这种技术的网络称为点对点网络。

12.6 宽带综合业务数字网

12.6.1 宽带综合业务数字网概述

宽带综合业务数字网是宽带通信网络，宽带即意味着高速的信息传输。

B-ISDN 与 N-ISDN 采用了不同的技术，B-ISDN 采用 ATM 技术，而 N-ISDN 主要采用电路交换技术。ATM 技术使得 B-ISDN 可以满足用户在不同时刻对不同带宽的要求，且具有高实时性和高可靠性，因此 B-ISDN 可以支持不同传输速率、时延和可靠性要求高的业务。

同步光纤网(SONET)是 B-ISDN 的物理传输主干网，它是一个基于光纤的联网标准，定义了一个传输速率等级和符合国际同步数字系列(SDH)标准的数据帧格式。SONET 被用作互联全世界范围内电信交换局的传输介质，B-ISDN、光纤分布数据接口(fiber distributed data interface，FDDI)、交换多兆位数据服务(switched multimegabit data service，SMDS)均能够在 SONET 上进行传送。

12. 6. 2　宽带综合业务数字网的分类

根据宽带通信的不同形式和它们的应用，B-ISDN 的业务可分为两大类：交互型业务和分配型业务。交互型业务是在用户与用户之间或用户与主机之间提供双向信息交换的业务，它可以进一步细分为会话型业务、消息型业务和检索型业务。分配型业务是由网络中的一个给定节点向其他多个位置传送单方向信息流的业务，它可以进一步细分为两种业务：一种是用户不参与控制的分配型业务(如收看电视节目)，另一种是用户能够参与控制的分配型业务(如节目选择点播)。

1. 会话型业务

会话型业务以实时(无存储转发)端到端的信息传送方式提供用户与用户之间或用户与主机之间的双向通信。用户信息流可以是双向对称的，也可以是双向不对称的，而且在某些特殊情况下(如视频监控)，信息流甚至可以是单向的。信息由发送端的一个或多个用户产生，供接收端的一个或多个通信对象专用。宽带会话型业务具有很广的应用范围，如可视电话、会议电视和高速数据传输等。

2. 消息型业务

消息型业务通过具有存储转发、电子信箱及信息处理等功能的存储单元，为各用户提供用户到用户的通信。与会话型业务相比，消息型业务不是实时的，因此它对网络的需求较少，而且不需要双方用户同时到位。它主要用于信息处理业务和用户活动图像(电影)、高分辨率图像与声音的邮件业务。

3. 检索型业务

检索型业务用于检索存储在信息中心供公众使用的信息，该信息只在用户需要时才提供给用户，信息能被单个地检索，而且信息序列开始的时间由用户控制。对于电影、高分辨率图像、声音信息和档案信息的检索都属于宽带检索型业务。

4. 用户不参与控制的分配型业务

这类业务提供连续的信息流，把这些信息流从中心源分配至已批准与网络相连的接收机。用户能够接入这一信息流，但不能决定信息流的分配从哪一个时刻开始。也就是说，用户不能选择和控制节目的开始时间和顺序，如全频道电视和音频节目的广播业务。

5. 用户能够参与控制的分配型业务

这类业务也是将信息从中心源分配给大量用户，但是这种信息是按循环重复的信息序列(例如帧)提供给用户的。因此，用户能个别地接入循环分发的信息，并能控制显示的开始时间和顺序。B-ISDN 可以提供一种加强的广播型图文业务，它可以利用全部数字宽带信道周而复始地传输含有文字、图像、视像或音响的页面或画面。

12. 6. 3　宽带综合业务数字网的特点

宽带用户接入技术主要是用户环路的光纤化，现有用户环路大都采用的是星形或双星拓扑结构。B-ISDN 是一个全数字化的、高速的、宽带的、具有综合业务能力的高智能网，它具有以下特点：

(1)能够在一条线路上同时传输各种不同用途的信息，实现信道的最佳利用；

(2)可以同时传输来自不同信源的语言、文字、数据、图表等对传输质量和带宽要求高的信息；

(3)所利用的 ATM 技术既适用于公共网络也适用于私人网络，不需要复杂的转换设备便可实现统一的直通交互式网络管理；

(4)兼有环路方式和包(packet)交换通信网络的优点；

(5)可以灵活调节信息传输速率，可以调至 155 Mb/s 以上；

(6)ATM 可以与分布式排队双总线(distributed queue dual bus，DQDB)兼容。

B-ISDN 的这些特点为用户与用户之间及用户与信息中心之间提供了数字化连接，从而将不同业务综合在一个网内，完成多媒体信息的传输处理。B-ISDN 的基本组成包括宽带交换网、光纤传递系统、多路复用设备和用户终端设备。

B-ISDN 通过光缆和交换网实现各种通信业务，并实现计算机网络互连和分布式数据库共享，为公众和社会提供多种服务业务，如电话业务、数据传输、信息查询和电视广播等。

12.6.4　宽带综合业务数字网的关键技术

ATM 是实现 B-ISDN 的核心技术，它不同于现代电信网中采用的同步时分复用方法，其基本特征是信息的传输、复用和交换都以信元作为基本单位。ATM 首先将待传送的用户信息流（如数字化的语音、数据和图像等信息）分割成固定长度的信元，用信元的信头标识符识别信道，把语音、数据和图像等各种业务综合到同一个网中进行传输和交换，其信息转换方式与业务种类、传输速率均无关。

ATM 是一项面向报文分组和多路复用的服务，因而它能提供将多节点的交换和来自不同源节点信息的多路复用相结合的服务。ATM 不像时分多路复用，它在多路复用的信息流中设有专用时间片。因此，来自一个源节点的突发传送能够使用其他源节不用的时间片。ATM 能够处理所有类型的信息，包括变长视频信息和局域网的突发传送信息等。

ATM 最主要的优点是在 ATM 网中，不同速率的所有数字业务——数据、语音、图像、视像都由同一条网路进行传送，信息被分成 53 个字节的信元，再进行快速分组交换，以满足最大范围的业务需求。ATM 网路既具有分组技术的高效性，又可保证电路交换技术的性能。因为 ATM 是固定长度的信元，所以它比帧中继、X.25 这样的分组技术速度快。又因为 ATM 信元长度短，所以延迟时间小。对于语音、视像，它可以提供近乎实时接收的响应时间。

12.7　下一代网络与软交换

12.7.1　下一代网络概述

下一代网络（NGN）是以宽带 IP 网络为基础、以软交换为核心的，能够提供包括语音、数据、视频和多媒体业务的综合开放的网络架构，它代表了通信网络发展的方向。NGN 是一个分组网络，可以支持电信业务等多种业务，能够将业务功能与底层传输技术分离，同时允许用户自由选择不用业务提供商网络的接入，具有通用性和移动性，使得用户在使用业务时具备一致性和统一性。

NGN 是传统电信技术发展和演进的一个重要里程碑。从网络特征和网络发展上看，NGN 源于传统智能网的业务和呼叫控制相分离的基本理念，由传统的以电路交换为主的 PSTN 网络逐渐向分组交换网络发展，不仅可以提供 PSTN 网络的所有业务，还能实现网络分组化、用户接入多样化，同时把大量的数据传输卸载到 IP 网络中以减轻 PSTN 网络的负荷。因此，准确地说 NGN 并不是一场技术革命，而是一种网络体系的革命。它继承了现有电信技术的优势，是以软交换为控制核心、以分组交换网为传输平台、结合多种接入方式（包括固定网、移动网等）的网络体系，与现有技术相比具有明显的优势。

国际分组通信协会 IPCC 提出 NGN 的网络结构分为 4 层，在垂直方向从上往下依次包括业务层、控制层、传送层和接入层，如图 12.12 所示。各层的主要功能如下：

（1）业务层负责在呼叫建立的基础上提供各种增值业务，同时提供开放的第三方可编程接口，以便引进新业务。业务层还负责业务的管理功能，如业务逻辑的定义、业务生成、业务认证和业务计费等。该层由一系列的业务应用服务器组成，包括业务控制点、应用服务器和策略服务器等。

（2）控制层负责完成各种呼叫控制和相应业务处理信息的传送，该层实现了网络端到端的连接。

（3）传送层负责将用户端送来的信息转换为能够在网上传递的信息，例如将语音信号分割成 ATM 信元或 IP 包，并将信息选路送至目的地，该层包含各种网关并负责网络边缘和核心的交换与选路。

（4）接入层负责将用户连至网络，集中其业务量并将业务传送至目的地，包括各种接入手段和接入节点，如固定或移动接入、窄带或宽带接入等。

NGN 的网络分层可以归结为一句话：NGN 不仅实现了业务提供与呼叫控制的分离，还实现了呼叫控制与承载传输的分离。

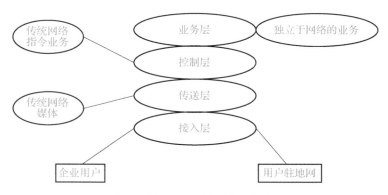

图 12.12　NGN 网络分层结构

12.7.2　下一代网络的特点

NGN 主要有以下三大特点：

（1）NGN 采用开放的网络构架体系，将传统交换机的功能模块分离为独立的网络部件，各个部件可以按相应的功能模块各自独立发展，部件之间的协议接口遵循相应的标准。部件化使得原有的电信网络逐步走向开放，运营商可以根据业务的需要自由组合各部分的功能产品来组建网络。部件之间协议接口的标准化可以实现各种异构网的互通。

（2）NGN 是业务驱动的网络，可以实现业务与呼叫控制分离、呼叫与承载分离。分离的目标是使业务真正独立于网络，灵活而又有效地实现业务的支持，用户可以自行配置和定义自己的业务特征，不必再关心承载业务的网络形式以及终端类型。

（3）NGN 是基于统一协议和分组的网络。现有的信息网络，无论是电信网、计算机网，还是有线电视网，都不可能以其中某一网络为基础平台来配置信息基础设施。但随着 IP 的发展，人们才真正认识到电信网、计算机网及有线电视网将最终汇集到统一的 IP 网络，即人们通常所说的"三网"融合大趋势。IP 协议使得各种以 IP 为基础的业务都能在不同的网上实现互通，人类首次具有了统一的、三大网都能接受的通信协议，从技术上为信息基础设施的发展奠定了坚实的基础。

12.7.3　下一代网络的关键技术

1. IPv6

NGN 是基于 IPv6 发展起来的。相比于 IPv4，IPv6 扩大了地址空间，提高了网络的整体吞吐量，大大改善了服务质量，更好地保证了安全性，支持即插即用和移动，更好地实现了多播功能。

2. 光纤高速传输

NGN 需要更高的速率、更大的容量，而能实现的最理想的传送介质是光纤，只有利用光谱才能带给人们充裕的带宽。光纤高速传输技术正沿着扩大单一波长传输容量、超长距离传输和密集波分复用三个方向在发展。单一光纤的传输容量已做到 40 Gb/s；超长距离实现了 1.28 T 无再生传送 8 000 km；波分复用实验室最高水平已实现 273 个波长，每波长 40 Gb。

3. 光交换与智能光网

仅有高速传输特性是不够的，NGN 需要更加灵活、更加有效的光传送网。组网技术正从光联网向着智能光网发展、从环形网向着网状网发展、从光—电—光交换向着全光交换发展。智能光网能在容量灵活性、成本有效性、网络可扩展性、业务灵活性、用户自助性、覆盖性和可靠性等方面比点到点传输系统和光联网带来更多的好处。

4. 宽带接入

NGN 必须要有宽带接入技术的支持，这样网络容量的潜力才能得到真正发挥，各种宽带服务与应用才能开展起来。宽带接入技术主要有四种：一是高速数字用户线，二是基于以太网无源光网的光纤到家，三是自由空间光系统，四是无线局域网。

5. 城域网

城域网的解决方案十分活跃，有基于 SONET/SDH 的、基于 ATM 的，也有基于以太网或 WDM 的，还有基于 MPLS 和 RPR 的等等。下面简单介绍弹性分组环和城域光网两种技术。

1）弹性分组环技术

弹性分组环技术（resilient packet ring，RPR）是一种采用环形拓扑结构的城域网技术。其系统是由两个独立的、方向相反的单向环组合而成的双环结构。单向环由一系列相连的节点组成，每个节点具有相同的数据传输速率，但可能具有不同的延时特性。正常情况下，两个环都作为工作通道，可以大大节约光纤资源，同时还保留着在出现环网故障时作为备份通道的特性。另外，在 RPR 中利用空间重用技术可以实现在同一环上同时传输多个数据帧或在不同环的同一跨距上传输不同数据帧。RPR 与介质无关，可扩展，采用分布式的管理、拥塞控制与保护机制，具备分服务等级的能力，能比 SONET/SDH 更有效地分配带宽和处理数据。

2）城域光网技术

城域光网技术是代表发展方向的城域网技术，其目的是把光网在成本与网络效率方面的好处带给最终用户。城域光网是一个扩展性非常好并能适应未来的透明、灵活、可靠的多业务平台，它能提供动态的、基于标准的多协议支持，同时具备高效的配置能力、生存能力和综合网络管理能力。

6. 软交换

软交换是一种功能实体，为 NGN 中具有实时性要求的业务提供呼叫控制和连接控制功能，是 NGN 呼叫与控制的核心。

软交换技术是在 IP 电话的基础上产生的，其主要思想源于分解网关功能的概念，即将 IP 电话网关分解为媒体网关、信令网关和媒体网关控制器，其中媒体网关控制器就是软交换的前身。软交换设备是网络演进以及下一代分组网络的核心设备之一，它独立于传送网络，主要完成呼叫控制、资源分配、协议处理、路由、认证和计费等功能，同时可以向用户提供现有电路交换机所能提供的所有服务，并向第三方提供可编程能力。

7. 5G 和后 5G 移动通信系统

5G 已成为全球业界研发的焦点。世界上主要的标准化组织有 ITU-R、3GPP、NGMN 等。中国、欧盟、日本、韩国和美国等国家和地区纷纷成立相关组织，凝聚各方力量，积极开展 5G 的研究和标准化工作。

5G 移动通信系统不是简单的以某个单一技术或某些业务能力来定义的。5G 是一系列无线技术的深度融合，它不但关注更高速率、更大带宽、更强能力的无线空口技术，而且更关注新的无线网络架构。5G 是融合多业务、多技术、聚焦于业务应用和用户体验的新一代移动通信网络。面对移动互联网和物联网等新型业务发展需求，5G 系统需要满足各种业务类型和应用场景。一方面，随着智能终端的迅速普及，移动互联网在世界范围内发展迅猛，面向未来，将进一步改变人类社会信息的交互方式，为用户提供增强现实、虚拟现实等身临其境的新型业务体验，从而带来未来移动数据流量的飞速增长；另一方面，通信发展将传统的人与人通信扩大到人与物、物与物的广泛互联，届时，智能家居、车联网、移动医疗和工业控制等应用的爆炸式增长将带来海量的设备连接。在 5G 时代及未来的 6G 时代，最终将实现"信息随心至，万物触手及"的总体愿景。

8. 网络安全技术

现实中常用的网络安全技术有防火墙、代理服务器、安全过滤、用户证书、授权、访问控制、数据加密、安全审计和故障恢复等。在未来，人们还要采取更多的措施来加强网络的安全。例如，针对现有路由器、交换机、边界网关协议和域名系统所存在的安全弱点提出解决办法；采用强安全性的网络协议（特别是 IPv6）；对关键的网元、网站和数据中心设置真正的冗余、分集和保护；实时全面地观察整个网络的情况，对传送的信息内容负责，不盲目传递病毒或攻击；严格控制新技术和新系统，在找到克服安全弱点的方法之前不允许把它们匆忙推向市场。

总之，NGN 的核心思想就是采用 IP 协议及其相关技术，并融入电信网的商业模式、运行模式和电信业务的设计理念。简单来说，就是集传统电信网和 Internet 之长，产生新一代网络技术。

12.7.4 软交换概述

软交换是传统电路交换机走向开放的新型体系架构。软交换技术是指以松绑传统电路交换机的核心功能为前提，以功能组件的形式把这些核心功能分散跨越在一个分组骨干网上，并使其运行在商用标准计算机平台上的软交换方案。

"软交换"源于"softswitch"这一术语，"softswitch"本身借用了传统电信领域 PSTN 网中"硬"交换机的概念，所不同的是强调其基于分组网上呼叫控制与媒体传输相分离的含义。国内根据"softswitch"的字面含义将其直译为"软交换"。"软交换"这个术语含义不够明晰，可以从多个角度去理解。一般在广义上可以将软交换理解为一种分层、开放的网络体系结构；在狭义上可以将软交换理解为下一代网络控制层面的物理设备（一般称为软交换设备，有的也称为软交换机、软交换控制器或呼叫服务器）。

12.7.5 软交换设备

在软交换系统中，主要网元设备应包括软交换设备、应用服务器、媒体网关、信令网关、媒体服务器和 IP 智能终端等。其中，软交换设备是软交换系统的控制核心，位于控制层；应用服务器是提供业务的核心，位于业务层；媒体网关、信令网关、媒体服务器和 IP 智能终端等位于接入层。就功能而言，软交换系统并不关心传输层的实现，也就是说，无论网络采用何种物理介质建构、采取何种制式传输（如 ATM 或 IP），都对软交换的功能没有影响。

1. 软交换设备

软交换设备是分组网的核心设备之一，它主要完成呼叫控制、媒体网关接入控制、资源分配、协议处理、路由、认证和计费等功能，还可以支持基本语音业务、移动业务、多媒体业务和多样化的第三方业务。软交换设备的主要功能如下。

1）呼叫控制功能

软交换设备与业务无关，这就要求软交换设备提供的呼叫控制功能适用于各种业务的基本呼叫控制功能。

2）媒体网关接入控制功能

软交换可以将中继媒体网关、ATM 媒体网关、综合接入媒体网关、无线媒体网关和数据媒体网关等接入软交换系统，还可以通过 H.323 协议和回话启动协议（SIP）将 H.323 终端和 SIP 终端接入软交换系统以提供相应的业务。

3)协议处理功能

软交换能够同时支持 H. 323 协议和会话启动协议(SIP)的体系结构,并能实现这两种体系结构网络和业务的互通。这两种协议均可完成呼叫建立/释放、业务提供和能力协商等功能。其中,H. 323 协议由 ITU-T 制订,沿用了传统电话网可管理性和集中控制的特点;SIP 协议由 IETF 提出,采用分布式结构,具有简单、扩展性好、与 Internet 结合紧密的特点。

4)业务提供功能

软交换不仅能实现 PSTN/ISDN 交换机提供的全部业务,还可以支持智能网业务,同时能够提供开放的、标准的 API 或协议,从而为第三方业务的快速接入提供方便。

2. 信令网关

信令网关(singaling gateway,SG)是用来解决 No. 7 信令在 IP 网上传输问题的设备。SG 位于 No. 7 信令网和软交换设备之间,用于解决软交换与传统 No. 7 信令之间的互通问题,它的作用是在 IP 网络和传统 PSTN 网络之间提供信令映射和代码转换功能,将电路交换的信令流分组并在 IP 网络上传输,也可以反过来在 IP 网络去往 PSTN 的方向上执行信令的转换功能,信令网关在 PSTN 侧采用数字中继接口,在分组网侧采用 LAN 等接口。

3. 媒体网关

媒体网关能完成媒体流格式的转换,如完成模拟语音信号向数字语音压缩编码的转换等。媒体网关不仅支持各种传统网络的接入,还支持各种用户或各种接入网络的综合接入,如普通电话用户、ISDN 用户、ADSL 用户、VS 用户和以太网用户等。根据媒体网关在网络中的位置以及所接续网络或用户性质的不同,可分为如下几类。

(1)中继网关(trunk gateway,TG)。TG 提供中继接入功能,可以与软交换和信令网关配合替代现有的汇接/长途局。中继功能包括语音处理、呼叫处理与控制、资源控制、维护和管理等。

(2)接入网关(access gateway,AG)。AG 是大型接入设备,支持普通电话、ISDN 基群速率接口和 V5 等窄带接入,与软交换配合可替代现有的电话端局。AG 除了提供电话端局功能外,还提供数据接入功能,可以支持 ADSL、LAN 等宽带接入。

4. 媒体服务器

媒体服务器受控制设备(软交换设备、应用服务器)的控制,提供 IP 网络上各种业务所需的媒体资源。相比于交换机中的收音放音模块,媒体服务器具有更强大的功能。它的可扩展性更强,不仅能够提供基本的放音收号功能,还可以提供视频资源和多媒体会议资源,实现文语转换、语音识别、交互式应答等,为软交换网络的很多特色业务提供支持。

5. 综合接入设备

综合接入设备(integrated access device,IAD)是软交换系统中接入层的用户设备,能同时提供传统的 PSTN 语音服务、数据包语音服务和单个 WAN 链路上的数据服务(通过 LAN 端口)。

6. IP 电话机(IP 智能终端)

基于 IP 技术的电话机可以直接连接到软交换网络,如 IP 电话机、PC 软终端等。IP 智能终端主要包括 H. 323 终端、SIP 终端和 MGCP 终端,它们和 IAD 的主要区别在于不存在媒体流转换过程。一些 IP 电话机还可以提供附加业务功能,如会议功能、语音邮箱、快速拨号、来电显示和热线电话等。通常 IP 电话机具有一定程度的游牧能力,在相同的 IP 子网里,不需要重新配置就可以移动 IP 电话机,实现即插即用。

7. 应用服务器

应用服务器(application server,AS)负责各种增值业务和智能业务的逻辑执行和管理,并且为第三方业务的开发提供创作平台。应用服务器是一组独立的组件,与控制层的软交换设备无关,从而实现业务与呼叫控制的分离，有利于新业务的引入。应用服务器一般包括业务执行功能、业务管理功能和业务开发功能，它们互相配合共同完成软交换系统中的各种新业务。业务执行功能通过与软交换设备的交互来间接地利用底层的网络资源，实现业务逻辑的执行；业务管理功能指对用户接入的认证、鉴权与计费进行管理，此外还包括地址解析管理和带宽管理等；业务开发功能以应用服务器提供的各种开放 API 为基础，提供完备的业务开发环境、仿真测试环境和冲突检测环境，并通过应用框架、构件技术和脚本技术引入业务生成环境中，提高开发的抽象层次，简化业务的开发。

12.7.6　软交换的主要协议

1. 媒体网关控制协议

媒体网关控制协议是用于控制器(呼叫代理)控制媒体网关操作的从属协议。

媒体网关控制协议呼叫模型包括两部分：连接模型和控制模型。连接模型由端点和连接构成，主要负责建立端到端的语音通路。一个或多个连接组合成一个呼叫，呼叫的建立和释放用到的两个重要概念是事件和信号，事件和信号组合成封包，每个封包由某一个特定端点支持。媒体网关控制协议所有命令由命令头部和会话描述两部分组成，所有响应由响应头部和会话描述两部分组成。媒体网关控制协议消息采用用户数据报协议传送，在 IP 网上采用 IPSec 协议作为它的安全机制。

具体来说，媒体网关控制协议具有如下功能。

(1) 控制 IMS-MGF 之间媒体通路连接的部分呼叫状态；

(2) 与 CSCF 通信；

(3) 依据来自传统网络入局呼叫的选路号码选择 CSCF；

(4) 完成 ISUP 和 IMS 呼叫控制协议之间的协议转换；

(5) 接收带外信息并可以前转到 CSCF/IMS-MGF。

2. H.323 协议

H.323 是一种标准的音视频传输协议，能够实现远程提审功能。它是由一组协议构成的，包含各种信令，有的负责音频与视频信号的编码、解码和包装，有的负责呼叫信令的收发和控制，还有的负责能力交换。

H.323 有三个功能模块：信令控制模块、媒体传输模块和数据会议(data conference)模块。信令控制模块又由 H.225.0 RAS(registration/admission/status)信令、H.245 媒体控制信令和 H.225.0 呼叫信令组成。媒体传输模块由音频传输和视频传输两部分组成，这两部分各自又包括编码标准、RTP 实时传输和 RTCP 实时传输控制。数据会议模块主要由建立在 TCP 上的 T.120 协议族来负责。

H.323 系统中的各个逻辑组成部分称为 H.323 的实体，其种类包括终端(terminal)、网关(gateway)、多点控制单元(multipoint control unit, MCU)和网守(gatekeeper)。终端是最终用户设备，主要负责单向、双向通信，支持语音通信，而不一定支持视频和数据通信。网关是 H.323 系统的可选部件，主要负责该系统和其他系统之间的转接工作，具体来说，就是完成通信协议的转换和音、视频编码格式的转换。网守也是 H.323 系统的可选部件，负责地址解析、访问控制、带宽管理等功能。MCU 主要负责多方会话，它由多点控制器(multipoint control, MC)和多点处理器(multipoint processor, MP)组成。MC 是 MCU 的必备部件，它可以控制 MP 与各个终端的交互、设置会议成员优先权等；MP 是 MCU 的一个可选部件，主要负责语音、数据、视频流的混合、交换和处理。MCU 可以作为一个中心部件单独存在，也可以存在于其他 H.323 部件中。

3. 会话启动协议

会话初始协议(session initialization protocol, SIP)是 IETF 提出的在 IP 网上进行多媒体通信的应用层控制协议，它用于建立启动、维持和终止对话。SIP 是以 Internet 协议(HTTP)为基础，遵循 Internet 的设计原则，基于对等工作模式的协议。利用 SIP 可以实现会话的连接、建立和释放，还可以实现单播、组播和移动。此外，SIP 如果与 SDP 配合使用，可以动态地调整和修改会话属性，如通话带宽、所传输的媒体类型及编码与解码格式。

在软交换系统中，SIP 协议主要应用于软交换与 SIP 终端之间，也有的厂家将 SIP 协议应用于软交换与应用服务器之间，提供基于 SIP 协议实现的增值业务。总的来说，SIP 协议主要应用于语音和数据相结合的业务，以及多媒体业务之间的呼叫建立与释放。

1）SIP 的体系结构

SIP 的体系结构包括以下四个主要部件。

（1）用户代理（user agent）：SIP 终端，也可以说是 SIP 用户，按功能分为用户代理客户端和用户代理服务器两类。用户代理客户端（user agent client，UAC）负责发起呼叫，用户代理服务器（user agent server，UAS）负责接收呼叫并做出响应。

（2）代理服务器（proxy server）：可以当做一个客户端或者是一个服务器。它具有解析能力，负责接收用户代理发送来的请求，根据网络策略将请求发送给相应的服务器，并根据应答对用户做出响应，也可以将收到的消息改写后再发出。

（3）重定向服务器（redirect server）：负责规划 SIP 呼叫路由。它将获得的呼叫的下一跳地址信息告诉呼叫方，呼叫方由此地址直接向下一跳发出申请，而重定向服务器则退出这个呼叫控制过程。

（4）注册服务器（register server）：用来完成 UAS 的注册和登录。在 SIP 系统中所有的 UAS 都要在网络上注册、登录，以便通过服务器找到对应的 UAC。

2）SIP 的特点

SIP 有如下几个特点。

（1）SIP 只包括 6 个主要请求和 6 类响应，会话关系清晰、便于理解，且它是基于文本编码的，易实现、易调试。

（2）SIP 具有良好的扩展性和伸缩性，无须改动协议便可添加新的方法、消息头和功能，将处理智能放在网络边缘，网络连接关系简单。

（3）SIP 的安全性和可靠性都较高，在 SIP 系统中各环节都可进行加密，节点间的处理采用逐跳加密和认证（如 SIP 代理认证和端到端 HTTP 认证）的方式。

（4）SIP 作为应用层协议，与底层传输无关。

（5）SIP 携带与 Web 和 E-mail 相同类型的数据，其地址可以是 URI，因此可以嵌入 Web 网页。同时，它使用与 E-mail 同样的域名系统选路技术进行呼叫路由选择，所以可以很好地配合 Web 和 E-mail 工作。

趣味小课堂：中国工程院院士邬贺铨认为，在下一代互联网发展进程中，不能摒弃开放的、全球普遍遵循的国际技术标准；在网络空间安全问题上，要处理好开放与自主、安全与发展的关系，封闭不等于自主、闭关不等于安全，与世界隔离、跟不上发展大潮才是最大的不安全；要正确认识自主创新，不能为了创新而创新，也不能搞"封闭式创新"；还要敢于在国际舞台上竞争，在竞争中求进步、求发展，依靠技术实力、产业实力的提升赢得更大的话语权。

12.8 现代通信网络的发展趋势

12.8.1 现有技术对通信网络的支撑

数字技术的迅速发展和全面应用，使语音、数据和图像信号都可以通过统一的编码来进行传输和交换。所有业务在网络中都将成为统一的"0""1"码元流，而无任何区别。

光通信技术的发展为综合传送各种业务信息提供了必要的带宽和传输质量。随着宽带技术的进步，光纤用户环路(FITL)、光纤至路边(FTTC)、光纤到户(FTTH)和光纤到大楼(FTTB)、光纤到小区(FTTZ)等接入网的发展,光纤传送网将覆盖到地球的每一个角落,为用户提供广阔的应用平台。

软件技术的发展使得终端都能通过软件变更,最终支持各种用户所需的特性、功能和业务。

统一的TCP/IP协议成为"三网"都能接受的唯一通信协议,得到了普遍应用,使得各种以IP为基础的业务都能在不同的网上实现互通。传输控制协议TCP和网际协议IP是70年代末由美国国防部组织开发的通信协议,其目的是将LAN和WAN两个计算机网互联起来,成为网际网(Internetwork),简称因特网(Internet)。经过发展和完善,现在TCP/IP协议已经成为被世界所接受的标准通信协议。

12.8.2 三网合一

随着市场需求的扩大,通信技术也在不断发展和进步,并逐渐朝着"三网合一"的形式发展。"三网合一"是指电信网、计算机网和有线电视网在技术上相互渗透,在网络层上实现互通,在应用层上共享相同的业务。"三网合一"的网络将是一个覆盖全球、功能强大、业务齐全的信息服务网络,也是全球一体化的综合的宽带多媒体通信网络。其中,超大容量的光缆构成地面骨干网络,移动通信系统将为用户提供高速的多媒体移动业务,卫星多媒体系统将为全球用户提供普遍接入途径。这一体系是一个有机的整体,具有高度的统一性和平滑的连接性,为全球任何地点采用任何终端的用户提供综合的语音、数据和图像等服务。

12.8.3 超宽带技术

超宽带(ultra wide band,UWB)技术是一种无线载波通信技术,它利用纳秒级的非正弦波窄脉冲传输数据,所占的频谱范围很宽。

UWB技术具有系统复杂度低、发射信号功率谱密度低、对信道衰落不敏感、截获能力低和定位精度高等优点,特别适用于室内等密集多径场所的高速率无线连接。

UWB技术应用按照通信距离的长短大体可以分为两类。

一类是短距离高速率应用,数据传输速率可以达到数百兆比特每秒,主要包括构建短距离高速WPAN、家庭无线多媒体网络和替代高速率短程有线连接,如无线USB和DVD,其典型的通信距离是10m。

另一类是中长距离(几十米以上)低速率应用,通常数据传输速率为1 Mb/s,主要应用于无线传感器网络和低速率连接。同时,由于UWB技术可以利用低功耗、低复杂度的发送机和接收机实现高速数据传输,UWB技术得到了迅速发展。UWB技术在非常宽的频谱范围内采用低功率脉冲传输数据而不会对常规窄带无线通信系统造成大的干扰,并可以充分利用频谱资源。基于UWB技术而构建的高速率数据收发机有着广泛的用途。

12.8.4 第五代移动通信技术

第五代移动通信技术简称5G,是具有高速率、低时延和大连接特点的新一代宽带移动通信技术,是实现人机物互联的网络基础设施,它为移动互联网的快速发展奠定了基础,同时衔接了其他无线通信技术,拥有较智能化以及网络自感知、自调整的优点。

1. 5G的三大应用场景

根据国际标准化组织3GPP的定义,5G的三大应用场景分别是增强型移动宽带、高可靠低时延通信和大规模物联网业务,如图12.13所示。

增强型移动宽带(enhance mobile broadband)指的是3D/超高清视频等大流量移动宽带业务,在这种应用场景下,要求5G具有超高的数据传输速率。

　　大规模物联网业务也被称为海量机器通信，它依靠5G强大的连接能力，促进垂直行业融合。万物互联下，通过身边的各类传感器和终端能构建一个智能化的生活场景。在这个场景下，数据的传输速率较低，而且时延要求也不高，布局的终端成本会更低，但要求有长续航能力和高可靠性。

　　高可靠低时延通信指的是如无人驾驶、工业自动化等需要低时延、高可靠连接的业务。在这个场景下，通信对时延的要求很高，往往要达到1ms级别。

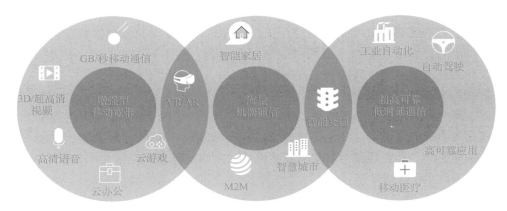

图 12.13　5G 三大应用场景

2. 5G 的特点

1）高速度

　　相比于4G网络，5G网络有着更高的速度，随着新技术的使用和发展，这个速度还将继续提升。对于5G的基站峰值要求不低于 20 Gb/s，这意味着用户可以每秒钟下载一部高清电影，也可能支持 VR 视频。这样的高速度给未来对速度有很高要求的业务提供了机会和可能。

2）泛在网

　　泛在网有两个层面的含义：广泛覆盖和纵深覆盖。广泛是指在社会生活的各个地方都需要覆盖5G，如果各个地方都覆盖了5G，就可以大量部署传感器，进行环境、空气质量甚至地貌变化、地震的监测；纵深是指根据已有的网络部署，进行更高品质的深度覆盖。

3）低功耗

　　5G要支持大规模物联网应用，所有物联网产品都需要通信与能源，通信可以通过多种手段实现，但是能源的供应只能靠电池。通信过程若消耗大量的能量，就很难让物联网产品被用户广泛接受。因此，5G需要具备低功耗的特点，增加物联网产品的待机时长，改善用户体验，从而促进物联网产品的快速普及。

4）低时延

　　无人驾驶汽车需要中央控制中心和汽车进行互联，同时车与车之间也应该进行互联。在高速行驶过程中，需要在最短的时延内，把信息传送到车上，进行制动与车控响应。

　　工业自动化过程中，对于一个机械臂的操作，如果要做到极精细化，保证工作的高品质与精准性，也需要极小的时延，从而做出最及时的反应。

　　无论是无人驾驶汽车还是工业自动化，都是高速运行的。在汽车高速运行过程中，必须保证及时的信息传递和反应，这就对时延提出了极高要求。要满足低时延的要求，就需要在5G网络建构中找到各种办法来减少时延，如边缘计算这样的技术也会被采用到5G的网络架构中。

5）万物互联

　　迈入智能时代，除了手机、电脑等上网设备需要使用网络以外，越来越多的智能家电设备、可穿戴设备和共享汽车等不同类型的设备，以及电灯等公共设施都需要联网，在联网之后就可以实现实时的管理功能和智能化的相关功能，而 5G 的互联性也让这些设备有了成为智能设备的可能。

3.5G 的关键技术

5G 作为新一代的移动通信技术，它的网络结构、网络能力和要求都与过去有很大不同，有大量技术被整合在其中，其关键技术如下。

1）基于正交频分复用技术优化的波形和多址接入技术

5G 采用基于正交频分复用技术（orthogonal frequency division multiplexing，OFDM）优化的波形和多址接入技术（即 5G NR），该技术可扩展至大带宽应用，且具有高频谱效率和低数据复杂性的优点。OFDM 技术可实现多种增强功能，如通过加窗或滤波增强频率本地化、在不同用户与服务间提高多路传输效率，以及创建单载波 OFDM 波形，实现高能效上行链路传输。

2）实现可扩展的 OFDM 间隔参数配置

为了支持更丰富的频谱类型和部署方式，5G NR 将引入可扩展的 OFDM 间隔参数配置。同时，为了支持多种部署模式的不同信道宽度，5G NR 必须适应同一部署下不同的参数配置，在统一的框架下提高多路传输效率。另外，5G NR 也能跨参数实现载波聚合，比如聚合毫米波和 6 GHz 以下频段的载波。

3）OFDM 加窗提高多路传输效率

5G 将被应用于大规模物联网，这意味着会有数十亿设备相互连接，5G 势必要提高多路传输的效率，以应对大规模物联网的挑战。为了使相邻频带不相互干扰，频带内和频带外的信号辐射必须尽可能小。OFDM 能实现波形后处理，如通过时域加窗或频域滤波来提升频率局域化。

4）灵活的框架设计

采用灵活的 5G 网络架构，可以进一步提高 5G 服务多路传输的效率。这种灵活性既体现在频域上，又体现在时域上。5G NR 的框架能充分满足 5G 的不同服务和应用场景，这包括可扩展的时间间隔和自包含集成子帧。

5）先进的无线技术

在 5G 演进的同时，长期演进技术（long term evolution，LTE）本身也还在不断进化（比如千兆级4G+），因此 5G 也同样利用了基于 4G LTE 的先进技术，如大规模多入多出技术（multiple input multiple output，MIMO）、毫米波、频谱共享、信道编码设计等。

（1）大规模 MIMO：具备数十甚至数百天线的系统均可称为大规模 MIMO。与普通网络相比，大规模 MIMO 网络的优势在于它可以将网络连接的容量提高数倍，且不需要占用更多的频谱。发射机/接收机所配备的天线数量越多，信号路径就越多，数据速率和链路可靠性方面的性能也就越好。

（2）毫米波：5G 技术将频率大于 24 GHz 的频段（通常称为毫米波）应用于移动宽带通信中。大量可用的高频段频谱可提供极致数据传输速度和容量，这将重塑移动体验。但毫米波的利用并非易事，使用毫米波频段传输更容易造成路径受阻与损耗（信号衍射能力有限）。通常情况下，毫米波频段传输的信号甚至无法穿透墙体。此外，它还面临着波形和能量消耗等问题。

（3）频谱共享：用共享频谱和非授权频谱可将 5G 扩展到多个维度，能够使用更多频谱、实现更大容量的信息传输，并支持新的部署场景。这不仅将使拥有授权频谱的移动运营商受益，还可以为没有授权频谱的厂商创造机会，如有线运营商、企业和物联网垂直行业，使他们能够充分利用 5G NR 技术。5G NR 支持所有频谱类型，并通过前向兼容灵活地利用全新的频谱共享模式。

（4）信道编码设计：实际中，LTE 网络的编码还不足以应对未来的数据传输需求，因此迫切需要设计一种更高效的信道编码以提高数据传输速率，并利用更大的编码信息块契合移动宽带流量配置，同时，还要继续提高现有信道编码技术（如 LTE Turbo）的性能极限。低密度奇偶校验码的传输效率远超 LTE Turbo，且平行化的解码设计具有低复杂度和低时延的特点，从而达到更高的传输速率。

6）超密集异构网络

5G 网络是一个超复杂的网络，每平方公里大概需要支持 100 万个设备，因此需要大量的小基站来进行支撑。在同样一个网络中，不同的终端需要不同的速率和功耗，也会使用不同的频率，其对于服务质量的要求也不同。在这样的情况下，网络很容易造成相互之间的干扰。5G网络需要采用一系列措施来保障系统性能，如各种节点间的协调方案、网络的选择和节能配置方法等。

在超密集异构网络中，密集地部署使得小区边界数量剧增，小区形状也不规则，用户可能会频繁复杂地移动。为了满足移动性需求，就需要新的切换算法。

总之，一个复杂的、密集的、异构的、大容量的、多用户的网络，需要保持平衡、保持稳定、减少干扰，这就需要通过不断完善算法来解决这些问题。

7）自组织网络技术

自组织网络（self-organized network，SON）技术，指网络部署阶段的自规划和自配置、网络维护阶段的自优化和自愈合，是5G的重要技术。自配置即新增网络节点的配置，可实现即插即用，具有低成本、安装简易等优点；自规划的目的是进行网络动态规划并执行，同时满足系统的容量扩展、业务监测和结果优化等方面的需求；自愈合指系统能自动检测问题、定位问题和排除故障，大大减少维护成本并避免对网络质量和用户体验造成不良的影响。

SON技术主要应用于移动通信网络中，其优势体现在网络效率和维护方面，同时减少了运营商的支出和运营成本投入。现有的SON技术都是从各自网络的角度出发，自部署、自配置、自优化和自愈合等操作具有独立性和封闭性，在多网络之间缺乏协作。

8）网络切片

网络切片指把运营商的物理网络切分成多个虚拟网络，每个网络适应不同的服务需求，可以通过时延、带宽、安全性和可靠性来划分不同的网络，以适应不同的场景。通过网络切片技术可以在一个独立的物理网络上切分出多个逻辑网络，从而避免为每一个服务器建设一个专用的物理网络，这样可以大大节省部署的成本。

在同一个5G网络上，技术电信运营商会把网络切片为智能交通、无人机、智慧医疗、智能家居以及工业控制等多种不同的网络，将其开放给不同的运营者，这样一个切片的网络在带宽、可靠性能力上也有不同的保证，计费体系、管理体系也不同。在5G切片网络中，可以向用户提供不同的网络、不同的管理、不同的服务和不同的计费，让业务提供者更好地使用5G网络。

9）内容分发网络

内容分发网络（content delivery network，CDN）在传统网络中添加新的层次，即智能虚拟网络。CDN系统综合考虑各节点的连接状态、负载情况和用户距离等信息，通过将相关内容分发至靠近用户的CDN代理服务器上，实现用户就近获取所需的信息。这样可以缓解网络拥塞状况，缩短响应时间，提高响应速度。

源服务器只需要将内容分发给各个代理服务器，用户就可以从就近的带宽充足的代理服务器上获取内容，这样可以降低网络时延并提高用户体验。CDN技术的优势正是可以为用户快速地提供信息服务，同时有助于解决网络拥塞问题。CDN技术也是5G必备的关键技术之一。

10）设备到设备通信

设备到设备通信（device to device，D2D）是一种基于蜂窝系统的近距离数据直接传输技术。D2D会话的数据直接在终端之间进行传输，不需要通过基站转发。而相关的控制信令，如会话的建立、维持、无线资源分配、计费、鉴权、识别和移动性管理等仍由蜂窝网络来负责。蜂窝网络引入D2D通信，可以减轻基站负担，降低端到端的传输时延，提升频谱效率，降低终端发射功率。当无线通信基础设施损坏时，或者在无线网络的覆盖盲区，终端可借助D2D实现端到端通信甚至接入蜂窝网络。在5G网络中，D2D通信既可以部署在授权频段，也可以部署在非授权频段。

11）边缘计算

边缘计算是指在靠近数据源头的一侧，采用集网络、计算、存储和应用核心能力为一体的开放平台，

307

就近提供最近端服务。其应用程序在边缘侧发起，产生更快的网络服务响应，满足通信在实时业务、应用智能、安全与隐私保护等方面的基本需求。如果数据都要到云端和服务器中才能进行计算和存储，再把指令发给终端，就无法实现低时延。边缘计算要在基站上安装计算和存储设备，在最短时间内完成计算并发出指令，以实现低时延。

4. 5G 的发展趋势

5G 未来会朝着两个方向去发展：互联网方向和物联网方向。现实中，5G 移动通信技术已经成为世界通信领域都在研究的对象，我国也早在 2013 年就成立了 5G 移动通信技术研究小组，以此来更好地适应互联网和信息技术的高速发展。

在互联网方面，随着移动通信技术的进一步发展，5G 网络通信的整体环境在未来会更加科学、更加合理，这必将带动一大批移动业务和产业的快速发展。要支撑这些移动业务和产业的快速发展，就必须要有相对应的移动网络，这也将会是衡量 5G 移动通信技术的重要标准之一。例如，移动和联通等大型运营商就相继推出了"5G+""5Gn"等战略规划，牢牢地抓住了 5G 的产业链，将其与 4G 业务牢牢地结合起来，实现了应有的效果。

在物联网方面，也出现了很多新的技术。物联网顾名思义就是物体与物体之间实现联网的机制，它能够让物体走向"智能化"。此项技术可以实现许多人们曾经幻想过的事情，比如自动驾驶等。

思考与练习

1. 简述传送网的几种常用传输介质及其特点。
2. 简述第五代移动通信的发展趋势。
3. 简述电话通信网的组成及其分类。
4. 简述移动通信网的组成。
5. 简述现代数据通信网的管理内容。
6. 简述计算机通信网的组成及其基本功能。
7. 简述宽带综合业务数字网的特点及其关键技术。
8. 简述下一代网络的关键技术。

参 考 文 献

[1] 周炯．通信原理[M]．北京：北京邮电大学出版社，2005．

[2] 郭文彬．通信原理基于 MATLAB 的计算机仿真[M]．北京：北京邮电大学出版社，2006．

[3] 杨鸿文，桑林．通信原理习题集[M]．北京：北京邮电大学出版社，2005．

[4] 刘树棠．现代通信系统使用 MATLAB[M]．西安：西安交通大学出版社出版，2001．

[5] 隋晓红，钟晓玲．通信原理[M]．北京：北京大学出版社，2007．

[6] 樊昌信．通信原理[M]．6 版．北京：国防工业出版社，2006．

[7] 张辉，曹丽娜．现代通信原理与技术[M]西安：西安电子科技大学出版社，2002．

[8] 沈瑞琴．通信原理[M]．上海：上海交通大学出版社，2003．

[9] 宋祖顺．现代通信原理[M]．北京：电子工业出版社，2001．

[10] 张卫钢．通信原理与通信技术[M]．4 版．西安：西安电子科技大学出版社，2018．

[11] 隋晓红，张小清，白玉，等．通信原理[M]．北京：机械工业出版社，2022．

[12] 祁长利．现代通信新技术的应用与发展研究[J]．现代工业经济和信息化，2021(11)：170-174．

[13] 熊坤静．中国量子通信领跑世界[J]．党员之友，2020(11)：30-31．